TRAITÉ

D'ASTRONOMIE PRATIQUE

POUR TOUS

NOTIONS SUR LES OBSERVATIONS SIDÉRALES
RÉGLAGE ET EMPLOI DES LUNETTES ASTRONOMIQUES ORDINAIRES
ET ÉQUATORIALES
INSTRUMENTS MÉRIDIENS, THÉODOLITE, SPECTROSCOPES
ET APPAREILS DE PHOTOGRAPHIE ASTRALE ET SPECTRALE

MÉTHODES D'OBSERVATION

AVEC EXEMPLES NUMÉRIQUES

30 figures dans le texte et une Carte céleste

A L'USAGE

DES AMATEURS D'ASTRONOMIE, DES EXPLORATEURS, DES INGÉNIEURS
DES OFFICIERS DE L'ARMÉE ET DES GENS DU MONDE

(Cet Ouvrage permet de faire toutes les observations connues et de déterminer
un point sur la Terre).

PAR Gélion TOWNE,

OFFICIER DE L'INSTRUCTION PUBLIQUE.

PARIS

LIBRAIRIE ASTRONOMIQUE ET GÉOGRAPHIQUE DE E. BERTAUX
Rue Serpente, 25.

A SENS, CHEZ L'AUTEUR, FAUBOURG SAINT-DIDIER, 48.

1890

TRAITÉ

D'ASTRONOMIE PRATIQUE

POUR TOUS

AUXERRE. — IMPRIMERIE ALBERT GALLOT.

TRAITÉ D'ASTRONOMIE PRATIQUE

NOTRE BUT

Depuis quelques années, l'impulsion donnée à l'instruction publique a pris une extension si considérable dans toutes les branches de l'enseignement que le niveau des études a été beaucoup relevé. Cette progression toujours ascendante de l'instruction ne permet plus aujourd'hui aux personnes qui veulent posséder un savoir ordinaire d'ignorer bien des choses inconnues autrefois ; aussi nous espérons que le temps n'est pas éloigné où nos écoles supérieures, nos lycées et nos collèges seront, à l'instar de ceux de plusieurs Etats d'Europe, et particulièrement des principales Ecoles de l'Amérique du Nord, pourvus d'instruments d'Astronomie, afin de permettre aux professeurs d'unir la démonstration à la théorie dans les travaux des élèves.

Dans une Notice, présentée le 19 septembre 1887 à l'Académie des Sciences, par M. le Colonel Laussedat, l'éminent directeur du Conservatoire des Arts et Métiers, ce savant déclare que toutes les universités, les écoles d'ingénieurs et même les collèges ont des observatoires, et en outre que les notions, et jusqu'aux méthodes élémentaires, sont devenues en quelque sorte familières aux Américains. Il en donne pour preuve que non seulement les méridiens et les parallèles servent à déterminer les limites de certains Etats, ce que tout le monde sait, mais même les parcelles de terre, et les propriétés acquises

1

dans les territoires nouvellement mis en exploitation sont délimitées de la même façon.

L'Astronomie, la plus vaste et la plus sublime des sciences, qui a l'avantage de montrer la voie à toutes les branches des connaissances humaines, et qui a affranchi l'humanité de l'ignorance primitive, ne devait-elle pas être la première à donner l'élan. Son développement a été si considérable, qu'en peu d'années le nombre des Observatoires de l'Etat a été triplé, et, qu'en 1889, celui des Observatoires privés, en France, dépassait le chiffre de quatre cents. Nous constatons avec regret que non seulement aucun Observatoire n'existe encore aujourd'hui dans nos écoles supérieures ou nos lycées, mais que ces établissements ne possèdent aucun instrument d'observation, et, ce qui est un fait non moins regrettable, c'est que pour des raisons budgétaires on a supprimé temporairement, nous l'espérons du moins, l'Ecole d'Astronomie de l'Observatoire de Paris.

Qu'il nous soit permis ici d'établir une comparaison entre l'enseignement que l'on pratique chez nous, avec celui que l'on professe à l'étranger. Nous ne citerons que deux exemples.

Aux Etats-Unis l'enseignement y est gratuit à tous les degrés, et obligatoire jusqu'à l'âge de *quatorze* ans.

Dès l'âge de *dix* ans on commence déjà à enseigner dans les écoles du premier degré (elles correspondent à nos écoles communales), ce que les Américains appellent *l'Introduction à l'Astronomie*, et pour joindre la démonstration à la théorie, les professeurs emploient des machines géocycliques ; ensuite, à l'aide de vastes tableaux transparents, — sur lesquels figurent le système solaire, les étoiles simples et multiples, les amas d'étoiles, les nébuleuses, etc., — les élèves observent à l'aide de petites lunettes astronomiques.

A *quatorze* ans les élèves sortent des écoles du premier degré, et peuvent, s'ils le désirent, entrer dans les écoles professionnelles diverses. Dans ces établissements, auxquels se trouve toujours joint un observatoire pourvu d'instruments plus ou moins compliqués, selon l'importance de l'école, on leur enseigne les notions sur les observations sidérales ainsi que la pratique des observations diverses qu'ils peuvent être appelés à faire dans le cours de la vie : la mesure des angles, les azimuts, le détermination des positions géographiques, etc. Bien entendu, nous ne parlons ici que d'une des branches de l'enseignement.

Pour montrer l'importance de cet enseignement, nous nous permettrons de rappeler un fait rapporté par plusieurs journaux scientifiques il y a environ cinq ans, et qui a pu passer inaperçu pour beaucoup de monde : c'est qu'en Belgique on a adjoint un observatoire à l'Université de Liège, appartenant à l'Etat, afin que les élèves puissent joindre la pratique à la théorie, ainsi qu'on le fait à l'Université de Louvain, appartenant à la Compagnie de Jésus, qui possède un Observatoire.

L'Astronomie, cette science si belle et si utile, serait bien plus répandue s'il existait un Traité pratique à la portée de tous, qui permit d'acquérir, en peu de temps, sans l'aide des mathématiques transcendantes, les connaissances suffisantes, sinon pour déterminer les positions géographiques, etc., au moins pour faire des observations astronomiques ou admirer les beautés célestes.

Les Traités ou Cours d'Astronomie ne manquent pas en France, mais, outre que ces ouvrages ne sont généralement écrits qu'au point de vue théorique presque exclusivement, ils ne sont accessibles qu'aux personnes qui ont une instruction transcendante ; nous ajouterons qu'on ne trouve dans aucun d'eux toutes les notions nécessaires à un débutant pour *régler les instruments*, non plus qu'*aucune méthode d'observation*. Aucun de ces ouvrages ne parle des instruments équatoriaux, ni de l'application de la Spectroscopie et de la Photographie à l'Astronomie, qui, grâce à des observateurs pleins de talents et de zèle, préparent la solution des problèmes les plus hardis qu'il soit donné à l'homme de poser sur la constitution chimique et physique de l'Univers.

L'esprit de vulgarisation des connaissances utiles qui nous anime depuis plus de vingt ans, les nombreux encouragements que nous avons reçus, nous ont engagé à combler cette regrettable lacune. Nous serions bien récompensé si nous avions réussi dans notre tentative ; car c'est le but que nous nous sommes proposé.

Dans le principe nous n'avions en vue que de vulgariser l'Astronomie au point de vue de l'observation des nombreuses curiosités célestes ; mais en présence des regrets exprimés à plusieurs reprises par M. l'amiral Mouchez, l'éminent directeur de l'Observatoire de Paris, à la Société de Géographie de cette ville, « que les voyageurs se « mettaient en route sans être pourvus des connaissances « nécessaires pour déterminer les positions géogra- « phiques », nous avons donné une plus grande extension à notre ouvrage, afin de permettre aux explorateurs, aux ingénieurs et aux officiers de l'armée de terre dépourvus de connaissances astronomiques suffisantes, de déterminer les positions géographiques par des moyens faciles. Dans ce but nous avons toujours fait suivre les méthodes d'observation d'exemples numériques, et nous avons donné plus d'importance à la pratique des observations qu'à la théorie.

Nous ferons remarquer que pour déterminer les positions géographiques aussi rigoureusement que le comportent les instruments portatifs d'observation, les *con-*

naissances pratiques sont plus nécessaires et plus difficiles à acquérir que les *connaissances théoriques.*

En écrivant cet ouvrage, conçu dans une pensée de vulgarisation, notre but consiste, à enseigner : 1° les notions préliminaires sur les observations sidérales ; 2° les moyens faciles pour régler les instruments d'observation, et, 3° les méthodes d'observation, — afin de permettre à tout le monde, à l'aide des règles de l'arithmétique et des tables de logarithmes seulement, de faire les observations connues, de déterminer les positions géographiques, ou de contempler les merveilles célestes, dont les beautés inénarrables peuvent, avec un peu de pratique, être observées avec une lunette astronomique.

Pour mettre cet ouvrage à la portée de tous, nous n'avons pas employé de formules algébriques et trigonométriques, car elles auraient pu être pour bien des personnes une cause de découragement. En cela nous avons suivi pour la *pratique* la méthode adoptée pour la théorie par un des plus grands vulgarisateurs des sciences, car personne ne l'a pratiquée de si haut avec autant d'autorité, — nous avons nommé l'illustre Arago, — l'immortel auteur de l'*Astronomie populaire.* Les personnes qui voudront approfondir l'étude de l'Astronomie, seront toujours à même de consulter les ouvrages spéciaux ; elles les trouveront chez MM. Gauthier-Villars, à Paris.

Un sentiment de vive reconnaissance nous fait un devoir de remercier ici, dans l'ordre des services qui nous ont été rendus, M. Périgaud, astronome titulaire de l'Observatoire de Paris, de ses bienveillants conseils et de l'extrême obligeance qu'il a eue de revoir la plus grande partie de notre ouvrage ; — M. Ch. Wolf, membre de l'Institut, astronome de l'Observatoire de Paris,

1.

d'avoir bien voulu examiner la partie de notre travail qui
traite de Spectroscopie astrale, et nous avoir signalé
quelques erreurs ; — MM. Paul et Prosper Henry,
astronomes du même Observatoire, de nous avoir donné
les renseignements complémentaires dont nous avions
besoin pour mener à bien la partie qui traite de la
Photographie astrale et spectrale ; — M. Fraissinet,
l'obligeant secrétaire-bibliothécaire du même établissement, de nous avoir facilité avec une bienveillance
extrême, les moyens d'y travailler. — Nous adressons
également nos remerciements à M. A. Bardou, dont les
vastes ateliers sont dirigés par lui d'une manière si
remarquable, d'avoir mis à notre disposition avec un
grand désintéressement, ce dont nous avions besoin pour
faire nos premières expériences, ainsi que quelques-unes
des figures de son catalogue qui accompagnent notre
texte. Nous remercions avec non moins d'empressement
notre excellent ami. M. P. Gautier, l'éminent constructeur, de nous avoir fourni de nouveaux moyens de
recherches et d'expériences dont nos lecteurs profiteront ;
ainsi que M. Secrétan qui a bien voulu nous prêter des
figures qui aideront à l'intelligence du texte.

Que ces Messieurs reçoivent ici l'expression de notre
vive gratitude. Nous demandons pardon au lecteur de
nous être permis cette petite digression.

Nous prions les personnes qui voudraient bien nous
faire des communications dans l'intérêt de la science et
de celui de notre ouvrage, de bien vouloir nous les
adresser à Sens (Yonne), nous les recevrons avec reconnaissance.

Gélion TOWNE.

Sens, le 27 mars 1890.

CHAPITRE PREMIER

NOTIONS PRÉLIMINAIRES

1. — Le Ciel. — Disons tout de suite qu'à l'exception, des planètes Mercure, Vénus, Mars, Jupiter, Saturne, Uranus, Neptune, etc., qui réfléchissent la lumière de notre astre radieux, tous les points lumineux — très dissemblables d'éclat et de couleur, et capricieusement distribués, — qui brillent le soir au-dessus de notre tête et qui semblent comme fixés à une voûte solide et transparente, ainsi qu'on le croyait jadis, sont des foyers de lumière et de chaleur ; des Soleils enfin, disséminés à toutes les distances et à toutes les profondeurs de l'espace, et ce n'est que par un effet de perspective qu'ils nous paraissent situés sur une même surface ; de même que c'est à cause de leur incommensurable distance, que ces gigantesques globes de feu — dont la majeure partie, peut-être, surpasse le nôtre en grandeur et en éclat, — sont réduits à de simples points plus ou moins brillants.

Rien ne peut donner une idée de l'immensité de l'Univers, car les profondeurs du Ciel sont insondables. Notre brillant Soleil, dont le diamètre a plus de 345.800 lieues, n'occupe qu'un point presque imperceptible dans le Ciel ; vu à la distance des étoiles les moins éloignées de nous, il ne paraîtrait que comme une des plus petites étoiles que nous apercevons à l'œil nu. Dans cette immensité, quelle place tient la planète que nous habitons ? celle d'un atome emporté par un Soleil microscopique !

Ce n'est que par une belle nuit, alors que l'atmosphère est transparente et qu'elle n'est pas éclairée par la Lune, ni illuminée par les lueurs crépusculaires, que l'on peut jouir de toute la splendeur du Ciel ; dans ces conditions il est impossible de contempler ces milliers de Soleils, de couleurs variées et de différents éclats, sans éprouver une émotion profonde. — Peut-on voir quelque chose de plus splendide que la Voie Lactée, cette belle lueur blanchâtre qui semble former comme une immense ceinture autour du Ciel ? Qui pourrait se douter qu'il y a là une agglomération considérable de Soleils ?

Le nombre d'étoiles de notre hémisphère qu'une vue ordinaire peut apercevoir à l'œil nu, par une belle nuit sans Lune, n'atteint pas 3.000 ; mais si nous explorions l'espace avec une puissante lunette astronomique, le nombre de Soleils est tellement considérable qu'on en compterait plusieurs milliards, et on éprouverait une sensation indescriptible devant les beautés inénarrables qui s'offriraient à notre vue. Entre ces innombrables Soleils isolés, disséminés dans les profondeurs de l'éther où ils répandent partout la lumière, on en voit un grand nombre réunis par groupes de deux, trois et davantage encore ; ces systèmes doubles, triples et multiples, sont composés généralement d'étoiles de différentes couleurs plus ou moins brillantes, dont le contraste est charmant ; ils offrent continuellement à l'observateur une succession de surprises.

Dans certaines parties de la voûte céleste on aperçoit, çà et là, des amas de Soleils, de formes plus ou moins régulières, dont quelques-uns peuvent être comparés à une poussière de diamants, dans lesquels des rubis, des topazes ou des saphirs seraient parsemés. Mais un examen plus attentif du Ciel fait découvrir des milliers de mondes en formation, nous voulons parler de ces taches laiteuses qui ressemblent à de petits nuages blanchâtres plus ou moins lumineux, auxquels on a donné le nom de nébuleuses. Il y a des nébuleuses de toutes grandeurs et d'aspects les plus divers : rondes, elliptiques, annulaires, doubles, irrégulières ; certaines sont en spirale et on y voit déjà des soleils naissants. Un spectacle incomparable dont rien ne peut donner une idée, est celui de la gigantesque nébuleuse d'Orion ; qu'on se figure une vaste nébulosité constellée de très petits points lumineux sur laquelle sont parsemés des traits de lumière diffuse en forme de spirale ; et pour compléter cet indescriptible tableau, il y a vers le centre de la partie la plus brillante de ce beau phénomène, une splendide association de six Soleils de différentes couleurs. Quelle accumulation de merveilles dans ce petit coin du Ciel !

Avant de terminer cette trop courte description des beautés célestes, ajoutons que notre Soleil est entouré d'un cortège de 297 planètes (1er janvier 1890) dont plusieurs ont des satellites, et que parmi ces mondes, Saturne avec ses merveilleux anneaux et ses huit lunes, offre un spectacle dont la vue ne s'éloigne qu'avec peine (1).

---

(1) À l'exception des planètes dont nous donnons les noms au commencement de ce paragraphe, presque toutes les autres, dont le nombre va croissant sans cesse, sont télescopiques. D'après Pickering, le diamètre de Vesta, qui est la plus grosse, est de 513 kilomètres, et celui de Ménippe, une des plus petites connues, n'est que de 20 kilomètres.

Pour nous résumer, nous dirons que le Ciel présente aux regards de l'observateur un spectacle grandiose, sublime et incomparable. Et si à ces myriades de Soleils en perpétuel mouvement dans l'Univers, car tout se meut dans les espaces célestes, on ajoute les corps obscurs, planètes, satellites, comètes, qui gravitent autour d'eux et que l'œil humain ne verra jamais, — on ne pourra encore se faire qu'une faible idée de la prodigieuse quantité d'astres que contient l'immensité du Ciel, car à mesure que l'on perfectionne les instruments et les procédés d'observation, on en découvre de nouveaux, ce qui ne fait qu'accroître l'indicible profondeur de ce gouffre sans fin, sans bornes et sans ténèbres !

« Si le monde des étoiles est infini, dit l'immortel Arago, il n'y a pas une seule ligne visuelle menée de la Terre vers les régions profondes de l'espace qui ne doive rencontrer un de ces astres. » — « Malheureusement, quelque progrès que nous accomplissions en Optique ou en Photographie, dit M. l'Amiral Mouchez, l'éminent directeur de l'Observatoire de Paris, dans une remarquable Notice sur la *Photographie astronomique* ; quelque puissance de pénétration et de sensibilité que nous puissions espérer donner à nos instruments, il est évident que nous ne parviendrons jamais à voir les derniers astres ; et à quelque limite que nous puissions arriver, il y en aura au-delà une infinité d'autres, perdus dans la profondeur des cieux, qui échapperont toujours à notre connaissance ; mais c'est certainement par la Photographie et l'étude microscopique des clichés que nous pourrons atteindre la limite la plus éloignée. »

Où est le fond de cet insondable abîme ? On l'ignore ! et on l'ignorera toujours !

Maintenant, que deviennent les astres ? Nous allons le dire.

Tout le monde a pu lire le beau discours de M. Janssen, président de l'Académie des Sciences sur l'*Age des Étoiles*, dans lequel il compare l'histoire des corps célestes à celle des êtres vivants, et affirme l'idée de *l'évolution sidérale*. Ce savant y déclare en outre que c'est une des plus belles conquêtes de la Science moderne.

Le 21 novembre 1887, M. Janssen a présenté, à l'Académie des Sciences, une Note de M. Stanislas Meunier, dans laquelle cet éminent lithologiste rappelle, au sujet du discours sur l'*Age des Étoiles*, un point de vue très grandiose et très intéressant, sous lequel il étudie depuis plus de vingt ans les principaux types lithologiques de météorites. Suivant lui la phase météorique représente le dernier terme des métamorphoses astrales, et révèle le mécanisme par lequel la substance même des globes morts retourne à ceux qui continuent à vivre. C'est ce qu'a sanctionné l'illustre président de l'Académie des Sciences.

Rien n'est donc immuable dans l'Univers. Les étoiles, et notre Soleil en est une, sont formées des mêmes éléments que notre Terre, et sont soumises aux lois d'une évolution analogue à celle que nous offre sur notre globe les êtres organisés ; elles ont un commencement, une période d'activité, un déclin et une fin. En un mot, les étoiles, formées d'abord de la matière nébulaire, après avoir passé par toutes les phases de transformation, se refroidissent, deviennent planètes ou satellites et finissent par se désagréger. Les météorites en sont aujourd'hui une preuve inéluctable.

Nous venons de dire que tout se transformait dans l'Univers. Donnons à ce sujet un aperçu des changements qui s'opèrent sur la minuscule planète que nous habitons.

Sans remonter aux temps préhistoriques, ni interroger les entrailles de la Terre, qui attestent ses bouleversements, n'avons-nous pas journellement des preuves irréfragables des transformations lentes et régulières qui se produisent à sa surface ?

Ce sont d'abord les modifications considérables occasionnées par les vagues, éternellement mobiles, de l'Océan et des mers qui empiètent sans discontinuer sur certains rivages, en couvrant ses plages ou rongeant les rochers qui les bordent ; alors que sur d'autres rives elles rejettent les alluvions et les débris de toutes sortes qu'elles roulent dans leurs flots. Nous avons ensuite les transformations occasionnées par les fleuves, dont le charriage ininterrompu des matières organiques et inorganiques avance ainsi les limites des rivages. Ce travail continu des eaux finira par donner aux côtes la forme doucement ondulée qu'offre aujourd'hui la plupart des rivages.

Indépendamment de l'action des eaux, les contractions de la Terre altèrent ses formes : sans parler de l'affaissement lent et continu de certaines parties du sol, ne voit-on pas de nos jours des montagnes et des territoires s'effondrer ou disparaître, des îles surgir du fond des mers. Avec l'aide du temps, l'eau, les vents, la chaleur et le froid, ces puissants agents de destruction, désagrègent les rocs les plus durs, abaissent les montagnes et comblent les mers.

Comme on le voit par les faits dont nous sommes journellement témoins, il est facile de se rendre compte que la forme des continents, le lit des mers et le relief du sol sont modifiés sans discontinuités. Il en sera ainsi aussi longtemps que notre Soleil, qui est en voie d'extinction, aura assez d'énergie pour nous conserver la vie végétale et animale. Mais, lorsqu'il aura perdu sa brillante clarté, sa surface s'encroûtera comme celle des planètes, ces Soleils d'autrefois ; les ténèbres et le froid envahiront la Terre ; les mers, cessant d'obéir au mouvement des marées, se congèleront, et toute vie cessera à sa surface.

2. — Les Constellations. — Pour faciliter l'étude du Ciel on a reconnu depuis la plus haute antiquité la nécessité de former des groupes distincts d'étoiles représentant des objets physiques : héros, animaux, etc., et on a donné à l'ensemble des étoiles contenues dans ces groupes le nom de *constellations* ou d'*astérismes*. La délimitation des constellations étant très arbitraire, elles n'ont en réalité qu'une valeur mnémonique.

Les constellations se divisent en zodiacales, boréales et australes. Les constellations zodiacales, au nombre de douze, forment une ceinture autour du ciel, dont l'Ecliptique, qui représente la route apparente que suit le Soleil pendant le cours d'une année, est à peu près la ligne médiane ; les constellations boréales sont dans l'hémis-phère nord, et les constellations australes dans l'hémisphère sud. On donne également le nom de constellations circumpolaires à celles qui avoisinent les pôles.

Nous n'avons pas à donner ici la liste de ces astérismes dont le nombre s'est élevé jusqu'à 147. Les astronomes modernes ont réduit ce chiffre à 108, et ils ont remplacé les dessins allégoriques qui les représentaient par un tracé géométrique, de sorte que les cartes et les sphères célestes ne sont plus confuses comme autrefois. — Afin de ne pas laisser de surprises, mentionnons pour mémoire les tentatives, dont on rencontre encore des traces aujourd'hui pour christianiser le nom des constellations, en remplaçant les noms mythologiques que portent les constellations de la sphère grecque par ceux des Saints ou de certains souvenirs de l'Ancien et du Nouveau Testament ; cette idée qui n'avait rien de commun avec les intérêts de la science, a été unanimement rejetée.

Pour comparer les étoiles entre elles, on les a rangées par ordre de grandeur apparente ou plutôt d'intensité lumineuse, ce qui ne veut pas dire que celles qui ont le plus d'éclat sont les plus grandes ; car pour indiquer la grandeur d'un astre il faudrait connaître son diamètre, sa distance dans l'espace et sa lumière propre. Les plus brillantes étoiles sont classées dans la première grandeur ; viennent ensuite, par ordre d'éclat lumineux, celles de deuxième, troisième grandeur, etc. On distingue vingt grandeurs d'étoiles dans les plus puissants instruments, mais le pouvoir pénétrant des lunettes de moyenne puissance ne permet guère de voir au-delà de la douzième grandeur, et c'est à la sixième que s'arrête la pénétration de la vue ; cependant lorsque le ciel est très pur et qu'il n'est pas éclairé par la Lune ou par les lueurs du crépuscule, quelques rares personnes douées d'une vue exceptionnelle, peuvent distinguer à l'œil nu des étoiles de septième grandeur. — On a reconnu que le nombre des étoiles, en passant d'un ordre de grandeur au suivant, suit une progression géométrique croissante dont le premier terme est 19 et la raison 3.

Afin de reconnaître les étoiles d'une même constellation on les désigne par des lettres grecques (1), des lettres latines et des chiffres arabes. On a d'abord affecté les lettres de l'alphabet grec aux principales étoiles en désignant par α la plus brillante de la constellation ; β, la seconde en éclat ; γ, la troisième, et ainsi de suite

---

(1) Afin de faciliter la lecture de l'alphabet grec aux personnes qui

jusqu'à ω. Après avoir épuisé les lettres de l'alphabet grec on a suivi l'ordre de l'alphabet romain, à l'exception de la lettre a, que l'on a remplacé par un A majuscule pour ne pas la confondre avec α (alpha) ; ensuite on désigne les étoiles par des chiffres arabes d'après le rang d'inscription que les étoiles occupent dans les catalogues connus. Ces catalogues contiennent tous les éléments nécessaires pour déterminer avec précision la position des étoiles.

Les anciens avaient également donné des noms particuliers à un grand nombre d'étoiles, ce qui compliquait inutilement les cartes et les sphères sans utilité pour l'étude ; aujourd'hui, à l'exception d'une vingtaine de noms qui restent affectés aux étoiles les plus remarquables : la Polaire, la Chèvre, Deneb, Algol, Véga, Castor, Pollux, Arcturus, Aldebaran, Régulus, Altaïr, Procyon, Bételgeuse, Rigel, Mira, l'Epi, Sirius, Antarès, Fomalhaut, Canopus et Achernar, on ne mentionne plus guère les autres.

3. — Cercles de la sphère céleste. — Pour indiquer la position des astres dans le Ciel, on a imaginé des cercles que l'on a tracés sur la surface de la sphère. A

---

n'ont pas de notion de cette langue, nous donnons ses lettres suivies de leur prononciation française :

α, Alpha.	η, Éta.	ν, Nu.	τ, Tau.
β, Bèta.	θ, Thêta.	ξ, Xi.	υ, Upsilon.
γ, Gamma.	ι, Iota.	ο, Omicron.	φ, Phi.
δ, Delta.	κ, Cappa.	π, Pi.	χ, Chi.
ε, Epsilon.	λ, Lambda.	ρ, Rho.	ψ, Psi.
ζ, Zêta.	μ, Mu.	σ, Sigma.	ω, Oméga.

l'aide de ces cercles la place de chacun de ces astres peut être déterminée facilement.

On a mené d'abord à égale distance des deux pôles un grand cercle perpendiculaire à l'axe du monde, auquel on a donné le nom d'*Equateur céleste*. Ce grand cercle, qui sert de plan fondamental en Astronomie, divise la sphère en deux parties égales ou hémisphères ; l'un se nomme *hémisphère nord* ou *boréal*, l'autre *hémisphère sud* ou *austral*. On divise l'Equateur en 360°, subdivisés eux-mêmes en minutes et en secondes d'arc ; ou plus communément en 24 heures, subdivisées en minutes et secondes de temps. Cette dernière manière est préférable parce qu'elle permet d'unifier la mesure du temps avec la mesure des ascensions droites.

Tous les cercles de la sphère situés dans les plans parallèles à l'Equateur céleste s'appellent *parallèles*. Ces cercles sont d'autant plus petits qu'ils sont plus près des pôles. En vertu du mouvement diurne et uniforme de la sphère céleste, tous les astres, à l'exception du Soleil, de la Lune, des planètes et des comètes (à cause de l'inclinaison de leur orbite) décrivent un parallèle de la sphère (1).

On a donné le nom d'*Ecliptique* à un grand cercle de la sphère céleste que décrit le Soleil dans son mouvement apparent annuel. Ce cercle fait avec l'Equateur un angle de 23°27'13",25 (moyenne pour 1890), et le coupe en deux points : l'un qui détermine l'équinoxe du printemps

---

(1) Nous supposons ici que toutes les étoiles sont fixes. Il n'en est pas rigoureusement ainsi; car on a reconnu qu'un grand nombre d'entre elles sont animées d'un mouvement propre. On doit même supposer qu'en vertu des lois de la gravitation universelle, elles sont toutes en mouvement plus ou moins prononcé.

est désigné aussi sous le nom de *point vernal*, et l'autre est l'équinoxe d'automne. On divise l'Ecliptique en 360 degrés, subdivisés eux-mêmes en minutes et secondes d'arc.

Tout grand cercle mené par l'axe du monde et divisant la sphère en deux parties égales, s'appelle *cercle de déclinaison* ou *cercle horaire*. Ce grand cercle se divise en quatre quadrants dont chacun se compte de 0° à 90° à partir de l'Equateur vers les pôles. Les cercles de déclinaison tournent avec la sphère autour de l'axe du monde et viennent successivement coïncider avec le méridien du lieu où l'on se trouve pour l'abandonner aussitôt en continuant leur mouvement. — Les grands cercles de la sphère céleste passant par les pôles du monde s'appellent aussi *méridiens*. Celui de ces méridiens qui passe par l'intersection de l'Ecliptique et de l'Equateur, et qui contient par suite l'équinoxe du printemps ou point vernal, s'appelle *méridien initial*, ou *méridien d'origine*, ou *premier méridien*; il est numéroté 0°. Ce méridien est mobile.

Ces notions de pure géométrie céleste nous permettent de rapporter les astres à un système de coordonnées sphériques, et d'établir une mesure parfaite du temps. Le mouvement apparent des étoiles, ou plutôt le mouvement de rotation de la Terre autour de l'axe du monde, est le seul mouvement régulier et uniforme que l'on connaisse et, par suite, seul, il peut servir à la mesure du temps.

4. — Mouvement diurne de la sphère céleste. — Le *mouvement diurne* est la rotation universelle de la sphère céleste autour d'un axe passant par le centre de la Terre et la sphère céleste en deux points opposés appelés pôles.

Ce mouvement, qui est général, et qui semble entraîner les étoiles de l'est à l'ouest, avec une vitesse d'autant plus grande qu'elles sont proches de l'Equateur céleste, n'est qu'*apparent*.

Lorsque faisant face au sud, on contemple le ciel par une belle nuit sans nuage, il suffit d'observer quelques instants la marche apparente des étoiles par rapport à un point fixe sur la Terre, un arbre, une haute cheminée, etc., pour se rendre compte que le mouvement de ces astres, dû à la rotation réelle de la Terre, a lieu de gauche à droite, dans le sens des aiguilles d'une montre, On voit que les étoiles se lèvent à notre gauche (côté *est*) sur l'un des bords de l'horizon, montent lentement dans le ciel à des hauteurs inégales pour chacune d'elles, et qu'après avoir atteint leur plus grande hauteur, elles redescendent, puis disparaissent sous l'horizon opposé (*ouest*). A l'exception de quelques planètes qui se déplacent dans l'espace, les positions relatives des étoiles sur la sphère restent les mêmes. Le mouvement apparent commun à toutes les étoiles, s'effectue tout d'une pièce d'Orient en Occident autour d'une ligne droite qui passe par l'observateur et un point très voisin de l'étoile désignée sous le nom de Polaire, étoile qui semble immobile, le cercle qu'elle décrit en 24 heures n'atteignant pas $1°18'$ de rayon.

Si on renouvelle les observations de mois en mois, pendant le cours d'une année, on verra par suite du mouvement de translation de la Terre autour du Soleil joint à son mouvement de rotation, se lever successivement vers l'Orient de nouvelles constellations qui iront se coucher vers l'Occident. A mesure que l'on approche de la région équatoriale, la Polaire s'abaisse davantage, les étoiles équatoriales s'élèvent de plus en plus vers le

zénith. Pour l'observateur placé à l'Equateur, l'étoile
Polaire est à l'horizon nord, la vue s'étendant d'un pôle
à l'autre, il voit, dans le cours d'une année, se lever, se
mouvoir et se coucher les astres du Ciel entier dans des
courbes perpendiculaires à l'horizon. — Le même phénomène a lieu pour le Soleil, la Lune et les planètes.

Pour l'observateur qui est dans l'hémisphère austral
le mouvement est le même ; mais pour bien saisir le
mouvement diurne dans les deux hémisphères, il faut se
placer le long de l'axe de la Terre, la tête vers le pôle
nord ou le pôle sud, selon qu'on est dans notre hémisphère ou dans l'autre. Si donc l'observateur fait face au
pôle *austral*, il a le nord *devant* lui, l'est à sa *droite* et
l'ouest à sa *gauche ;* il en résulte que dans l'hémisphère
sud, notre *ouest* devient l'*est* et *vice-versa*.

Comme conséquence de ce qui précède, le mouvement
diurne dans l'hémisphère austral s'effectue, pour l'observateur, également de l'est vers l'ouest, ou plus correctement du sud vers l'ouest, par le *plus court chemin*.

C'est donc une erreur de croire que dans l'hémisphère
sud le Soleil fait face au nord, à midi ; c'est vrai, en
apparence, relativement à la position que nous occupons
sur la Terre, — mais il n'en est pas ainsi, et c'est tout le
contraire qui a lieu dès qu'on dépasse l'Équateur ; car,
alors, à midi, l'observateur tourne le dos au pôle austral
qui indique naturellement le nord dans l'autre hémisphère,
de même qu'à midi dans le nôtre, il tourne le dos au pôle
boréal (1).

Si par la pensée on se transportait à l'un des pôles de

(1) A l'aide d'une sphère céleste on démontre parfaitement le
mouvement diurne dans les deux hémisphères ; il suffit d'élever le
pôle de l'hémisphère considéré.

la Terre, l'aspect du mouvement diurne de la sphère céleste y serait tout différent, car l'axe du monde y passant par le zénith, on verrait l'Équateur céleste dans le plan de l'horizon. Le mouvement apparent des étoiles s'effectuant parallèlement à l'Équateur, toutes les étoiles de l'hémisphère où l'on se trouverait seraient toujours visibles à la même hauteur ; elles ne se lèveraient ni ne se coucheraient jamais ; tandis que celles de l'hémisphère opposé seraient toujours invisibles.

L'aspect du ciel, selon les saisons, semble toujours le même aux personnes qui ont l'habitude de l'observer à l'œil nu, mais il n'en est pas ainsi ; car par suite d'un mouvement rétrograde de notre planète sur l'Ecliptique (50″,2 par an), auquel on a donné le nom de *précession des équinoxes,* il résulte que la ligne des pôles de la Terre décrit un cône de révolution autour de la perpendiculaire du pôle de l'Écliptique dans une période de 25.765 ans environ.

La position de notre planète dans l'espace variant incessamment, il s'ensuit que dans la suite des siècles, c'est-à-dire dans 12.882 ans, les constellations qu'on voit de nos jours pendant les nuits d'hiver, on les verra pendant les nuits d'été et réciproquement. Il suffit de jeter les yeux sur le cercle décrit par le pôle du monde autour du pôle de l'Écliptique pour se convaincre que la dénomination de Polaire donnée aujourd'hui à α Petite Ourse, sera appliquée successivement, comme elle l'a déjà été, à γ et α Céphée, δ Cygne, α Lyre (Véga), ι et τ Hercule, ι et α Dragon, etc. Comme on le voit, l'Astronomie ouvre l'horizon de l'avenir le plus reculé.

Si à ce déplacement incessant du pôle de la Terre on ajoute le mouvement de notre système solaire dans l'espace — (sa vitesse annuelle, est d'environ 160 millions

de lieues), — et celui bien plus considérable encore des
étoiles dans des directions diverses, mouvement dont la
rapidité étonne l'imagination, on comprendra facilement
qu'indépendamment de l'interversion dans l'aspect des
constellations dont nous venons de parler, ces groupes
finiront par perdre les formes sous lesquelles on les voit
aujourd'hui. Ce mouvement de circulation générale dans
l'immensité de la sphère est dû à l'attraction universelle.
— Autour de quel centre et parallèlement à quel plan se
fait-il ? C'est là une question que la science n'a pu encore
résoudre.

Malgré le mouvement perpétuel des étoiles, — ces
Soleils de l'infini qui peuplent l'immensité des cieux en
gouvernant les mondes qui gravitent autour d'eux, — la
position de chacune de ces étoiles est connue. Pour
l'astronome, le Ciel est un immense cadran, et le méridien
une gigantesque aiguille qui lui indique l'heure, à chaque
instant, avec une exactitude qui peut atteindre un centième
de seconde près.

Nous sommes loin de l'époque où l'on considérait le
Soleil comme centre géométrique de l'Univers ! La
science démontre aujourd'hui, d'une manière irréfutable,
que tout le système solaire n'occupe dans l'espace qu'un
petit point voisin de l'insondable Voie lactée, et chacun
peut s'assurer, avec une lunette astronomique, que le
fond du ciel est formé d'une poussière de Soleils. Qu'il
nous soit permis de nous approprier les réflexions faites
par Secchi dans son remarquable ouvrage, le *Soleil* : le
monde s'élargit donc à nos yeux ; le système solaire ne
nous paraît plus que comme un point dans l'espace.
Quelle différence entre ces idées si larges et celles qui
limitaient autrefois le monde à notre globe ! Mais en
reculant les limites du monde, nous ne diminuons pas

notre grandeur véritable. Sans doute, nous paraissons peu de chose dans cette immensité de l'Univers ; mais plus le monde est grand par rapport à nous, plus il nous faut d'intelligence pour comprendre ces merveilles, plus il a fallu de génie pour le découvrir... Heureux le mortel qui peut en avoir une idée assez exacte pour en admirer la grandeur et la beauté !

5. — Diverses espèces de jour et de temps. — La *mesure du temps* est une des questions les plus délicates de l'Astronomie ; elle a été traitée magistralement par Le Verrier. — Il y a trois espèces de jour : le *jour sidéral*, le *jour solaire vrai*, et le *jour solaire moyen*; d'où résultent trois espèces de temps : le *temps sidéral*, le *temps vrai* et le *temps moyen*.

1° *Jour et temps sidéral.*— Le jour sidéral a pour mesure le temps qui s'écoule entre deux retours du point équinoxial du printemps au méridien d'un lieu : 86.164^s,091, ou 23^{h}56^{m}4^s,091 de temps moyen ; ou ce qui revient au même, il est égal à la durée du temps qui s'écoule entre deux culminations d'une même étoile, *supposée* absolument fixe sur la sphère céleste, *corrigée* du petit déplacement de l'axe de rotation de la Terre d'Orient en Occident, auquel on a donné le nom de précession des équinoxes (1). Ce déplacement est de 0^s,008 par jour (2).

_____

(1) Le mouvement de précession des équinoxes est dû, ainsi qu'on le sait, aux attractions combinées du Soleil et de la Lune sur le renflement équatorial de notre planète; il a pour conséquence de faire tourner lentement dans le sens rétrograde la ligne d'intersection des plans de l'Ecliptique, autrement dit, la ligne des équinoxes. Le cycle de ce mouvement est d'environ 25.765 ans.

(2) Cette différence de huit millièmes de seconde entre les deux durées, qui en apparence est très minime, est au contraire très im-

Comme on le voit par ce qui précède, la durée du temps qui s'écoule entre deux retours du point équinoxial au méridien serait égale à la révolution de la Terre autour de son axe, qui est de 86.164^s,091, si le mouvement de précession n'existait pas. Il résulte de ce mouvement que l'on ne peut identifier la durée de la révolution de la Terre, et, par suite, le temps qui s'écoule entre deux culminations d'une même étoile au méridien — avec l'intervalle de temps qui s'écoule entre deux retours du point équinoxial au méridien, 86.164^s,091, qui définit rigoureusement la durée du jour sidéral. Cette durée étant constante, elle est l'unité fondamentale de la mesure du temps en Astronomie. L'Astronomie d'observation est fondée sur l'invariabilité du jour sidéral.

La durée du jour sidéral est donc définie par l'intervalle de temps qui s'écoule entre deux retours du point équinoxial du printemps, c'est-à-dire 23^{h}56^{m}4^s,091. La durée de l'année sidérale est 366 jours sid. 25638, ou 366 j. 6^{h}9^{m}11^s de temps sidéral. — Le jour sidéral se compte de 0 h. à 24 h. Il commence pour tous les points d'un méridien terrestre, à partir de l'instant du passage du point équinoxial du printemps (point vernal ou point γ) au méridien d'un lieu jusqu'à son passage suivant. Une pendule qui marque 24 h. pendant cet intervalle, indique le temps sidéral. Le point de départ du jour sidéral, 0^{h}0^{m}0^s, est le point d'origine des ascensions droites (§ 8, 3°); donc l'ascension droite d'un astre, à son passage au méridien, indique le temps sidéral à cet instant, et s'il

---

portante; elle finirait par fausser tous les calculs si, dans les éphémérides de la *Conn. des T.*, on n'imputait la correction qu'elle nécessite à l'ascension droite des astres. Nous ne parlerons pas ici des corrections dues au mouvement propre des étoiles, à l'aberration et à la nutation, qu'on leur applique également.

est question du *Soleil moyen* elle indique le temps sidéral
à *midi moyen*.

2° *Jour solaire vrai, temps vrai.* — Le jour solaire vrai
est l'intervalle qui s'écoule entre deux passages consécutifs du centre du Soleil au même méridien. Il est donc
midi vrai en un lieu quand le centre du Soleil passe au
méridien de ce lieu. Le jour vrai se compte en 24 heures
solaires vraies, de 0 h. à 24 h., d'un *midi vrai* au *midi
vrai* suivant.

L'angle horaire du Soleil, à un instant quelconque,
s'appelle *temps solaire vrai;* mais l'ascension droite du
Soleil ne variant pas uniformément à cause de l'inclinaison de l'Ecliptique sur l'Equateur et la non-uniformité
du mouvement du Soleil sur l'Ecliptique, le temps solaire
vrai, toujours égal à l'angle horaire du Soleil, ne peut
servir à la mesure du temps.

La *Conn. des T.* donne tous les jours de l'année le
temps vrai à midi moyen de Paris. On l'obtient directement en retranchant, du temps sidéral à midi moyen,
l'ascension droite du Soleil à cet instant, augmenté au
besoin de 12 h., si cela est nécessaire, pour rendre la
soustraction possible.

3° *Jour moyen, temps moyen.* — Le jour moyen est le
temps compris entre les deux passages consécutifs au
même méridien du Soleil fictif qu'on imagine parcourir
annuellement, l'Equateur céleste, avec une vitesse uniforme (1). Le jour moyen est divisé en 24 h. moyennes

---

(1) Le Soleil fictif n'est d'accord avec le Soleil vrai que quatre fois
par an : vers le 15 Avril, le 14 Juin, le 1ᵉʳ Septembre et le 25 Décembre. De la première à la seconde période, le Soleil vrai précède le
Soleil moyen; c'est l'inverse de la seconde à la troisième ; de la troisième à la quatrième époque, le Soleil vrai précède de nouveau le
Soleil moyen, et ainsi de suite.

que l'on compte de 0 h. à 24 h., d'un *midi moyen* au *midi moyen* suivant. Il est *midi moyen* en un lieu quand le Soleil moyen est au méridien, c'est-à-dire quand le temps sidéral est égal à l'ascension droite du Soleil, et le *temps moyen* est à chaque instant égal à l'angle de ce *Soleil moyen*.

Le *temps moyen à midi vrai* étant l'heure moyenne à l'instant du passage du centre du Soleil vrai par le méridien, est, par conséquent, celui que doit marquer, à cet instant, une pendule réglée sur le temps moyen. Le mouvement du Soleil n'étant pas uniforme, le temps moyen à midi vrai varie d'un jour à l'autre. La *Conn. des T.* donne en heure civile, pour tous les jours de l'année, le temps moyen pour le midi vrai de Paris. Si le temps moyen est en avance sur le temps vrai, le temps moyen à midi vrai représente la différence entre les deux midis ; si le temps moyen est en retard sur le temps vrai, la différence entre les deux midis, ou *équation du temps*, est égale au temps moyen à midi vrai moins 12 h. — On sait que les horloges publiques indiquent le temps moyen à midi vrai.

La durée du jour solaire moyen est de 24^{h}3^{m}56^s,555 de temps sidéral. L'année tropique ou équinoxiale, qui est définie par le retour de la Terre à l'équinoxe du printemps, est de 365 j. 24222 ou 365 j. 5^{h}48^{m}46^s de temps moyen solaire.

Équation du temps. — On appelle équation du temps la différence entre le temps vrai et le temps moyen. Elle est *additive* quand le temps vrai est en retard, et *soustractive* quand le temps vrai est en avance. Dans la *Conn. des T.* on remplace l'équation soustractive du temps par son complément à 12 h. et l'on tient compte des 12 h. ajoutées.

3

6. — Temps sidéral d'un lieu. — L'heure sidérale
d'un lieu est celle que marque une pendule bien réglée,
c'est-à-dire qui indique $0^h0^m0^s$ au moment du passage du
point vernal au méridien du dit lieu. Ayant une pendule
sidérale ou une bonne montre indiquant ce temps, il est
très facile, avec un instrument méridien bien réglé, de
connaître l'état de la pendule ou de la montre à un instant donné en observant le passage au méridien d'une
étoile connue. L'ascension droite d'une étoile à son passage au méridien étant égale à l'heure sidérale du lieu à
cet instant, on en conclut immédiatement l'avance ou le
retard de la pendule ou de la montre.

A l'aide d'un théodolite ou d'un altazimut, on peut
obtenir immédiatement l'heure sidérale d'un lieu par la
différence entre l'angle horaire de l'étoile choisie et le
plan du méridien (§ 8, 2°). A cet effet, on retranche ou
on ajoute cette différence à l'ascension droite de l'étoile
observée, selon qu'elle est à l'est ou à l'ouest du méridien, et on aura l'heure sidérale. Ce moyen, que l'on
peut également employer avec un équatorial, est bien
moins précis que celui qu'on obtient par une observation
de passage.

Si nous supposons, par exemple, que l'astre observé
est à $16°15'30''$ ($1^h5^m2^s$) à l'est du méridien, et son ascension droite égale à $6^h20^m14^s$, le temps sidéral au moment
du pointé sera : $6^h20^m14^s — 1^h5^m2^s = 5^h15^m12^s$.

7. — Temps moyen d'un lieu. — Connaissant le temps
sidéral d'un lieu, on obtient l'heure en temps moyen
astronomique du dit lieu en convertissant le temps sidéral
en temps moyen (§ 17). L'heure en temps moyen d'un
lieu s'obtient également en combinant par *addition* ou
soustraction la longitude du dit lieu exprimée en temps,

avec l'heure que l'on compte au lieu d'origine des longitudes au même moment; selon que le lieu considéré est à l'orient ou à l'occident du lieu d'origne : Paris pour la France. — Ainsi, lorsqu'il est $0^h0^m0^s$ (midi) à Paris, le 27 mars, il est $0^h19^m46^s$, même date, à Nice, dont la longitude orientale est de $4°56'32''$; alors qu'il n'est que $23^h30^m25^s$ le 26, au phare de l'île d'Ouessant, dont la longitude occidentale est de $7°23'42''$. — Il est *midi moyen* en un lieu lorsque le centre du *Soleil moyen* passe au méridien de ce lieu. (Voir § 5, 3°).

8. — Coordonnées uranographiques. — On donne le nom de coordonnées uranographiques ou astronomiques à deux angles qui servent à déterminer la position apparente des astres sur la sphère céleste. Il y a quatre systèmes principaux de coordonnées :

1° *Azimut* et *hauteur*. — L'azimut d'un astre est l'arc de l'horizon compris entre son vertical (1) et le méridien du lieu. Les astronomes et les géodésiens comptent aujourd'hui les azimuts de 0° à 360°, à partir du sud du méridien en passant par l'ouest ; les marins, au contraire, les comptent, soient du nord, soit du sud, vers l'est ou vers l'ouest, de 0° à 90° ; mais les ingénieurs hydrographes de la Marine les comptent toujours à partir du nord, de 0° à 360° vers l'est, le sud et l'ouest. — La *hauteur* d'un astre est l'arc du grand cercle mené par le

---

(1) Le *vertical* d'un astre est le grand cercle mené par cet astre et le zénith. — On entend par *premier vertical* celui des plans verticaux qui est perpendiculaire au méridien. — On appelle également *vertical* un quart de cercle gradué, en métal, dont les divisions sont semblables à celles de la sphère pour laquelle on l'emploi ; il sert à mesurer, sur la sphère, la hauteur des astres au-dessus de l'horizon, etc. — La *verticale* est la direction de la pesanteur.

centre de cet astre et le zénith, compris entre l'horizon et le centre de cet astre, et compté à partir de l'horizon vers le zénith ; le cercle dont il fait partie s'appelle *vertical* de l'astre. La hauteur se compte de 0° à 180° à partir de l'horizon sud. On fixe ainsi la position d'un astre par rapport aux deux plans de coordonnées : horizon et méridien (1). A la hauteur on substitue souvent la distance du zénith à l'astre ; ces distances zénithales se comptent à partir du zénith ; on leur donne le signe $+$ du zénith vers l'horizon sud, et le signe $-$ du zénith à l'horizon nord.

Il est très facile d'obtenir ces coordonnées avec un cercle méridien, un altazimut ou un théodolite au moment où l'astre passe au méridien ; d'abord, l'azimut est alors égal à 0°. Quant à la hauteur, on l'obtient de la façon suivante ; supposons que l'observation a lieu à Paris, par exemple, où la hauteur du pôle au-dessus de l'horizon sud est de 131°9′48″; on obtient la hauteur de l'astre au-dessus de l'horizon, pour le passage *supérieur*, en retranchant de ce chiffre la distance polaire de l'astre (§ 61), et pour le passage *inférieur* en ajoutant cette même distance polaire à ce chiffre. Si on se sert d'un théodolite ou d'un altazimut, on obtiendra les coordonnées *azimut* et *hauteur*, en procédant comme il est indiqué aux § 81 et 82.

Avec une lunette équatoriale, on ne peut obtenir l'azi-

---

(1) *L'horizon* est l'ensemble des lignes perpendiculaires à la verticale ; on en distingue deux espèces : *l'horizon sensible* ou *apparent*, et *l'horizon rationel* ou *astronomique*. L'horizon sensible est le plan que l'on suppose toucher la Terre au point où est l'observateur et qui se déplace avec lui ; il est perpendiculaire à la verticale. L'horizon rationel est le plan parallèle au précédent qui passe par le centre de la Terre.

mut ni la hauteur d'un astre, en dehors du méridien, que par un calcul de trigonométrie sphérique. Toutefois, il est très facile de trouver approximativement ces coordonnées avec une bonne sphère céleste. A cet effet, élevez le pôle selon la latitude du lieu ; amenez sous le limbe de la sphère qui représente le méridien le point de l'Equateur qui correspond avec le temps sidéral au moment de l'observation, vous aurez la configuration exacte du ciel à cet instant. Placez ensuite un *vertical* sur le limbe qui représente l'horizon, de façon que son bord gradué passe par le centre de l'astre à observer et le zénith de la sphère ; la distance de l'astre à l'horizon, mesurée sur ce vertical, donnera la hauteur de l'astre ; la distance du pied du vertical au méridien, mesurée sur le limbe horizontal de la sphère, donnera son azimut.

2° *Angle horaire et déclinaison.* — L'arc de l'Equateur compris entre le cercle de déclinaison d'un astre et le méridien, ou l'angle formé au pôle par ces deux plans, s'appelle *angle horaire* de l'astre. On le compte sur l'Equateur de 0° à 360° à partir du méridien, dans le sens du mouvement diurne, c'est-à-dire du sud vers l'ouest. — L'arc d'un grand cercle, passant par les pôles, compris entre l'Equateur et une étoile, donne la *déclinaison* de cette étoile. Toutes les étoiles qui sont sur le même cercle ont la même déclinaison. La déclinaison est positive ou négative, selon que l'astre est au nord ou au sud de l'Equateur ; elle se compte de 0° à 90° à partir de ce cercle. On donne à la déclinaison le signe + lorsque l'astre est situé entre l'Equateur et le pôle nord ; et le signe — lorsqu'il est situé entre l'Equateur et le pôle sud. Devant un quantité, les mots *angle horaire* sont représentés par le monogramme Æ, et le mot déclinaison par la lettre grecque δ.

3.

3° *Ascension droite et déclinaison.* — L'ascension droite d'un astre est l'angle compris entre son méridien et le méridien initial passant par le point vernal ; c'est aussi le nombre d'heures ou de degrés compris entre le point vernal et le point de l'Equateur qui passe au méridien en même temps que l'astre. — L'ascension droite se compte de 0° à 360°, ou, plus ordinairement, de $0^h0^m0^s$ à 24 h., en sens contraire du mouvement diurne apparent, c'est-à-dire du sud vers l'est ou, si l'on aime mieux, suivant l'ordre des signes du Zodiaque ; c'est aussi l'angle que fait le cercle horaire passant par le centre de l'astre avec le cercle horaire passant par le point équinoxial du printemps. Toutes les étoiles qui sont sur le même cercle horaire ont la même ascension droite. Donc, l'intervalle de temps compris entre le passage au méridien d'une étoile et le passage du point vernal donne directement son ascension droite ; et si une pendule sidérale, bien réglée, marque $0^h0^m0^s$ quand le point vernal passe au méridien, l'ascension droite d'une étoile ne sera autre chose que l'heure marquée par cette pendule quand ladite étoile passera au méridien du lieu. Nous avons expliqué la déclinaison dans l'alinéa précédent. — Les mots *ascension droite*, devant une quantité, sont représentés par le monogramme Æ.

Quand on a mesuré, par l'observation méridienne, la déclinaison ou la distance polaire d'un astre, pour en déduire la déclinaison ou la distance polaire véritable, on doit tenir compte de la réfraction qui rapproche les astres du zénith.

4° *Latitude* et *Longitude.* — L'Ecliptique est la base de ces coordonnées. La *latitude* se compte sur les grands cercles de la sphère qui passent par les pôles de l'Ecliptique et par conséquent lui sont perpendiculaires. L'arc d'un de ces cercles compris entre l'Ecliptique et l'astre donne la latitude de cet astre; elle se compte de 0º à 90^b. Comme pour la déclinaison, elle est positive ou négative, selon que l'astre est au-dessus ou au-dessous de l'Ecliptique. — La longitude se compte également sur l'Ecliptique. L'arc compris entre le grand cercle perpendiculaire à l'Ecliptique, qui passe par le point équinoxial du printemps et le grand cercle qui passe par le centre de l'astre, donne la longitude ; elle se compte de 0º à 360º, à partir de ce point dans le sens des signes du Zodiaque.

Indépendamment de ces coordonnées, la position d'un astre est encore définie par sa distance polaire et sa distance zénithale (§ 64, 62).

REMARQUES SUR LES COORDONNÉES URANOGRAPHIQUES. — Le mouvement de précession des équinoxes n'altérant en rien la position du plan de l'Ecliptique, il en résulte que les latitudes des astres sont toujours constantes, et que les ascensions droites, les déclinaisons et les longitudes sont continuellement modifiées par la précession, la nutation, la parallaxe annuelle, l'aberration et le mouvement propre des étoiles.

9. — Zones de la sphère céleste, zénith et nadir. —

On a vu au § 4 que l'aspect du ciel changeait avec la latitude du lieu ; on a été amené par ce fait à diviser la sphère céleste en trois *zones* distinctes, définies par les relations entre la latitude du lieu considéré et la distance polaire de l'astre.

La première zone comprend les étoiles de perpétuelle apparition ; ce sont celles dont la distance polaire est plus petite que la latitude du lieu. — La seconde zone est celle dont les étoiles ont un lever et un coucher, et dont la distance polaire, jointe à la latitude, ne dépasse pas 180º. — La troisième zone est celle de perpétuelle occultation ; elle renferme les étoiles dont la distance polaire, jointe à la latitude, dépasse 180°.

Les points de lever et de coucher des étoiles sont toujours les mêmes pour une latitude donnée. Au moyen d'une sphère céleste, on se rend parfaitement compte de la délimitation des zones, sous une latitude quelconque, en élevant le pôle à la latitude du lieu considéré.

Le *zénith* d'un lieu est le point où la verticale de ce lieu vient percer la voûte céleste. La distance du pôle au zénith d'un lieu est égale au complément de la latitude de ce lieu, ou, ce qui est la même chose, est égale à la colatitude du dit lieu.

Le *nadir* est le point du ciel opposé au zénith. De même que l'horizon, le zénith et le nadir changent à chaque pas que nous faisons.

10. — Cercles de la sphère terrestre. — Par analogie à ce que l'on a fait pour la sphère céleste, afin de pouvoir déterminer un point sur la Terre, *considérée comme sphérique,* on a également imaginé sur sa surface des cercles auxquels on a donné les noms d'*Équateur, méridiens* et *parallèles.*

Equateur. — On donne le nom d'Equateur au grand cercle qui se trouve à égale distance des deux pôles et qui est perpendiculaire à l'axe de la Terre. Ce cercle divise la Terre en deux hémisphères : l'un, hémisphère boréal, situé du côté du pôle nord ; l'autre, hémisphère austral, situé du côté du pôle sud. Tous les points de l'Équateur sont à égale distance des deux pôles. C'est à partir de l'Équateur que se comptent les latitudes, de 0° à 90° dans la direction des pôles.

Méridiens. — On a donné le nom de *méridiens* à un nombre infini de cercles qui font le tour de la Terre en passant par les pôles. Les cercles méridiens sont perpendiculaires à l'Équateur, et sont divisés en 360°, subdivisés eux-mêmes en minutes et secondes d'arc. Le méridien d'origine varie généralement selon le pays. En France, on compte les méridiens géographiques à partir de l'Observatoire de Paris. Les méridiens servent à compter les longitudes.

Parallèles. — On nomme *parallèles* les cercles perpendiculaires aux méridiens qui coupent la surface de la Terre, et sont, par conséquent, parallèles à l'Équateur. Ces cercles sont d'autant plus petits qu'ils sont plus près des pôles. Les cercles parallèles servent à compter les latitudes.

Pour nous résumer, nous dirons que l'Equateur terrestre est le lieu des points où la latitude est nulle ; que les pôles sont deux points dont la latitude est 90° ; que le méridien d'un lieu est le plan qui passe par la verticale du lieu et par la ligne des pôles ; qu'une *méridienne* est la ligne tracée à la surface de la Terre qui contient tous les points ayant une même longitude ; et qu'un parallèle terrestre est le lieu des points de même latitude.

11. — **Méridien d'un lieu.** — *Le méridien d'un lieu* est le plan qui passe par la verticale de ce lieu et l'axe du monde, ou, ce qui est la même chose, le plan qui passe par la verticale d'un observateur et le centre du Soleil alors qu'il est midi *vrai* pour l'observateur. Comme chaque point de la Terre a sa verticale, chaque point a son méridien. — Le méridien prend deux dénominations : méridien *supérieur* et méridien *inférieur*. Le méridien supérieur part du pôle du monde, passe par le zénith de l'observateur et se continue vers le sud. Le méridien inférieur part du même point et se continue vers le nord. Quand on ne qualifie pas le méridien, c'est du méridien supérieur qu'on entend parler, car c'est par rapport à ce méridien que sont données les positions apparentes des astres. — Il faut bien se garder de confondre le méridien d'un lieu, qui est immobile, avec le méridien initial, dont nous avons parlé, § 3, qui est mobile.

On donne le nom d'*anti-méridien* ou *méridien antipode* à la prolongation du méridien d'un lieu au-dessous de l'horizon sud jusqu'à l'horizon nord.

On appelle *méridienne* d'un lieu la ligne droite suivant laquelle le méridien coupe le plan de l'horizon ou la trace de ce plan sur la surface du globe.

12. — Méridien magnétique. — Le méridien magnétique d'un lieu, qu'il ne faut pas confondre avec le méridien géographique du dit lieu, est le plan vertical qui passe au lieu donné par la direction du couple terrestre ; il coïncide avec le plan mené par la direction d'équilibre de la ligne des pôles d'une aiguille aimantée mobile sur un axe vertical. Cette direction est elle-même la *méridienne magnétique,* car elle est la trace du méridien magnétique sur l'horizon. On sait qu'une aiguille aimantée placée sur un pivot au centre d'un cadran horizontal est ce qui constitue la *boussole.* — On donne le nom de *déclinaison magnétique* à l'angle que fait le pôle nord de l'aiguille aimantée avec le méridien géographique du lieu considéré.

La déclinaison de l'aiguille aimantée est très variable d'un lieu à un autre : elle est *occidentale* dans la plus grande partie de l'Europe, en Afrique et dans l'Atlantique ; elle est *orientale* en Asie, en Océanie, dans l'Océan Pacifique et dans les deux Amériques, à l'exception du

Japon, de l'est de la Chine, d'une très petite partie de l'est des deux Amériques et de l'ouest de l'Australie.

La déclinaison de l'aiguille aimantée présente de nombreuses variations : les unes sont régulières, telles que les variations diurnes et séculaires, les autres, connues sous le nom de *perturbations magnétiques*, sont irrégulières et généralement brusques et de courte durée, de quelques heures à un ou deux jours, et une fois qu'elles ont cessé, la déclinaison reprend la valeur qu'elle avait antérieurement. Mais il arrive que le passage d'un courant magnétique anormal occasionne l'*affolement* de l'aiguille ; dans ce cas cette dernière n'indique plus la direction du pôle magnétique et a besoin d'être aimantée de nouveau. — La comparaison des observations magnétiques du Parc Saint-Maur et les observations du Soleil, démontrent aujourd'hui que ces perturbations magnétiques sont dues aux perturbations solaires, chaque passage d'une région d'activité du Soleil au méridien central, caractérisé surtout par des groupes de facules, correspondant au maximum d'intensité d'une perturbation magnétique. Une aurore polaire peut produire le même effet.

La variation séculaire est actuellement (1er janvier 1890) de — 5' pour toute la France. En retranchant 5' par année des nombres des tableaux de la valeur absolue donnée par l'*Annuaire du Bur. des Long.* de 1890, on obtiendra la déclinaison au 1er janvier de l'année considérée ; et s'il y a une fraction d'année on admettra que la fraction est proportionnelle au temps écoulé. On tiendra compte également de la variation diurne, dont l'écart angulaire entre 6 h. du matin et 4 h. du soir, peut atteindre 12'. L'*Ann. du Bur. des Long.* donne un tableau de la correction diurne à appliquer selon l'heure de l'opération. C'est un peu après 10 h. du matin et surtout à 6 h. du soir que la position de l'aiguille est la plus normale.

Pour la France, les valeurs extrêmes de l'aiguille aimantée étaient au 1er janvier 1890, de 12°56′ à Nice, et 18°57′ au Conquet (pointe de Bretagne). Donc, pour que la ligne nord-sud représentée sur la boussole par le trait qui joint 0° à 180° indiquât approximativement le nord vrai, c'est-à-dire le nord géographique, à Nice, par exemple, à la date citée plus haut, il aurait fallu, — si l'on avait opéré à un des deux moments de la journée où la variation est à peu près nulle, — y disposer la boussole de façon que l'extrémité nord de son aiguille y marquât 347°8′.

En tenant compte des indications que nous donnons ci-dessus, et à l'aide de la carte d'égale déclinaison et des tableaux des valeurs absolues des éléments magnétiques que donne l'*Ann. du Bur. des Long.* d'après l'important travail de M. Th. Moureaux, on aura les indications suffisantes pour faire des opérations approximatives à la boussole, en France, à une époque et en un lieu donnés, à la condition toutefois que l'opération soit faite vers 10 h. du matin ou vers 6 h. du soir par un temps de calme magnétique parfait, et dans un lieu où le sol ne produise pas d'influence propre sur le méridien magné-tique. L'action locale due au voisinage de roches magné-tiques, faible ou nulle sur de vastes régions, peut acquérir une grande importance en certains points, notamment dans les terrains primitifs ou d'origine volca-nique, où des écarts, dépassant 1°30′ de la déclinaison normale, ont été constatés.

D'après ce qui précède, il est facile de conclure qu'il faut bien des conditions pour que l'orientation obtenue à l'aide de la boussole ne soit pas illusoire, et qu'on ne peut obtenir d'orientation parfaite qu'au moyen d'un instrument méridien. Toute opération faite à la boussole serait entachée d'erreurs graves s'il y avait du fer à moins de 30 m. de l'instrument.

Pour déterminer le méridien magnétique, il faut un théodolite-boussole ou une boussole de déclinaison.

13. — Coordonnées géographiques. — De même que pour déterminer les coordonnées uranographiques d'un astre on doit connaître l'ascension droite et la déclinaison de cet astre, — pour fixer un point mathématique sur la Terre, on doit connaître sa *latitude* ou sa *colatitude*, et sa *longitude*. Nous allons d'abord expliquer ce que sont les coordonnées géographiques. Nous indiquons aux §§ 76 et 83 la manière de les déterminer.

La *latitude* d'un lieu est la distance de ce lieu à l'Équateur, mesurée en degrés, minutes et secondes d'arc sur le méridien de ce lieu ; elle est égale à la hauteur du pôle au-dessus de l'horizon du dit lieu. Les latitudes se comptent de 0° à 90°, à partir de l'Equateur vers les pôles ; elles sont boréales (nord) ou australes (sud), selon que le lieu appartient à l'hémisphère boréal ou à l'hémisphère austral.

La *colatitude* est la distance angulaire du pôle au zénith du lieu considéré ; elle est égale à la distance angulaire de l'Equateur à l'horizon sud de l'observateur. La colatitute se compte sur le méridien de 0°, pôle, au zénith du lieu d'observation. Comme on le sait, la colatitude est le complément de la latitude.

La *longitude* est l'arc de l'Équateur terrestre, évalué en degrés, minutes et secondes d'arc, compris entre le plan méridien du lieu que l'on considère et le plan du méridien fixe particulier pris pour origine des longitudes ;

elle se compte à partir de 0° à 180° à l'est et à l'ouest du
méridien d'origine. La longitude est orientale ou occidentale, selon que le lieu à déterminer est à l'est ou à
l'ouest du méridien initial. On évalue également, et plus
communément, les angles qui mesurent les longueurs,
en heures, minutes et secondes, de 0 h. à 12 h. de chaque
côté du point d'origine. — La longitude d'un lieu quelconque, d'une ville en France, par exemple, comptée à
partir du point 0° passant par l'Observatoire de Paris, est
égale à l'heure de cette ville, à un instant quelconque,
combinée par soustraction avec l'heure de Paris à cet
instant, dans le sens *Paris-ville* ou *ville-Paris*, selon que
le lieu que l'on considère est à l'est ou à l'ouest de Paris.
Tous les points de la Terre qui sont sur le même
méridien ont la même longitude. — Il serait plus commode
et plus rationnel de compter les longitudes de 0° à 360°,
ou de 0 h. à 24 h. dans le sens direct (vers l'est), à partir
du méridien de Paris.

Le point d'intersection d'un méridien et d'un parallèle
détermine la position mathématique d'un lieu quelconque
sur le Globe.

**14. — Rapports et concordances entre les différents
temps.** — Pour faire les calculs que nécessitent les
observations astronomiques, on se rappellera :

1° Que le temps sidéral à midi moyen de Paris, ou
l'ascension droite du Soleil moyen est l'heure sidérale
du passage du Soleil moyen au méridien de cette ville ;

2° Que l'ascension droite en temps d'une étoile ou
d'une planète étant le temps sidéral de son passage au
méridien, on a l'heure moyenne du passage en convertissant le temps sidéral en temps moyen à l'aide du temps
sidéral à midi moyen du jour du dit passage ;

3° Que le temps sidéral à midi moyen sert à convertir un temps moyen donné en temps sidéral et réciproquement, comme il sert à calculer l'heure moyenne du passage des planètes au méridien ;

4° Que le jour, en temps civil, commence à l'instant du passage du Soleil moyen au méridien *inférieur* (minuit) et se subdivise en deux intervalles successifs de 12 heures, et que le jour, en temps moyen astronomique, commence au midi civil (d'un midi au midi suivant) et se compte de 0 h. à 24 heures ;

5° Que le temps moyen civil diminué de 12 heures, donne le temps moyen astronomique. Ainsi le 8 avril, 9^h14^m du matin, temps moyen civil correspond au 7 avril, 21^h14^m temps moyen astronomique ;

6° Que le temps moyen astronomique augmenté de 12 heures, donne le temps moyen civil; et si le nombre d'heures surpasse 12, on le diminue de 12, on ajoute 1 jour à la date, et on a le temps civil exprimé en heures du matin. Ainsi le 8 août 23^h25^m, temps moyen astronomique, correspond au 9 août 11^h25^m du matin, temps moyen civil ;

7° Que l'on ne doit jamais se servir du temps civil en astronomie.

On trouvera dans l'Explication des Ephémérides de la *Conn. des T.* tous les renseignements pour connaître le temps *moyen* à midi vrai et le temps *vrai* à midi moyen, et pour convertir le temps *moyen* en temps *vrai* et réciproquement.

15. — **Conversion du temps d'un lieu connu en temps de Paris et réciproquement.** — Lorsqu'il est *midi* à Paris, il est *midi passé* dans les lieux à l'orient de Paris, et *moins de midi* dans ceux situés à l'occident de cette ville. — Le temps moyen d'un lieu s'exprime en temps de Paris à l'aide de la longitude géographique de ce lieu réduite en temps, à raison de 4ᵐ pour 1°, 1ᵐ pour 15', et 1ˢ pour 15″. (Voir table VII de la *Conn. des T.*). Donc pour un lieu situé à l'*est* de Paris, *retranchez* sa longitude en temps du temps donné de ce lieu et vous aurez l'heure correspondante de Paris ; si le lieu est à l'*ouest* de Paris, au temps donné du dit lieu, *ajoutez* sa longitude en temps et la somme sera l'heure de Paris. De même que pour avoir l'heure d'un lieu situé à l'*orient* de Paris, *ajoutez* sa longitude en temps au temps donné de Paris, et *retranchez-la* du même temps s'il est à l'*occident* de cette ville.

Exemple : Une observation a été faite à Pontarlier (longitude 4°1′14″ est), le 10 mars à 0ʰ12ᵐ25ˢ temps moyen astronomique du lieu, quelle est l'heure de Paris à cet instant ?

	h	m	s
Temps moyen astronom. de l'observation, le 10 mars .	0	12	25
Longitude est de Pontarlier, réduite en temps. . . .	0	16	5
Temps moyen astronom. de Paris correspondant (9 mars).	23	56	20

Autre exemple : Une éclipse d'un satellite de Jupiter est observable à Paris, le 31 janvier à 11ʰ58ᵐ15ˢ, temps moyen astronomique, à quelle heure peut-on l'observer à Sens, à un observatoire dont la longitude est de 0°56′30″ est ?

	h	m	s
Temps moyen astron. de l'Observat. de Paris, le 31 janvier	11	58	15
Longitude de Sens réduite en temps	0	3	46
Temps correspondant pour la visibilité de l'éclipse à Sens.	12	2	1
Ou, en temps civil, le 1ᵉʳ février à	0	2	1 matin.

Si le lieu était à l'ouest on retrancherait la longitude
en temps.

16. — Temps sidéral à midi moyen d'un lieu. —
Le temps sidéral à midi moyen d'un lieu, ou l'ascension
droite moyenne du Soleil, est l'heure sidérale du passage
du centre du Soleil moyen au méridien de ce lieu. La
Conn. des T. donne pour tous les jours de l'année (pages
impaires, 6e colonne des Éphémérides du Soleil), le
temps sidéral à midi moyen de Paris. — Le temps sidéral
à midi moyen d'un lieu sert à convertir un temps sidéral
donné en temps moyen et réciproquement (§ 17) ; il sert
également à calculer l'heure moyenne du passage des
planètes et des étoiles au méridien.

Le temps sidéral augmentant de $3^m56^s,555$ en 24 heures
de temps moyen, il augmente par conséquent de $9^s,856$
par heure de longitude en temps, ou $0^s,164$ par minute
de longitude, et $0^s,003$ par seconde. Or, pour connaître
le temps sidéral à un *autre lieu* que Paris, multipliez la
longitude en temps de ce lieu par les facteurs ci-dessus ;
ou, ce qui est plus expéditif, prenez dans la Table VI de
la *Conn. des T.* une correction que vous *ajouterez* au
temps sidéral de Paris si le lieu est à l'ouest de cette
ville, et que vous *retrancherez* si le lieu est à l'est ; le
résultat sera le temps sidéral cherché (1).

---

(1) Pour obtenir la correction indiquée par la table VI, on addi-
tionne les corrections correspondant aux heures, minutes et secondes
données. Ainsi pour la correction de $6^h18^m8^s$, on obtient :

Pour 6^h18^m (2e colonne de la table). $1^m2^s,096$
Pour 8^s (9e colonne) . . . . $0,022$
                                            _____
                                           $1^m2^s,118$

La correction de la table V s'obtient de la même manière.

EXEMPLE : Quel est le temps sidéral à midi moyen de Saint-Nazaire, le 1ᵉʳ mars 1884, dont la longitude est de 4°32′11″ ouest, ou 18ᵐ8ˢ en temps ?

	h	m	s
Temps sidéral à midi moyen de Paris	22.36	.45,20	
Correction de la Table VI pour 18ᵐ8ˢ de longitude . +	0. 0.	2,98	
Temps sidéral à midi moyen de Saint-Nazaire . .	22.36	.48,18	

Si au lieu de Saint-Nazaire on avait choisi Nancy, dont la longitude est de 3°51′ est, ou 15ᵐ24ˢ en temps, la correction serait — 2ˢ53 et donnerait pour temps sidéral, à midi moyen du même jour, au méridien de Nancy : 22ʰ36ᵐ42ˢ,27.

17. — Conversion du temps sidéral en temps moyen.

— Pour convertir le temps sidéral en temps moyen, retranchez du temps sidéral local donné, le temps sidéral local à midi moyen, le reste sera le temps sidéral écoulé depuis midi moyen ; retranchez ensuite la correction indiquée par la table V de la *Conn. des T.*, et vous aurez le temps moyen cherché. Ajoutez au besoin 24 heures au temps sidéral local donné pour rendre la soustraction possible.

EXEMPLE : A quelle heure de temps moyen correspond une observation faite sous le méridien de Paris, le 20 novembre 1884 à 13ʰ48ᵐ35ˢ de temps sidéral ?

	h	m	s
Temps sidéral de l'observation (+ 24 h.) . .	13.48	.35,00	
Temps sidéral à midi moyen	15.59	.35,45	
Temps écoulé depuis midi moyen	21.48	.59,55	
Correction de la table V pour 21ʰ48ᵐ59ˢ,55 . .	— 3	.34,45	
Temps moyen astronomique demandé . . .	21.45	.25,10	

18. — Conversion du temps moyen en temps sidéral.

— Pour convertir le temps moyen en temps sidéral,

additionnez ensemble le temps sidéral local à midi
moyen, le temps moyen proposé, et, pour ce temps
moyen, la correction toujours *additive* de la Table VI de
la *Conn. des T.*, la somme donnera le temps sidéral
cherché. Si le temps sidéral obtenu dépasse 24 heures,
on ne prendra que le complément de cette quantité.

EXEMPLE : Quel est le temps sidéral qui correspond, le
15 décembre 1884, à 14ʰ55ᵐ30ˢ de temps moyen de
Paris ?

	h m s
Temps sidéral, le 15, à midi moyen	17.38. 9,36
Temps moyen proposé	14.55.30,00
Correction de la Table VI pour 14ʰ55ᵐ30' . .	+ 2.27,11
Temps sidéral demandé (— 24 h.)	8.36. 6,47

19. — Réfraction atmosphérique. — La réfraction
atmosphérique est un phénomène occasionné par la
déviation des rayons lumineux à travers l'atmosphère
terrestre ; elle a pour effet de faire paraître les astres
plus élevés sur l'horizon qu'ils ne le sont en réalité.

La table I de la *Conn. des T.* donne les réfractions
moyennes pour la température de 10° centigrades et pour
la pression atmosphérique de 0ᵐ760. Ces données sont
quelquefois suffisantes pour les amateurs d'astronomie.
Quand ils voudront plus de précision, ils auront recours
à la table II, qui donne une nouvelle correction répondant
réellement à la pression et à la température de l'air au
moment de l'observation. On *ajoute* la correction de la
réfraction quand on compte en distance polaire ou en
distance zénithale ; quand on compte en déclinaison, on
la *retranche* quand l'astre est au-dessus de l'Equateur,
et on l'*ajoute* quand il est au-dessous de ce cercle.

Il n'y a que dans le méridien que la réfraction atmosphérique n'affecte pas l'ascension droite d'un astre. Tou-

tefois, nous devons faire remarquer que par un vent violent, et dans ce cas seulement, il peut se produire des réfractions *latérales*; il en résulte alors que l'ascension droite de l'astre peut être affectée par la déviation de son image à droite ou à gauche des fils horaires.

Pour faire usage de la table I de la *Conn. des T.*, on doit connaître la hauteur de l'astre. Il est très facile d'obtenir cette coordonnée lorsque l'astre se trouve dans le méridien, entre le zénith et le pôle sud, il suffit de combiner de la manière suivante la distance polaire zénithale, en d'autres termes la colatitude du lieu d'observation avec la déclinaison de l'astre. Lorsque l'astre se trouve entre le zénith et l'horizon nord, on combine sa distance polaire avec la latitude. — Exemples :

Entre le zénith et l'Equateur.

	o ′ ″
Distance polaire zénithale	41.47.41
Déclinaison nord de l'astre	+ 45.52.46
Hauteur de l'astre.	87.40.27

Réfraction moyenne $= -2''$

Entre l'Equateur et l'horizon sud.

	o ′ ″
Distance polaire zénithale	41.47.41
Déclinaison sud de l'astre	— 10.20.38
Hauteur de l'astre.	31.27. 3

Réfraction moyenne $= + 1'35''$

Entre le zénith et le pôle.

	o ′ ″
Distance polaire de l'étoile	17.58.20
Latitude du lieu	+ 48.12.19
Hauteur de l'astre	66.10.39

Réfraction moyenne $= - 25'',8$

Entre le pôle et l'horizon nord.

	o ' ''
Distance polaire de l'étoile	29.31.47
Latitude du lieu	+48.12.19
Hauteur de l'astre.	18.40.32

Réfraction moyenne = — 2'51''

CHAPITRE II

APPAREILS

20. — **Pendule sidérale.** — Nous avons dit que le jour sidéral a pour mesure l'intervalle de temps qui s'écoule entre deux retours du point équinoxial au méridien, c'est-à-dire $23^h56^m4^s,094$ de temps moyen ; une pendule qui marque exactement 24 heures pendant la durée d'un tel jour s'appelle *pendule sidérale.*

Le cadran de la pendule sidérale, dont le moteur est un poids et le régulateur un pendule, est divisé en 12 ou 24 parties, ou heures sidérales ; chaque heure de temps sidéral se divise en 60 minutes, et chaque minute en 60 secondes du même temps. De même que chaque heure de temps sidéral correspond à un arc de 15°, chaque minute de ce temps correspond à 15′, et chaque seconde du même temps à 15″. Le cadran porte trois aiguilles qui se meuvent sur le même axe. Le commencement de chaque seconde est indiqué par un bruit que fait l'échappement à chaque oscillation du pendule, afin que l'observateur puisse compter la seconde sans fixer le cadran.

La pendule sidérale doit marquer $0^h0^m0^s$ à l'instant où le point équinoxial du printemps passe au méridien. C'est en observant le passage au méridien d'une étoile *fondamentale* qu'on détermine la marche de la pendule puisqu'elle doit indiquer l'heure de l'ascension droite de l'astre au moment de son passage. Ainsi, lorsque l'angle horaire compris entre le point vernal et le méridien du lieu d'observation est à 1^h, 2^h, 9^h ou 16^h (en d'autres termes à $15°$, $30°$, $135°$ ou $240°$); c'est-à-dire l'instant où passe au méridien considéré le point de l'Equateur dont l'ascension droite *corrigée* est à 1^h, 2^h, 9^h ou 16^h, la pendule sidérale doit marquer 1^h, 2^h, 9^h ou 16^h de temps sidéral. (Voir § 5).

Pour savoir si une pendule sidérale est réglée sur le jour sidéral, on observe deux passages successifs d'une même étoile fondamentale au méridien. Si l'étoile que l'on a choisie pour l'observation passe au méridien à l'heure donnée ce jour là par la *Conn. des T.*, il faudra que le lendemain et les jours suivants elle y passe exactement à l'heure indiquée par les éphémérides pour le jour du passage. Connaissant l'ascension droite d'une étoile, du Soleil ou d'un astre quelconque au passage au méridien, et observant l'heure des passages au méridien de cet astre en temps de la pendule, on en conclut facilement l'avance ou le retard de cette pendule par la comparaison du temps observé au temps donné. Si l'astre passe plus tôt, c'est que la pendule retarde ; s'il passe plus tard, c'est que la pendule avance.

Au moyen d'une pendule sidérale et d'une lunette équatoriale, on peut, à toute heure de jour ou de nuit, trouver dans le Ciel un objet invisible à l'œil nu lorsqu'on connaît ses coordonnées, car il existe une relation simple entre les trois quantités ascension droite, heure de la pendule et angle horaire de l'astre. L'on désigne l'heure par H, l'angle horaire par Æ et l'ascension droite par Æ, on a la relation fondamentale :

$$Æ = H — Æl, \text{ ou } Æl = H — Æ.$$

Ainsi que le dit M. Gaillot dans un remarquable article sur la *Mesure du temps (Bull. Astron.*, III, 224), il est utile de faire remarquer que l'heure sidérale, telle qu'on la détermine ordinairement, ne correspond pas à un moment uniforme de la pendule, la nutation ayant pour effet de rendre variable l'intervalle qui sépare deux passages consécutifs de l'équinoxe vrai à un même méridien.

Les pendules astronomiques marchent pendant un mois sans avoir besoin d'être remontées. Pour les mettre à l'heure, on agit sur l'aiguille des minutes ; on ne doit jamais toucher à l'aiguille des secondes. Dans les observations, on tient compte de la variation. Si bonne que soit la pendule, on ne peut jamais compter sur une exactitude absolue, à cause des trépidations du sol, des variations de pression ou de la température, etc. Mais ce qui influe le plus sur la marche de la pendule, ce sont les variations de la température ; elles ont pour conséquence de contracter ou de dilater le pendule, et par suite de modifier la durée de ses oscillations. Il faut donc constamment déterminer la marche de la pendule par l'observation du passage au méridien d'une des étoiles fondamentales situées le plus près possible de l'Equateur. — A défaut de pendule sidérale, on peut se servir d'un chronomètre semblable à ceux que l'on emploie dans la marine, et, à défaut de ce dernier, d'un chronomètre de poche (bonne montre à secondes indépendantes); il suffit de le régler de manière à le faire avancer de $3^m55^s,9$ par jour (1). — (Voir la remarque du § 24).

Une pendule, si bonne qu'elle soit, retarde ou avance

---

(1) La régularité de la marche d'une montre dépend beaucoup de son possesseur. Une montre doit être réglée pour être portée régu-

toujours un peu. Cette correction de la pendule s'appelle
état de la pendule ou simplement *état*. — L'orsqu'on a
besoin d'indiquer le temps pour faire une observation,
si la pendule retarde, on fait précéder la correction de
l'indication suivante : c. p. $= + 0^{m}0^{s}$; si elle avance :
c. p. $= - 0^{m}0^{s}$. Chaque observation sera toujours pré-
cédée de l'état de la pendule. (Voir au § 39 ce que nous
disons de la caisse de la pendule).

21. — Chronomètre. — Le chronomètre, dont le moteur est un ressort et le régulateur un spiral qui produit
l'isochronisme des oscillations d'un balancier, est une
montre d'une grande précision dont le mécanisme, ingé-
nieusement combiné, lui permet de rester à peu près
insensible aux effets de la température et aux perturbations extérieures. Il est employé sur mer pour donner la
différence de longitude, et dans les observations astronomiques il sert à la mesure du temps, qu'il permet
d'évaluer à une fraction de seconde près. Le chronomètre indique le temps moyen.

La cadran du chronomètre porte 12 grandes divisions
pour les heures et 60, plus petites, pour les minutes. Un
petit cadran, placé généralement au-dessous de l'axe du
grand cadran, sert à indiquer les secondes et souvent la

---

lièrement un certain nombre d'heures par jour ou pour rester en
place ; en outre, si elle est réglée pour que l'aiguille à secondes indé-
pendante marche sans s'arrêter, il faudra remonter ce mouvement
tous les jours sinon la montre retarderait. On peut, si l'on veut, ne
faire marcher le mouvement que pendant le temps nécessaire pour
faire l'observation. Une montre doit être nettoyée au moins tous les
deux ans ; si elle n'était pas pourvue d'un balancier compensateur
(toutes les bonnes montres en sont pourvues) il faudrait faire en
sorte qu'elle soit autant que possible à la même température.

demi-seconde ; dans ce cas il porte 120 divisions au lieu
de 60 ; son aiguille fait le tour du cadran en une minute
de temps moyen. Le chronomètre se règle sur un instrument de passage ; si c'est sur une étoile, en convertissant
le temps sidéral en temps moyen ; si c'est sur le Soleil,
en tenant compte de l'équation du temps (§ 5). Avant de
faire une observation, on tiendra compte de l'état du
chronomètre. (Voir la fin du paragraphe précédent).

REMARQUE. — Il est dangereux de placer un chronomètre
dans le voisinage d'une dynamo ; on ne doit pas non plus
s'approcher de ces machines lorsqu'on a une montre sur soi,
afin d'éviter que le spiral ne prenne l'état magnétique, ce qui
mettrait ces objets hors d'usage, à moins que le spiral soit en
alliage de palladium, ainsi qu'on en construit aujourd'hui
pour éviter cet inconvénient.

L'éminent observateur, M. A.-A. Common, dont la montre
avait pris l'état magnétique, est parvenu à la démagnétiser
complètement en la mettant dans une bobine traversée par un
fort courant alternatif.

Voici un moyen bien simple, que nous trouvons dans le
Cosmos, pour faire perdre à la montre l'état magnétique. On
prend une ficelle de bonne longueur, on la passe dans l'anneau
de la montre à désaimanter et on fixe cette dernière au moyen
d'un nœud solide. On réunit les deux extrémités de la ficelle,
et on les tord ensemble de manière à imprimer à la montre
un mouvement de rotation sur elle-même aussi vif que possible. On répète l'opération jusqu'à ce que la montre marche
régulièrement.

22. — Mouvement d'horlogerie. — Quand on veut faire

des observations qui demandent une certaine durée et
surtout une grande précision, ou si l'on s'occupe d'astronomie physique, il est difficile, et parfois impossible, de
s'occuper à la fois de ses observations et de la direction
d'une lunette équatoriale ; dans ce cas, il est indispen-

sable de faire adapter à la lunette un mouvement d'horlogerie muni d'un régulateur. Un bon régulateur assure
la parfaite régularité d'un mouvement d'horlogerie.

La science doit à Foucault l'invention d'un régulateur
dont l'isochronisme, presque parfait (sa variation maximum n'est que de 1″,8 en trois heures), permet de régler
parfaitement le mouvement des lunettes équatoriales.
Yvon Villarceau avait construit un régulateur dont l'isochronisme devait se prêter facilement à un changement
temporaire de vitesse, soit qu'on veuille suivre le mouvement d'une étoile, d'une planète et de la Lune ; mais
l'expérience n'a pas répondu à la théorie de ce savant.
Le régulateur Foucault, modifié par cet éminent physicien, est le seul qui jusqu'à ce jour donne le plus de
précision ; on peut dire de lui qu'il arrête le Soleil, les
planètes et les étoiles pour l'observateur.

Le mouvement d'horlogerie a pour moteur un poids ;
il est mis en rapport avec l'axe d'ascension droite (axe
horaire) au moyen d'un excentrique ; ce dernier sert à
embrayer ou désembrayer la vis tangente du cercle
horaire. Lorsqu'on agit sur l'excentrique, la vis tangente
s'engrène dans la roue dentée qui contourne le cercle
horaire et cale la lunette en ascension droite ; dans cette
position, la lunette n'obéit plus au mouvement de la
main. Pour mettre la lunette en marche, on desserre
légèrement un bouton de serrage fixé à une tige qui est
en communication avec le régulateur, alors seulement
la lunette est entraînée de l'est à l'ouest en passant par
le sud, et lui fait opérer une révolution complète en
24ʰ sidérales, sans cesser de maintenir l'étoile dans le
champ de la lunette.

Avant de commencer une observation qui nécessite
l'emploi du mouvement d'horlogerie, on cale la lunette

à la déclinaison de l'étoile, on remonte le mouvement et on amène l'astre dans ie champ de la lunette ; ensuite on engrène la vis tangente dans la roue dentée et on desserre le bouton de serrage. La lunette étant en marche, à l'aide d'une manette qui est en communication avec le mouvement d'horlogerie on ramène l'étoile à l'endroit du champ le plus commode pour l'observation, opération qui peut se faire sans danger pour le mécanisme.

Dans notre hémisphère, le mouvement d'horlogerie de l'équatorial entraîne la lunette de gauche à droite quand on tourne le dos au pôle nord, mais dans l'hémisphère austral le rouage doit être disposé de manière à entraîner la lunette dans la même direction quand on tourne le dos au pôle sud, — l'*ouest* dans l'hémisphère boréal devenant l'*est* dans l'autre hémisphère. (Voir § 4.) — Le changement de direction dans la marche de la lunette se fait par des roues d'angles disposées entre le mouvement d'horlogerie et la vis tangente au cercle horaire.

REMARQUE. — Lorsqu'on observe une étoile près de l'horizon, l'axe optique de la lunette s'éloigne un peu de l'astre, qui toutefois reste dans son champ. Ce déplacement apparent de l'astre est occasionné par la réfraction. — L'orbite de notre satellite et celui des planètes n'étant pas dans le plan dans lequel la Terre se meut autour du Soleil, et leurs mouvements n'étant pas uniformes, quand on voudra observer longuement ces astres, et particulièrement Mercure, Vénus et la Lune avec un équatorial muni ou non d'un mouvement d'horlogerie, il sera prudent de ne pas déplacer le pied de l'équatorial, et de se contenter de rectifier de temps en temps l'axe optique de la lunette au moyen du cercle de déclinaison pour ce qui concerne cette coordonnée, et d'agir sur la manette pour la rectification en ascension droite. — On ne saurait prendre trop de précaution pour préserver de la poussière le mouvement d'horlogerie et particulièrement le régulateur.

Afin de ne pas fatiguer le mouvement, il ne devra être remonté qu'un instant avant de l'actionner. On n'est pas tenu de le remonter entièrement si l'on ne doit s'en servir que quelques minutes ; dans tous les cas, on devra laisser marcher le mouvement jusqu'à ce que les poids ne tendent plus la corde ; à cet effet, la profondeur du trou dans lequel ils descendent doit être réglée en conséquence. — Le possesseur d'un mouvement d'horlogerie fera bien de se faire donner par le constructeur les instructions nécessaires pour nettoyer le mouvement et le régulateur, ainsi que pour huiler les pivots, conditions sans lesquelles le mécanisme ne fonctionnerait plus régulièrement. Il est urgent de garantir le régulateur par un vitrage.

23. — Chercheur. — Le chercheur, représenté par la lettre o (fig. 13), est une petite lunette auxiliaire, à court foyer, d'un faible grossissement, mais dont le champ est très étendu. Les lunettes ordinaires et les lunettes équatoriales qui ont un grand pouvoir amplifiant, ayant peu de champ, ne sont pas d'un usage commode pour la recherche d'un astre ; on leur adapte un, ou, ce qui est préférable, deux chercheurs, afin de pouvoir faciliter les recherches dans toutes les positions de la lunette. Deux fils, dont l'un coupe l'autre à angle droit, sont placés dans l'intérieur de la petite lunette, de façon à ce que le point de croisement des fils coïncide exactement avec le centre du champ de la lunette principale.

Le chercheur se met au point comme la lunette de campagne, en sortant plus ou moins le tube dans lequel se trouve sertie la lentille. Deux vis placées à l'un des colliers qui le supportent (ou une disposition quelconque) servent à le régler, c'est-à-dire à faire coïncider le point d'intersection de ses fils avec le centre du champ de la lunette. A cet effet, on serre ou on desserre les vis

5.

jusqu'à ce que l'objet que l'on observe se trouve à l'intersection des fils du chercheur en même temps qu'au point de croisement des fils du réticule de la lunette. — Lorsqu'on ne se sert pas de la lunette, on doit recouvrir l'objectif du chercheur avec un couvercle quelconque afin de le préserver de la poussière.

24. — Réticule. — Pour fixer avec précision la position d'un astre à un moment déterminé, on place un réticule dans la lunette ; il sert de point de repère. Il se compose d'un diaphragme, ou plaque de métal percée d'un trou circulaire sur laquelle sont fixés des fils d'arairaignée ou de platine. On construit les réticules de différentes façons, le genre de modèle dépend de l'usage auquel on le destine.

Le réticule simple que l'on emploi dans les lunettes ordinaires se compose de deux fils en croix placés au foyer de la lunette, et dont l'un, *le fil horaire*, est placé dans le plan méridien, et l'autre, *le fil des hauteurs,* est perpendiculaire au premier, et, par suite horizontal. On s'assure de l'horizontalité du fil en le faisant bissecter par une étoile voisine de l'Équateur ; si l'étoile est masquée ou bissectée pendant tout son parcours en travers du champ de la lunette, c'est qu'il est dans la position voulue ; dans le cas contraire, on déplace un peu l'oculaire. Cette opération doit être faite avant la mise au point de la lunette.

La ligne de visée de la lunette est la ligne passant par le centre optique de l'objectif, qui est un point sans dimension, un point mathématique, et ensuite par le croisé des fils, lesquels ne présentent que des dimensions transversales extrêmement petites ; les fils étant observés avec l'oculaire peuvent être rendus aussi fins que possible. —

Le réticule complexe, en d'autres termes le *micromètre*, que l'on emploi pour les instruments méridiens et l'équatorial, donne beaucoup plus de précision ; on en trouvera la description dans le paragraphe suivant.

REMARQUES. — Pour que le réticule puisse rendre de bons services, il faut qu'il soit placé dans le plan local où se forme l'image du point visé et qu'il soit mis à la distance voulue de l'oculaire, distance dépendant de la vue de l'observateur, et que *seul* il peut régler ; en un mot, l'image et les fils doivent être parfaitement nets et dans le même plan. La meilleure manière de s'assurer de la bonne position du réticule est celui indiqué par M. Faye dans son *Cours d'Astronomie à l'usage de l'Ecole Polytechnique* : On abaisse et on élève l'œil autant que possible devant l'oculaire ; si l'étoile ne quitte pas le fil horizontal, la mise au point est parfaite ; si, au contraire, l'étoile s'élève au-dessus du fil quand l'œil s'élève, le réticule est un peu trop en avant ; c'est ce que l'on nomme la *parallaxe des fils*. Pour détruire la parallaxe, on enfonce le tube porte-fils dans la lunette ; on devra le retirer un peu dans le cas contraire.

Il y a plusieurs manières de mettre le réticule à la distance voulue de l'oculaire, cela dépend de la manière dont il est monté. Comme les lunettes d'amateurs n'ont généralement pas de tubes porte-fils, et que le réticule est simplement fixé sur le diaphragme de l'oculaire, pour faire le déplacement des fils, on retire les lentilles et on pousse sur le diaphragme avec un bout de tube calibré de façon à pouvoir être introduit à frottement doux dans le tube de l'oculaire.

Certains tubes porte-fils permettent, au moyen de deux vis opposées, qui pressent sur la plaque circulaire du réticule, de faire mouvoir ce dernier dans son propre plan, et l'amener ainsi à changer l'axe optique de la lunette, suivant le cas dans lequel la lunette est employée comme moyen de visée. Bien entendu qu'en déplaçant latéralement le point de croisement des fils, on déplace l'axe optique ; mais généralement on fait coïncider cet axe avec l'axe de figure de la lunette et, pour déterminer un point, on dirige celle-ci de manière que l'image du point vienne se former exactement au point d'intersection des fils du réticule.

On ne perdra pas de vue que l'axe optique de la lunette est complètement indépendant de la position de l'oculaire ; ce dernier est quelquefois mobile (§ 63) et, à la rigueur, il pourrait être tenu à la main car il ne remplit, en définitive, que l'office d'une loupe plus ou moins forte.

On donne le nom d'*axe optique* d'une lunette à la ligne qui joint le centre optique de l'objectif, c'est-à-dire le centre de symétrie de toutes les images, à un point bien défini du réticule, qui est généralement la croisée des deux fils centraux ; aussi, ne faut-il pas confondre l'axe optique de la lunette avec l'axe de figure du tuyau, ou bien encore avec la ligne qui joint les centres de l'objectif et de l'oculaire.

25. — Micromètres. — Le *micromètre* est un appareil qui sert à mesurer les petits arcs dans le ciel, à la condition que les objets à mesurer soient compris dans le champ de la lunette. Il est particulièrement précieux pour mesurer la distance angulaire apparente entre les étoiles doubles et multiples (1); il permet surtout de s'assurer si cette distance est constante ou variable et, dans ce dernier cas, quel en est le mouvement. Cet appareil permet également de mesurer le diamètre des planètes, des cratères lunaires, des taches du Soleil, des protubérances solaires, etc. Si le micromètre est bien construit, il permet de prendre des mesures avec une grande exactitude.

On construit le micromètre de différentes manières ; le plus simple est le micromètre *réticulaire*, mais il ne

---

(1) La distance angulaire des deux composantes d'une étoile double est l'angle sous lequel l'observateur voit de la Terre le rayon de l'orbite.

donne que des mesures approximatives et ne permet pas
de mesurer les très petits arcs. Pour avoir des mesures
précises, on emploi le micromètre à *fils mobiles* ; ce micromètre est généralement pourvu d'un *cercle de position*.
Il y a en outre le micromètre à *double coulisse*, les micromètres qui servent aux instruments méridiens, et le
micromètre sur *verre*. Nous allons donner la description
de ces divers appareils.

A. *Micromètre réticulaire*. — Ce micromètre est composé d'un oculaire *négatif* faible renfermant une plaque
métallique percée d'un trou circulaire ; sur cette plaque
sont fixés un certain nombre de fils parallèles et équidistants, 5 à 7, croisés à angle droit sur un même
nombre de fils également parallèles et équidistants. La
plaque portant les fils doit être placée au foyer de l'objectif. (Voir les *Remarques* du § précédent). Pour qu'il
soit bien réglé, il faut qu'on puisse voir l'image et les
fils avec la même netteté. Cet oculaire étant placé à la
lunette, il suffit d'éclairer le champ (§ 36) et de noter
combien de divisions sont recouvertes par l'objet ou la
distance à mesurer. Connaissant la valeur en arc d'une
division, une simple multiplication donnera la valeur de
la distance.

Pour déterminer la valeur d'une division, choisissez
une étoile située sur l'Équateur ; notez le temps en
secondes t employé par l'étoile pour parcourir le nombre
de divisions n que contient le micromètre ; multipliez ce
nombre par 15, vous aurez la distance en secondes
d'arc ; divisez ensuite les secondes d'arc trouvées par le
nombre de divisions n, vous aurez la valeur en arc
correspondant à une division $(\frac{15\,t}{n})$. Si nous admettons
par exemple, que le micromètre contient 7 fils, c'est-à-
dire 6 divisions (plus l'oculaire est faible, plus il peut

contenir de divisions), et qu'ayant observé ζ Vierge, cette étoile ait mis 26 secondes de temps sidéral pour parcourir les 6 divisions, vous aurez pour résultat $\frac{26^s \times 15''}{6} = 65''$ ou $1'5''$ pour la valeur d'une division (1). — Si bien que soit construit ce micromètre, qui n'est en définitive qu'un réticule à plusieurs fils, on ne peut obtenir que des mesures approximatives, car on est obligé d'estimer à l'œil les fractions de division, et il ne peut servir qu'à mesurer des distances d'une certaine étendue.

B. *Micromètre à fils mobiles des lunettes équatoriales.* — Certains micromètres n'ont qu'un fil fixe et un fil mobile, nous n'engageons pas les amateurs à se servir de ce modèle, parce qu'ils ne sont pas propres à toutes les mesures. Il est bien préférable d'en employer un qui comporte au moins deux fils fixes et deux fils mobiles, alors un fil fixe et un fil mobile sont en fil d'araignée, et les deux autres en fil de platine ou en verre étiré. Ce micromètre, auquel on joint presque toujours un cercle de position (§ 26), est composé d'une boîte rectangulaire oblongue, sur une des faces de laquelle est monté un tube pourvu d'un collier qui sert à limiter l'enfoncement du tube dans la douille de la lunette ; on serre le collier au moyen d'une vis alors que l'oculaire a été mis au point sur les fils. Sur la face opposée de la boîte, en regard du tube, est placé un oculaire *positif*. Dans la

---

(1) Nous avons calculé ici sur le mouvement d'une étoile bissectée pour ainsi dire par l'Equateur ; mais à mesure que la déclinaison de l'astre augmente, son mouvement se ralentit, et la valeur d'une division du champ augmente ; par suite, pour avoir la valeur d'une division, on doit, ainsi qu'on le verra plus loin, multiplier le cosinus de la déclinaison par le temps du passage et en diviser le produit par le nombre de divisions.

boîte est fixée une plaque portant les fils fixes : un fil
horizontal parallèle au plan de, l'Équateur céleste, et
quatre fils verticaux perpendiculaires au premier. — On
donne indistinctement au fil horizontal le nom de fil de
déclinaison, fil des *hauteurs* ou fil *équatorial* ; ce fil est
placé dans le sens longitudinal de la boîte. On donne le
nom de fils *horaires* aux fils verticaux. — Sur la plaque
portant les fils fixes, glisse un cadre portant un ou
plusieurs fils verticaux mobiles, selon qu'il y a un ou
plusieurs fils fixes.

Il est bien préférable d'avoir un micromètre qui porte
des fils d'araignée et de platine ou de verre étiré, car
alors on peut éclairer les fils d'araignée, s'il y a lieu,
lorsqu'il s'agit de prendre des mesures de grande précision et de se servir des fils de platine ou de verre étiré
pour mesurer les phénomènes qui demandent une obscurité complète, tels que les nébuleuses, etc.

A la boîte du micromètre est fixée une vis entrant dans
un écrou. La précision de cette vis est d'autant plus
grande que son pas est petit. Cette vis porte un ou deux
tambours qui tournent avec elle, et dont les déplacements
angulaires sont repérés à un index simple ou double,
selon que la vis porte un ou deux tambours. Le premier
tambour est divisé ordinairement en 60 ou en 100 division. Si chaque tour de tambour équivaut à une minute
d'arc, chaque division donnera une seconde d'arc s'il y a
60 divisions au tambour, ou un centième de minute s'il y
a 100 divisions. Le second porte un certain nombre de
divisions ; il a pour fonction de donner le nombre de tours
du premier. La lecture se fait en face de l'index ; une des
flèches de l'index indique les tours et l'autre les divisions.
Les divisions doivent être assez écartées pour permettre
d'estimer les dixièmes d'une division. Une vis d'engrenage

doit permettre de faire pivoter le micromètre jusqu'à ce qu'il soit dans la position voulue.

La révolution de la vis micrométrique donne le moyen de connaître la distance angulaire entre deux objets, quand la valeur angulaire correspondant à une révolution est connue. Pour connaître cette valeur, séparer le fil mobile d'un des fils extrêmes du micromètre en faisant faire un certain nombre de tours n à la vis micrométrique ; visez une étoile *équatoriale*, notez le temps t que prend l'étoile à parcourir l'espace entre ces deux fils et multipliez le nombre par 15 ; divisez le produit par n et vous aurez la valeur en secondes d'arc d'une révolution de la vis micrométrique $\frac{15\,t}{n}$, ou plus correctement, le temps doit être multiplié par le cosinus, D, de la déclinaison de l'étoile $\left(\frac{15 \times \cos D \times t}{n}\right)$. — Connaissant la valeur en secondes d'arc d'une révolution de la vis, vous aurez la valeur angulaire d'une division du tambour, en divisant le nombre de secondes d'arc trouvé pour une révolution de la vis par celui des divisions du tambour.

Ainsi, supposons qu'après avoir bissecté le premier fil fixe avec le fil mobile, on écarte ce dernier d'un certain nombre de tours, 12 par exemple ; supposons également qu'une étoile *équatoriale* a mis 48^s pour parcourir cette distance, et que chaque révolution de la vis comporte 60 divisions, on aura, pour une étoile située sur l'Équateur : 15 × 48^s = 720$''$ qui, divisé par 12, donne 60$''$ pour la valeur d'un tour de vis, et 1$''$ pour celle d'une division. Et comme l'on peut estimer à l'œil nu une fraction de division, on voit qu'on peut obtenir une grande précision surtout si on prend la moyenne d'un certain nombre d'observations.

Le moyen que nous venons d'indiquer pour connaître la valeur d'une révolution de la vis est le plus simple ;

néanmoins, nous engageons l'opérateur à procéder de la manière suivante : on écarte le fil mobile pour éviter toute confusion, on amène une étoile équatoriale, dont la déclinaison est nulle, dans le champ de la lunette et on note l'heure exacte du passage de l'astre devant le premier et le dernier fil du micromètre ; la différence de temps entre les deux passages, multipliée par 15, sera égale à la distance angulaire, en seconde d'arc, de l'intervalle du passage de l'étoile entre les fils extrêmes. Ensuite, à l'aide du fil mobile, on mesure le nombre de tours de vis et de divisions que comporte cette distance ; on réduit les tours de vis en divisions, et, s'il y a lieu, on y ajoute les divisions supplémentaires. On obtiendra d'abord la valeur d'une division du tambour en divisant le nombre de secondes d'arc trouvé, par celui de divisions que comporte la distance angulaire entre les fils extrêmes, et on connaîtra la valeur d'une révolution de la vis en divisant le nombre de divisions trouvé par celui que comporte le premier tambour.

EXEMPLE : Si nous supposons que la durée du passage entre les fils extrêmes est de 80^s,5, qu'une révolution de la vis vaut 60 divisions, et que le nombre de tours est de 17 + 22 divisions 4 dixièmes, ou ce qui est la même chose (17 × 60 + 22,4 = 1042,4) 1042 divisions 4 dixièmes, on aura pour la valeur d'une division du premier tambour, c'est-à-dire pour la soixantième partie d'une révolution du tambour : 15 × 80^s,5 = $\frac{1207''.5}{1042,4}$ = 1'',16 ; par suite la valeur d'un tour de vis sera 1'',16 × 60 = 69'',60, ou 1'9'',60.

La durée du temps que met à parcourir l'étoile entre les fils étant en raison inverse de sa distance à l'Equateur, si on se servait d'une étoile située au nord ou au sud de ce cercle, au lieu de multiplier le temps du parcours par

15″ seulement, on emploierait la formule $\frac{15 \times \cos D \times t}{n}$, et après avoir réduit le nombre de révolutions de la vis en divisions, on finirait l'opération en procédant comme on l'a fait ci-dessus.

On peut encore trouver la valeur d'une division du tambour au moyen du Soleil, si le champ de la lunette le contient. Ainsi, le diamètre du Soleil pour un jour donné étant indiqué dans la *Conn. des T.*, vous obtiendrez la valeur d'une division en divisant le diamètre de son disque par le nombre de tours et de divisions indiqués par les tambours. Ces observations devront être faites à plusieurs reprises et par un temps parfaitement calme. (Voir les Remarques du *Micromètre des instruments méridiens*).

Pour faciliter les observations micrométriques et afin de pouvoir faire des observations de passage, on a reconnu qu'il était avantageux de pourvoir de 15 fils les micromètres des lunettes équatoriales, savoir : 5 fils fixes horizontaux et équidistants, et 10 fils verticaux perpendiculaires aux premiers. Parmi ces 10 derniers fils, 5 sont fixes et 5 sont mobiles ; les 5 fils fixes sont parallèles et équidistants, et servent soit à certaines observations de passage, soit, avec l'adjonction des fils mobiles, à mesurer les distances. Les 5 fils mobiles ont une disposition particulière : les 3 fils centraux, c'est-à-dire les 2e, 3e et 4e sont équidistants et ont le même écartement que les fils fixes qu'ils peuvent bissecter successivement, mais le 1er fil est très rapproché du 2e et le 5e l'est également du 4e. Nous faisons usage de ce micromètre qui a été construit par M. P. Gautier, et nous en sommes très satisfait.

Pour mesurer la distance angulaire entre les composantes d'une étoile double, on amène, au moyen de la manette, l'étoile principale sur un des fils verticaux le plus voisin, et ensuite on fait tourner la vis micrométrique pour diriger le fil mobile le plus proche sur la seconde étoile. (Voir § 26).

Une nouvelle application du celluloïd vient d'être faite par M. P. Gautier dans la construction des micromètres, elle consiste à recouvrir les tambours d'une lame de cette composition sur laquelle on grave les divisions. L'avantage de l'emploi du celluloïd est incontestable ; sa couleur blanc ivoire neuf diffuse la lumière et permet de faire la lecture des divisions avec une grande facilité : nous ajouterons qu'il n'y a pas de comparaison à faire avec les tambours à limbe en argent.

Le micromètre avec ou sans cercle de position, ne devant pas subir la moindre déviation, est fixé à la lunette au moyen d'une pince solide ; il s'enlève à volonté. Comme le micromètre rétrécit le champ de la lunette, on l'enlève quand on a besoin d'un champ plus étendu, et on le remplace par un coulant sur lequel on fixe l'oculaire. — Pour remplacer et nettoyer les fils, etc., voir les Remarques du *Micromètre des instruments méridiens*.

C. *Micromètre à double coulisse.* — Quand on veut atteindre une plus haute précision, on emploie le micromètre à double coulisse. Chaque coulisse est munie d'un fil d'araignée. La valeur de la vis est dépendante du foyer de l'objectif, elle peut aller jusqu'à seize centièmes de millimètre. L'avantage de ce micromètre, qui est pourvu également d'un ou de plusieurs fils horizontaux, est de pouvoir prendre des mesures avec une rigoureuse exactitude, et ce, dans n'importe quelle partie du champ de la lunette, sans être obligé de la déplacer de sa position ; il permet en outre de prendre des mesures avec un rouage imparfait. Ce micromètre est toujours pourvu d'un cercle de position. — Les fils du micromètre à double coulisse doivent, comme tous les fils en général, être éclairés plus ou moins selon la nature des objets à mesurer. Pour remplacer et nettoyer les fils, voir : *Micromètres des instruments méridiens.*

Pour faire des observations micrométriques avec les appareils dont nous venons de parler, il faut que la lunette soit montée en équatorial et qu'elle soit pourvue d'un mouvement d'horlogerie dont l'isochronisme est parfait. Dans ces conditions, avec une lunette de 0^m140 d'ouverture, et même moindre, on peut obtenir une précision aussi exacte qu'avec les grands instruments si la lumière est suffisante ; cette dernière dépend du diamètre de l'objectif.

D. *Micromètres des instruments méridiens.* — Le micromètre (M. fig. 22) que l'on emploie pour faire les observations de passage avec les instruments portatifs, se compose d'une boîte rectangulaire dans laquelle se trouve une plaque portant : 1° un seul fil fixe horizontal pour prendre la *hauteur* en bissectant l'étoile pendant son passage si l'on observe au *cercle méridien ;* mais pour observer un passage à la *lunette méridienne,* certains observateurs préfèrent deux fils horizontaux pour que l'étoile passe entre ces fils ; ce procédé permettant de bien voir l'étoile si elle est d'un très faible éclat ; 2° de 3, 4, 5, 6, 7, 8, 9 ou 10 fils verticaux et équidistants, perpendiculaires au premier ; — ensuite un cadre portant un fil mobile qui sert à faire des pointés particulièrement dans les observations de passage des étoiles circumpolaires (1) ; — et enfin une vis micrométrique qui porte un

_____

(1) On entend généralement par étoiles circumpolaires, les étoiles qui sont situées entre 0° et 10° de distance polaire, ou, ce qui revient au même, celles qui ont une déclinaison comprise entre 80 et 90°.

ou deux tambours dont les divisions sont en rapport avec l'importance de l'instrument.

Les micromètres que l'on construit aujourd'hui pour les petits instruments méridiens portatifs n'ont généralement qu'un tambour dont la révolution correspond à une minute d'arc (4 secondes de temps), et le tambour porte 100 divisions. Chaque division a donc une valeur d'un centième de minute d'arc, c'est-à-dire un vingt-cinquième de seconde de temps ; et comme les graduations du tambour sont assez écartées pour permettre de lire les fractions de division, on peut obtenir une grande précision.

Certains micromètres de *cercles méridiens* quoiqu'étant disposés de manière à pouvoir régler l'horizontalité et la perpendicularité des fils, ne peuvent pas toujours décrire un mouvement de rotation sur leur centre. Nous ferons remarquer qu'il est très avantageux, lorsque le cercle n'est pas pourvu de microscopes, de pouvoir faire tourner le micromètre de 90°, de façon à rendre le fil mobile horizontal ; lorsqu'il en est ainsi, on s'assure de l'horizontalité de ce fil en le faisant bissecter par une étoile équatoriale. Dans cette position du micromètre, si on connaît la valeur d'un tour de vis, on peut mesurer les variations d'inclinaison de la lunette, en déterminant le déplacement qu'il faut donner au fil mobile pour le ramener toujours sur un même point éloigné connu ou obtenu artificiellement.

Lorsque le micromètre comporte un nombre impair de fils, 3, 5, 7 ou 9, selon l'importance de l'instrument, on nomme fil *moyen,* celui du milieu, et c'est à ce fil que se rapportent les observations faites à tous les fils. Lorsqu'il comporte un nombre de fils pair, on appelle fil *moyen idéal,* le fil auquel on observerait si la lunette n'en avait qu'un. Ce fil fictif occupe dans le champ de la lunette la place qu'occuperait l'emplacement de l'astre à son passage au méridien, place calculée sur la moyenne du passage de l'astre à chacún des fils effectifs. Nous expliquons au § 66 la manière de troûver la moyenne du passage.

Le zéro du micromètre doit coïncider avec une division entière. Généralement, lorsque la vis comporte 60 tours, par exemple, le troisième tour correspond avec le fil moyen ou le fil idéal. Certains micromètres portent une vis opposée au tambour qui permet de déplacer latéralement la plaque portant les fils ; mais ce déplacement a des limites très restreintes. Lorsqu'il n'y a qu'un tambour, il est préférable d'établir la coïncidence en maintenant la vis micrométrique immobile, pendant que l'on fait tourner, à frottement dur, le tambour autour de son axe jusqu'à parfaite coïncidence.

Nous avons indiqué plus haut la manière de déterminer la valeur d'une révolution de la vis ; mais lorsqu'il s'agit de faire des observations de grande précision, il est bien préférable de choisir des étoiles connues entre l'Équateur et le pôle, en employant la formule donnée page 62 ; car le mouvement de l'étoile y étant beaucoup plus lent qu'à l'Équateur, il est bien plus facile de préciser l'instant de son passage devant les fils extrêmes.

REMARQUES. — Pour que le micromètre d'un instrument méridien soit bien réglé, les fils horaires doivent être dans une position verticale quand l'axe des tourillons de la lunette est horizontal, et les fils horizontaux perpendiculaires aux premiers. Les fils doivent concorder, autant que possible, avec le plan focal de l'objectif.

On règle l'horizontalité des fils du micromètre en le faisant raser ou bissecter par une étoile équatoriale. A cet effet, on amène une étoile dans le champ de la lunette ; si elle le rase ou le bissecte pendant tout son parcours, le fil est horizontal ; dans le cas contraire, on desserre les vis qui rendent le micromètre solidaire de la lunette, on le saisit des deux mains, on le déplace sur son centre de la moitié de l'intervalle, et on fait une nouvelle vérification.

La verticalité des fils se règle sur une mire ; on amène l'image de la mire en haut du champ et on la bissecte avec le fil mobile ; on abaisse ensuite la lunette et on bissecte de nouveau la mire. Par construction, les fils verticaux sont généralement perpendiculaires au fil horizontal ; s'il n'en était pas ainsi, on ferait le nécessaire selon la construction du micromètre, afin de les déplacer de la moitié de la différence et on recommencerait l'opération.

Dans les observations de passage, il est préférable que l'étoile rase ou bissecte le fil horizontal. Dans les observations de hauteur on bissecte l'astre près du centre du champ, afin d'atténuer l'erreur qui résulterait du manque d'horizontalité du fil.

Lorsqu'il n'y a qu'un tambour, on fait concorder sa division zéro avec un fil fixe en faisant tourner, à frottement dur, le tambour sur son centre. La lecture du tambour se fait en comptant un tour de vis chaque fois que le zéro passe devant l'index. En supposant qu'il y passe 8 fois et que l'index est entre les divisions 48 et 49, on écrit 8 t et 48, et ensuite on estime à l'œil la fraction de division, supposons 4 dixièmes ; on ajoute 4 après 48, et la lecture du micromètre est 8t484. Lorsque le micromètre porte deux tambours, le premier, près de la tête de la vis, indique le nombre de tours de vis, et le second les divisions. On doit tourner la vis avec précaution et éviter qu'elle reçoive un choc.

Nous ne saurions trop recommander aux amateurs d'astronomie et aux explorateurs de se faire donner des constructeurs tous les renseignements nécessaires pour démonter et remonter leurs instruments et particulièrement le micromètre, afin qu'ils puissent remédier aux petits accidents qui pourraient

compromettre la campagne d'un voyageur. Parmi ces accidents, il faut compter la rupture des fils du micromètre ; on
doit pouvoir les remplacer ou les nettoyer au besoin. C'est
dans la crainte de ne pouvoir remplacer les fils ou de ne
vouloir pas s'en donner la peine, que certains voyageurs mal
inspirés, se munissent du micromètre sur verre dont nous
allons parler, mais auparavant, nous allons donner le moyen
de se procurer du fil d'araignée, ainsi que celui de le nettoyer
et de le remplacer au besoin.

Pour se procurer du fil d'araignée, on enferme un de ces
arachnides dans une boîte dont le couvercle est percé de
petits trous. Après l'avoir laissé jeûner pendant deux ou trois
jours on le saisit par une de ses pattes de derrière en maintenant pendant un instant un doigt sur l'abdomen de l'animal ;
on le lâche ensuite et il descend au bout de son fil qui
s'enroule de lui-même sur une bobine ou un morceau de
carton que l'on fait tourner entre les doigts en procédant avec
une certaine vitesse. De cette manière, on obtient un fil très
ténu et très propre. On enferme le fil dans une boîte, et on
peut le conserver pendant plusieurs années. Pour fixer le fil,
une petite goutte d'arcanson liquéfié suffit. Pour nettoyer les
fils on les frotte légèrement avec l'extrémité d'un petit morceau
de papier, coupé en pointe, bien imbibé de pétrole.

Pour remplacer un fil, on desserre les vis du micromètre,
et après avoir ôté la platine à coulisse qui porte l'oculaire, on
enlève l'écrou qui porte la vis micrométrique, et on retire
avec précaution le cadre qui porte les fils mobiles et la plaque
qui porte les fils fixes. Le micromètre étant démonté, on
nettoie la rainure dans laquelle le fil doit être tendu, en
employant au besoin une pointe très fine en acier, afin de
bien vider cette rainure, ce dont on s'assure au moyen d'une
loupe. Ces préparatifs étant terminés, on pose la plaque
portant les fils sur un petit support en bois ou sur un bouchon
de liège d'une surface moins grande que la plaque, et on
prépare deux petites boules de cire à modeler d'une grosseur
suffisante pour tendre le fil d'araignée sans le rompre. On fixe

une de ces boules à l'extrémité du bout du fil ; on tient d'une main la bobine sur laquelle le fil est enroulé, et après avoir humecté le pouce et l'index de l'autre main, on lisse très doucement le fil. On fixe ensuite l'autre boule à quelques centimètres de la première, selon la hauteur du support de la plaque ; on pose le fil de manière à ce qu'il soit placé dans tout le prolongement de la rainure et on laisse suspendre les boules de chaque côté de la plaque ou du châssis qui porte le fil. On s'assure au moyen du microscope si le fil est dans la position voulue, ou on l'y place en s'aidant d'une petite tige ; le résultat obtenu, on fixe le fil à la plaque au moyen de deux petites gouttes d'arcanson liquéfié et on coupe les extrémités du fil.

Pour bien réussir dans cette opération, il est de la plus haute importance de tenir compte des conditions atmosphériques du lieu d'observation, conditions sans lesquelles les fils pourraient se rompre ou se détendre. On comprendra également qu'il faut procéder avec beaucoup de délicatesse. L'opérateur aura une grande facilité s'il se sert d'un porte-microscope. — Il n'est pas rigoureusement nécessaire de lisser le fil ; toutefois, le lissage offre l'avantage d'enlever les barbes du fil et de rendre ce dernier bien net, ce qui est très important dans les observations de passage des petites étoiles, et dans les mesures d'étoiles doubles.

E. *Micromètre sur verre.* — Ce micromètre est une lame de verre sur laquelle sont gravés, avec un soin extrême, un certain nombre de traits, dont un est horizontal : c'est le fil *équatorial* ou des *hauteurs* ; les autres traits qui lui sont perpendiculaires doivent être très rapprochés, parallèles et équidistants ; ce sont les fils *horaires.* Cette lame se place au foyer de l'oculaire, et de façon à ce qu'une étoile équatoriale bissecte le fil horizontal pendant son parcours à travers le champ de la lunette. Quelques explorateurs se munissent d'un micromètre semblable dans la crainte de ne pouvoir, en cas d'accident, remplacer les fils de leur micromètre, ce qui est fort regrettable, car cet appareil offre plusieurs inconvénients ; d'abord la lame de verre assombrit le champ, ensuite, ce qui est plus grave, on ne peut faire usage du fil mobile, seul moyen d'obtenir une grande précision. On fera bien d'en rejeter l'usage si on veut obtenir des mesures exactes.

26. — Cercle de position. — Cet appareil est un cercle gradué de 0° à 360° ; il est fixé derrière la boîte du micromètre des lunettes équatoriales, et, quoique faisant corps avec elle, il reste immobile pendant que la boîte se meut autour d'un centre. Ce cercle sert à donner la valeur de l'angle que forme la ligne que joignent deux étoiles rapprochées (étoiles doubles) avec le méridien. La lecture se fait de 0° à 360°, dans la direction du nord au sud, en passant par l'est, ce qui correspond au mouvement diurne. Le cercle est muni d'un vernier qui doit permettre de donner au moins les dixièmes de degré ; nous parlons ici d'un cercle d'une lunette d'amateur. C'est au moyen d'un bouton à crémaillère qu'on fait tourner le micromètre sur son centre pour amener le fil dans la position voulue.

Pour mesurer l'angle de position, la lunette étant en marche, faites tourner le micromètre de façon que l'étoile principale étant amenée sur un fil horaire, soit bissectée dans toute sa longueur ; le mouvement apparent des étoiles s'effectuant parallèlement à l'Équateur céleste, faites tourner le micromètre de 90°, et le fil horaire sera parallèle au méridien. Lisez l'index du cercle ; le chiffre lu sera pris pour le 0° du cercle, 43°30', par exemple. Faites tourner encore le micromètre de gauche à droite de manière que le même fil coupe les deux étoiles, et faites une nouvelle lecture de l'index, 119°30', par exemple ; l'angle déterminé par le déplacement du fil horaire sera l'angle que forme la ligne joignant les deux étoiles avec le méridien. La position du compagnon (la petite étoile) sera donc : $119°30' - 43°50' = 75°40'$.

Pour bien déterminer l'angle de position d'une étoile, il est de la dernière importance que le fil bissecte parfaitement les étoiles, ce qui n'est pas toujours facile lorsqu'il y a une certaine différence d'éclat entre les composantes, car dans ce cas, si l'on n'y prend garde, il y a tendance à ce que l'observateur amène le fil à être presque tangent au disque d'une des étoiles. Plus la différence est grande, plus il y a incertitude dans les mesures ; il faut donc déplacer légèrement le fil jusqu'à ce que l'œil soit satisfait de la bissection.

La direction du mouvement dans les systèmes orbitaux n'étant pas la même, et le nombre de systèmes en mouvement rétrograde étant plus considérable que celui en mouvement direct, pour éviter les erreurs dans l'indication de la position des compagnons, les astronomes se sont entendus pour compter les angles du nord au sud en passant par l'est, quelle que soit la direction du mouvement de l'étoile. (Voir § 57, Etoiles doubles).

27. — Microscopes. — On sait que le microscope est un instrument qui a la propriété de faire paraître les objets beaucoup plus gros qu'ils paraissent à l'œil nu. Ils servent, en Astronomie, pour grossir les divisions des instruments gradués ; ils sont surtout indispensables pour faire la lecture des verniers, ou obtenir la précision dans la mesure des hauteurs lorsqu'on opère avec le cercle méridien, ou bien la mesure des azimuts et des hauteurs si on se sert du théodolite. — Les microscopes sont *simples* ou *composés;* simples, lorsqu'ils ne sont formés

que d'une ou deux lentilles, ils prennent alors le nom de
loupes. Les microscopes sont composés, lorsqu'ils sont
formés d'un objectif, d'un oculaire et d'un micromètre,
ce qui leur donne l'apparence de lunettes astronomiques
en miniature ; on les désigne habituellement sous le nom
de *microscopes micrométriques*. Le cercle méridien, représenté fig. 23, porte quatre microscopes micrométriques,
et un microscope simple pour faire la lecture des grandes
divisions.

Le microscope micrométrique a un objectif à très court
foyer dont l'axe principal est perpendiculaire au plan du
limbe ; il doit être placé à une distance telle que l'image
des divisions vienne se former dans un plan focal déterminé. Pour mettre le microscope au point, on tire l'oculaire jusqu'à ce que l'image des fils du micromètre et
celle des traits du limbe soient aussi nettes que possible ;
l'image des traits doit être parallèle à celle des fils du
micromètre. S'il n'en était pas ainsi, on dévisserait les
vis du collier qui maintiennent le microscope, ce qui
permettrait de lui imprimer un petit mouvement de rotation sur son axe ou faire varier sa distance du limbe.

Le micromètre est fixé au microscope comme à une
lunette ; il porte deux fils mobiles. On fait correspondre
un des fils à une division entière du limbe en agissant au
besoin sur la vis de réglage et on mesure avec l'autre
comme on le fait avec le micromètre ordinaire ; la lecture
du micromètre se fait sur le tambour. (Voir § 25, D.).

Les microscopes simples sont fixés à l'instrument de
manière à pouvoir faire facilement la lecture des verniers,
ils ne gênent en rien au retournement de la lunette ; les
microscopes micrométriques sont portés par une couronne ou un porte-microscope fixé à frottement dur en
face du cercle gradué. On enlève, si l'on veut, le porte-

microscope quand on n'a pas de mesures de hauteurs à prendre.

Quand on veut observer les hauteurs pour avoir la latitude d'un lieu ou connaître les déclinaisons des astres avec une grande précision, il est indispensable que le cercle méridien soit pourvu d'au moins deux microscopes micrométriques opposés l'un à l'autre, c'est-à-dire à 180° de distance ; alors leur lecture permet de remédier au défaut de centrage du cercle divisé. Vu l'amplification des microscopes micrométriques, lorsque les cercles en sont pourvus, on y adapte également un microscope ordinaire, ainsi qu'on le voit sur la figure 23, pour faciliter la lecture des grandes divisions, la lecture de ces dernières ne pouvant se faire que rarement dans le champ du microscope micrométrique.

28. — Bain de mercure. — Le bain de mercure est d'une importance extrême en Astronomie : il dispense d'abord de l'emploi de niveaux pour le réglage de la lunette méridienne ou de l'altazimut ; ensuite il est reconnu que l'on ne peut faire de bonnes observations méridiennes sans déterminer d'une façon rigoureuse la verticale du lieu considéré, puisque c'est du point choisi que doivent être rapportées toutes les observations qui y seront faites, et qu'on n'arrive à ce résultat qu'à l'aide d'une surface réfléchissante en équilibre.

Pour arriver à ce but on s'est servi pendant bien longtemps d'une petite cuvette en cuivre, à rainures concentriques à l'aide desquelles on espérait faire obstacle au développement des ondulations du mercure qu'elle contenait. Avec cette cuvette, à laquelle on donne le nom de *bain de mercure*, on n'obtenait un résultat qu'à la condition qu'il n'y eut pas le moindre courant d'air ou la moindre trépidation autour et même à une certaine distance de l'instrument, ce qui est presque impossible à obtenir.

M. P. Gautier, l'éminent constructeur est l'inventeur d'une cuvette maintenant la surface du mercure presque immobile, malgré les trépidations du sol. Ce système de bain offre le précieux avantage que la couche de mercure étant puisée au-dessous de la surface du bain à l'aide d'un robinet, est dégagée de toute impureté et donne de très belles images (1).

M. Périgaud, astronome à l'Observatoire de Paris, praticien distingué, a fait subir au bain de mercure de M. P. Gautier une modification qui consiste à substituer à l'ancien plateau (du bain de mercure Villarceau) un nouveau, analogue à la cuvette intérieure du bain de M. P. Gautier, c'est-à-dire « séparé de son rebord par une gorge d'une épaisseur de 5ᵐᵐ environ ; de plus trois vis calantes permettent de rendre le plateau horizontal. » D'après M. Ch. Wolf, cette modification donne enfin la solution longtemps cherchée de l'emploi du bain de mercure pour la détermination de la verticale et pour les observations par réflexion, par tous les temps et sur un sol fréquemment ébranlé par le passage des voitures.

M. Secrétan et M. Mailhat, directeur de ses ateliers, ont apporté une nouvelle modification à la construction du bain de mercure de M. P. Gautier, modifié par M. Périgaud ; elle consiste principalement à fixer, au fond de la cuvette supérieure, la plaque argentée de M. le lieutenant de vaisseau Perrin, afin d'éviter que la tension de la surface du mercure se sépare brusquement

_____

(1) Le bain de mercure de M. P. Gautier est décrit dans le *Bull. Astron.*, t. II. p. 549 ; celui de M. Périgaud, dans le tome V, p. 315.

et se retire vers la gorge circulaire. Nous n'avons pas
expérimenté cet appareil dont la figure nous a été prêtée
par M. Secrétan ; mais, d'après M. Guémaire, de l'Observatoire de Paris, qui a fait des observations nadirales
avec ce bain, il remplirait les conditions désirables.

Le bain de mercure de MM. Secrétan et Mailhat
(fig. 1), dont la moitié est en coupe, se compose de deux
cuvettes en fonte, A et B, placées l'une dans l'autre. Une
plaque en cuivre rouge argentée, F, est-fixée au fond de
la cuvette supérieure A à l'aide de petites vis. La cuvette
A est munie d'un recouvrement dans lequel rentre la
partie supérieure de la cuvette B. La cuvette inférieure

Fig. 1

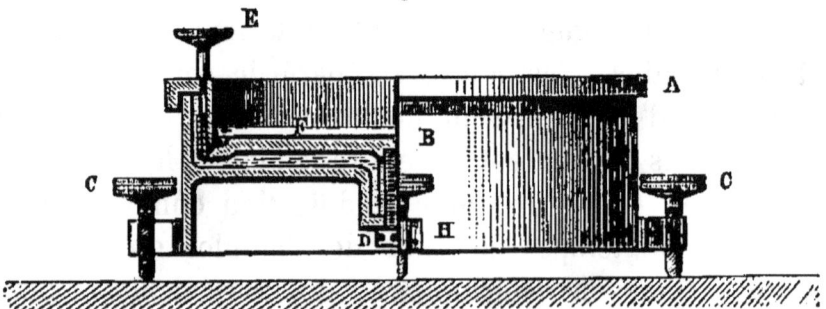

B sert de réservoir au mercure. Trois vis calantes, C, H,
C, servent à niveler l'appareil. La vis E, dont la tête
émerge de la cuvette, sert de robinet pour boucher
l'ouverture du passage par où le mercure, enfermé dans
la partie réservée entre les deux cuvettes, doit pénétrer
lorsqu'il sort du réservoir. (Ce passage est figuré par un
pointillé).

La cuvette supérieure étant serrée contre la cuvette
inférieure, si on desserre le robinet E alors que le bain
est nivelé, le mercure dont le niveau se trouve plus élevé
que le fond de la cuvette A pénètre par l'ouverture du

conduit, remplit d'abord la gorge circulaire I et couvre
ensuite régulièrement la surface de la plaque argentée
F. — La gorge est construite de façon que les parties
voisines de l'orifice d'entrée ou de sortie du mercure
soient plus profondes que sa partie opposée; par suite de
cette inclinaison, en desserrant la cuvette, le mercure,
par son propre poids se dirige vers l'ouverture, disparaît
de la surface argentée, ensuite de la gorge et entre dans
le réservoir. — Une grosse vis D, fixée dans la cuvette
inférieure, sert à élever ou à abaisser la cuvette supérieure
selon qu'on imprime à cette dernière un mouvement de
gauche à droite ou de droite à gauche (1).

Pour se servir du bain de mercure dont nous venons
de donner la description, on procède de la manière
suivante :

1° Enlevez complètement la cuvette supérieure et
versez dans la cuvette inférieure une quantité de mercure
variant avec la dimension du bain ;

2° Le robinet étant bien fermé, vissez lentement la
cuvette supérieure afin d'éviter la projection, à l'extérieur,
du mercure entraîné par le mouvement de rotation ;

3° La cuvette supérieure étant vissée à fond, placez
l'appareil sous la lunette et nivelez-le afin de donner au
mercure une couche d'égale épaisseur qui devra être
aussi mince que possible ;

4° Ouvrez lentement le robinet en dévissant le bouton
extérieur et laissez pénétrer le mercure ; l'appareil étant
nivelé convenablement, le mercure opérera sa jonction
au centre de la plaque argentée. Profitez de ce moment
de jonction pour fermer rapidement le robinet sans tenir

(1) Un petit bain de mercure de construction semblable, mais en
ébonite, est destiné aux voyageurs.

compte des petites vis qui pourraient n'être pas couvertes par le mercure ;

5° Lorque l'observation est terminée faites rentrer le mercure dans le bassin inférieur, puis retirez complètement la cuvette supérieure et renversez-là à 45° environ, la face argentée en dessous, afin de faciliter l'écoulement complet du mercure restant attaché à la plaque. On peut, à la rigueur, dévisser complètement la cuvette et la renverser dans l'autre, de cette façon l'opération est plus rapide et plus complète.

Il est inutile de vider la cuvette inférieure, la quantité étant mise une fois pour toutes.

Avant de se servir de l'appareil, on essuiera avec soin la plaque argentée et la gorge, car la poussière ternirait l'image.

28 bis. — Appareil nadiral. — Cet appareil est composé d'une petite glace à faces parallèles placée à 45° sur une petite monture ; sur la face qui est en regard de l'hypothénuse est sertie une petite lentille qui a pour fonction de recevoir la lumière et de la renvoyer sur la glace, laquelle la dirige, en traversant l'objectif, sur le bain de mercure. On éclaire le champ de la lunette comme nous l'indiquons au § 60, et en regardant à travers la glace, on voit les fils du réticule en même temps que leur image réfléchie par le bain de mercure. Ce petit appareil se visse sur l'oculaire ; il sert à faire les observations du nadir et à s'assurer si la lunette méridienne ou celle du cercle méridien n'a pas dévié. Pour que l'observation soit bien faite, il faut que l'image produite par tous les fils soit bien bissectée par ces derniers. Cet appareil ressemble à celui représenté par la figure 2, avec cette différence que la plaque ne porte qu'une ouverture dans laquelle se trouve la lentille et qu'une glace placée à 45° remplace le prisme.

29. — Prisme à réflexion totale. — Ce prisme à réflexion totale (fig. 2) est monté sur un anneau en métal; il a pour effet de renvoyer la lumière perpendiculairement à la direction de l'axe optique de la lunette, ce qui permet d'observer les astres vers le zénith avec presque autant de facilité que dans les autres parties du Ciel. Le prisme enlève un peu de clarté aux images; il redresse ces dernières dans le sens vertical, mais les maintient renversées dans le sens horizontal. La monture portant le prisme se visse sur l'oculaire, ou est disposée de manière à pouvoir être, au moyen d'une glissière, fixée devant lui. Le prisme peut servir à tous les grossissements tant que la lumière le permet, et surtout tant que l'anneau oculaire peut arriver jusqu'à l'œil. Plus l'oculaire grossit, moins long est l'anneau oculaire.

Fig. 2

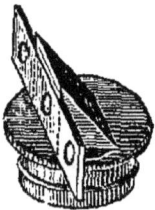

Le prisme à réflexion totale, représenté par la fig. 2, porte en regard de l'hypothénuse une plaque à coulisse à trois ouvertures circulaires : celle du milieu est vide, dans les deux autres son sertis un verre neutre de teinte différente. La petite plaque se déplace à frottement doux, selon qu'on observe le Soleil, la Lune ou Vénus, ou les étoiles.

Certains constructeurs établissent ce prisme de façon à le faire mouvoir devant l'oculaire à l'aide d'une coulisse pratiquée dans l'œilleton, ce qui est préférable.

30. — Oculaire coudé ou à réflexion latérale. — La pièce principale de cet oculaire (fig. 3) est un prisme

ajusté dans une monture C, de quelques centimètres de
longueur (1). A l'une des extrémités du tube faisant face
à la monture du prisme, se trouve une ouverture circulaire, avec pas de vis, qui permet de le fixer à angle droit
sur le coulant de la lunette D ; à l'autre extrémité du
tube on visse un oculaire négatif B. Pour les observations
solaires on y adapte l'œilleton A dans lequel est serti un
verre à teinte neutre.

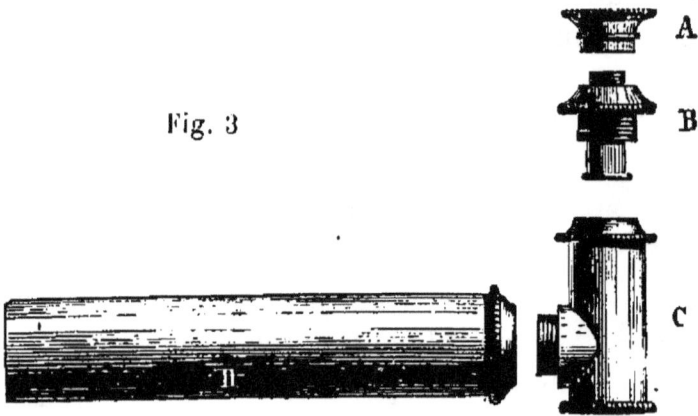

Fig. 3

Cet appareil sert au même usage que celui que nous
venons de décrire dans le paragraphe précédent.

31. — Objectif collimateur ou objectif de mire. —

L'objectif collimateur ou *objectif de mire* (fig. 4) est une
lentille à long foyer, d'un diamètre donné sertie dans une
pièce de métal, ou bien fixée dans un anneau monté
ordinairement sur un petit triangle en fonte de quelques
centimètres de hauteur et disposé de façon à pouvoir
être scellé sur une borne ou un pilier placé dans le
méridien, à un ou deux mètres en avant de la lunette

_____

(1) Ce modèle, comme le précédent, appartient à M. A. Bardou.

méridienne ou du cercle méridien. Cet objectif sert
conjointement avec la mire (fig. 5) à déterminer la collimation (ligne qui passe par l'axe optique de la lunette) et
à mesurer les variations qu'éprouve l'azimut de la lunette.
— L'objectif de mire doit être d'une perfection absolue,

Fig. 4

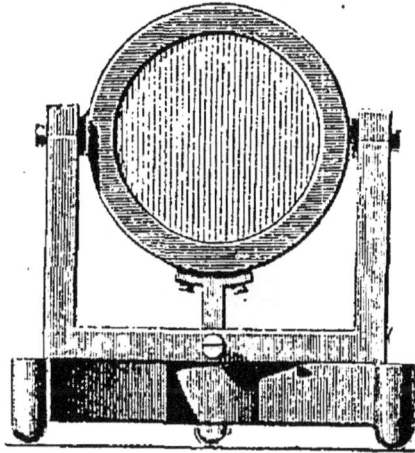

afin d'éviter une double image. Quand l'objectif de mire
est à poste fixe, on le recouvre d'un petit capuchon.

L'objectif collimateur, et la mire méridienne que nous
allons décrire, sont indispensables pour faire de bonnes
observations méridiennes (1).

32. — Mire méridienne. — La mire méridienne
(fig. 5) est une plaque peinte en noir, percée d'une
ouverture circulaire de quelques centimètres, dans
laquelle se trouvent deux petites lames croisées sous un
angle de 70° environ, également noircies, représentant

_____

(1) Les figures 4 et 5 nous ont été prêtées par M. Secrétan, opticien à Paris, et sont extraites de son Catalogue.

un **X**. (La figure est retournée avec intention, afin de montrer qu'on peut changer l'angle en desserrant les vis qui fixent les lames sur la plaque.)

La mire se place à la distance du foyer de l'objectif ; cette distance, qui peut varier de 50 à 200ᵐ se règle sur celle qui permet de lire facilement avec la lunette de petits caractères imprimés (1). Pour trouver l'emplacement du foyer de l'objectif de mire, on s'assure d'abord

Fig. 5

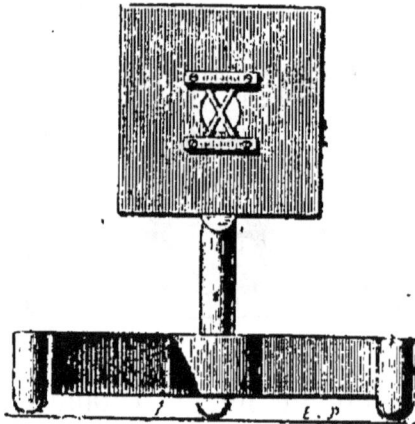

si l'axe optique de la lunette décrit bien le plan du méridien, ensuite on place l'objectif de mire à environ un ou deux mètres en avant de la lunette, et pendant que l'observateur est à la lunette, un assistant s'éloigne

---

(1) Il est facile de se rendre compte que le faisceau cylindrique produit par les rayons lumineux qui partent de la croisée des fils de la mire à la sortie de l'objectif collimateur, en traversant l'objectif de la lunette, converge en un point situé dans le plan focal de celle-ci, et que malgré que la mire n'est placée qu'à une distance relativement petite de la lunette, l'image de la croisée de ses fils se forme au point ou apparaîtrait un point placé à l'infini.

lentement de l'objectif collimateur en tenant un livre à la main à une hauteur convenable, jusqu'à ce que l'observateur puisse lire facilement le texte imprimé sur le livre que l'assistant doit tenir dans une position renversée. Le foyer de l'objectif étant connu, on installe une borne ou un pilier, et après avoir fait une nouvelle vérification, on scelle la mire si l'instrument doit rester à demeure, afin de n'avoir pas à rechercher son emplacement chaque fois que l'on veut vérifier la position de la lunette, et on abrite la mire.

La mire méridienne doit être placée à une hauteur telle qu'elle puisse être aperçue lorsque la lunette est dans une position horizontale ; elle doit pouvoir indiquer à tout instant les changements survenus dans l'azimut, de même qu'elle doit déterminer la collimation physique. Il n'est pas rigoureusement nécessaire que la mire soit exactement située dans le plan du méridien, il suffit que dans les deux positions de la lunette (directe et inverse) son image ne se reproduise pas en dehors du champ ; car on peut toujours, au moyen du fil mobile du micromètre, en faisant glisser l'oculaire, afin d'éviter la parallaxe des fils, reconnaître si l'azimut de la lunette et la collimation n'ont pas varié. On notera la lecture du tambour lorsque le fil bissectera la croisée de la mire. On remarquera que la mire n'étant pas habituellement abritée comme la lunette, les variations de température sont plus susceptibles de faire varier son azimut ; on devra donc vérifier fréquemment la position de cet appareil.

Afin de diminuer les réfractions anormales et de permettre de faire de bons pointés le jour, et particulièrement la nuit, si l'instrument reste à demeure, la bande de terrain qui sépare la mire de la lunette doit être, autant que possible, recouverte de gazon. Pour les pointés de

nuit, on accrochera une petite lampe sur un bâton fiché en
terre en arrière de la mire, et pour ceux de jour, on placera derrière elle un petit carton blanc à 45° d'inclinaison.

33. — Verres colorés. — Verres ou glaces à faces
parallèles, d'une teinte appropriée au genre d'observation que l'on veut faire et qui sert à protéger la vue ; ce
verre est serti dans une bague en cuivre ou dans une
monture spéciale que l'on fixe sur l'oculaire. Pour observer
le Soleil, on doit se servir d'un verre à teinte neutre (noir
de fumée) assez foncée ; sans cette précaution, on perdrait
irrémédiablement la vue. — Lorsque l'atmosphère est
transparente, la vive clarté de la Lune est très fatigante
pour la vue, il est bon alors de la protéger avec un verre
à teinte neutre très pâle ou d'une teinte bleuâtre. On
emploie également un verre neutre légèrement teinté
pour l'observation de Vénus. On donne également le nom
de *bonnette* au verre coloré.

On remarquera qu'un défaut de parallélisme des surfaces de la glace colorée peut produire une double image,
de même qu'un *fil* dans le verre ou la glace fait dévier
l'image et la double quelquefois. (Le *fil* est un défaut qui
se produit dans la matière du verre pendant la coulée).

Nous engageons les amateurs à ne pas employer les
verres rouges ou verts pour observer le Soleil ; car les
verres rouges laissent passer une grande quantité de
rayons caloriques dont l'œil de l'observateur peut souffrir ;
et les verres verts, tout en interceptant une partie de la
chaleur solaire, laissent à la lumière une intensité
blessante, à moins d'être d'une épaisseur démesurée.

34. — Verre à teinte neutre graduée. — L'éclat du
Soleil variant beaucoup avec la hauteur et les conditions

atmosphériques ; en outre, la différence qu'il y a entre
l'intensité lumineuse du centre de notre astre radieux et
les bords de son disque, on comprendra facilement que
la teinte uniforme du verre neutre dont nous venons de
parler ne permettant pas de régler la teinte du verre
d'après l'intensité de la lumière solaire, il est impossible,
avec ce dernier appareil, de distinguer une foule de
détails et particulièrement les facules qui avoisinent les
bords du limbe solaire ; aussi, n'hésitons-nous pas à engager les amateurs d'astronomie à faire usage de l'appareil

Fig. 6

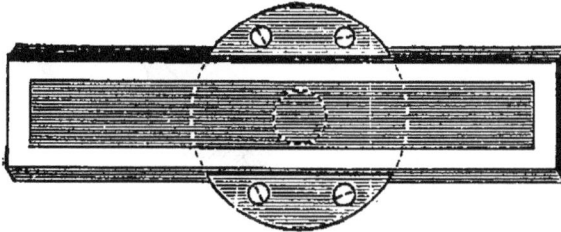

Fig. 7

à teinte neutre graduée, puisqu'il permet de diminuer
ou d'augmenter à volonté l'intensité de la lumière.

Cet appareil qui se place devant l'oculaire, est composé
de deux lames de verre taillées en coins (fig. 6) que l'on
superpose l'une sur l'autre ; une des lames est en verre
neutre, l'autre en verre blanc. Ces lames sont encadrées
dans un châssis, dont les grands côtés sont disposés de
façon qu'on peut les faire glisser à frottement doux dans
une entaille pratiquée dans la monture de l'œilleton
(fig. 7).

Quand on se sert de cet appareil, on doit procéder très

doucement et avec beaucoup de précaution afin de ne pas
trop se fatiguer la vue (1).

34 bis. — Oculaire solaire d'Herschel. — Cet oculaire
hélioscopique, qui porte le nom de son inventeur, est très
connu des observateurs du Soleil. Ainsi que le montre la
figure 8, un prisme triangulaire est monté à claire-voie
afin d'éviter l'élévation de la température. La première

Fig. 8

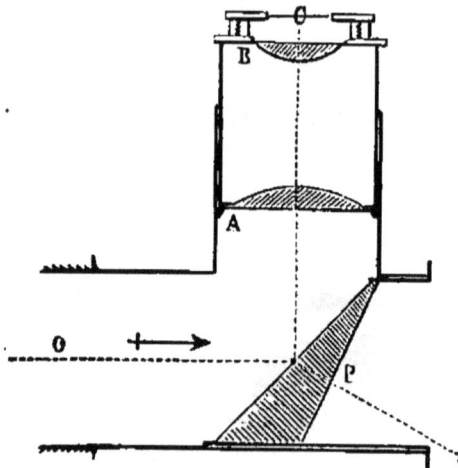

face du prisme fait avec l'horizon un angle de 45°, et les
rayons qui viennent du côté O vont se réfléchir sur son
hypothénuse. Il résulte de cette disposition que les dix-
neuf vingtièmes des rayons lumineux traversent le prisme,
émergeant en P, perpendiculairement à la seconde face,
et sortent par l'ouverture du tube dans la direction du

---

(1) Il est regrettable que l'hélioscope de Mertz soit si coûteux, car
c'est peut-être l'appareil le plus convenable pour observer le Soleil.
L'avantage de cet instrument est de réduire la lumière au point de
pouvoir se dispenser d'un verre neutre ; en outre, tous les objets
sont vus avec leur teinte véritable, et, ce qui a son importance
également, c'est que l'image du Soleil n'est pas renversée.

pointillé, — et que l'œil de l'observateur, placé devant l'œilleton C, ne reçoit plus qu'environ un vingtième de la lumière réfléchie vers le haut à travers l'oculaire A B.

Par ce qui précède, il est facile de comprendre que la presque totalité des rayons lumineux sortant par l'extrémité du tube, la lumière et par suite la chaleur se trouvent en grande partie éliminées. C'est ici le cas, surtout, d'employer le verre à teinte neutre graduée décrit dans le précédent paragraphe, et de se servir de la partie plus ou moins faible de ce verre selon qu'on observe le bord ou le centre du disque solaire. L'hélioscope d'Herschel a en outre l'avantage de ne pas fatiguer la vue et de ne pas faire éclater l'écran et même de le fondre, ainsi que cela arrive quelquefois en été, particulièrement lorsqu'on observe le Soleil dans le voisinage du méridien.

Il existe un grand nombre d'autres genres d'hélioscope, parmi lesquels celui de Mertz offre le précieux avantage de maintenir l'image dans sa position naturelle et de dispenser d'employer un verre neutre, mais ses dimensions et son poids ne permettent pas de l'adapter aux lunettes d'amateur ; en outre, son prix est inabordable.

35. — Verniers. — Le vernier s'emploie pour évaluer les fractions de division d'une échelle ou d'un cercle gradué. C'est un limbe sur lequel une longueur égale à un certain nombre de divisions d'une échelle donnée, a été subdivisée en un même nombre de parties égales augmenté d'une unité. Les verniers sont indispensables aux lunettes munies de cercles. Il en faut au moins un au cercle horaire et à celui de déclinaison d'un petit équatorial d'amateur, et au moins deux au cercle méridien et aux cercles du théodolite. La lecture du vernier se fait dans le sens de la graduation.

Plus le diamètre du cercle est grand, plus il peut contenir de divisions et par suite plus la fraction que peut donner le vernier est petite. Au moyen des verniers, on peut pousser la précision aussi loin que l'on veut. Ainsi, avec les cercles de 0^m18 de diamètre, on n'obtient à l'œil nu que la minute de temps et la minute d'arc si le cercle horaire ne contient que 360 divisions de 4 m. de temps et le vernier 4 divisions, et si le cercle de déclinaison n'est divisé qu'en 720 divisions de 30'. Si le même instrument était muni de cercles de 0^m28, contenant 1440 divisions, on obtiendrait très facilement à l'œil nu les 2 secondes de temps et les 15''. Mais à l'aide d'un microscope et mieux encore d'un microscope micrométrique (§ 27), on pourrait, ainsi qu'on le verra plus loin, évaluer une seconde d'arc si les graduations du cercle et celles du vernier étaient faites d'après des règles établies.

Pour mieux faire comprendre ce qui va suivre, nous allons parler d'abord des verniers simples, nous donnerons ensuite les explications nécessaires et des exemples numériques pour faire la lecture des verniers plus ou moins compliqués des instruments méridiens portatifs et des théodolites.

A. *Vernier du cercle horaire de l'équatorial.* — Supposons que chaque heure de ce cercle est divisée en 15 parties de 4 m. de temps chacune. Comme on le voit sur la figure 9, le vernier ne comporte que 4 divisions après le zéro. Pour obtenir la minute, on a divisé en 4 parties égales sur le vernier *b*, la valeur de 3 divisions du cercle horaire *a*; chaque division donne donc une minute de temps. Le vernier étant ainsi divisé, si les divisions 0 et 4 du vernier coïncident avec deux divisions du cercle comme l'indique la fig. 4, le cercle horaire indique la division exacte qui se trouve en face du 0 du vernier, c'est-à-dire 24 h. ; mais si la première division après le 0 du vernier coïncidait avec 0^h4^m du cercle, le vernier indiquerait 0^h1^m ; la coïncidence de la deuxième division avec 0^h8^m indiquerait 0^h2^m, et celle de la troisième

Fig. 9

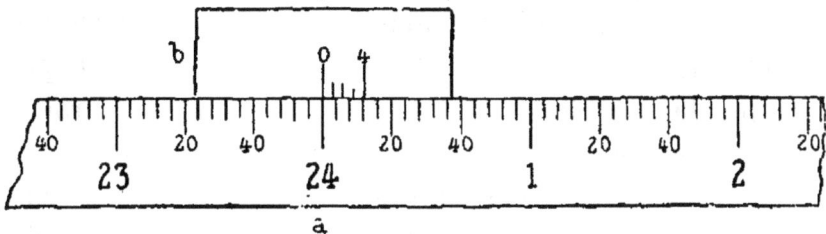

division avec 0^h12^m indiquerait 0^h3^m ; en imprimant encore un léger mouvement à la lunette, les divisions extrêmes du vernier, 0 et 4 coïncideraient de nouveau avec deux divisions du cercle, et le zéro indiquerait encore une division exacte du cercle, c'est-à-dire 0^h4^m. Lorsque le diamètre du cercle peut porter 1440 divisions, le vernier peut être disposé pour indiquer très facilement les deux secondes de temps à l'œil nu.

B. *Vernier du cercle de déclinaison ou des hauteurs.* — Supposons que le vernier du cercle de déclinaison

Fig. 10

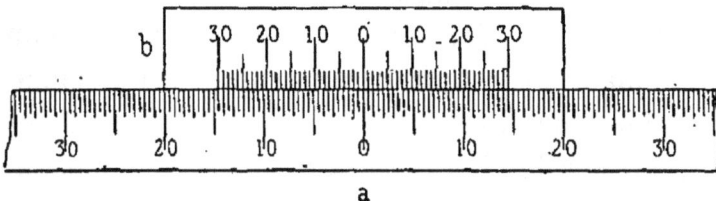

comporte 720 divisions de 30′, pour avoir la minute d'arc, le vernier *b* (fig. 10) est fait de 29 divisions du cercle *a*, divisées en 30 parties égales.

La lecture de ce cercle pouvant donner quelques
difficultés aux débutants à cause de sa chiffraison, nous
leur ferons observer que le numérotage des cercles
méridiens est fait de 0 à 360°, et que celui du cercle de
déclinaison des lunettes équatoriales se fait de 0 à 180°
de chaque côté du pôle, ou plus généralement, de 0 à 90°
de chaque côté de l'Équateur; la lecture du vernier se
fait dans le sens de la graduation. — Chaque division du
cercle de déclinaison a (fig. 10) comprenant 30' pour
obtenir la minute d'arc par le vernier b, on procède
comme on l'a fait ci-dessous pour la minute de temps.
Si, comme on le remarque sur la figure 10, le vernier
comporte 30 divisions de chaque côté de son zéro, c'est
que le numérotage de ce cercle va dans les deux sens,
soit que l'on compte de l'Equateur vers les pôles, soit
des pôles vers l'Equateur; mais lorsque la chiffraison
est faite de 0° à 360°, comme dans le cercle méridien,
l'altazimut ou le théodolite, le vernier n'est gradué que
d'un seul côté. — Le vernier du cercle de déclinaison
doit donc indiquer 0° lorsque la lunette pointe l'Equateur
et 90° lorsqu'elle pointe le pôle si l'on compte en déclinaison, ou bien 0° quand la lunette pointe le pôle si l'on
compte en distance polaire.

Dans les modèles représentés fig. 9 et 10, la pièce qui
porte le vernier doit être disposée de façon à ce qu'on
puisse déplacer ce dernier d'une petite quantité quand on
règle l'équatorial, ce qui évite quelquefois de déplacer le
cercle. Lorsque les lunettes équatoriales sont compliquées, les cercles horaires et ceux de déclinaison sont
construits comme ceux du théodolite, c'est-à-dire composés chacun de deux cercles concentriques, alors le cercle
extérieur porte les verniers; dans ce cas on peut les
déplacer au moyen de deux vis de buttée. — Pour les

8.

équatoriaux d'amateurs, le nombre des verniers est en rapport avec l'importance de l'instrument.

C. *Verniers des cercles méridiens, des altazimuts et des théodolites*. — Pour obtenir une grande précision dans la mesure des angles avec ces instruments, les cercles doivent être munis d'au moins deux verniers placés symétriquement, c'est-à-dire à 180° de distance ; si l'instrument est compliqué, chaque cercle en porte quatre, à 90° l'un de l'autre. Les lectures des cercles se faisant dans le sens de la graduation, de 0° à 360°, si on faisait les lectures à l'aide de microscopes composés, ils renverseraient les lectures ; par suite, si la graduation du cercle marche dans le sens des aiguilles d'une montre, on les ferait dans le sens opposé et *vice-versa*. L'origine de la graduation du vernier est le *zéro* du vernier, de même qu'il est le repère de tous les angles.

Pour faciliter la lecture du cercle, les constructeurs disposent devant chaque vernier une petite plaque en verre dépoli inclinée à 45°, ou un petit miroir seulement, ou un prisme à angle droit dont l'hypothénuse est inclinée à 45° sur chacune des faces, et qui renvoie la lumière zénithale sur les graduations par l'intermédiaire de petits miroirs. Pour éviter les erreurs, on distingue les verniers au moyen d'un numéro. La lecture des verniers est très facile dans le jour ; elle est beaucoup plus difficile à faire la nuit. Nous avons acquis par expérience que le meilleur moyen de faire la lecture des verniers est de se servir d'une petite lampe (§ 36) disposée de manière qu'étant tenue d'une certaine façon, les rayons lumineux puissent être projetés sur le vernier sans être reçus par l'œil.

Nous avons parlé plus haut d'un cercle de 0^{m}18 de diamètre divisé en 30', donnant, par le vernier, 1' à l'œil nu ; mais à l'aide du microscope, un cercle de même diamètre divisé en 10' permet d'évaluer les 10". Si on faisait la lecture du vernier avec un microscope micrométrique (§ 27), la précision serait beaucoup plus grande encore, car avec un cercle de ce diamètre on pourrait apprécier 1", si un intervalle de 59 divisions du limbe était divisé en 60 parties sur le vernier.

En général, les cercles des instruments portatifs ne portent que deux verniers placés symétriquement, c'est-à-dire à 180° de distance. Par construction cette condition ne se réalise pas, mais en faisant une lecture des deux verniers dans chaque position de la lunette, la moyenne des deux lectures neutralise l'erreur des graduations.

On notera sur le carnet la date et l'heure de l'observation de l'astre ou de l'objet observé. La position du cercle, le numéro du vernier et sa lecture seront écrits sur la même ligne. On écrit indifféremment PD ou CD quand le cercle est dans la position directe, c'est-à-dire à droite de l'instrument ; on écrit de même PI ou CG dans la position inverse, c'est-à-dire quand le cercle est à gauche de l'instrument.

Un pointé et la lecture de deux verniers dans chaque position du cercle, sur le même objet, est donc nécessaire. Pour passer d'un pointé à l'autre, si l'on se sert d'un instrument méridien ou d'un altazimut, on fait le retournement de la lunette (§ 65), c'est-à-dire après avoir enlevé la lunette, on met dans le coussinet de droite le tourillon qui était dans le coussinet de gauche et *vice-versa* ; si on se sert d'un théodolite, on fait décrire au cercle un angle de 180° (§ 79). — On remarquera que dans les observations de hauteur ou zénithales, il n'y a pas à tenir compte de la différence de 180° entre les lectures, mais seulement de la différence qui provient de l'erreur d'excentricité, de celle des verniers, etc.; pour plus de facilité on ramène les lectures au même vernier. EXEMPLE :

Cercle zénithal ou des hauteurs.

1ᵉʳ pointé. PD. Vernier 1......... 42°36′10″
— 2......... 222°35′40″
En ramenant la moyenne au vernier 1, on a... 42°35′55″.
2ᵉ pointé. PI. Vernier 1......... 122°35′50″
— 2......... 42°36′20″
En ramenant la moyenne au vernier 1, on a... 42°35′5″.
La moyenne des deux pointés, ramenée au vernier 1, est donc 42°36′.

L'azimut se déduisant d'une lecture dans les deux positions du cercle, si on procédait comme ci-dessus, on obtiendrait, à 180° près, la même lecture, sauf les erreurs d'excentricité, etc., et non l'orientation de la lunette. Pour éviter cet inconvénient, on ajoute ou on retranche 180° à la seconde lecture, et alors toutes les observations peuvent être supposées faites dans la position directe. — Il arrive quelquefois, comme dans l'exemple suivant, que les degrés changent à la seconde lecture; il suffit d'un peu d'attention pour ne pas se tromper. EXEMPLE :

Cercle azimutal.

1ᵉʳ pointé. PD. Vernier 1.......... 35°0′50″
— 2.......... 214°59′30″
La moyenne au vernier 1 est (+ 180°) 35°0′10″
2ᵉ pointé. PI. Vernier 1.......... 215°1′40″
— 2.... ...... 35°1′20″
Moyenne au vernier 1, PD. (+ 180°) 35°1′30″

En ramenant la moyenne au vernier 1, PD, on a (+ 180°) 35°0′50″, + ou — la collimation connue.

36. — Éclairage des fils et des cercles. — Lorsqu'en plein jour on observe le Soleil, la Lune ou les étoiles, on distingue parfaitement les fils du réticule ou ceux du micromètre ; mais il n'en est pas de même la nuit. A moins que les étoiles soient très brillantes et le Ciel exceptionnellement clair, on ne distingue pas les fils ; en outre, plus le grossissement est fort, plus le Ciel semble obscur. Si l'étoile à observer est petite, elle peut être masquée par un fil sans qu'on s'en aperçoive ; de même que si par un mouvement imprimé à la lunette l'étoile est sortie du champ, on ne sait plus dans quelle direction la rechercher. Pour obvier à cet inconvénient, on emploie une lampe. Cette lampe que l'on alimente avec de l'huile ou avec une essence minérale quelconque, peut être avantageusement remplacée par une lampe à gaz, ou ce qui est préférable par une lampe électrique à incandescence. Selon les moyens employés, les fils peuvent être rendus *noirs* sur champ brillant, ou *brillants* sur champ noir.

A. *Fils noirs sur champ brillant.* — L'éclairage des fils de la lunette méridienne du cercle méridien ou de l'altazimut est très simple, il suffit d'avoir une petite lampe posée sur un pied quelconque, près et en face du tourillon creux de l'instrument, ou ce qui est préférable, placé sur un petit support en métal fixé au montant de la lunette. Un réflecteur incliné à 45° dans le corps de la lunette, réfléchit la lumière sur les fils. Toute lumière factice étant nuisible aux observations de nuit, la lampe doit être disposée de façon à ce qu'on puisse intercepter tout rayon lumineux. La même lampe peut servir également à la lecture du cercle.

L'éclairage des lunettes astronomiques ordinaires se fait au moyen d'une lampe spéciale fixée au-dessus de la lunette dans laquelle est pratiquée une ouverture qui

permet à la lumière d'y pénétrer ; cette lampe est suspendue de façon à ce qu'elle puisse s'incliner lorsqu'on
dirige la lunette vers le zénith. Un anneau en carton
bristol ou en cuivre poli, ou une très petite glace, placée
à 45° dans le cylindre de la lunette, réfléchit la lumière
sur les fils du réticule.

L'éclairage de l'équatorial se fait au moyen d'une
lampe suspendue à la Cardan (q, fig. 20, § 49), la lunette
devant pouvoir être renversée dans certaines positions
sans qu'il y ait danger de répandre le contenu de la
lampe. M. A. Bardou a apporté à l'éclairage de la lunette
équatoriale un perfectionnement qui consiste en ce que
le diaphragme réfléchissant sur lequel est projeté la
lumière de la lampe, est en forme de couronne et est
monté sur pivots. De l'extérieur de la lunette, en faisant
manœuvrer un petit tourniquet (z, fig. 20), on fait tourner
le diaphragme, ce qui permet de lui donner plus ou
moins d'inclinaison ; on arrive ainsi à donner au champ
de la lunette le degré de clarté voulu pour que la lumière
de l'étoile reste nette et que l'on voie nettement les fils ;
ces derniers sont noirs sur champ brillant. — Quand on
veut se servir de la lampe, on dirige l'extrémité du tourniquet vers l'objectif, en lui donnant une inclinaison plus
ou moins forte, selon le degré de lumière que l'on veut
obtenir ; lorsqu'on n'a plus besoin d'éclairer le champ,
on dirige cette extrémité vers l'oculaire. Si on désire
enlever la lampe, on la dévisse de l'embase qui reste
fixée à la lunette, et on ferme l'ouverture avec un bouchon
en cuivre destiné à cet usage. On rétablit l'équilibre de
la lunette en desserrant le bouton p (fig. 20) qui maintient le contre-poids, et on remonte ce dernier vers le
cercle de déclinaison jusqu'à équilibre parfait ; ensuite on
resserre le bouton.

Quand on n'a pas de diaphragme tournant dans le corps de la lunette, on en place un mobile (v, fig. 20) sur le côté de la lampe. Ce diaphragme porte deux ouvertures circulaires : dans l'une est sertie un verre transparent, dans l'autre un verre dépoli ; le diaphragme se place dans une coulisse, et sert à augmenter ou à diminuer l'éclairage du champ selon que l'on emploie le verre transparent ou le verre dépoli. Comme on le voit, le grand avantage du diaphragme tournant est de pouvoir régulariser la lumière jusqu'à obscurcissement complet.

Le système employé par M. P. Gautier, pour éclairer les fils de la lunette équatoriale, offre un plus grand avantage encore ; il consiste à adapter devant l'orifice par où passe la lumière de la lampe dans le corps de la lunette, une plaque pouvant pivoter sur un centre. Dans cette plaque sont percées trois petites ouvertures circulaires ; la première ouverture est vide, dans la seconde est serti un verre bleu pâle, et dans la troisième un verre pâle rubis. Cette plaque permet d'obtenir trois teintes différentes dans le champ de la lunette. En faisant pivoter la plaque, alors que l'ouverture libre est en face de la lampe, un des verres colorés vient s'interposer entre la lumière de la lampe et l'orifice par où pénètre la lumière dans le corps de la lunette en face d'une très petite glace plane qui y est fixée à 45° à l'aide d'un fil de laiton ; en outre, un diaphragme placé dans le conduit qui livre passage à la lumière de la lampe permet, au moyen d'un bouton, de régler l'éclairage du champ de la lunette et, si l'on veut, d'intercepter entièrement le passage de la lumière. Bien entendu, la lampe est suspendue à la Cardan. L'interposition d'un de ces verres colorés permet, dans bien des cas, d'obtenir plus de précision dans les mesures des étoiles doubles. La teinte à employer est subordonnée à la nature de l'observation et surtout à la vue de l'observateur.

Plus l'étoile est brillante, moins on doit éclairer le champ. Lorsque par un ciel sombre on observe une étoile de peu d'éclat, on devra régler l'éclairage du champ de façon à apercevoir les fils sans que là lumière de la lampe l'emporte sur celle de l'étoile.

B. *Fils brillants sur champ noir*. — L'établissement de ce système d'éclairage est assez dispendieux ; il consiste en un jeu de prismes dont les uns, au nombre de quatre, sont fixés autour d'une plaque annulaire mobile placée dans le milieu du tube de la lunette, et les autres, au nombre de quatre également, sont disposés près du foyer ; ces prismes correspondent deux à deux. La lumière envoyée dans la lunette est réfléchie par les prismes du milieu sur ceux placés près du foyer qui la renvoient à leur tour, de manière à lui faire raser les fils et les illuminer. Deux des prismes du milieu du tube servent à éclairer les fils horizontaux, et les deux autres à éclairer les fils verticaux. Une manette à portée de la main de l'observateur fait marcher le mécanisme.

C. *Eclairage des cercles*. — Pour faire la lecture des cercles la nuit, on a ordinairement recours à la lumière d'une petite lampe ou à celle d'une bougie. Ce procédé expose à tacher ou à noircir le limbe ; il a en outre le grand inconvénient d'éblouir la vue et de produire sur la rétine une succession de couleurs qui dure jusqu'à ce que la rétine revienne à son état naturel de repos, ce qui nuit beaucoup aux observations; la lampe Bardou (fig. 11) obvie à ces inconvénients. Par une disposition particulière, ainsi que le démontre la figure 12, on peut, avec cette lampe, projeter des rayons horizontaux pour la lecture du cercle horaire de l'équatorial, et des rayons verticaux de haut en bas pour celle de son cercle de déclinaison ; de même que son emploi est tout indiqué

Fig. 11

pour l'éclairage des fils et pour la lecture des instruments méridiens. Cet appareil permettant de régulariser la

Fig. 12

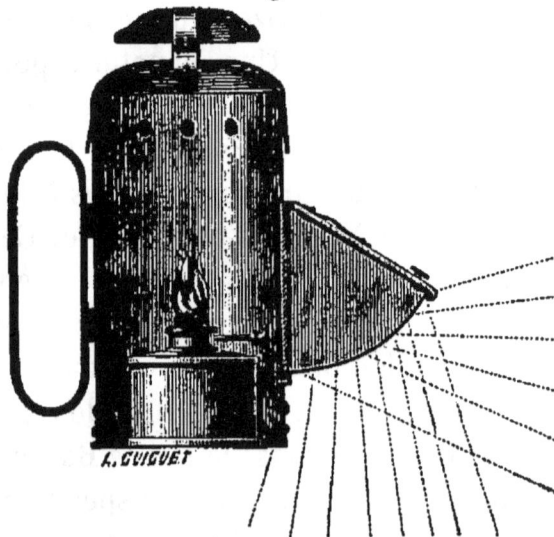

lumière jusqu'à complète disparition des rayons lumineux dans le sens horizontal et vertical, tout en conservant

9

une lueur suffisante pour se diriger ; il réunit donc les conditions essentielles pour permettre de recevoir sur la rétine l'impression lumineuse parfois très faible envoyée par l'astre à observer.

D. *Éclairage au moyen de la lampe électrique à incandescence.* — Pour donner la description de cet appareil, nous ne pouvons mieux faire que de reproduire ici la note que nous avions adressée à M. Charles Wolf, membre de l'Institut, astronome titulaire de l'Observatoire de Paris, note qui a été lue par ce savant dans la séance du 17 mars 1884 de l'Académie des Sciences :

« ASTRONOMIE. — *Application de la lampe à incandescence à l'éclairage des instruments astronomiques*, par M. G. Towne.

« Je suis parvenu à appliquer avec succès la lampe électrique à incandescence à l'éclairage des fils du réticule de mon cercle méridien et de mon équatorial, ainsi qu'à la lecture des verniers de ces lunettes. Deux lampes me suffisent pour mon observatoire.

« Pour mon équatorial une lampe est à demeure fixe ; elle consiste en un petit globe de verre, de la grosseur d'une noix, dans lequel se trouve un filament de charbon. J'ai disposé cette lampe dans un tube de cuivre de 0^m08 de longueur sur 0^m04 environ de diamètre. A l'orifice du tube qui fait face à la lunette, est sertie une glace qui empêche la chaleur de pénétrer dans la lunette ; à l'autre extrémité est fixé un bouchon en cuivre sur lequel s'ajustent à frottement doux les deux conducteurs souples qui amènent le courant. Ce tube qui contient tout le système, est vissé sur la lunette équatoriale en face d'un diaphragme mobile réfléchissant, formant couronne. Ce diaphragme est monté sur pivot et permet, au moyen d'un bouton placé à l'extérieur de la lunette, de régler la lumière jusqu'à obscurcissement complet du champ.

« L'autre lampe, placée dans une petite lanterne spéciale,

système A. Bardou (1), me sert alternativement à l'éclairage des fils du cercle méridien et à la lecture des verniers de ces lunettes. Les fils conducteurs sont placés à une certaine hauteur, et disposés de façon à ne pas gêner mes mouvements pendant les observations.

« Un commutateur permet d'éclairer instantanément l'une ou l'autre de ces lampes. J'obtiens le réglage de la lumière par la variation de l'intensité du courant, en immergeant plus ou moins profondément les éléments de la pile Trouvé (4 éléments me suffisent), tout en conservant le réglage par le diaphragme réfléchissant.

« Grâce à ce système d'éclairage, qui permet l'occlusion complète de la lampe, et à la disposition particulière de la lanterne, je puis intercepter tout rayon lumineux, ce qui est inappréciable dans les observations astronomiques. » (Extrait des *Comptes-rendus* de l'Académie des Sciences, 1884, n° 11).

Nous ajouterons que l'emploi de cette lampe dans les Observatoires de Météorologie est naturellement désigné, puisque le vent le plus violent ne peut l'éteindre.

37. — Globes et sphères, cartes célestes. — Ces objets, indispensables à l'étude de l'Astronomie élémentaire et à la Géographie, sont, comme on le sait, l'image exacte des choses qu'ils représentent (2) ; aussi se prêtent-

---

(1) Nous avons remplacé, dans la lanterne (fig. 12), la lampe à huile par celle à incandescence. Les conducteurs sont adaptés au bas de la lanterne, sous la poignée.

(2) La construction de ces instruments laisse très souvent à désirer ; aussi, croyons-nous rendre service aux intéressés en leur recommandant l'établissement de M. E. Bertaux, rue Serpente, 25, à Paris, où ils trouveront des globes et des sphères au niveau des connaissances actuelles, ainsi que des Instructions pour s'en servir utilement. On trouve également chez cet éditeur un grand choix de cartes célestes.

ils à des démonstrations rigoureuses, et permettent, s'ils
sont bien construits, de résoudre un grand nombre de
problèmes d'Uranographie et de Géographie.

Les cartes célestes, comme les sphères, parlent aux
yeux, et fixent plutôt l'attention que les meilleures
descriptions écrites ; nous ne saurions trop en recommander l'usage aux personnes qui veulent étudier l'Astronomie.

38. — Registre. — Il est indispensable aux personnes
qui font des observations astronomiques d'avoir un
registre sur lequel elles inscrivent jour par jour tous les
phénomènes célestes dont elles sont témoins, ainsi que
toutes les remarques qu'elles feraient en observant le
Soleil, la Lune, les étoiles, les bolides, les étoiles
filantes, etc. L'état du Ciel et la direction du vent sont
souvent des renseignements très utiles.

Ce registre sera surtout nécessaire aux personnes qui
sont appelées à déterminer des positions géographiques :
elles devront y inscrire toutes les observations qu'elles
ont faites, tous les calculs, la position de l'instrument,
les lectures des verniers avec les numéros de ces derniers.

CHAPITRE III

OBSERVATOIRE

39. — **Emplacement et installation d'un observatoire.** — La pureté et la transparence de l'air croissant avec l'altitude, il est hors de doute que l'emplacement le plus convenable pour un observatoire serait le versant sud d'une montagne ; mais il est regrettable que les difficultés d'accès et autres empêchent généralement de s'y installer. Plus l'observatoire est élevé, plus les instruments d'observation peuvent être petits ; c'est à ce point, qu'à 2967^m d'altitude, Piazzi-Smith distinguait les étoiles de 14e grandeur, avec une lunette qui n'avait que 1^{m}60 de longueur focale et un grossissement de 150 ; les étoiles y avaient un disque net et bien défini. On sait que Boussingault, le marquis d'Ormonde et bien d'autres, distinguaient les satellites de Jupiter à l'œil nu, à des altitudes beaucoup moins grandes. A l'Observatoire de Lick, situé sur le mont Hamilton (Californie), à 1353^m d'altitude, on peut quelquefois tripler les grossissements employés dans les observatoires ordinaires et obtenir des images très nettes. On choisira donc un site élevé : le sommet d'une colline ou bien un plateau. Une des principales exigences pour une bonne installation, est la parfaite symétrie des conditions topographiques et atmosphériques ambiantes. On évitera surtout d'installer un

9.

observatoire dans une vallée, où les rayons des étoiles ayant à traverser un grand nombre de couches atmosphériques différentes, sont brisés et dispersés par les changements de réfraction qui augmentent en raison inverse de l'altitude.

Ayant emporté avec nous une de nos lunettes dans un récent voyage que nous avons fait vers le 45e degré de latitude dans l'intention d'y faire des expériences comparatives à différentes altitudes et dans différents milieux, le résultat de nos observations nous permet d'affirmer que l'atmosphère des grandes villes et leur voisinage est non seulement peu favorable aux observations astronomiques, mais qu'elle est très nuisible; que les fumées, etc., etc., ainsi que l'éclairage au gaz troublent d'autant plus l'atmosphère que l'épaisseur de cette dernière est grande, dans le bas d'une vallée, par exemple. Ne sait-on pas que la quantité considérable de corpuscules microscopiques, composés tant d'éléments organiques que de particules inorganiques empruntés aux éléments de la vie industrielle dans les grandes villes, sont perpétuellement en suspension dans l'air et donnent à la couche atmosphérique l'apparence d'un brouillard; que cette brume factice est d'autant plus intense que la sécheresse est grande, et que ce n'est qu'après une grande pluie, et particulièrement en hiver, que l'atmosphère reprend un peu sa transparence. Il suffit, pour s'en rendre compte, de faire quelquefois l'ascension d'un édifice élevé d'une grande ville. Donc, le défaut de transparence des poussières de l'air et des émanations d'une populeuse cité est évident.

M. l'amiral Mouchez, dans un rapport sur l'Observatoire (1884), dit au sujet des conditions physiques de l'Observatoire de Paris : « Il suffit de citer les expériences des ingénieurs des phares au Trocadéro ; ils ont trouvé que le coefficient de transparence de l'air qui est de 0,8 à 0,9 du côté de la campagne, est inférieur à 0,4 au-dessus de Paris. » Il en est à peu près ainsi de toutes les grandes villes. Comme on le voit, l'emplacement d'un observatoire exige des conditions multiples sans lesquelles les observations qu'on y ferait ne sauraient être mises en parallèle avec celles qui seraient faites dans un lieu convenable. De là proviennent souvent ces discussions sur la visibilité de certains objets célestes, alors que la cause qui les rendrait constamment invisibles ne saurait, si l'objectif est de bonne qualité, être attribuée qu'aux impuretés et à l'épaisseur de l'atmosphère du milieu dans lequel on observe.

Nous nous résumerons en disant que dans un endroit bien situé, où l'air est ordinairement pur et transparent, et particulièrement dans le Midi, sans qu'il soit nécessaire de s'élever bien haut, avec une lunette ayant un objectif d'une ouverture donnée on distinguera des objets délicats qu'il est impossible de voir avec une lunette de même puissance sous un ciel plus septentrional ; ensuite, qu'un lieu bas ou une grande ville, où l'atmosphère est non seulement impure, mais généralement chargée de vapeurs qui enlèvent au Ciel sa teinte d'azur et par conséquent sa transparence, doit être absolument rejeté pour y placer un observatoire ; nous ajouterons que dans un tel milieu les observations spectroscopiques y seraient très difficiles, et que dans certains endroits il serait même impossible d'y voir toutes les raies du spectre.

Le meilleur abri pour les instruments d'amateurs est une *cabane roulante* que l'on installe dans un endroit bien découvert afin de pouvoir pointer une lunette équatoriale dans toutes les directions. Faute de mieux, on

évitera les obstacles qui pourraient masquer les parties
de l'horizon entre le N.-E. et le S.-O., (en passant par le
Sud). — Pour abriter un petit cercle méridien et une
lunette équatoriale de 0ᵐ108 d'ouverture libre, deux
instruments indispensables à un amateur, une cabane en
planches jointoyées, d'environ 3ᵐ de longueur sur 2ᵐ de
largeur, et 2ᵐ50 du niveau du plancher aux traverses
des portes, suffit largement.

Afin de pouvoir éloigner la cabane des instruments, ou
observer le zénith sans déplacer la cabane, cette dernière
doit avoir une porte à deux battants comprenant toute la
largeur de la cabane, s'ouvrant sur les faces nord-sud ;
et le toit, formé de deux châssis à charnières, recouverts
en tôle galvanisée, doit pouvoir s'ouvrir de manière à ce
que les châssis, ou volets, puissent être maintenus dans
une position à peu près verticale. A cet effet, deux
tringles mobiles, dont les extrémités sont recourbées à
angle droit, s'introduisent dans une douille fixée sur la
partie supérieure de chaque châssis. La poignée de ces
tringles doit être en forme d'anneau, de manière à pouvoir être introduite dans un piton ou un support solide
fixé à hauteur voulue dans les parties intérieures est et
ouest de la cabane, alors que le ou les volets sont ouverts.

Pour éviter que la pluie pénètre par le faîte du toit, la
partie métallique de la couverture qui fait face à l'ouest,
doit faire un retour en équerre d'environ 0ᵐ15 sur la
pente de la partie du toit qui fait face à l'est. Une pente
de 0ᵐ20 est plus que suffisante. — Une chape supportant
une roue en fonte d'environ 0ᵐ25 à 0ᵐ30 de diamètre est
fixée sous chaque pièce d'angle de la cabane (1). — Les

---

(1) On trouve des roues en fonte dans le commerce ; on fera
percer un trou dans le moyeu pour faciliter l'huilage.

rails, en forme d'U, afin d'éviter l'écartement des parties latérales, doivent être fixés sur des traverses parfaitement de niveau, afin de pouvoir déplacer la cabane sans efforts.

La brusque transition entre la température du jour et celle de la nuit occasionnant fréquemment de la buée qui finit par tomber en gouttelettes sur les instruments, on évitera cet inconvénient en clouant de la molesquine souple (la partie cirée tournée vers le toit) sur le châssis qui supporte la couverture métallique (1).

Ce système d'installation que nous avons adopté à Sens pour abriter nos instruments, est incomparablement moins dispendieux, pour les amateurs, qu'une coupole dont la manœuvre, souvent très pénible, nécessite de fréquents dérangements pendant les observations. Ce système a un autre avantage, c'est que quelques instants après que la cabane est écartée des instruments, la température des lunettes étant égale à celle de l'air ambiant, l'image est très nette, ce qui est de la plus haute importance. En outre, si les côtés latéraux de la cabane sont construits de manière à pouvoir être démontés, à part quelques débris du massif, on pourrait, s'il en était besoin, transporter le tout dans un autre endroit. — Nous nous ferons un plaisir de montrer notre installation aux amateurs qui désireraient la voir.

Si l'observatoire est pourvu d'une pendule sidérale, la caisse qui la renferme sera fixée au plancher au moyen d'équerres en fer. Pour isoler efficacement la pendule contre l'action de la chaleur rayonnante, la caisse sera

---

(1) L'installation complète : cabane, ferrements, peinture, traverses sous les rails, rails, massif en maçonnerie, dés, bornes, lambourdes et plancher, ne revient pas à 450 francs.

construite en bois blanc et ses parois devront avoir au moins 0^m05 d'épaisseur; la caisse sera doublée d'une feuille de fer-blanc qui devra être un peu isolée des parois, afin que l'air puisse circuler entre ce double écran. Une pancarte accrochée dans l'intérieur de l'observatoire donnera sur son emplacement les indications suivantes : 1° la latitude ; 2° la longitude en temps ; 3° la distance polaire zénithale, et 4° l'altitude. On fixera un bon planisphère céleste sur une des faces intérieures de la cabane ; une ou deux tablettes avec rebord y seront également fixées afin de pouvoir écrire et y poser les différents accessoires dont on a besoin, et particulièrement la *Conn. des T.*, *l'Ann. du B. des Long.*, les Catalogues divers, le registre des observations, les boîtes renfermant les spectroscopes, les oculaires, le micromètre, les verres colorés, les prismes, une lanterne sourde, les outils, etc., ainsi qu'un marche-pied à petits degrés.

Afin de se prémunir contre certaines causes qui nuisent à la bonté des observations et au bon entretien des instruments, l'observatoire devra être tenu dans un état de propreté constant ; on enlèvera la poussière des objectifs avec un blaireau, et au besoin avec un vieux linge imbibé d'alcool : les objectifs seront recouverts d'un couvercle *ad hoc*, ou, ce qui est tout aussi commode, lorsque les lunettes sont à demeure, on les coiffera avec une calotte à coulisse. De temps en temps, les instruments seront frottés avec un linge légèrement huilé ; on enlèvera le cambouis dans les parties à frottement et on renouvellera l'huile ; cette dernière devra être très fine. Les rouages du mouvement d'horlogerie devront être nettoyés avec une brosse étroite à soies longues ; on huilera très légèrement la vis tangente. Les instruments seront préservés de la poussière au moyen de couvertures en étoffe avec agrafes. — Si la lunette était pourvue d'un mouvement d'horlogerie et d'un régulateur, nous ne saurions trop recommander de garantir ce dernier de la poussière, par un moyen applicable à sa disposition, afin d'éviter des irrégularités dans sa marche ; nous avons adopté une boîte vitrée, c'est ce qui est préférable (1). — Afin de ne pas souiller le parquet, cause première de l'origine des poussières, on fera bien, si les allées ne sont pas pavées, briquetées ou cailloutées, de mettre un grattoir près de l'entrée de l'observatoire, et de faire un gazonnement devant les portes, le gazonnement ayant pour effet d'empêcher le rayonnement et d'éviter les réfractions latérales.

40. — Orientation et installation des instruments.
— L'opération préliminaire, avant de construire le massif sur lequel doit être posé l'instrument, consiste à tracer sur le sol une ligne dans le plan méridien supposé. A cet effet, on se sert d'une boussole, d'une règle ou d'un cordeau et d'un fil à plomb. En se servant de la boussole, on tiendra compte de la déclinaison magnétique (§ 12). On peut également trouver approximativement le méridien avec un fil à plomb, en visant la Polaire à son passage au méridien supérieur ou inférieur ; ou, ce qui est plus commode, parce qu'on peut le faire en tout temps, c'est de bissecter avec un fil à plomb deux étoiles qui ont à peu près la même ascension droite et quelques degrés de différence en déclinaison, alors qu'elles semblent être

(1) Un mouvement d'horlogerie et un régulateur coûtent très cher ; aussi, nous ne saurions trop recommander aux possesseurs de ces accessoires de se faire donner, par le constructeur, les instructions nécessaires pour entretenir ces appareils. Il est très facile de faire le nécessaire pour qu'ils fonctionnent bien.

dans une position verticale. On placera des jalons à une
distance suffisante de l'emplacement choisi, de manière
à pouvoir poser la borne ou le dé sans déplacer les
jalons. Il est rigoureusement nécessaire que le dé ou la
borne soient en pierre ; la hauteur de la borne peut
varier entre 1^m et 1^m50 ; elle dépend des dimensions de
l'instrument et de la taille de l'observateur. La lunette
doit être à la hauteur de l'œil lorsqu'on pointe sur la
mire.

Le dé, ou pierre plate, si c'est pour recevoir un instrument équatorial, ou la borne si c'est pour y poser un
instrument méridien, doit être parfaitement de niveau et
reposer sur un petit massif en maçonnerie afin d'éviter
autant que possible la déviation en azimut et en déclinaison de l'instrument. Si le terrain n'était pas bien
résistant, on enfoncerait quelques pieux avant de construire le massif ; sans ces conditions, on ne pourrait se
fier aux mesures données par l'instrument, alors même
qu'il aurait été bien réglé. S'il y a un plancher, ce qui
est presque indispensable, les dés ou la borne devront
en être isolés de 2 à 3 millimètres afin d'éviter la trépidation de la lunette pendant la marche autour de l'instrument.

Pour faciliter la pose d'un instrument méridien, le pied
doit être pourvu de trois vis calantes ; il en est de même
de quelques modèles de montures équatoriales. Certains
systèmes de montures équatoriales ne se règlent pas avec
ce genre de vis, alors un procédé particulier au modèle
permet de faire les réglages ; ils ont l'immense avantage
sur les précédents de pouvoir donner une grande stabilité
à l'instrument.

Lorsque le pied est muni de vis calantes, on place sur
la borne ou sur le dé trois galets ; on les dispose de façon

à recevoir les vis. Un de ces galets est à coulisse, ou glissière, et porte deux vis d'azimut; ces vis, qui doivent être placées dans la direction nord-sud, servent à orienter l'instrument. Le galet à glissière doit être placé à droite ou à gauche de la ligne de visée, alors que la lunette pointe le méridien supposé, afin de pouvoir faire dévier l'instrument vers l'est ou l'ouest; il est préférable de le placer à l'est du méridien. Un autre galet est centré pour empêcher le déplacement de la vis calante quand on agit sur une des vis d'azimut. Le troisième galet est uni, afin que la vis qu'il supporte puisse se déplacer de la différence imprimée par la vis d'azimut (1). Ce dernier galet devrait avoir un rebord pour éviter l'échappement de la vis calante.

41. — Causes de la déviation des instruments. — Bien qu'un instrument soit construit dans les conditions de précision requises, posé sur une base solide et qu'il

---

(1) Les vis d'azimut du galet à glissière sont très sensibles (elles sont représentées par les lettres *u* et *v* dans la figure 20, et par *z* dans la figure 22). Avant de commencer la rectification d'un instrument, on procédera comme nous l'indiquons dans une note du § 65. afin de connaître le degré de déplacement que l'on obtient en faisant fonctionner les vis d'azimut. — Pour déplacer l'instrument, on desserre d'abord la vis placée du côté où on veut diriger le pied, et on serre la vis antagoniste. Si le galet à glissière est à l'est du méridien et qu'on serre la vis qui fait face au nord, la lunette dévie vers l'ouest et *vice versa*. On doit procéder par petits mouvements, afin que la vis calante supportée par le galet uni ne s'échappe pas de ce dernier, ce qui pourrait occasionner le renversement de l'instrument si son pied était à colonne comme certains modèles d'équatoriaux. Lorsque l'équatorial se règle au moyen de vis calantes, il est préférable de faire toucher à ces vis par un assistant; cela évite les accidents et permet à l'observateur de ne pas perdre l'étoile de vue pendant le réglage.

soit bien réglé, on doit vérifier de temps en temps s'il
fonctionne bien, car on ne peut éviter les petites déviations
en azimut et en déclinaison occasionnées d'abord par les
secousses souterraines produites par les mouvements de
rétractation de la Terre, ou de nature semblable dont
l'écorce terrestre n'est que trop souvent le siège ; on sait
que la Terre s'affaisse sous son propre poids pour retrouver
l'appui qui se dérobe sous elle par suite de la contraction
du noyau. Il faut également compter avec la contraction
qu'éprouve le sol même des fondations sur lequel repose
l'instrument, sous l'influence de la température, de la
sécheresse, de l'humidité ou de petits tassements du
massif. Si l'instrument n'est pas bien abrité, il est
prudent, pendant les grandes gelées, de mettre une
couche de paille autour de sa base : c'est indispensable
s'il n'y a pas de plancher.

Tout bâti, construction ou supports en bois ou en fer,
tout plancher quelconque doivent être rejetés, parce
qu'ils déplaceraient continuellement l'instrument, et,
malgré les qualités de ce dernier, l'observateur ne
pourrait se fier aux mesures qu'il indique. Dans bien des
cas, il serait dans l'impossibilité d'identifier certains
objets.

Pour l'installation d'un observatoire provisoire, voir
§ 76.

CHAPITRE IV

LUNETTES ASTRONOMIQUES

ORDINAIRES

42. — Définition des lunettes astronomiques. —
Les *lunettes astronomiques* ou *télescopes*, de τῆλε, loin,
et σκοπεῖν, voir, sont des instruments d'optique qui servent à observer les objets éloignés et particulièrement
les astres.

On désignait autrefois sous le nom de *télescope dioptri-
que* (qui réfracte la lumière) les lunettes astronomiques
dont l'objectif est composé de deux lentilles superposées
(fig. 14, § 43); de même qu'on donnait le nom de *télescope catoptrique* (qui réfléchit la lumière) aux lunettes
dont l'objectif est composé d'un miroir placé au fond
d'un tube (fig. 19, § 46) et qui, par l'adjonction d'un petit
miroir ou d'un prisme, réfléchit et réfracte en même
temps la lumière. Aujourd'hui, on donne aux télescopes
dioptriques le nom de *réfracteurs*, quoi qu'on les désigne
généralement sous le nom de *lunettes astronomiques*, ce
sont les instruments les plus en usage ; et on donne le
nom de *réflecteurs*, ou plus communément celui de *télescopes* aux télescopes catoptriques. — On dit qu'une lunette
est *ordinaire* quand elle est montée sur un pied à trois
ou six branches, et *équatoriale* quand sa monture permet
de lui faire décrire des cercles parallèles à l'Equateur.

Nous allons d'abord décrire les lunettes ordinaires, la lunette équatoriale fera l'objet du chapitre suivant.

Mentionnons, pour mémoire, la lunette de Galilée, la plus simple des lunettes. On ne peut mieux la comparer qu'à une lorgnette de spectacle ; elle ne se compose que de deux verres : l'un, qui remplit l'office d'objectif, est convergent, et l'autre, qui est divergent, tient lieu d'oculaire. Cette lunette donne une image redressée.

Observations importantes. — Les lunettes astronomiques sont des instruments très délicats ; elles doivent être maniées avec la plus grande attention, et particulièrement la lunette équatoriale. Il est très dangereux de laisser les personnes inexpérimentées toucher à ce dernier instrument, car il peut en résulter de graves accidents. On ne doit pas s'en servir avant d'en connaître le mécanisme.

RÉFRACTEURS

43. — Description du réfracteur. — Le *réfracteur* ou *lunette astronomique ordinaire,* représentée par la figure 13 (1) donne une image renversée, ce qui n'offre aucun inconvénient pour les objets célestes. Lorsqu'on veut obtenir une image droite, on remplace l'oculaire dit *céleste* par un oculaire dit *terrestre.*

Le réfracteur est composé d'un tube en métal, *a, a,* (fig. 13) cylindrique ou conique, noirci à l'intérieur afin de détruire toute réflexion qui renverrait vers l'oculaire d'autres rayons que ceux qui viennent de l'astre qu'on observe. Quant à la longueur de la lunette, elle est égale à la distance focale de l'oculaire et de l'objectif ; la lu-

---

(1) Ce modèle appartient à M. A. Bardou, opticien à Paris.

nette est donc d'autant plus longue que la distance focale de l'objectif est plus grande. A l'une des extrémités de la lunette, se trouve l'objectif *b* ; il reproduit l'image derrière lui en un point qu'on appelle foyer. A l'autre extrémité se trouve l'armature *c*, portant un jeu de tubes à petits diamètres : l'un, *e*, reçoit les oculaires destinés

Fig. 13

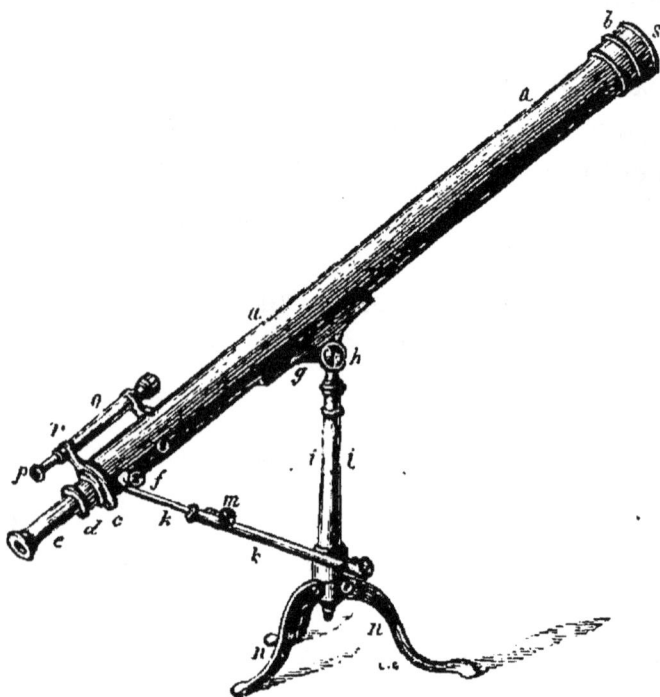

à grossir les images de l'objectif: l'autre, *d*, muni d'un bouton à crémaillère, *f* (fig. 18), sert à préciser le point en tournant le bouton *f*. — Le chercheur *o* est fixé à la lunette principale au moyen de deux colliers ; un tube, *p*, permet de le mettre au point, et deux vis, *r*, placées à l'un des colliers, servent à faire coïncider le centre optique des deux lunettes dans le cas où on aurait dérangé la position du chercheur. L'obturateur, *s*, ou couvercle, garantit l'objectif lorsqu'on ne se sert pas de la lunette.

La lunette est fixée sur une gouttière, *g*, qui pivote sur l'axe principal, *h*, de haut en bas, dans le sens vertical ; cet axe est lui-même mobile sur une colonne, *i*, et permet de donner à la lunette un mouvement horizontal. Au moyen de ces deux mouvements, on peut faire prendre à la lunette toutes les directions qu'on veut lui donner. La colonne se visse indifféremment sur un trépied ou sur un pied de jardin à six branches. Un soutien de stabilité, *k, k,* dont une extrémité est fixée à la lunette et l'autre à la partie inférieure de la colonne, s'allonge ou se raccourcit à volonté, à l'aide du bouton à crémaillère, *m,* et sert à diriger la lunette par mouvements lents dans la direction verticale ; l'avantage de ce soutien est d'éviter un peu les vibrations. Lorsqu'on veut employer le pied de jardin, on dévisse la colonne de son trépied, *n, n,* et on la revisse sur le triangle du pied à six branches. — Pour diriger cette lunette, il suffit de la conduire avec la main. A moins de connaître parfaitement le Ciel, il est difficile, pour ne pas dire impossible, de trouver, avec cette lunette, certains objets que l'on ne voit pas à l'œil nu.

L'objectif (fig. 14) est composé de deux lentilles plus

Fig. 14

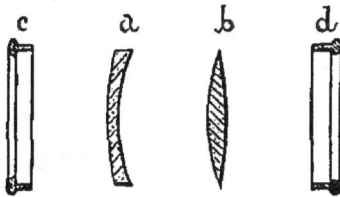

ou moins grandes selon la puissance de l'instrument. L'une de ces lentilles, *a,* concave-convexe, est en *flint-*

glass, l'autre, *b,* bi-convexe, est en *crown-glass.* Les anneaux métalliques, *c, d,* dans lesquelles se placent les lentilles, se vissent l'un sur l'autre et forment ce qu'on appelle le *barillet.* — Ainsi que le démontre cette figure, la surface la plus convexe du crown *b* doit être placée sur la surface concave du flint *a,* et c'est la surface la moins convexe du crown *b* qui doit faire face à l'objet à observer. Une raie verticale, placée ordinairement sur le contour des lentilles, indique leur place dans le barillet, dont les anneaux, *c, d,* doivent être revissés doucement et seulement jusqu'à ce que les lentilles soient bien ajustées sans ballottement. — Plus l'objectif a d'ouverture, plus l'image a d'intensité.

Il y a trois espèces d'*oculaires :* l'oculaire *terrestre,* l'oculaire *céleste négatif* et l'oculaire *céleste positif ;* on emploi le premier à l'observation des objets terrestres, le second à observer l'image des astres, et le troisième, avec lequel on peut également voir les images, sert particulièrement à prendre des mesures de grande précision ; ce dernier oculaire seulement permet de faire usage des micromètres à fils mobiles (§ 25, *b*). — On sait que l'oculaire renvoie à l'œil les rayons partis de l'objet et rassemblés par l'objectif, et que la lunette grossit d'autant plus que le foyer de l'oculaire est court. D'après la *théorie,* un oculaire grossissant 150 fois, par exemple, devrait réduire de 150 à 1 l'éloignement apparent de l'objet observé : il n'en est pas ainsi.

La figure 15 représente l'oculaire terrestre ; il est composé de quatre lentilles, *a, b, c, d,* serties dans des bagues en cuivre qui sont disposées, à une distance voulue, dans le tube qui les contient. La première lentille, *a,* est plan-convexe, elle a sa partie plane tournée vers l'œil ; la deuxième, *b,* également plan-convexe, est placée dans la même direction ; la troisième, *c*, bi-convexe, a sa partie la plus convexe tournée vers la deuxième, et la quatrième, *d*, plan-convexe, a sa convexité

Fig. 15

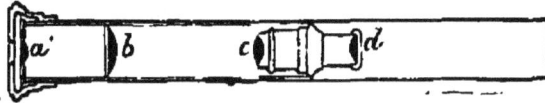

tournée vers la troisième. On donne le nom d'*oculaire
véhicule* aux deux dernières lentilles.

La figure 16 représente l'oculaire négatif ; il est composé de deux lentilles plan-convexes, *a* et *b*, dont les
parties planes font face à l'œil ; c'est entre les deux lentilles que se forme l'image réelle fournie par l'objectif ;
c'est là aussi que se place le réticule, ou le micromètre
réticulaire (§ 25, *a*). Cet oculaire se visse sur le coulant

Fig. 17   Fig. 16

de la lunette ou s'y introduit à frottement doux. —
L'oculaire positif est également composé de deux lentilles plan-convexes, mais les convexités s'y font face,
en outre, le rapport des foyers n'est plus le même ; cet
oculaire se place à frottement doux dans le tube fixé en
avant dans la boîte du micromètre, ou bien dans la
douille de la lunette si on ne se sert pas de cet appareil.

Pour fixer la position de l'œil, il y a, en avant des
oculaires, un œilleton noir, percé d'une petite ouverture
centrale, de manière que l'œil placé devant cette ouverture se trouve juste au point oculaire. On perd moins de
lumière avec les oculaires célestes qu'avec les oculaires

Fig. 18.

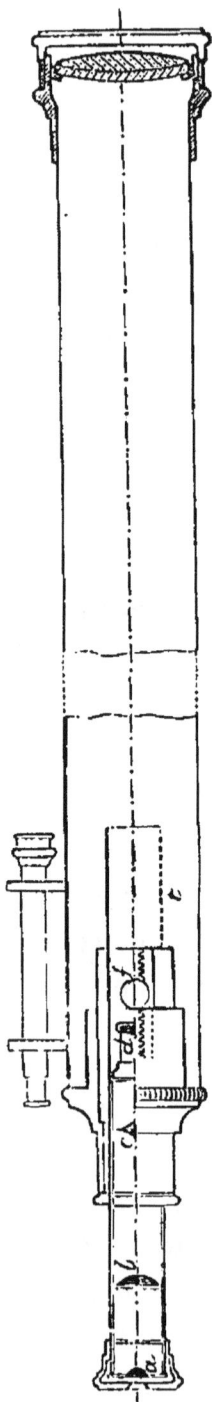

terrestres. — La figure 17 représente le *verre coloré*, nommé aussi *bonnette*; il est composé d'un verre à teinte neutre, à faces parallèles, serti dans une bague en cuivre que l'on visse ou que l'on fixe d'une façon quelconque sur l'oculaire. La teinte du verre est appropriée à la nature de l'observation. (Voir § 33).

La figure 18 représente une coupe longitudinale de la lunette, dans laquelle on aperçoit l'oculaire terrestre, *a, b, c, d*, et le bouton à crémaillère, *f*, qui permet de préciser le point de vision quand on emploi l'oculaire terrestre (1).

REMARQUES. — Les lunettes astronomiques de moyenne puissance sont généralement munies de plusieurs oculaires ; mais le nombre et le genre d'oculaires que l'on veut employer doit dépendre naturellement de l'usage que l'on en veut faire. Si on ne se sert d'une lunette astronomique que pour distinguer les objets terrestres éloignés ou contempler les beautés célestes, quatre oculaires suffisent : un oculaire terrestre et trois oculaires *négatifs* célestes, dont, parmi ces derniers, un doit être très faible afin de pouvoir observer certaines nébuleuses, cer-

(1) Les lunettes astronomiques proprement dites n'ont pas besoin d'être pourvues d'une crémaillère, parce que l'oculaire céleste a une position déterminée ; cet accessoire n'est nécessaire que lorsqu'on veut employer à volonté l'oculaire céleste et terrestre.

tains amas d'étoiles, etc. ; un autre, moyen, pour l'observation du Soleil, de la Lune, des grosses planètes, etc. ; et un plus fort que l'on réserve pour les étoiles brillantes, les étoiles doubles et multiples, etc., dans les nuits parfaites. Mais, si l'on veut se livrer à certaines études, particulièrement celle des étoiles doubles et toutes celles qui demandent l'emploi du micromètre à fils mobiles (§ 25), on n'a pas besoin d'oculaire terrestre, mais bien d'un certain nombre d'oculaires célestes ; ces derniers devront être *positifs*. — On doit calculer la grandeur du champ pour chaque oculaire (1).

On pourrait supposer que plus l'objectif est grand, plus la lunette a de champ : c'est une erreur. La théorie démontre que l'étendue du champ varie avec les dimensions de la lentille oculaire et presque pas avec le diamètre de l'objectif. Le champ est limité par la surface conique qui a pour sommet le centre optique de l'objectif, et pour base l'ouverture du diaphragme placé en avant de l'oculaire ; enfin, la position de l'œil a aussi son influence sur l'étendue du champ. A leur sortie de l'oculaire, il y a un point où les rayons vont converger, c'est le *point oculaire ;* c'est là que doit être placé l'œil pour embrasser tout le champ, car, si on éloignait l'œil de ce point, il ne recevrait qu'une partie des rayons émergents. Une conséquence immédiate de cette théorie, c'est que le champ diminue avec le grossissement, car, à mesure que le grossissement augmente, les dimensions transversales de la lentille oculaire diminuent (2).

Pour connaître l'étendue du champ d'une lunette, on vise une petite étoile aussi voisine que possible de l'Equateur, de façon que l'astre traverse le champ de la lunette suivant un diamètre ; ensuite on note, au moyen d'une montre à secondes indépendantes, combien de temps l'astre met à traverser le champ ; on multiplie le nombre trouvé par 15 et le produit

---

(1) Le champ est l'espace angulaire dans lequel sont compris tous les points visibles à travers l'oculaire.

(2) Arago, *Astronomie populaire,* t. I, liv. II, ch. 27.

donnera des secondes d'arc, que l'on divisera par 60 pour avoir des minutes d'arc.

Beaucoup d'amateurs n'emploient que des oculaires négatifs ; nous avons dit qu'avec ces oculaires on ne pouvait faire usage du micromètre à fils mobiles ; nous devons ajouter toutefois que les oculaires négatifs ont l'avantage de mieux étaler la lumière et de pas iriser les images des astres, principalement vers les bords. Cet oculaire est également avantageux lorsqu'on ne dispose que de peu de lumière ; il est indispensable pour la photographie céleste, et on peut s'en servir pour la spectroscopie. — C'est une erreur de croire que l'oculaire positif permet de compléter l'achromatisme des images incomplètement réalisées par l'objectif.

44. — **Avantages des réfracteurs.** — Nous ne pouvons mieux faire que de reproduire ici une partie de ce qui a été dit à ce sujet dans une conférence faite à la Sorbonne, le 17 avril 1886, par M. Ch. Wolf, astronome et éminent physicien de l'Observatoire de Paris.

«... Si maintenant nous comparons entre eux les télescopes et les lunettes, nous constatons que presque toujours l'avantage reste aux dernières. Une lunette, même petite, l'emporte et surtout paraît l'emporter toujours sur un télescope même de plus grande dimension. Ainsi, les détails de la surface de la Lune et des planètes se voient généralement mieux dans une lunette, même petite, que dans un grand télescope. C'est un point tout à fait hors de doute, et c'est celui sur lequel les astronomes anglais ont surtout fondé leur argumentation contre l'usage des grands instruments. J'en ai souvent fait l'expérience à l'Observatoire : lorsque les personnes, mêmes habituées aux observations physiques et géodésiques, regardaient la Lune avec le beau télescope de 0ᵐ40, construit par Foucault, et au moyen d'une lunette, excellente aussi, mais de 0ᵐ16 seulement, je les ai toujours entendu proclamer la supériorité du petit instrument.

« L'image de la Lune, en effet, offre dans une lunette un aspect bien plus agréable à l'œil, une sorte de velouté, si je puis dire, qui n'existe pas dans l'image froide et dure que donne le miroir d'un télescope, et les détails semblent mieux ressortir dans la première que dans la seconde. Chose curieuse, cette qualité réelle des images de la lunette tient à un défaut de l'objectif : celui-ci n'est pas absolument achromatique, il irrise les contours des parties les plus brillantes, et cet iris, se projetant sur les détails sombres qui les avoisinent, les fait mieux ressortir. Le télescope donne une image en noir et blanc, la lunette enlumine cette image. » *(Bull. de l'Assoc. scientif. de France, t. XIII, p. 15).*

45. — Pouvoir pénétrant et séparateur des réfracteurs.

— On a donné des formules pour calculer le *pouvoir pénétrant* des réfracteurs ainsi que leur *pouvoir séparateur ;* comme on nous a demandé à maintes reprises des renseignements à ce sujet, nous allons donner ces formules, en les faisant suivre de réflexions qui, selon nous, auraient dû les accompagner.

D'après Chambers, le pouvoir pénétrant d'un objectif est donné par la formule suivante : log. $d \times 5 + 9,2$ (*d* représente le diamètre de l'objectif en pouces anglais ; il est égal à 0^m,002539954). Ainsi, d'après cette formule, une lunette de 4 pouces anglais, c'est-à-dire de 0^{m}1016 d'ouverture donnerait log. $d = 0,602 \times 5 + 9,2 = 12,21$, et permettrait par conséquent de voir les étoiles au-dessous de la 12e grandeur ; alors qu'avec un excellent objectif de 4 pouces français (0^{m}10828), sortant des mains de nos meilleurs opticiens, on ne peut voir *nettement*, dans de bonnes conditions d'observation, et avec une vue ordinaire, que les étoiles de 11,5 au maximum, et encore le plus souvent ne les voit-on qu'avec peine et par instants fugitifs.

Après avoir compulsé un grand nombre de Catalogues d'étoiles, imprimés en Angleterre, nous avons acquis la preuve que les estimations d'éclats apparents d'un grand nombre de mêmes étoiles, pour ne pas dire la majeure partie, différaient entre elles de plusieurs dixièmes de grandeur, et, pour un certain nombre, *d'une grandeur au moins*. En général, les estimations sont inférieures à celles que nous admettons en France. — Il va de soi que, pour établir une règle, il devrait exister préalablement une échelle de comparaison fixée au moyen du photomètre, afin que le jugement des astronomes soit identique sur l'éclat apparent des étoiles ; c'est ce qui n'existe pas. Aussi, n'hésitons-nous pas à dire que l'on ne peut s'en rapporter à cette formule ; et, qu'en outre, la qualité de l'objectif, la pénétration de la vue, l'habitude des observations, la transparence de l'air et le milieu dans lequel se trouve l'observatoire, etc., etc., sont là autant de conditions sans lesquelles tous les essais que l'on pourrait faire sur le pouvoir pénétrant et séparateur d'une lunette ne prouveraient rien.

Quant au *pouvoir séparateur* d'un objectif, Dallmeyer, cité par Dawes, dans *Memoirs of the Royal Astronomical Society*, donne la formule $\frac{4'',33}{\alpha}$, où α représente l'ouverture libre de l'objectif, également évaluée en pouces anglais. Tout récemment, M. Zenger a exprimé le pouvoir séparateur d'un réfracteur par la formule $\frac{4'',56}{\alpha}$, dans laquelle α représente de même l'ouverture libre en pouces anglais. (Comme on le voit, il y a un certain écart entre les formules). Le pouce anglais, ainsi que nous l'avons dit, équivalent à $0^m0025399$, on arrive au même résultat en divisant l'ouverture libre par $11'',58$ qui est le produit de $4'',56 \times 0^m0025399$. Ainsi, d'après cette formule, un objectif de 0ᵐ075 d'ouverture libre dédoublerait des étoiles d'au moins 1″,54 ; un objectif de 0ᵐ095 séparerait des étoiles distantes de 1″,22, — et on pourrait déboubler une étoile dont les composantes seraient distantes de 1″,07 avec une lunette de 0ᵐ108.

Il est bien regrettable qu'en établissant cette règle, qui peut conduire à bien des mécomptes, on n'ait pas fait mention des conditions multiples dont nous avons parlé plus haut, cette règle ne pouvant être appliquée qu'aux couples dont les composantes sont à peu près de *même éclat*. Séparer fugitivement une étoile double, ou bien définir ses composantes, sont deux choses distinctes. On doit donc bien se pénétrer de ceci, c'est que le *pouvoir séparateur* d'une lunette d'une ouverture donnée, de même que son pouvoir pénétrant, dépendent autant du milieu dans lequel on observe, du grossissement employé, de la faiblesse des effets de diffraction, de la différence entre les composantes, de la puissance de la vue de l'observateur, etc., que de l'ouverture et de la taille de l'objectif, et de sa qualité. (Voir § 57).

Il faut une très bonne vue et une excellente lunette de 0ᵐ108 (4 pouces français), et être favorisé par un temps exceptionnellement beau pour distinguer la sextuple d'Orion, de même que pour dédoubler γ Balance, dont les composantes sont de 4ᵉ,5 et 11ᵉ,3 grandeurs, malgré la distance angulaire de 41′,3 entre les deux étoiles. Nous ajouterons qu'il est plus difficile de bien définir η Dragon de 2ᵉ,8 et 9ᵉ grandeurs et de 5″,26 de distance angulaire, que de séparer Piazzi XXI, 51, dont les composantes sont de 5ᵉ,9 et 6ᵉ,6, et dont la distance entre les deux étoiles n'est que de 1″,12. — En terminant ce paragraphe, nous ferons observer que les objets délicats dont la distance polaire est grande, doivent toujours être observés dans le méridien par un ciel calme et transparent.

RÉFLECTEURS

46. — Description des réflecteurs. — Les *réflecteurs*, ou plus communément appelés *télescopes*, sont, comme les réfracteurs, des instruments qui servent à observer les astres. Il y a plusieurs espèces de télescopes ; on les désigne sous le nom de leurs inventeurs : télescope de Grégory, de Cassegrain, de Newton, d'Herschel et de Foucault ; nous allons en faire la description.

Télescope de Grégory. — Ce réflecteur est composé d'un tube en métal ou en bois dont le fond est presque entièrement occupé par un miroir concave sur lequel une image réelle et renversée vient se former. Dans une ouverture circulaire pratiquée au centre de ce miroir est placée une lentille oculaire qui grossit l'image. En face de l'oculaire, à une distance un peu inférieure à la distance focale, se trouve une petite glace *concave* mobile pouvant se déplacer à volonté ; cette glace renverse de nouveau l'image donnée par le grand miroir objectif. Il résulte de cette combinaison qu'on regarde par l'oculaire dans la direction de l'objet observé, et que l'image se trouve non seulement redressée, mais encore agrandie par le miroir concave et l'oculaire. La mise au point s'effectue en modifiant la distance des miroirs ; à cet effet, une tringle à la portée de la main de l'observateur permet d'agir sur une plaque à coulisse en communication avec le petit miroir et d'en modifier la distance. — Ce télescope a un champ très limité.

Télescope de Cassegrain. — Ce réflecteur est pour ainsi dire semblable à celui de Grégory, à l'exception que le petit miroir concave est remplacé par un miroir *convexe* placé à une distance telle qu'une image réelle, droite et agrandie, tende à se former derrière lui entre le miroir et le foyer ; il en résulte qu'une seconde image se reforme près du miroir objectif, mais renversée par rapport à l'objet ; en sorte qu'en regardant par l'oculaire, qui est disposé comme dans le télescope Grégory, l'image de l'objet observé est renversée comme dans les réfracteurs. — La disposition du petit miroir du télescope Cassegrain permet de donner une longueur moins grande au tube de l'instrument. Le champ de ce télescope est également très limité, mais il donne plus d'éclat dans l'image que celui de Grégory.

Télescope de Newton. — Ce réflecteur est également composé d'un tube et d'un miroir concave en métal, mais il occupe toute la surface du fond du cylindre. La forme, en arc de cercle, de son miroir, occasionne une aberration de sphéricité proportionnée à la grandeur du miroir. Une ouverture pratiquée dans les parois du tube, dans lequel est disposé un prisme, permet de voir l'image par réflexion.

Télescope d'Herschel. — Cet instrument offre également un grand inconvénient ; son miroir, en métal, est concave, et il est incliné dans le fond du tube, ce qui oblige de regarder l'image dans une direction différente de la ligne de visée ; il en résulte que l'on doit donner à la monture de l'instrument une disposition pleine de difficultés.

Télescope de Foucault. — Ce réflecteur dont nous allons donner la description est pour ainsi dire le seul, parmi ce genre d'instruments, en usage aujourd'hui ; il n'est autre que le télescope de Newton modifié par Foucault. Cet éminent physicien a remplacé le miroir en métal par un miroir en verre argenté, et lui a donné la

forme parabolique, ce qui le rend parfaitement achromatique, il a en outre sur les télescopes à miroirs
sphériques l'immense avantage de donner des images
nettes, d'avoir un miroir beaucoup moins lourd, et le
tube moins long, la distance focale n'étant que six fois le
diamètre du miroir.

Ainsi que le démontre la figure 19 (1), ce télescope est
composé d'un tube cylindrique, qui peut être en bois ou
en métal, de même que sa forme est quelquefois octogo-
nale. Un miroir argenté tenant lieu d'objectif est placé
dans le fond du tube ; un chercheur muni d'un oculaire
à vision latérale est fixé vers l'extrémité de l'ouverture
de l'instrument. Dans l'intérieur du téléscope, un prisme
à réflexion totale, placé un peu en avant du foyer principal du miroir, est porté par un pont que supporte un
disque monté à vis sur les parois extérieures du télescope
près du chercheur. Sur ce disque est également fixée une
monture avec coulant à crémaillère. On introduit l'oculaire dans le coulant, et au moyen du bouton de la
crémaillère on fait rentrer ou sortir l'oculaire jusqu'à ce
que le télescope soit au point voulu. Il est facile de
comprendre que si l'on dirige l'instrument sur un objet
céleste, les rayons que reçoit le miroir donneront,
après réflexion, une image réelle renversée de l'astre au
foyer du miroir ; mais les rayons étant interceptés par le
prisme et réfléchis totalement par l'hypothénuse, l'image
est renvoyée de nouveau par réflexion vers les parois du
tube en face de l'oculaire. Il résulte donc de la modification apportée à la courbure du miroir et à l'emploi du
prisme, qu'on obtient avec cet instrument une image parfaite exempte d'aberration, de sphéricité et de réfrangibilité.

_____

(1) Ce modèle se construit chez M. A. Bardou.

A environ un tiers du tube, à partir du fond, est fixée

Fig. 19

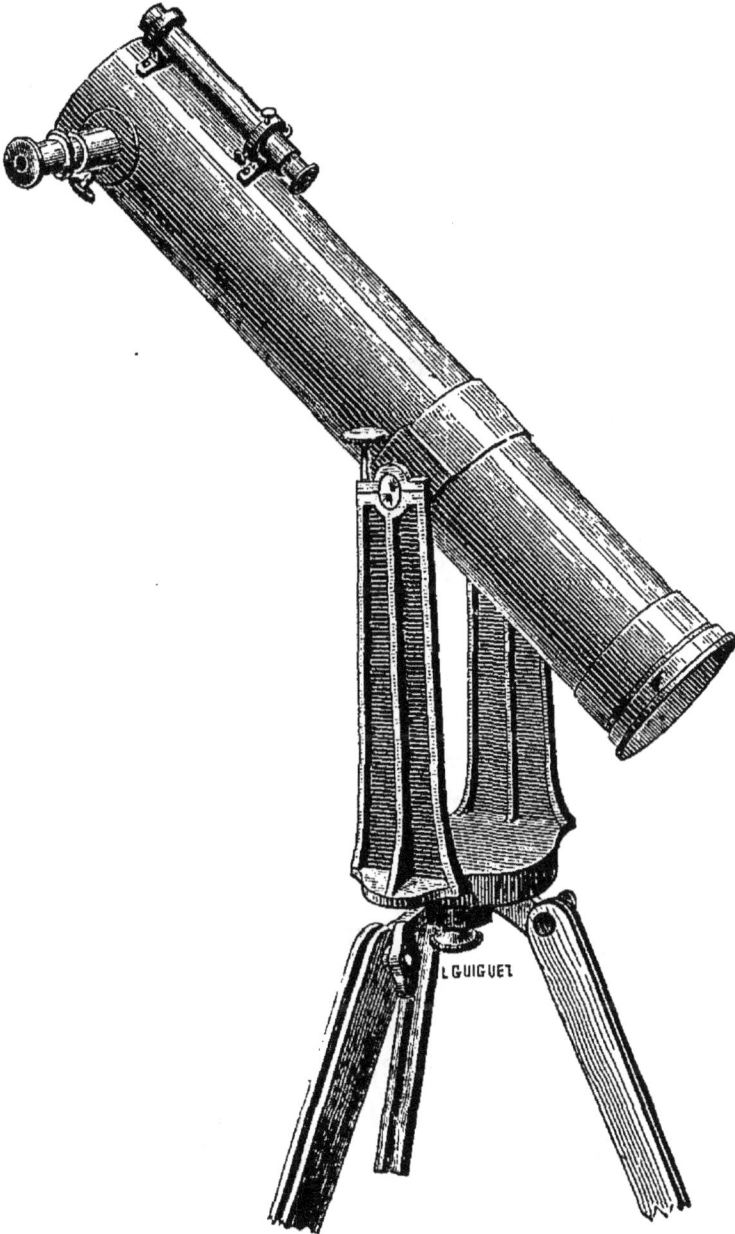

L.GUIGUET

autour des parois une armature munie de deux petits

axes placés rigoureusement à l'opposite l'un de l'autre, et dans une position perpendiculaire à l'axe du cylindre. Un plateau auquel sont fixés deux montants portant à leur extrémité un coussinet avec vis de pression reçoit les petits axes, ce qui permet de faire pivoter le télescope dans le sens vertical et de le caler ; de même que par une disposition spéciale du plateau, on peut le déplacer en azimut.

Quand le télescope n'est pas monté équatorialement, le plateau sur lequel sont fixés les montants est horizontal, et le pied de l'instrument est ordinairement pourvu de roulettes, ce qui permet de le déplacer à volonté ; si les dimensions le permettent, on peut, ainsi que le démontre la figure ci-dessus, le monter sur un petit pied de jardin. — Lorsqu'on ne se sert pas de l'instrument, on doit avoir soin de boucher l'orifice du tube avec un couvercle afin d'éviter la détérioration du miroir.

47. — Avantages et désavantages des réflecteurs. — Nous ne parlerons plus ici des réflecteurs de Grégory, de Cassegrain, de Newton et d'Herschel, mais de celui de Foucault, le seul en usage en France aujourd'hui. Le plus grand avantage de cet instrument est que son miroir est parfaitement achromatique, tandis que l'achromatisme n'existe que pour deux couleurs seulement avec les lentilles de l'objectif des réfracteurs. Cet avantage qui milite en faveur du réflecteur, à la condition que son miroir ne présente pas d'imperfections dans sa surface et qu'il soit bien argenté, n'empêche pas de donner la préférence au réfracteur, et ce pour des motifs que nous allons énumérer.

D'abord le miroir d'un réflecteur doit être beaucoup plus parfait qu'une lentille, car une petite déformation dans la courbure du miroir produit une déformation très grande dans l'image, tandis qu'une petite bosse sur une des surfaces des lentilles du réfracteur est presque inappréciable (1); ensuite ils ne sont pas propres, en général, aux observations précises et aux déterminations de position ; en outre, le changement de température fait parfois disparaître complètement l'image. D'après le Dr Robinson, auquel on a fait plusieurs fois. allusion au cours de la discussion sur les mérites successifs des grands et des petits instruments, un courant d'air chaud qui passe devant le télescope, le trouble, et l'humidité de l'atmosphère, les différences de température du miroir et de l'air du tube, toutes ces causes sont capables de gâter ou de détruire la définition des images alors que le miroir serait absolument parfait. L'effet de ces perturbations est dans les télescopes, au moins comme le cube de leurs ouvertures.

Un des grands inconvénients du réflecteur est que son miroir se ternit assez vite, et par conséquent si l'on veut avoir de belles images il doit être fréquemment argenté, ce qui devient coûteux. Dès que ce dernier inconvénient commence à se produire, le pouvoir réflecteur diminue continuellement et il en résulte une perte de lumière de plus en plus grande. Nous devons encore ajouter que les réflecteurs sont moins maniables que les réfracteurs, et qu'à ouverture égale ils donnent moins de lumière que ces derniers. Il est vrai de dire que les télescopes de *moyennes* dimensions ont l'avantage de donner une perception bien distincte et bien détaillée des objets célestes

---

(1) La déformation de la forme parabolique du miroir peut être occasionnée par une variation un peu brusque de la température, et celle du miroir en métal peut être produite par son propre poids.

mais ils sont d'un prix très élevé, encore ne faut-il pas
dépasser 0m40 d'ouverture ; car il résulte de la trop
courte distance focale des miroirs de Foucault, par
rapport au diamètre qui permet de réduire la longueur
du télescope, qu'au-delà de ce diamètre le pouvoir séparateur de l'instrument ne répond plus à son ouverture et
ne peut plus être employé utilement à l'étude des étoiles
doubles. — M. Ch. Wolf a constaté que les miroirs de
Foucault ne sont absolument parfaits que suivant l'axe,
et surtout qu'il est très difficile de les appliquer à la
Spectroscopie ou à la Photographie du Ciel.

L'avantage réel qui donnait une supériorité au réflecteur sur le réfracteur, était que son achromatisme parfait
permettait de l'employer avantageusement pour photographier les objets célestes ; cet avantage, il l'a perdu
depuis que M. Rutherfurt a trouvé le moyen d'achromatiser, pour les rayons chimiques, les lentilles objectives
des réfracteurs, en faisant subir une petite correction à
leurs surfaces. — A notre époque, dit M. E. Lagrange
dans *Ciel et Terre,* 7e année, p. 79, le télescope a fait
son temps, après avoir eu sa période de gloire il est
maintenant bien distancé par la lunette, qui, malgré les
défiances de Newton, est devenue un instrument presque
achromatique, que l'art des constructeurs perfectionne
de jour en jour. — D'après MM. Henry, il n'en serait
pas ainsi, et les défiances de Newton seraient justifiées.
Dans un entretien que nous avons eu avec ces éminents
praticiens, aussi habiles astronomes que savants opticiens, ils nous ont déclaré que le réflecteur était l'instrument de l'avenir, à la condition d'être bien taillé et bien
monté, ce qui se rencontrait rarement dans la pratique.
— D'après M. l'amiral Mouchez, l'éminent directeur de
l'Observatoire de Paris, l'admirable photographie de la

nébuleuse d'Orion, de M. Common, qui montre tant de détails invisibles dans les lunettes et un si grand éclat de lumière, semble démontrer déjà que pour *ces astres* l'emploi des télescopes devra être préféré aux réfracteurs.

CHAPITRE V

INSTRUMENTS ÉQUATORIAUX

48. — Usage des instruments équatoriaux. — Le *réfracteur équatorial* ou *lunette équatoriale*, ou plus simplement *l'équatorial*, ainsi que le *réflecteur équatorial*, sont des instruments qui servent à déterminer la position des astres dans une région quelconque du Ciel, pourvu qu'il s'y trouve une étoile connue pour servir de terme de comparaison. Un des avantages inappréciables de ces instruments est de pouvoir observer en dehors du méridien un astre dont on ne connaît qu'insuffisamment les coordonnées, ou qui doit passer assez près du Soleil pour qu'une trop vive lumière empêche de l'apercevoir. Un astre nouveau, astéroïde, comète ou étoile est-il signalé, c'est avec l'équatorial qu'on en déterminera la position et que l'on en étudiera les caractères physiques. — L'équatorial doit être accompagné d'une pendule sidérale.

L'équatorial permettant de trouver les *différences* entre les coordonnées d'un astre inconnu et celles d'une étoile connue choisie comme terme de comparaison, on en conclut tout de suite l'ascension droite et la déclinaison de cet astre. Si l'équatorial est bien construit, la précision de l'observation dépendra de l'exactitude des coordonnées de l'étoile qui a servi de point de repère et du nombre de comparaisons effectuées. — Le mouvement diurne de la sphère céleste est tellement amplifié dans les lunettes, que les astres traversent leur champ, en général, en quelques minutes ; sans équatorial on ne peut donc songer à faire de sérieuses études, dans l'impossibilité où l'on est de conserver l'astre dans le milieu du champ de la lunette.

Comme on le voit, l'équatorial est indispensable aux astronomes et on ne peut plus utile aux amateurs d'astronomie qui veulent étudier ou contempler les merveilles célestes. La disposition donnée à sa monture lui fait tenir, après les instruments méridiens, le premier rang parmi les instruments d'observation, par la facilité avec laquelle on peut le manœuvrer et par les nombreux usages auxquels on peut l'appliquer.

Ainsi que nous l'avons dit au § 22 on peut adapter un mouvement d'horlogerie à l'axe horaire de l'équatorial ; dans cette condition, si l'étoile qu'on veut observer est dans le champ de la lunette, et que l'on mette le mouvement en communication avec cet axe, la lunette entraînée par le mouvement d'horlogerie opérera d'une manière uniforme, au moyen d'une vis sans fin, une révolution complète en 24 heures sidérales sans cesser de contenir l'astre dans son champ. Pour assurer la parfaite uniformité de ce mouvement on doit le munir d'un régulateur isochrone. Grâce à cette immobilité apparente de l'astre, due au mouvement d'horlogerie, on peut très facilement prendre avec un appareil micrométrique les mesures relatives à la position des étoiles doubles ou multiples qui entrent en même temps dans le champ de la lunette ou du télescope. — S'il s'agit de la position relative de deux astres qui entrent successivement dans le champ, on détermine leurs différences d'ascension droite et de déclinaison en laissant fixe l'instrument et en notant la différence des passages des deux astres aux fils horaires du micromètre, et la différence des pointés effectués sur ces deux astres avec la vis de déclinaison. On peut également, par le dessin et la Photographie, fixer l'apparence des objets, relever la position des taches du Soleil, etc. ; et par la Spectroscopie, qui est incontestablement une des plus grandes et plus belles découvertes du siècle, on peut, à l'aide de l'équatorial, déterminer la constitution physique des astres, connaître à première vue si l'astre que l'on observe s'approche ou s'éloigne de nous, et quelle est la vitesse de ce mouvement relatif ; de même qu'il permet d'admirer les protubérances solaires, etc.

RÉFRACTEUR ÉQUATORIAL

49. — Description du réfracteur équatorial. — Nous n'allons pas faire ici la description des équatoriaux que l'on emploie dans les grands observatoires, ou dont l'acquisition ne peut être faite que par quelques rares privilégiés de la fortune, tel que M. Bischoffsheim, fondateur de l'Observatoire de Nice, ce bienfaiteur de l'Astronomie, qui se dévoue pour le plus grand progrès de la plus belle des sciences ; nous allons décrire un équatorial très simple qui peut suffire à bien des amateurs, et qui permettrait s'il était monté et réglé dans les conditions que nous indiquerons, d'obtenir la position des astres à quinze secondes de temps et une minute d'arc près. Ce modèle est suffisant pour expliquer le mécanisme très simple de l'équatorial et, ce qui est notre principal but, *le réglage* de la lunette montée équatorialement ; toutefois dans les moyens de rectification que nous donnons au §. 52, nous supposerons que l'instrument permet de donner la seconde de temps et les 15 secondes d'arc. On trouvera aux chap. II, X et XI, la description et l'emploi des divers appareils que l'on peut adapter à une lunette équatoriale.

L'équatorial représenté par la figure 20 (1) se compose, comme tous les équatoriaux, d'un axe d'ascension droite ou axe horaire *a*, dirigé suivant l'axe du monde, et autour duquel tout l'instrument peut tourner. A son extrémité antérieure est fixé un cercle horaire *b*, dont le plan est parallèle à l'Equateur céleste, et qui sert à mesurer le mouvement de rotation de l'appareil autour de l'axe d'ascension droite, c'est-à-dire les angles que forment les méridiens qui passent par les étoiles avec le méridien du lieu. Dans la position qu'occupe la lunette sur la figure, son axe optique est parallèle à l'axe d'ascension droite pour une latitude de 35° environ ; tous deux passent par un plan vertical, et l'extrémité de la lunette est dirigée vers le pôle céleste qui lui-même se trouve contenu dans ce plan.

Le cercle horaire *b*, qui sert à lire les angles horaires, est divisé en 24 heures, de 0 à 24, subdivisées en un certain nombre de divisions selon l'importance de l'instrument. On superpose quelquefois deux séries de chiffres de 1 à 12, afin de faire concorder la lecture du cercle avec le cadran de la pendule sidérale lorsque celui-ci ne contient que 12 divisions (2). Ainsi que nous

_____

(1) Ce modèle appartient à M. Bardou.

(2) Ce système de superposer deux séries de 1 à 12 nous semble défectueux ; il vaut mieux s'habituer à ajouter 12 h. à l'heure indiquée par sa pendule ou par sa montre, à partir de l'équinoxe d'automne lorsqu'il n'y a que 12 divisions au cadran, et pour la commodité des calculs de graver sur le cercle horaire deux séries superposées, numérotées de 1 à 24, ainsi que nous l'indiquons au § 51.

Fig. 20

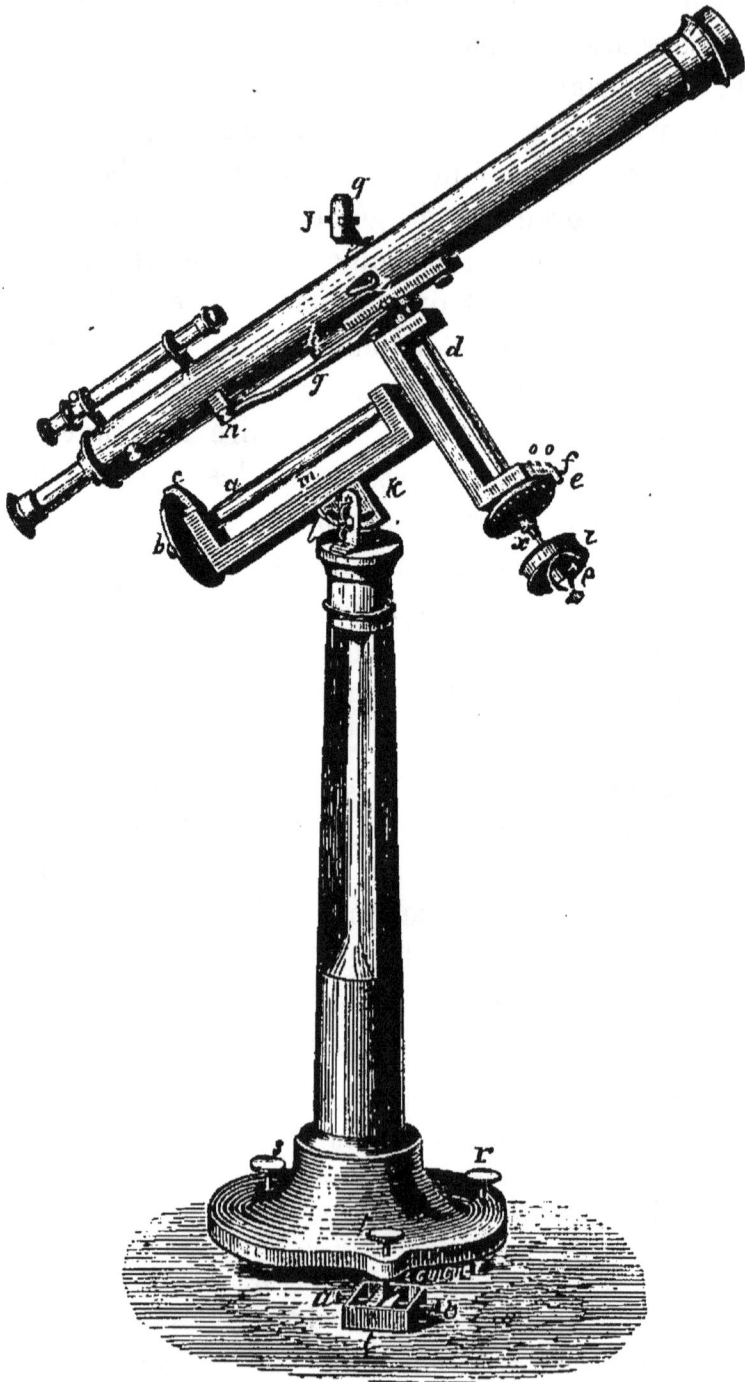

l'avons dit au commencement de ce paragraphe, nous allons supposer que chaque heure du cercle horaire est divisée en 60 parties de une minute de temps chacune, donnant la seconde par le vernier *c* qui comporte 60 divisions ; ce dernier porte deux petites vis qui servent à le déplacer d'une petite quantité au besoin. — Lorsque l'équatorial est un peu plus compliqué, une vis tangente au cercle horaire, actionnée par un excentrique, permet de caler la lunette en ascension droite, et pour lui imprimer un mouvement lent, on se sert d'une manette à la portée de la main ; si la lunette est pourvue d'un mouvement d'horlogerie, cette manette sert également à rappeler la lunette lorsqu'elle est en marche. Lorsqu'on veut agir vivement sur la lunette, on la décale au moyen de l'excentrique ; alors la vis tangente s'écarte du cercle, ce qui permet de diriger promptement la lunette dans toutes les directions avec la main. (Voir § 22.)

Un axe de déclinaison *d* est fixé perpendiculairement à l'axe *a*, qu'il suit dans son mouvement et autour duquel tourne la lunette de manière à faire un angle quelconque avec l'axe du monde. L'extrémité supérieure de l'axe *d* supporte la lunette ; vers la partie inférieure de cet axe est fixé un cercle de déclinaison *e,* divisé en 360°, que nous supposons également divisés en quarts de degré, c'est-à-dire 15 minutes d'arc. La chiffraison de ce cercle est généralement faite en quatre parties égales de 0° à 90°, de sorte que le cercle indique 0° lorsque la lunette pointe l'Equateur et 90° lorqu'elle pointe le Pôle ; de même qu'on peut lui faire indiquer 0° lorsque la lunette pointe le Pôle et 90° lorsqu'elle pointe l'Equateur. Un vernier *f,* portant 30 divisions de chaque côté de son zéro et donnant, par conséquent, les 15 secondes d'arc, indique sur le cercle la déclinaison de l'astre. Au moyen de la pince *g*, fixée d'un bout à l'axe de déclinaison et de l'autre à la lunette, on peut avec la vis de rappel *n*, placée à l'extrémité de la pince, faire de petits mouvements pour amener l'astre avec précision sur le fil horizontal du réticule, et avec la vis *h* fixer la lunette quand elle indique la déclinaison voulue. Les vis *o*, *o* servent à fixer le vernier lorsque le réglage de l'instrument est parfait. A l'extrémité de l'axe *d* est fixé un contre-poids *i* qui maintient la lunette en équilibre dans toutes les positions; il suffit de desserrer le bouton *p* pour le déplacer s'il y a lieu.

La pièce en arc de cercle, *k*, donne à l'axe d'ascension droite *a* l'inclinaison voulue pour la latitude du lieu; sur une de ses faces doivent être gravées les divisions du cercle de 0° à 90°; ces divisions correspondent avec les degrés de latitude. Pour disposer approximativement l'axe d'ascension droite de manière à ce qu'il fasse avec l'horizontale un angle égal avec la latitude du lieu, on desserre l'écrou de pression *l* et on appuie sur la pièce *m* qui porte l'axe d'ascension droite jusqu'à ce que la graduation indique la latitude du lieu; ensuite on resserre l'écrou. La lampe *q* se visse sur l'embase fixée à l'instrument. Le petit tourniquet *z* sert à donner au diaphragme l'inclinaison voulue. — Au pied de l'instrument, on aperçoit les vis de calage *r*, *s*, *t*, sous chacune desquelles se trouve un galet dont un à glissière pourvu des vis d'azimut *u*, *v*, dont nous avons indiqué l'usage au § 40.

Il est facile de comprendre que si l'axe d'ascension droite *a* est placé exactement dans le méridien et que son inclinaison par rapport à l'horizon soit égale à la latitude du lieu, si on cale la lunette sur l'axe de déclinaison *d*, alors qu'elle est perpendiculaire à la ligne des pôles, il suffit de diriger la lunette autour de l'axe

12.

d'ascension droite pour que l'extrémité de son axe optique balaie le ciel dans le plan de l'Equateur céleste. On comprendra de même que si on rapproche la lunette de l'axe d'ascension droite, son axe optique décrira un cercle parallèle à l'Equateur, cercle qui sera d'autant plus petit que la lunette sera rapprochée de cet axe. La lunette peut donc, comme on le voit, être pointée dans toutes les directions, comme on peut lui faire décrire un angle quelconque avec l'axe du monde. De même que l'astre à observer étant dans le champ de la lunette, il suffit, pour que l'image de l'astre reste constamment en vue, de caler la lunette en déclinaison et de la pousser légèrement avec la main ; ou, si la lunette est pourvue d'un mouvement d'horlogerie, d'embrayer le mouvement.

Il y a un grand nombre de modèles de montures équatoriales. Quelle que soit la disposition du modèle, que le pied repose sur des vis calantes ou non, les montures doivent être munies de moyens de réglage en azimut et en déclinaison, et les rectifications de l'instrument se font par les mêmes procédés d'observation que ceux que nous indiquons au § 52.

50. — Pose de l'équatorial. — Après avoir procédé ainsi que nous l'avons indiqué au § 40, si le pied est pourvu de vis calantes, on disposera les galets sur le dé, celui centré faisant face au nord, et on mettra l'instrument en place. Si les préparatifs ont été bien faits, l'équatorial étant posé, son axe d'ascension droite sera à peu près dans le plan du méridien. On disposera ensuite la pièce k de manière à ce que l'axe d'ascension droite fasse, aussi bien que possible, avec l'horizontale un angle égal à la latitude du lieu, et on pourra commencer les rectifications de l'instrument.

REMARQUES. — Avec les galets ordinaires, il serait très difficile de mettre un équatorial en place, de même qu'il serait impossible de faire décrire à la lunette le cercle que décrit la Lune autour de la Terre, l'orbite de notre satellite de même que celui des planètes autour du Soleil, n'étant pas situé dans le plan dans lequel la Terre se meut autour de notre flambeau céleste. L'inclinaison de ce plan varie entre 0°41'13" pour Massalia et 34°43'55" pour Pallas ; elle est indiquée pour toutes les planètes dans l'*Ann. des Long.* En raison de cette inclinaison, ou pour faciliter la pose de l'équatorial, on dispose sous la vis calante *r* (fig. 20) un galet centré (ce galet doit faire face au nord) ; sous la vis *s* un galet uni et sous la vis *t* un galet à glissière *t'* (ce galet doit être placé à l'est ou à l'ouest de l'instrument, les vis dans la direction nord-sud) pouvant, au moyen des vis d'azimut, *u*, *v*, faire subir un petit déplacement à la lunette, soit pour l'amener à faire décrire le plan méridien à son axe optique, soit pour lui faire décrire l'orbite de la Lune ou d'une planète quelconque. A cet effet, on desserre les vis *u* ou *v* et on serre la vis opposée de la quantité voulue jusqu'à ce qu'on ait obtenu le déplacement nécessaire. Par ce procédé, en touchant à ces vis, l'instrument se déplacera en azimut seulement, puisqu'il sera maintenu par le galet centré *r*, et le galet uni permettra à la vis *s* de glisser.

A moins d'avoir des observations de longue durée à faire sur notre satellite ou sur une planète, il est préférable pour les amateurs d'astronomie de ne pas déplacer l'axe optique de la lunette pour observer ces astres ; cette opération étant très délicate, il vaut mieux maintenir l'astre dans le centre du champ de la lunette en agissant sur le cercle de déclinaison au moyen de la vis de rappel *n* lorsque l'astre s'en éloigne trop.

Le modèle de monture de l'équatorial de M. Gautier n'est pas à colonne et ne comporte pas de galets. Le pied de l'instrument est posé sur un socle. Le déplacement en azimut se fait à l'aide de deux vis antagonistes, placées près de la

base du pied, qui agissent sur une saillie en fonte qui fait
partie du socle.

51. — Positions diverses de la lunette équatoriale.

— On dit que la lunette est dans la première position
lorsqu'elle est pointée sur le nord ou le sud et qu'elle est
placée du côté de l'est ; ou, si l'on aime mieux, lorsque
dans cette position de la lunette, l'observateur faisant
face au nord, la lunette est à sa droite et le cercle de
déclinaison à sa gauche, ou inversement s'il fait face au
sud ; dans cette position, le cercle horaire indique 0 h.
ou, ce qui est la même chose, 24 h. — La lunette est
dans la deuxième position quand elle est placée du côté
de l'ouest, soit qu'elle pointe le nord ou le sud et que le
cercle horaire indique 12 h. ; — elle est dans la position
inférieure lorsqu'elle est horizontale, qu'elle pointe l'est
ou l'ouest et que le cercle indique 6 h. ; et elle est dans
la position supérieure lorsqu'elle est horizontale, qu'elle
pointe l'est ou l'ouest et que le cercle indique 18 h.

Ce que nous venons de dire se rapporte au numérotage
ordinaire, de 0 h. à 24 h., du cercle horaire de l'équatorial ; mais nous avons reconnu par l'usage qu'il vaut
beaucoup mieux superposer à cette série une autre série
également de 0 h. à 24 h., de manière à ce que 12 soit
au-dessus de 24, 18 sur 6, 24 sur 12 et 6 sur 18; dans
ces conditions, les calculs sont bien plus simples à faire,
l'observateur pouvant choisir indifféremment l'une ou
l'autre série. Lorsqu'il en est ainsi, le cercle indique
24 h. ou 12 h. lorsque la lunette est dans la première
position, et 12 h. ou 24 h. dans la deuxième ; de même
qu'il indique 6 h. ou 18 h. dans la position supérieure,
et 18 h. ou 6 h. dans la position inférieure ; mais on
remarquera que c'est le 0 ou 24 de la série inférieure,

c'est-à-dire celle qui est la plus proche des graduations qui indique le sud ou le nord quand la lunette est dans la première position, et 12 de la même série quand elle est dans la seconde. Nous ajouterons qu'il est préférable que les nombres soient gravés en chiffres arabes ; ils sont beaucoup plus faciles à lire que les chiffres romains et on est moins sujet à se tromper.

On peut observer les astres dans la première ou la deuxième position indifféremment, la lunette pouvant être placée excentriquement sans qu'il en résulte la moindre différence, car la distance des étoiles est tellement grande, que les dimensions de l'instrument ne comptent pas. Il est toutefois plus commode de placer la lunette dans la première position quand on observe à l'ouest du méridien, et dans la deuxième lorsqu'on observe à l'est. Dans certaines positions de la lunette, et particulièrement vers le zénith, il est impossible de faire différemment ; car alors la monture équatoriale française ne permettant pas de faire décrire à la lunette une circonférence autour de l'axe d'ascension droite, on doit la retourner dans le voisinage du méridien. — Comme on fait décrire à la lunette un arc de 180° pour passer d'une position à l'autre, si on pointe successivement une même étoile dans les deux positions, il y aura naturellement entre les deux lectures du cercle une différence de 12 h., plus le temps que l'on aura mis entre les deux pointés.

52. — Réglage de l'équatorial. — Cette opération très délicate et compliquée doit être faite avec beaucoup de soin, si l'on veut obtenir un bon résultat.

REMARQUES PRÉLIMINAIRES. — Pour placer l'équatorial, servez vous d'un oculaire très faible muni d'un réticule, car il serait presque impossible de faire la rectification avec un fort grossissement. — Comme c'est de la promptitude avec laquelle on fait une observation que dépend souvent son degré de précision, on doit être bien familiarisé avec le mécanisme de l'équatorial avant de procéder aux rectifications. — On devra s'assurer si l'axe optique du ou des chercheurs est bien parallèle à celui de la lunette et si l'étoile est bissectée par le fil des hauteurs pendant son parcours à travers le champ de la lunette. — Au moment de l'observation, l'étoile devra être amenée à l'intersection des fils du réticule. — A défaut de pendule sidérale et de chronomètre, on se servira d'une montre sidérale ou d'un chronomètre de poche indiquant ce temps ; ces montres doivent être à secondes indépendantes.

L'ascension droite d'une étoile étant mesurée par l'heure sidérale de son passage au méridien, quand l'ascension droite est plus grande que le temps sidéral c'est que l'astre n'est pas encore passé au méridien. — En prenant les coordonnées d'une étoile dans un Catalogue quelconque, à moins que ce ne soit une étoile fondamentale et qu'on se serve de la *Conn. des T.* de l'année, on devra tenir compte des changements affectés à ces coordonnées par la précession des équinoxes. — Dans les observations on devra toujours, à moins d'indication contraire, faire la correction occasionnée par la réfraction.

Les conditions requises pour qu'une lunette montée équatorialement fonctionne bien sont au nombre de six, savoir :

1° *La lunette doit être perpendiculaire à l'axe de déclinaison.* — L'axe d'ascension droite (ou *axe polaire)* ayant été disposé pour la latitude du lieu aussi bien qu'on peut le faire avec la pièce qui supporte cet axe, placez la lunette au-dessus de l'axe d'ascension droite et parallèlement à lui. Dans cette position de la lunette, son axe optique pointera le pôle si l'axe d'ascension droite fait avec l'horizontale un angle égal à la latitude du lieu. Desserrez l'écrou qui fixe le cercle de déclinaison et fixez provisoirement ce cercle de manière que l'index indique 0° ou 90° selon que vous comptez en distances polaires ou en déclinaisons (1) ; mettez ensuite la lunette dans la première position ; l'axe de déclinaison étant horizontal, disposez le cercle horaire de manière que l'index de ce cercle indique 0 h. lorsque la lunette pointe le méridien supposé. (Dans ce qui précède, nous supposons que les cercles n'ont pas été placés, même approximativement, par le constructeur.)

Ces préparatifs étant terminés, et la lunette étant dans la première position, 0 h., dirigez-là dans une position verticale, l'objectif pointant le zénith. Placez sur le sommet de la lunette un niveau à bulle d'air et faites en sorte que la bulle soit dans la position de ses deux

---

(1) Cette première opération évite de déplacer le cercle de déclinaison pour le réglage de l'index. Quand on desserre l'écrou qui fixe le cercle de déclinaison ou celui du cercle horaire du modèle dont nous faisons la description, on doit huiler la face qui est plaquée au cercle, afin que ce dernier ne fasse pas de mouvement sur son ajustement pendant le serrage. — Lorsque, comme dans certains modèles de montures équatoriales plus compliquées, les cercles sont disposés comme dans le théodolite, c'est-à-dire que chaque cercle est composé de deux cercles concentriques emboîtés l'un dans l'autre ; l'un, le cercle *extérieur*, porte les graduations, et l'autre, le cercle *intérieur*, porte les verniers ; alors, le cercle horaire est fixé par le constructeur à l'axe d'ascension droite et son cercle vernier au montant de l'instrument ; de même que pour le cercle de déclinaison, celui qui porte les graduations est fixé à l'axe de déclinaison, et le cercle intérieur, qui porte les verniers, à la pièce qui supporte cet axe. Dans ces conditions, deux vis de buttée, placées à chaque cercle intérieur, permettent de déplacer les cercles extérieurs d'environ 4° à 5° ; c'est au moyen de ces vis antagonistes que l'on rectifie les cercles.

repères ; assurez-vous avec le même niveau, dans le cas
où l'axe de déclinaison n'en serait pas pourvu, si cet axe
est également horizontal. Faites ensuite décrire à la
lunette un angle de 180°, la lunette étant dans la deuxième position, vérifiez également l'horizontalité du
sommet de la lunette et celle de l'axe de déclinaison
comme vous l'avez fait pour la première position.

. Lorsque le niveau ne donne pas le résultat demandé,
c'est que le pied de l'instrument n'est pas vertical, et souvent il suffit de serrer ou de desserrer une des vis de
calage pour faire la rectification. Si, par ce moyen, vous
ne pouvez obtenir simultanément le niveau du sommet
de la lunette et celui de l'axe de déclinaison dans les
deux positions de la lunette, c'est que les écrous ou les
colliers qui fixent la lunette à son point d'attache ne sont
pas serrés à fond ; dans ce cas, faites le nécessaire et
recommencez cette rectification (1).

2° *L'axe de déclinaison doit être perpendiculaire à l'axe
d'ascension droite.* — Pointez près du méridien, dans la
première et la deuxième position, une étoile fondamentale ·dont la déclinaison est très grande, c'est-à-dire
voisine du pôle. A chaque visée, notez exactement
l'heure de la pendule ainsi que la lecture de l'index du
cercle d'ascension droite ; si l'intervalle entre les heures
des pointés est égal à la différence entre les lectures du
cercle, abstraction faite de 12 heures, c'est que l'axe de
déclinaison est perpendiculaire à l'axe d'ascension droite.
— Au lieu de faire un simple pointé, il est préférable

_____

(1) Pour que la lunette puisse supporter un spectroscope de
réfraction ou de diffraction ou bien un appareil photographique, il
faut qu'elle soit fixée à l'axe de déclinaison avec deux forts colliers
ou un système équivalent.

d'amener l'étoile dans le champ de la lunette et d'observer l'instant de son passage devant les fils horaires, comme on le fait pour l'observation du passage d'une étoile au méridien (§ 66), ou tout au moins devant le fil moyen.

Pour faire cette vérification, choisissons β Petite Ourse, par exemple, et supposons que dans la première position de la lunette la pendule sidérale marque 17ʰ25ᵐ24ˢ et que la lecture de l'index du cercle horaire donne 23ʰ16ᵐ35ˢ ; supposons également que, dans la deuxième position, la pendule marque 17ʰ47ᵐ38ˢ et que la lecture du même cercle donne 11ʰ38ᵐ49ˢ. (On ajoute au besoin 24 h. pour rendre la soustraction possible.)

	Heures de la pendule		Indication du cercle
	h m s		h m s
Première position	17.25.24	. . . .	23.16.35
Deuxième —	17.47.38	.(+ 24)	11.38.49
Différence	0.22.14	. . . .	12.22.14

Les différences étant égales, les axes sont perpendiculaires entre eux.

Remarques. — Cette vérification doit être faite avec toute la précision que comporte l'observation du passage d'une étoile au méridien ; car malgré la perpendicularité des axes entre eux, on n'obtiendrait pas un bon résultat si on ne notait pas très exactement l'instant du passage de l'étoile sur le fil horaire du réticule, ou sur le fil moyen du micromètre si la lunette en était pourvue, ce qui est toujours préférable. — Si malgré la précision de l'observation vous n'obtenez pas le résultat demandé, c'est que les axes ne sont pas perpendiculaires entre eux, et alors la rectification ne pourra être faite que par le constructeur, à moins qu'une disposition spéciale de l'axe de déclinaison permette de rectifier sa position ; dans ce cas, déplacez le cercle horaire de manière que son index

13

indique la moyenne des différences entre les heures des passages de l'étoile sur le fil moyen et celles indiquées par le cercle au moment des dits passages ; agissez ensuite sur l'écrou *ad hoc* jusqu'à ce que l'axe de déclinaison soit horizontal, et refaites une nouvelle observation.

3° *L'index du cercle de déclinaison doit indiquer 0°* (ou 90° si le cercle est gradué pour donner les distances polaires) *lorsque l'axe optique de la lunette pointe l'Équateur.* — Pour rectifier la position de l'index du cercle de déclinaison, pointez successivement dans la première et la deuxième position une étoile fondamentale un peu avant son passage au méridien. Choisissez une étoile aussi proche du zénith que possible afin d'éviter les erreurs de réfraction, η Grande Ourse, par exemple, pour nos latitudes, et supposons que la déclinaison de cette étoile, à l'époque de l'observation, soit de $+ 49°53'34''$.

Amenez l'étoile à l'intersection des fils du réticule, et notez à chaque pointé, dans les deux positions de la lunette, la lecture de l'index du cercle de déclinaison *sans tenir compte de la réfraction.* Supposons également que dans la première position la lecture ait donné $+ 50°2'36''$, et dans la seconde position $+ 49°54'4''$; la moyenne de ces lectures étant $+ 49°58'20''$, dirigez la lunette jusqu'à ce que l'index du cercle de déclinaison indique $+ 49°58'20''$, et calez, autrement dit immobilisez la lunette en déclinaison. — Desserrez ensuite l'écrou qui fixe le cercle de déclinaison et déplacez ce cercle de manière à lui faire indiquer la déclinaison *vraie* de l'étoile *augmentée de la réfraction,* $2''$ par exemple ; il faudra donc que l'index indique $49°53'36''$. Le cercle étant placé à cette déclinaison, fixez-le définitivement et, surtout, ne décalez pas la lunette. (Lorsque la différence n'est pas grande, comme dans l'exemple que nous donnons, au lieu de déplacer le cercle, on déplace simplement le vernier, ce qui est plus facile (1).

La rectification de la position du cercle de déclinaison, dont nous venons de parler, étant connexe avec la suivante, doit être faite aussi promptement que possible, afin que l'étoile choisie ne s'écarte pas trop du méridien.

4° *L'axe d'ascension droite doit faire avec l'horizontale un angle égal à la latitude du lieu.* — La lunette étant restée calée à la déclinaison *vraie* de η Grande Ourse, dirigez la lunette jusqu'à ce que cette étoile soit bissectée par le fil des hauteurs, en *agissant sur la vis calante* destinée à cet usage, de manière à l'amener à l'intersection des fils du réticule ou du micromètre. Si l'étoile n'était pas visible dans la lunette, ce qui arriverait si l'axe d'ascension droite nécessitait un certain déplacement, faites d'abord la rectification au moyen du chercheur, achevez-là à l'aide de la lunette et refaites ces deux dernières opérations avant de faire la cinquième rectification. — Lorsqu'il n'y a pas de vis calantes au pied de l'instrument, cette rectification se fait au moyen de vis disposées à l'extrémité supérieure de la pièce qui supporte l'axe d'ascension droite, vis qui permettent d'élever ou d'abaisser cet axe.

Si, en tenant compte de la réfraction, on s'aperçoit par la suite que la déclinaison est trop *petite* ou trop *grande*, c'est que l'extrémité supérieure de l'axe d'ascension droite doit être *relevée* ou *abaissée*, selon le cas, au moyen

---

(1) Lorsque les cercles sont disposés comme nous l'avons dit dans la note de la page 143, on dirige d'abord la lunette jusqu'à ce que le cercle indique la moyenne des lectures trouvées, on cale la lunette, et on agit sur les vis antagonistes jusqu'à ce que le vernier indique la déclinaison de l'étoile *augmentée de la réfraction.*

de la vis calante placée au nord, ou des vis de réglage, selon la disposition de l'instrument.

5° *L'axe d'ascension droite doit être placé dans le plan méridien.* — Choisissez deux étoiles fondamentales, assez brillantes et à peu près d'égale déclinaison, l'une à l'est et l'autre à l'ouest du méridien, mais éloignées de ce plan d'environ 3 à 6 h. et autant que possible à égale distance du zénith et de l'horizon. Servons nous pour faire cettte vérification de α Lyre (Véga) et δ Lion, par exemple, qui le 20 mai 1884, par 14^h10^m de temps sidéral, sont situées l'une et l'autre à environ 44° au-dessus de l'horizon. La lunette étant dans la deuxième position, calez-là à la déclinaison de Véga ($+ 38°40'34''$) à laquelle vous ajouterez $1'$ pour la réfraction ; dirigez la lunette sur cette étoile, et agissez sur une des vis d'azimut jusqu'à ce qu'elle soit à l'intersection des fils du réticule. Si vous ne voyez pas Véga dans le champ de la lunette, c'est que l'axe d'ascension droite est bien écarté du plan méridien ou que l'oculaire est un peu fort ; dans ce cas amenez l'étoile au moyen du chercheur en agissant sur la même vis, et finissez le réglage à l'aide de la lunette.

Cette première opération étant faite, placez la lunette dans la première position, et procédez pour δ Lion, qui est à l'ouest, comme vous l'avez fait pour α Lyre. Si après avoir visé δ Lion alors que le cercle de déclinaison avait été calé préalablement à la déclinaison de cette étoile ($+ 45°7'38''$) à laquelle vous avez ajouté également la réfraction, il y a de grandes probabilités pour que l'axe d'ascension droite soit à peu près dans le méridien. — On devra refaire ces observations au moins trois fois successivement ; on serrera ensuite la seconde vis d'azimut.

Si ces observations ont nécessité le déplacement de l'axe d'ascension droite avant de faire la sixième rectification on doit recommencer les troisième et quatrième.

REMARQUES. — Quand la déclinaison d'une étoile observée à l'*est* du méridien *excède* la vraie déclinaison, cela indique que l'extrémité inférieure de l'axe d'ascension droite est *trop vers l'ouest* et doit être ramenée vers l'*est* au moyen d'une des vis d'azimut ; si la déclinaison trouvée est plus *petite* que celle indiquée par la *Conn. des T.*, c'est que l'extrémité inférieure de cet axe est *trop vers l'est* et doit être ramenée vers l'*ouest* en serrant la vis antagoniste.

Si on observe une étoile à l'ouest du méridien, les erreurs de position seront contraires, et la rectification devra être faite d'une manière inverse ; c'est-à-dire si la déclinaison de l'étoile observée à l'ouest du méridien *excède* la véritable, c'est que l'extrémité inférieure de l'axe d'ascension droite est trop vers l'*est* et doit être ramenée vers l'*ouest* et *vice-versa*.

Pour faire l'application de ce que nous venons de dire dans cette remarque et pour nous assurer que l'axe d'ascension droite est bien dans le plan méridien, nous allons faire une nouvelle vérification en procédant différemment. — La lunette étant dans la deuxième position, visons α Cygne, par exemple, et supposons qu'au moment de l'observation cette étoile est à 33°30' au-dessus de l'horizon ; lorsqu'elle sera bissectée par les fils centraux, calez la lunette en déclinaison, faites la lecture du cercle, et procédez ainsi :

	o ' ''
Déclinaison de α Cygne d'après l'instrument. . . .	+44.53. 1
Réfraction calculée au moment de l'observation pour 33°30'	=—0. 1.28
Position de l'étoile corrigée de la réfraction. . . .	+44.51.33
Déclinaison *vraie* de l'étoile d'après la *Conn. des T.*	+44.51.56
L'instrument doit être ramené vers l'est de. . . .	0. 0.23

Faites le déplacement voulu en agissant sur la vis

d'azimut et recommencez de suite l'observation. — Ne perdez pas de vue que la correction de réfraction, qui était de 1′28″ à l'instant de l'observation, diminue à mesure que l'étoile s'approche du méridien, de même qu'elle augmenterait si elle s'en éloignait. — Afin de bien faire comprendre la manière de procéder, nous ajouterons qu'au moment de l'observation l'index aurait dû indiquer + 44°51′56″ (qui est la déclinaison vraie de l'étoile) + 1′28″ (pour la réfraction) ; en d'autres termes si l'axe d'ascension droite avait été placé dans le méridien, le cercle aurait dû indiquer + 44°53′24″.

REMARQUES. — Si l'on avait un instrument méridien, il suffirait de faire bissecter, au moyen des vis d'azimut, une étoile fondamentale par le fil horaire moyen de l'équatorial au moment de son passage au méridien dans le premier instrument. — Lorsque l'équatorial donne assez de précision pour obtenir la seconde de temps, on peut contrôler la cinquième rectification par deux observations de passages d'étoiles au méridien ; à cet effet on procédera ainsi que nous l'expliquons au § 65, 4°.

6° *L'index du cercle horaire doit indiquer* 0ʰ0ᵐ0ˢ (dans la première position de la lunette) *lorsque la lunette pointe le méridien.* — Si un niveau est adapté à l'axe de déclinaison, mettez cet axe dans une position horizontale, et calez la lunette en ascension droite et en déclinaison ; desserrez le cercle horaire et placez-le de façon à ce que 0 h. corresponde à l'index vernier ; si la différence est petite, déplacez l'index de la quantité voulue. Si l'axe de déclinaison n'est pas pourvu d'un niveau, faites la rectification avec un niveau mobile (1).

_____

(1) Lorsque le cercle horaire est disposé comme nous l'avons dit plus haut dans une note, on agit sur des vis de buttée *ad hoc* pour faire cette rectification.

Cette rectification étant terminée, il reste à connaître l'erreur de collimation de la lunette. — (Afin de ne pas perdre son temps inutilement, on ne devra procéder à la connaissance de cette erreur que lorsque, pour les causes que nous indiquons au commencement du § 53, on aura refait plusieurs fois les rectifications).

Erreur de collimation. — L'ensemble des rectifications ayant été refait à plusieurs reprises, pointez successivement, dans les deux positions de la lunette, une étoile équatoriale un instant avant son passage au méridien. A l'instant de chaque pointé notez exactement l'heure ; faites la lecture du cercle horaire et notez-là également. Si l'intervalle de temps sidéral entre les deux pointés correspond exactement à la différence des deux lectures, c'est que l'instrument est placé dans les conditions voulues ; s'il n'en est pas ainsi, il est évident qu'un des passages a été observé trop tôt et l'autre trop tard ; en ce cas la différence entre le temps indiqué par la pendule et celle donnée par le cercle horaire sera l'erreur de collimation. — Choisissons pour connaître l'erreur de collimation η Vierge, par exemple, qui, à deux minutes d'arc près, indique l'Équateur :

Positions de la lunette	Heures de la pendule	Lectures du cercle horaire
	h m s	h m s
Première position	12.13.55	23.57.20
Deuxième —	12.19. 2	(+ 24) 0. 2 26
Différences	0. 5. 7	0. 5. 6

L'intervalle de temps entre les deux observations étant de 5^m7^s, la différence des lectures du cercle horaire étant de 5^m6^s ; entre ces deux nombres la différence est de 1^s, dont la moitié, $0^s,5$ sera l'erreur de collimation. Cette correction qui est petite pour les instruments de moyenne puissance (1), devra être *ajoutée* aux lectures quand la lunette sera dans la première position, et *retranchée* quand elle sera dans la seconde.

53. — REMARQUES IMPORTANTES SUR L'ÉQUATORIAL. — Le point du pôle céleste étant au grand cercle de l'Équateur ce que le centre d'un cercle est à sa circonférence, il est évident que si on déplace l'axe d'ascension droite pour faire une rectification, il sera aussi impossible de faire décrire à la lunette des cercles parallèles à l'Équateur, qu'il serait impossible de décrire des cercles concentriques avec un compas si sa pointe n'était pas maintenue au centre de la première circonférence. En conséquence, l'ensemble des rectifications devra être refait *plusieurs fois* afin de diminuer de plus en plus les erreurs, que l'on ne parvient jamais à éliminer complètement. Pour obvier autant que possible à cet inconvénient inhérent à une lunette équatoriale, on prendra bonne note des erreurs instrumentales et on en tiendra compte dans les observations.

Lorsque les rectifications ne laissent plus rien à désirer, si on cale la lunette en ascension droite après avoir mis l'axe de déclinaison dans une position horizontale, l'index du cercle horaire indiquera 0 h. ou 12 h., selon que la lunette sera dans la première ou la deuxième position ; si alors on fait décrire un tour à la lunette, l'extrémité de son axe optique décrira le plan méridien du lieu. — En décalant la lunette, et en la recalant en déclinaison sur 0°, la lunette sera perpendiculaire à l'axe des pôles et son axe optique pointera l'Équateur dans toutes les directions qu'on voudra donner à la lunette. — Si on place la lunette au-dessus de l'axe d'ascension droite et parallèlement à lui, l'axe de déclinaison sera parallèle à l'Équateur céleste et sera compris dans le plan vertical qui renferme l'axe d'ascension droite et l'axe optique de la lunette,

---

(1) Nous entendons parler des lunettes de 0ᵐ108 d'ouverture qui, avec des cercles de 0ᵐ28 de diamètre, peuvent donner, à l'œil nu, la seconde de temps et les 15 secondes d'arc par les verniers.

plan méridien du lieu, plan qui est perpendiculaire à l'Équateur céleste ; dans cette position, la lunette étant calée sur 90°, décrira un cylindre autour de l'axe d'ascension droite, et soit que l'on amène la lunette au-dessus, à droite ou à gauche de cet axe, elle pointera toujours le pôle. — Dans ce qui précède nous avons supposé que le cercle de déclinaison indique 0° quand la lunette pointe l'Équateur.

On devra vérifier de temps en temps si l'instrument n'a pas dévié, ce qui serait inévitable et fréquent si l'équatorial, qui exige une grande stabilité, était posé sur un plancher quelconque. Indépendamment de la trépidation, si contraire aux observations astronomiques, chacun sait que le retrait et la dilatation continuelle des matériaux qui constituent un plancher, ainsi que sa flexion, sont autant de causes qui empêcheraient que l'équatorial quelque parfait qu'il fût, puisse rendre les services qu'on est en droit d'en attendre, c'est-à-dire qu'il serait impropre aux observations précises, et particulièrement aux observations spectroscopiques et à la Photographie, la lunette étant actionnée par un mouvement d'horlogerie, devant décrire des cercles parallèles à l'Équateur.

L'équatorial étant bien réglé, on pourra trouver dans le Ciel tous les objets accessibles avec la lunette si on connaît leurs coordonnées. Si on cale la lunette en ascension droite alors que le cercle horaire indique 0 h. ou 12 h., il est évident que le plan que décrira la lunette sera nécessairement vertical ; néanmoins on ne se sert pas de l'équatorial comme instrument de passage, ni pour la mesure directe des ascensions droites et des déclinaisons, — et cela à cause de la difficulté de poser l'instrument dans des conditions rigoureusement nécessaires, et de la complication des corrections à faire subir aux résultats de l'observation.

On ne doit donc pas perdre de vue que les équatoriaux ne sont pas construits en vue de la recherche des coordonnées absolues des étoiles. Il en résulte que les cercles dont ils sont munis ne sont destinés le plus souvent qu'au calage de la lunette, et les lectures n'y comportent pas une grande précision à moins qu'elles soient combinées avec des observations de passages. Toutefois les amateurs d'astronomie pourront, à défaut d'instruments méridiens, vérifier *approximativement* avec l'équatorial la marche de leurs montres, en observant le passage du Soleil, de la Lune ou d'une planète au méridien, ou ce qui est préférable d'une étoile fondamentale. Ils trouveront dans le chapitre qui traite des instruments méridiens tous les renseignements dont ils pourraient avoir besoin pour faire les observations de passage.

Comme nous l'avons dit, l'équatorial doit être accompagné d'une pendule sidérale, ou tout au moins d'une bonne montre indiquant ce temps. Si l'un de ces appareils est rigoureusement indispensable aux amateurs d'Astronomie qui veulent faire des observations sérieuses et utiles, les personnes qui ne désirent observer que les beautés du Ciel peuvent à la rigueur s'en passer, à la condition d'avoir une bonne montre ordinaire, et de transformer le temps au besoin ; car au moyen d'un astre dont les coordonnées sont connues pour servir de point de repère, ou au moyen du cercle horaire seulement, ainsi qu'on le verra plus loin, on peut toujours trouver, le jour comme la nuit, des objets invisibles à l'œil nu s'ils sont accessibles à la lunette.

L'équatorial permet, si l'on veut, de se servir de l'heure de l'Observatoire de Paris, ce qui dispense de faire certains calculs pour la différence de longitude en temps. Si cette différence est petite il suffit de déplacer le vernier, vers l'est ou l'ouest, de la quantité voulue, selon que l'observatoire est à l'orient ou à l'occident de Paris ; si la différence est grande, on agit sur le cercle horaire. Il est bien entendu que pour obtenir ce résultat, il ne faut jamais déplacer l'axe d'ascension droite.

On trouvera à la fin de ce chapitre des exercices qui familiariseront les amateurs avec l'équatorial. Nous adressant à des commençants, — à l'exception de la correction à appliquer pour la réfraction, — nous avons négligé dans les calculs toutes les petites corrections que l'on devrait faire subir aux

résultats des observations si l'on faisait des observations d'une
exactitude rigoureuse ; d'ailleurs les équatoriaux de moyenne
puissance ne comportent pas cette précision. Ainsi que nous
l'avons dit au commencement de cet ouvrage, les amateurs
qui voudront pénétrer plus avant dans l'étude de cette belle
science auront recours aux ouvrages spéciaux.

Il est indispensable aux amateurs d'avoir la *Conn. des T.* de
l'année, une bonne sphère céleste, un Atlas ou un bon planisphère céleste, et un Catalogue d'étoiles et de nébuleuses ; ils
trouveront dans l'ouvrage de M. Camille Flammarion, intitulé :
Les Étoiles, un Catalogue général d'étoiles de la 1re à la 5e
grandeur, et celles de 6e grandeur qui ont reçu des lettres
grecques et latines ; des Catalogues spéciaux d'étoiles doubles,
rouges et orangées, variables, etc., ainsi qu'un Catalogue des
nébuleuses et amas accessibles aux instruments de moyenne
puissance. La position des objets catalogués a été réduite pour
1880, date en nombre rond qui rend la comparaison facile.

RÉFLECTEUR ÉQUATORIAL

54. — Description du réflecteur équatorial. —
Nous n'avons à décrire ici que le *réflecteur* ou *télescope
Foucault*, le seul en usage aujourd'hui. Le télescope que
représente la figure 24 (1) est le même que celui que
nous avons décrit au § 46, avec cette différence que celui
dont nous allons parler est monté équatorialement. —
Comme on le voit sur la figure, les montants qui portent
le tube sont fixés sur un plateau circulaire mobile, incliné
dans le plan de l'Équateur céleste. Au pourtour du
plateau est un cercle en métal divisé en 24 h., subdivisées
elles-mêmes en minutes, etc., selon le diamètre du cercle
et l'importance de l'instrument ; un ou plusieurs verniers
permettent de faire la lecture. Ce plateau tourne sur lui-

_____

(1) Ce modèle appartient à M. A. Bardou.

même au moyen de galets sur un autre plateau ; ce
dernier est fixe et est supporté par deux autres montants

Fig. 121

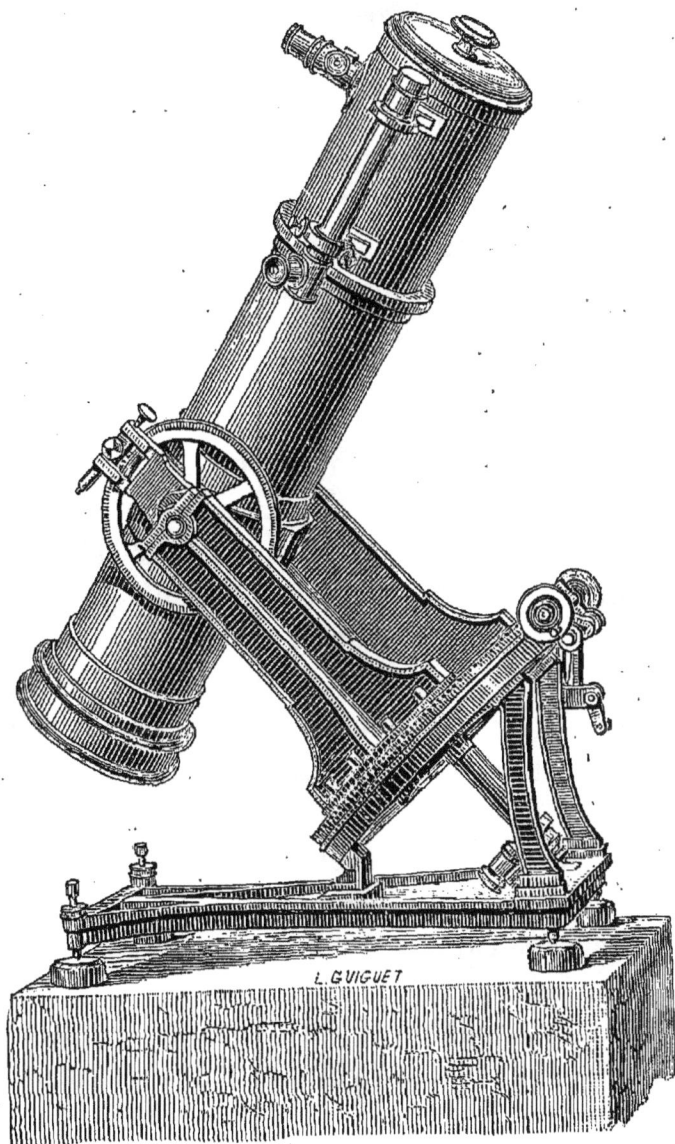

L. GUIGUET

en arrière desquels on aperçoit l'axe d'ascension droite
placé dans une position perpendiculaire au plateau ; cet

axe, ainsi qu'on le sait, doit faire avec l'horizontale un angle égal à la latitude du lieu, et peut s'incliner à volonté au moyen d'un mécanisme particulier à sa monture, de même qu'une disposition spéciale doit permettre de le déplacer en azimut. — En face de la partie du plateau qui fait face au sud, est placée une vis tangente que l'on actionne soit au moyen d'une petite manivelle, d'une manette ou d'un mouvement d'horlogerie. En agissant sur la vis, le plateau supérieur pivote sur son centre et entraîne le télescope dans le sens qu'on veut le diriger, ou dans le sens du mouvement diurne s'il est mu par un mouvement d'horlogerie.

Un cercle de déclinaison est fixé sur l'axe qui supporte la lunette ; une pince avec mouvement lent et un bouton de serrage permet de caler le réflecteur en déclinaison. Le cercle de déclinaison est gradué en 360°, subdivisés également en minutes d'arc, etc. ; un vernier placé entre les deux branches de la pince permet de faire la lecture du cercle. — Pour ne pas nous répéter, nous dirons que la position du prisme, de l'oculaire et du chercheur est la même que celle que nous avons indiquée dans la description du réflecteur ordinaire (§ 46).

Il existe également des modèles de réflecteurs qui ont un axe de déclinaison ; dans cette condition, cet axe est monté sur le plateau.

55. — Rectification du réflecteur équatorial. — Quel que soit le modèle de monture des réflecteurs équatoriaux, les rectifications se font par les mêmes moyens d'observation que ceux indiqués au § 52. La disposition de la monture de ces instruments dispense de retourner le réflecteur, quelle que soit la position qu'on veuille lui donner.

14

56. — Exercices sur les instruments équatoriaux.
— Nous rappellerons que quand l'ascension droite d'un astre est plus grande que le temps sidéral, au moment de l'observation, c'est que l'astre n'est pas encore arrivé au méridien. — Avant de commencer une observation on s'assurera si l'axe optique du chercheur est parallèle à celui de la lunette.— Si le genre d'observation le permet, il est préférable de caler à l'avance la lunette en déclinaison. — Comme on le verra dans les exercices ci-après, on peut dans bien des cas faire les calculs d'avance pour un jour et une heure donnés ; de la sorte on n'aura qu'à régler les cercles un instant avant le moment choisi pour l'observation. — On peut se dispenser de calculer la réfraction lorsqu'on n'a pas un intérêt réel à la déterminer. — On emploiera un faible grossissement.

1. *Trouver à l'aide d'une étoile de comparaison, α Vierge, par exemple, la nébuleuse en spirale de la Vierge (Messier 99), le 10 avril 1884, à 9 h., temps moyen astronomique de Paris, les coordonnées de la nébuleuse étant* $ \text{AR} = 12^h 13^m$; $\delta = + 15°5'$.

A ce moment α Vierge (l'Epi) brille à l'est-sud-est, à environ 20° au-dessus de l'horizon ; ses coordonnées sont : $\text{AR} = 13^h 19^m 8^s$; $\delta = 10°33'16''$. La lunette étant dans la deuxième position (12^h), faites la différence d'ascension droite entre α Vierge et la nébuleuse, et notez-là. Visez à l'étoile, et faites la lecture du cercle horaire : $8^h 58^m 48^s$, par exemple, et ajoutez à cette lecture la différence d'ascension droite entre les deux astres ; calez ensuite la lunette en déclinaison sur $+ 15°5'$, et dirigez la lunette jusqu'à ce que l'index du cercle horaire indique la somme des deux quantités trouvées et vous aurez l'image de la nébuleuse dans le champ de la lunette.

	h	m	s
Ascension droite de α Vierge.	13.	19.	8
Ascension droite de la nébuleuse	12.	13.	0
Différence.	1.	6.	8
Lecture du cercle horaire.	8.	58.	48
Différence d'ascension droite	1.	6.	8
Le cercle devra indiquer	10.	4.	56

2. *Autre procédé pour faire l'exercice précédent sans se servir d'une étoile de comparaison.*

Le 10 avril 1884, à 9ʰ de temps moyen astronomique, correspond à 10ʰ17ᵐ56ˢ de temps sidéral. — Calez la lunette à la déclinaison de la nébuleuse ; faites la différence entre son ascension droite et le temps sidéral au moment de l'observation, vous connaîtrez l'angle horaire que fait la nébuleuse avec le méridien. La lunette étant dans la deuxième position, sur 12 h., retranchez de cette quantité l'angle horaire trouvé plus haut, et vous aurez l'indication que l'index du cercle horaire devra vous donner pour avoir l'image de la nébuleuse dans le champ de la lunette.

	h	m	s
Ascension droite de la nébuleuse . . .	12.	13.	0
Temps sidéral de l'observation	10.	17.	56
Différence	1.	55.	4
Cercle horaire.	12.	0.	0
Différence	1.	55.	4
Indication du cercle	10.	4.	56

3. *N'ayant pas de pendule sidérale, trouver α Grand Chien (Sirius) le 2 avril 1884, à 3ʰ40ᵐ, temps moyen astronomique de Paris, les coordonnées de Sirius étant :* AR = 6ʰ40ᵐ3ˢ ; δ = — 16°33′54″.

La lunette étant dans la deuxième position, 12 h.,

calez-là à la déclinaison de Sirius, — 16°33′51″ ; convertissez le temps moyen (3ʰ40ᵐ) en temps sidéral, vous obtiendrez 4ʰ22ᵐ32ˢ. L'ascension droite de l'étoile cherchée étant plus grande que le temps sidéral à cet instant, Sirius est à l'est du méridien. Faites la différence entre l'ascension droite de l'astre et le temps sidéral obtenu, et faites rétrograder la lunette de la différence trouvée, vous aurez Sirius dans le champ de la lunette.

	h	m	s
Ascension droite de Sirius	6.	40.	3
Temps sid. au moment de l'observation.	4.	22.	32
Différence	2.	17.	31
Cercle horaire.	12.	0.	0
Différence trouvée.	2.	17.	31
Indication du cercle	9.	42.	29

4. *Le 1ᵉʳ avril 1884, à 21ʰ11ᵐ21ˢ, temps sidéral, trouver α Lyre (Véga) dont les coordonnées sont :* ℛ = 18ʰ33ᵐ1ˢ δ = + 38°40′26″.

La lunette étant dans la première position, 0 h., calez-là en déclinaison sur 38°40′26″. L'ascension droite de l'étoile étant plus petite que le temps sidéral au moment de l'observation, Véga est à l'ouest du méridien. — Retranchez l'ascension droite de l'étoile du temps sidéral, la différence vous indiquera l'angle horaire que Véga fait avec le méridien ; dirigez la lunette vers l'ouest de la différence trouvée et vous aurez l'image de Véga dans le champ de la lunette.

	h	m	s
Temps sidéral de l'observation	21.	11.	21
Ascension droite de Véga, le 1ᵉʳ avril . . .	18.	33.	1
Angle que doit faire la lunette avec le méridien	2.	38.	20

REMARQUE. — Le 1ᵉʳ avril, 21ʰ11ᵐ21ˢ, temps sidéral, correspond à 21ʰ29ᵐ49ˢ, temps moyen astronomique de Paris, même date, et au 2 avril 9ʰ29ᵐ49ˢ du matin, temps civil.

5. *Trouver un astre dont les coordonnées sont :* $Æ =$ 14ʰ25ᵐ ; $\delta = + 32°34'$, *la pendule sidérale marquant* 11ʰ50ᵐ.

L'ascension droite de l'astre correspondant au temps sidéral du passage de cet astre au méridien, et l'ascension droite de l'objet cherché étant plus grande que le temps sidéral au moment de l'observation, l'astre est à l'est du méridien. — La lunette étant dans la deuxième position (12 h.), calez la lunette en déclinaison sur + 32°34'. Retranchez le temps sidéral de l'ascension droite de l'astre, vous obtiendrez 2ʰ35ᵐ, qui sera l'angle horaire vers l'est que l'étoile fait avec le méridien ; retranchez-le de l'indication du cercle et vous aurez 9ʰ25ᵐ. Dirigez la lunette vers l'est jusqu'à ce que l'index du cercle indique 9ʰ25ᵐ, et l'image de l'astre cherché sera dans le champ de la lunette.

	h	m	s
Ascension droite de l'astre	14.	25.	0
Temps sidéral	11.	50.	0
Angle horaire de l'astre	2.	35.	0
Cercle horaire	12	0.	0
Angle horaire de l'astre	2.	35.	0
Indication du cercle	9.	25.	0

Si vous n'avez pas de pendule sidérale, convertissez le temps moyen en temps sidéral ; admettons qu'il vous ait indiqué 11ʰ50ᵐ, le problème se résoud de la même manière que ci-dessus.

6. *Trouver les coordonnées d'une comète aperçue soudainement dans le Ciel, à l'est du méridien, le 23 mai 1884, à* 12ʰ32ᵐ, *temps sidéral.*

14.

La lunette étant dans la deuxième position, le cercle horaire indiquant par conséquent 12 h., dirigez-la vers l'est et amenez le noyau de la comète à l'intersection des fils du réticule ; faites la lecture du cercle de déclinaison, + 37°45′ par exemple ; notez la lecture. Faites également la lecture du cercle horaire, 4ʰ56ᵐ par exemple, et notez-la également ainsi que l'heure indiquée par la pendule sidérale au moment de l'observation. — L'angle horaire que fait la comète avec le méridien étant égal à 12ʰ moins 4ʰ56ᵐ, c'est-à-dire 7ʰ4ᵐ, et la pendule sidérale marquant 12ʰ32ᵐ au même instant, autrement dit l'heure d'ascension droite des astres qui passent à ce moment au méridien, il est évident que dans 7ʰ4ᵐ de temps sidéral après l'observation, la comète passera au méridien. Donc en additionnant ces deux dernières quantités, vous connaîtrez l'ascension droite de la comète.

	h	m
Angle que fait la comète avec le méridien	7.	4
Temps sidéral au moment de l'observation	12.	32
Ascension droite cherchée.	19.	36

Les coordonnées de la comète sont donc : ℛ = 19ʰ36ᵐ ; δ = + 37°45′.

Les coordonnées ci-dessus n'étant qu'approximatives, si vous voulez plus de précision, choisissez une étoile aussi proche de la comète que possible. Admettons que les coordonnées de l'étoile choisie comme terme de comparaison sont : ℛ = 19ʰ34ᵐ14ˢ, et δ = + 37°51′15″, réfraction déduite, et que cette étoile se trouve en même temps que la comète dans le champ de la lunette. Supposons qu'après avoir mesuré la distance entre les deux astres, vous ayez trouvé que l'étoile précédait la comète de 4^m15^s, et qu'elle était située à 6′30″ plus au nord que la comète, vous procéderez ainsi :

	h	m	s
Ascension droite de l'étoile	19	31	14
Différence		+	1.15
Ascension droite vraie de la comète . . .	19	35	29

	o	′	″
Déclinaison de l'étoile	+ 37	51	15
Différence		—	6.30
Déclinaison vraie	+ 37	44	45

Les coordonnées vraies de la comète sont : $ÆR = 19^h35^m29^s$; $\delta = + 37°44′45″$.

Quand les deux astres ne sont pas en même temps dans le champ de la lunette, procédez comme on fait dans les observations méridiennes. A cet effet, désembrayez le mouvement d'horlogerie s'il y en a un ; amenez l'astre dont l'ascension droite est la plus petite au fil moyen du micromètre ou du réticule ; la lunette étant fixe, comptez le temps que l'astre dont l'ascension droite est la plus grande met à passer au même fil et notez ce temps. Faites la différence d'ascension droite entre les deux astres, et en l'ajoutant ou la retranchant de l'ascension droite de l'étoile de comparaison, selon que celle-ci a passé la première ou la dernière, vous aurez l'ascension droite cherchée.

Supposons maintenant que vous n'avez pas de pendule sidérale, et qu'au moment de l'apparition de la comète ou d'un objet quelconque, votre chronomètre indiquait $8^h27^m37^s$, temps moyen de Paris : convertissez ce temps en temps sidéral et vous procéderez comme nous l'indiquons ci-dessus. Il est bon de convertir le temps moyen pour quelques minutes plus tard, de cette façon on peut commencer l'observation à l'heure exacte choisie.

REMARQUES. — L'équatorial étant particulièrement destiné à donner la position et à observer un objet en dehors du méridien, pourvu qu'il se trouve un astre connu dans le voisinage de l'objet à observer, ce dernier exemple démontre une des principales applications qu'on peut faire quand l'objet cherché et l'astre qui doit servir de terme de comparaison sont, comme dans le cas ci-dessus, l'un et l'autre dans le champ de la lunette. Si un micromètre est adapté à la lunette, on obtiendra la position de l'astre avec une grande précision, surtout si c'est une étoile fondamentale qui a servi de comparaison ; dans le cas contraire, on prendra la différence entre l'étoile qui a servi de point de repère et l'étoile fondamentale la plus voisine ; d'où on déduira les coordonnées de l'étoile de comparaison. Il serait préférable, si c'était possible, d'observer le passage de l'objet au cercle méridien.

Nous ferons observer que lorsque les deux étoiles, ou l'étoile de comparaison et l'objet dont on veut trouver exactement la différence en ascension droite et en déclinaison sont rapprochés, alors même que l'équatorial ne remplirait pas les conditions requises, les erreurs qui en résulteraient pour les coordonnées mesurées isolément seraient à peu près les mêmes pour les deux objets et n'affecteraient pour ainsi dire en rien le résultat final cherché.

CHAPITRE VI

MÉTHODE D'OBSERVATION

57. — Indépendamment des conditions que nous avons indiquées dans le chap. III, pour faire de bonnes observations, il faut de bons instruments. La qualité de l'objectif doit être irréprochable, et la monture de la lunette doit être construite de manière à donner la précision que comportent ses dimensions ; en outre, l'instrument doit être bien réglé et reposer sur une base solide, afin de lui donner une grande stabilité, conditions sans lesquelles on ne peut obtenir un résultat sérieux. Plus l'observatoire sera élevé, plus le Ciel sera transparent ; et telle observation qui pourra y être faite avec une lunette d'une ouverture donnée, sera impossible dans une vallée et encore moins dans une grande ville où l'impureté de l'air et l'épaisseur de l'atmosphère voileraient l'image de l'objet observé. Nous avons fait cette expérience en emportant une de nos lunettes dans le Midi. Quelques observations d'objets peu lumineux, faites dans divers endroits dont l'altitude différait de plusieurs centaines de mètres, nous ont permis de constater que le pouvoir pénétrant et séparateur augmente d'une manière sensible à mesure qu'on s'élève.

Pour ce qui concerne l'objectif, nous croyons devoir faire remarquer que, si nous ne prétendons pas que les

objectifs sont tous exempts de défauts, nous sommes
certain cependant qu'on leur attribue quelquefois des
défectuosités qui ne proviennent pas de leur qualité, mais
de la vision de l'observateur, ou de certains phénomènes.
physiques, ou encore du manque d'habitude des observations. Si l'on suppose que l'objectif ne remplit pas les
conditions qu'on est en droit d'en attendre, on fera bien,
avant de se prononcer définitivement sur sa qualité, de
le faire examiner par une personne compétente ; car on
peut être affecté à son insu d'une de ces maladies, assez
fréquentes aujourd'hui, des organes de la vue. Nous
citerons parmi les affections les plus communes : la cho-
roïdite, qui trouble la vue chaque fois qu'une cause acci-
dentelle détermine un afflux de sang à la face et à l'encé-
phale ; certaines affections de le choroïde et de la rétine,
qui donnent lieu à des sensations subjectives ou qui occasionnent des nuages dans le sens visuel, et le daltonisme
(dyschromatopsie), cette singulière disposition des organes de la vue qui fait confondre les couleurs à ceux
qui en sont atteints ; ce défaut dans la vue peut survenir
à tout âge par suite d'une affection de la rétine, etc.

Si parfaits que soient certains objectifs, ils ne sont pas
toujours calculés pour les mêmes rayons de réfrangibilité. — Qu'en résulte-t-il ? — C'est que tel objectif qui
permettra de bien voir des détails sur une planète brillante comme Jupiter, ne permettra pas de voir dans les
mêmes conditions ceux que l'on pourrait observer sur
Saturne ou sur Mars, pour l'observation desquels un
objectif de moindre réfrangibilité serait bien supérieur,
et *vice-versa*. C'est là une des causes pour lesquelles
différentes personnes observant avec des objectifs de
même diamètre et des grossissements semblables
n'arrivent pas au même résultat, malgré des circon-

stances atmosphériques identiques. — Il est donc prudent de ne pas s'en rapporter à son jugement pour se prononcer sur la valeur d'un instrument d'optique.

Voici un moyen de s'assurer en plein jour de certaines qualités de l'objectif : on suspend à environ 200 m. de la lunette une boule de verre étamé *(boule panorama,* semblable à celles qui ornent certains jardins) de 5 à 6 centimètres de diamètre ; vue à la lumière du jour, elle donne un reflet lumineux et permet de juger de l'achromatisme et de l'aberration de sphéricité, autrement dit de l'imperfection sphérique des surfaces de l'objectif. Si on voit les anneaux de diffraction nettement séparés, c'est que l'objectif est bien centré ; dans le cas contraire, ces anneaux sont excentriques. — Si l'objectif est *pincé,* c'est-à-dire s'il n'est pas garni de trois petites cales en papier d'une épaisseur de 3 à 4 dixièmes de millimètres pour l'isoler du barillet, cela occasionne des déformations dans l'image. La moindre déformation dans le barillet donnerait des images désespérément mauvaises.

Les conditions requises pour faire de bonnes observations sont de mettre la lunette au point voulu, de savoir choisir un temps favorable pour observer et de connaître les causes qui peuvent empêcher d'obtenir le résultat désiré.

La mise au point d'une lunette astronomique est une des plus grandes difficultés pour les débutants ; on en comprendra l'importance en rappelant qu'on ne peut voir nettement un petit objet avec un microscope simple, appelé vulgairement *lentille de verre, loupe* ou *face à main,* que si cette lentille est à une distance déterminée de l'objet, et que plus cette distance augmente ou diminue, plus l'objet devient diffus. Il en est de même des lunettes astronomiques. L'objectif recevant l'image de l'objet visé et l'oculaire ne faisant l'office que d'un microscope simple, il est évident que si l'oculaire n'est pas à la distance voulue de l'objectif, l'image formée à son foyer sera diffuse (1). Ceci bien compris, disposez le réticule comme nous l'avons indiqué au § 24, tournez le bouton à crémaillère, si la lunette en est pourvue, pour amener le tube aux deux tiers de sa course (il n'est pas question ici des instruments méridiens) ; visez un objet terrestre le plus éloigné possible, un paratonnerre de préférence ou, à son défaut, la tige d'une girouette, etc., et procédez de la manière suivante : braquez la lunette dans la direction de l'objet choisi, en visant dans le prolongement extérieur du tube de la lunette comme vous feriez avec un fusil (2). Si cette condition est bien remplie, vous verrez l'objet visé dans le champ du chercheur ; amenez ensuite l'objet cherché au point du croisement des fils en déplaçant doucement la lunette. Cette opération faite, si le chercheur est bien réglé, vous verrez l'image au milieu du champ de la lunette ; poussez ou tirez le tube de l'oculaire jusqu'à ce que l'objet se dessine bien net et vous arriverez à obtenir une image

---

(1) Le *foyer* de l'objectif est l'endroit plus ou moins distant de la surface de l'objectif où l'image aérienne de l'objet visé vient se former. Cet endroit est un peu *en avant* de l'oculaire positif, ou *entre* les lentilles de l'oculaire négatif.

(2) Pour viser ou observer un objet, on doit fermer un œil ou le masquer, ce qui est fatigant ou gênant, et même impossible pour bien des personnes. Afin d'obvier à cet inconvénient, on se procure une monture de grandes bésicles en forme d'X, afin de pouvoir les retourner au besoin, et on fait adapter dans un des anneaux qui doit être d'une grande ouverture et circulaire (l'autre restant vide) un verre à teinte neutre très foncé. Ce moyen permet de conserver les yeux ouverts; il facilite beaucoup les observations solaires et préserve de la diplopie monoculaire dont nous parlons plus loin.

parfaite si, en agissant très doucement sur la vis à crémaillère ou, à son défaut, sur l'oculaire. Quand on sait
observer les objets terrestres, on s'exerce sur les objets
célestes.

La lunette d'un instrument méridien, comme la lunette
ordinaire, se met au point sur une étoile, sur le Soleil,
la Lune, etc., selon l'objet à observer ; si c'est sur une
étoile, son disque doit être aussi petit que possible ; si
c'est un astre qui a un diamètre, ses bords et les détails
de sa surface doivent être très nets, sinon son image
serait agrandie, ce qui fausserait le calcul.

Lorsqu'une personne qui a une vue normale aura mis
une lunette au point, un presbyte ou un myope ne
pourra convenablement distinguer l'objet. Pour arriver à
un résultat satisfaisant, le myope devra faire rentrer
d'avantage l'oculaire, et le presbyte fera l'inverse.

Lorsqu'on mettra au point la nuit, on choisira de préférence une étoile de première ou de deuxième grandeur ;
on évitera la déformation de l'image, particulièrement si
on se sert d'un oculaire positif, en maintenant l'image
autant que possible au centre du champ de la lunette. —
Au sujet de l'image d'une étoile, nous ferons remarquer
qu'en vertu de principes d'optique bien connus, l'image
d'un *point* lumineux n'est *pas un point,* même avec une
lunette absolument parfaite ; mais à cause de la diffraction due à l'interférence de la lumière, elle devient un
petit disque entouré d'une série d'anneaux lumineux
concentriques. Plus l'ouverture de la lunette est petite,
plus le disque est grand pour un grossissement donné,
et moins l'image a d'intensité. — Les faibles nuages
peuvent diminuer l'éclat de l'image sans faire tort à la
définition.

Pour bien se servir d'une lunette astronomique, on

15

doit savoir faire un usage convenable des oculaires, bien
mettre au point et avoir une grande habitude des observations astronomiques, et surtout ne pas ignorer qu'il
arrive parfois que, par un temps en apparence très favorable, les astres ont un contour mal défini, phénomène
dû soit à la présence d'une atmosphère sèche qu'un vent
d'est a apporté dans les hautes régions, soit par le
mélange des couches de différentes températures résultant des vents supérieurs diversement orientés ; — soit
aux interférences lumineuses ou à l'irisation provenant
souvent de ce que la lunette n'est pas au point voulu. On
remarquera également qu'à partir de 80° de distance
zénithale, plus on observe près de l'horizon, plus la
dispersion atmosphérique devient sensible ; il en résulte
que les images des astres deviennent ondulantes au point
de les transformer en un spectre allongé, phénomène
physique qui nuit autant à la certitude du pointé qu'à la
bonté des observations. L'épaisseur de l'atmosphère a,
en outre, l'inconvénient de donner aux astres une teinte
d'autant plus rouge qu'ils sont proches de l'horizon. Pour
observer les objets faibles, on doit, autant que possible,
choisir l'heure où ils sont à leur plus petite distance
zénithale, c'est-à-dire quand ils sont dans le voisinage
du méridien, et encore si les couches d'air de même
densité ne sont pas horizontales, l'influence de cette
réfraction latérale nuira à la bonté des images ; de
même que, lorsque les rayons des étoiles traversent des
couches atmosphériques différentes, les changements de
réfraction brisent les rayons et les dispersent, ce qui
donne aux étoiles une forme indéterminée.

La vision est également imparfaite quand la température de la lunette n'est pas égale à celle de l'air ambiant,
quand une gelée succède à un temps doux, quand un

dégel vient tout à coup remplacer une longue gelée, quand on observe au-dessus d'un toit ou d'un édifice ou à travers la fenêtre d'un appartement ; il en est de même si on emploie un grossissement trop fort. Les forts grossissements assombrissent le champ et, en exagérant le disque de l'astre, rendent moins facile la distinction des détails et celle des couleurs : ils doivent varier avec l'éclat de l'astre ou la nature des objets que l'on observe. Il ne faut pas non plus tomber dans l'excès contraire, car alors le blanc domine et les demi-teintes se perdent avec les faibles grossissements.

Les forts grossissements doivent être réservés pour l'observation des belles nuits calmes et pour observer les astres lumineux ; car, dans ce dernier cas, on n'a pas à craindre que la clarté de l'image soit trop faible. On emploiera de faibles grossissements pour observer les nébuleuses et faire les observations qui demandent beaucoup de lumière.

Dans un article de M. F. Terby, publié dans *Ciel et Terre,* 2e série, 5e année, p. 184, cet infatigable astronome nous enseigne qu'un des petits satellites de Saturne, Encelade, n'est bien visible dans une lunette de 8 pouces qu'avec un grossissement de 150 à 180, moins avec 250, et qu'il ne l'a jamais vu avec des grossissements supérieurs, alors que Titania et Oberon (satellites d'Uranus), au contraire, exigent les amplifications les plus fortes. — Il y a là une indication dont les observateurs auront à tenir grand compte dans bien des cas.

En général, les grossissements moyens sont les meilleurs, à moins que l'observatoire soit situé dans un lieu élevé ; dans cette condition, avec une lunette d'une ouverture donnée, on peut employer un plus fort grossissement que dans les lieux ordinaires ; tel est le cas de l'Observatoire de Lick, où on peut quelquefois tripler le pouvoir amplifiant employé dans les autres observatoires, sans troubler l'image.

Les dimensions de l'image donnée par l'objectif sont les mêmes, quel que soit le diamètre de ce dernier. Toutefois, la bonté de l'image, le pouvoir de pénétration dans l'espace et celui de séparation dépendent de l'ouverture de la lunette et non de l'oculaire. Plus la surface de l'objectif est grande, plus l'image a d'intensité et, par conséquent, mieux on voit les détails de l'objet observé ; mais lorsque l'oculaire a donné un diamètre suffisant pour bien distinguer les détails que l'ouverture de la lunette permet d'obtenir, un oculaire plus fort ne donnerait qu'une image mal définie et diffuse. Lorsque l'atmosphère est troublée, il y a avantage à se servir d'un instrument moyen, car l'image est moins diffuse qu'avec un plus grand. Il n'y a pas avantage à se servir de grands instruments lorsque l'objet à observer est suffisamment éclairé.

Une des causes qui nuisent le plus à la bonté des images et qui empêchent parfois de voir certains objets délicats, est sans conteste l'absorption de la lumière par certains milieux. Pour se rendre compte de ce phénomène auquel on n'attache pas assez d'importance, il suffit d'observer le Soleil à l'œil nu, à petits intervalles quelque temps avant son coucher, pour s'apercevoir que l'atmosphère éteint graduellement sa lumière et qu'avant d'atteindre l'horizon on peut le fixer sans danger pour la vue. Si la nuit on fait la même observation sur une étoile d'intensité moyenne, on la voit rougir d'abord et s'éteindre bien avant son coucher.

Des expériences faites récemment au Righi pour déterminer l'absorption de la lumière des étoiles à de grandes distances zénithales, ont prouvé que la Chèvre, à sa culmination inférieure, perdait 2 grandeurs 3 dixièmes à une distance zénithale de 87°30′. L'absorption de la lumière sera bien plus considérable encore si à l'atmosphère qui entoure la Terre on ajoute le surcroît d'épaisseur qu'elle acquiert dans les vallées où l'air est généralement imprégné de toutes les impuretés occasionnées par les bas-fonds et en outre, quelquefois, par le voisinage des grandes villes. On comprendra donc facilement que l'absorption de la lumière par un pareil milieu empêche les faibles rayons d'agir sur la rétine de l'observateur et rendra impossibles un grand nombre d'observations, et ce malgré la bonté de sa lunette, sa vue perçante et son habitude des observations, conditions indispensables pour faire les observations que doit permettre l'ouverture de la lunette.

Parmi les causes d'un autre genre qui empêchent également de faire de bonnes observations astronomiques, on peut placer en première ligne la construction vicieuse des instruments et particulièrement le défaut de perpendicularité entre les axes, le mauvais centrage des cercles, la flexion des lunettes, etc.; citons encore le mauvais réglage de l'instrument, qui occasionne des erreurs d'azimut, de collimation, de déclinaison; les trépidations de l'instrument et les erreurs de pointé dues à la marche irrégulière des rayons lumineux à travers une atmosphère agitée. Comme on le voit, pour obtenir un bon résultat, il faut d'abord que l'instrument soit bien construit, bien stable et bien réglé; on prendra note des petites erreurs instrumentales inévitables, afin d'en tenir compte; on observera l'objet à plusieurs reprises et on prendra la moyenne des résultats, afin d'éliminer autant que possible les erreurs probables.

15.

Pour éviter les fausses images ou la déformation des objets, on doit maintenir l'objet que l'on observe au milieu du champ, car c'est près de l'axe géométrique sur lequel les lentilles ont été centrées que les images sont les meilleures, surtout si on se sert d'un oculaire positif, ce dernier ne donnant qu'une tache parfaitement achromatique. Les brillantes étoiles doivent être observées à la fin du jour ou pendant le crépuscule, ou, ce qui est préférable encore, à l'aurore.

Nous ne saurions trop recommander aux observateurs de se tenir en garde contre certains phénomènes d'optique et particulièrement ceux qui donnent lieu aux fausses images ; car, parmi les apparences qui ne sont que des illusions pour l'observateur, il faut mentionner en première ligne les images factices qui accompagnent parfois l'image principale réelle. Il arrive souvent qu'on voit dans le champ de la lunette de faux points de lumière à côté d'une étoile véritable. La question d'origine de ces fausses images a pris surtout de l'intérêt à l'occasion d'un prétendu satellite de Vénus et d'un second compagnon de la Polaire.

L'optique nous enseigne, à ce sujet, que le reflet des lentilles peut occasionner de doubles images, et que par la combinaison de deux lentilles elle peut en produire *six* et même davantage s'il y a un plus grand nombre de lentilles, mais que leur éclat diminue à mesure que le nombre des images augmente. Lorsque ces fausses images proviennent de l'objectif, elles sont presque toujours placées en dehors du plan focal et disparaissent lorsque l'étoile que l'on observe est exactement au foyer de l'oculaire, à moins qu'elles proviennent d'un défaut dans la matière du verre. Un défaut dans le parallélisme des surfaces d'une glace à teinte neutre occasionne également une double image.

A la suite d'expériences que nous avons faites chez M. A. Bardou, nous avons acquis la preuve que des *fils* se présentent quelquefois dans la matière des lentilles des objectifs, dans celle des oculaires, ainsi que dans les verres colorés. Une matière *trempée* peut également occasionner une double image. (Le *flint-glass* est plus sujet à se tremper que le *crown-glass*.) Si l'objectif a des fils, il est facile de s'en assurer ; il suffit d'enlever l'oculaire et d'examiner toute la surface de l'objectif à l'œil nu pour les apercevoir, et, si la matière est trempée, elle forme des ombres très prononcées. Quant aux fils qui peuvent se trouver dans les lentilles des oculaires et dans les verres colorés, on ne peut les reconnaître, généralement, qu'à l'aide du microscope. Un fil déplace l'image, la fait dévier et la double quelquefois.

Pour s'assurer si l'on est en présence d'un effet d'optique provenant du reflet des lentilles de l'objectif, alors qu'il n'y a pas de fils dans les lentilles de ce dernier, il suffira de faire tourner l'oculaire. Si l'objet est réel, il restera immobile ; s'il acquiert un déplacement, ce sera une fausse image, et pour la faire disparaître, il suffira de mettre l'astre observé exactement au foyer de l'oculaire. Si, malgré cette rectification, le point lumineux persiste à suivre le mouvement imprimé à l'oculaire ou au verre coloré, c'est qu'il sera dû à la présence d'un *fil* dans une des lentilles de l'oculaire ou dans le verre coloré (1).

***

(1) Nous possédons un verre coloré dans lequel il y a un fil ; vu au microscope, avec un grossissement de 40 fois, ce fil représente un disque orangé d'environ 75 centièmes de millimètre. Avec ce verre, on voit près de Vénus un point lumineux ressemblant à une étoile de 9ᵉ grandeur.

Indépendamment des illusions d'optique et des fausses images produites par des défauts dans la matière du verre, il y a encore les phénomènes physiologiques qui produisent de fausses images ; nous en avons été victime plusieurs fois après un long travail. Il est reconnu, du reste, que les oscillations inconscientes de l'œil, produites par l'innervation des muscles de cet organe, particulièrement à la suite d'un travail cérébral prolongé, peuvent produire des illusions très grandes. On a donc raison de dire que le *témoignage des yeux n'est pas toujours une preuve suffisante d'un fait* lorsqu'il s'agit d'observations astronomiques. Il y a quelque temps, un observateur très connu croyait voir dans la nébuleuse d'Andromède une étoile qui n'y était pas.

On sait que c'est à la rétine que l'œil doit la faculté de recueillir les images et d'en transmettre la perception au centre commun par l'intermédiaire du nerf optique ; mais, ce qui est moins connu, c'est que la sensibilité de l'œil est très variable et que tous les points de la rétine n'ont pas la même sensibilité ; en outre, le centre de la rétine étant plus ou moins fatigué par la vision constante, certains objets très faibles ou difficiles à observer ne peuvent être vus que par la vision *oblique*. Il faut donc que l'observateur détourne très légèrement le regard du point déterminé où l'astre doit se trouver, en fixant l'œil sur les points voisins jusqu'à ce que l'image vienne se former sur le point de la rétine suffisamment sensible pour la recevoir ; encore, dans bien des cas, il fera bien de se servir d'un oculaire positif, car le champ de l'oculaire négatif est rendu lumineux par les rayons qui viennent de l'objectif et tombent sur le verre du champ de l'oculaire, ce qui n'a pas lieu avec l'oculaire positif, où les rayons convergent avant de l'atteindre.

Nous ferons remarquer que des troubles de la vision, d'une nature très étrange, peuvent être occasionnés à la suite d'observations microscopiques ou télescopiques prolongées, alors que l'attention a été fortement soutenue sur un objet délicat ou difficile à apercevoir; ou bien encore à la suite d'observations des taches ou facules faites au centre du disque solaire. Ce qu'il y a de particulier dans ce phénomène, c'est que si on s'est servi de l'œil gauche, par exemple, et qu'on se serve ensuite de l'œil droit, ou *vice versa,* il se produit un dédoublement de l'image des lignes *horizontales* regardées avec l'œil qui est resté fermé, comme le produirait la diplopie, alors que les lignes *verticales* paraissent simples ; quant aux lignes intermédiaires, leur dédoublement décroît d'une manière continue depuis l'horizontale à la verticale. Nous n'avons jamais éprouvé cette sensation de la vue qui occasionne cette diplopie monoculaire (elle peut durer quelques heures) malgré les observations longues et délicates que nous faisons assez souvent ; mais nous ferons remarquer que nous nous servons de besicles spéciales dont nous avons parlé plus haut, et nous maintenons les yeux ouverts pour observer, ce qui est plus commode et moins fatigant.

Le temps le plus convenable pour faire des observations est celui où l'atmosphère est chargée d'humidité, et surtout après une pluie d'orage, car alors les images ont une netteté remarquable. Un ciel un peu brumeux et de légers brouillards n'empêchent pas de faire certaines observations. Les faibles nuages peuvent diminuer l'éclat de l'image sans faire tort à la définition.

Pour faire des observations précises, la lunette doit être montée équatorialement et être munie d'un mouvement d'horlogerie avec régulateur isochrone, ainsi que d'un micromètre à fils mobiles avec cercle de position (§§ 25 et 26); si l'instrument est établi dans les conditions requises, on peut, si la lumière est suffisante, obtenir avec un instrument moyen la même précision qu'avec ceux de plus grande dimension.

A défaut d'équatorial, il est très difficile, pour ne pas dire impossible, de trouver dans le Ciel certains objets, même accessibles à la lunette, si elle n'est pas munie d'un chercheur. Voici un moyen qui permet quelquefois de les trouver; il consiste à rapporter l'objet que l'on cherche à des étoiles connues. Ainsi, la nébuleuse elliptique de la Lyre se trouve entre β et γ de cette constellation, à un tiers environ entre β et γ; on n'aura donc qu'à placer β dans le champ de la lunette, puis faire mouvoir celle-ci dans la direction β-γ jusqu'à ce qu'elle rencontre la nébuleuse en question; c'est ce que l'on appelle *balayer le ciel*, méthode que l'on emploie pour rechercher les comètes; on aura soin, en procédant ainsi, de ne pas aller trop vite et de procéder *champ par champ*. Pour découvrir un objet invisible à l'œil nu, à moins que l'objet à observer soit facilement reconnaissable, il est souvent préférable d'employer la méthode que nous venons d'indiquer que de se servir d'une lunette montée en équatorial dont la construction est vicieuse; car la première condition est d'être certain de *pouvoir identifier* l'objet que l'on veut observer.

Un phénomène très connu des astronomes, c'est que l'on découvre facilement un point difficile à voir aussitôt que l'on sait la position qu'il occupe; c'est ce qui est arrivé pour le satellite de Sirius et ceux de Mars, et tout récemment encore pour la nébuleuse Maya, découverte par MM. Henry, que MM. Perrotin et Thollon ont vue parce qu'ils savaient qu'elle existait. On ne doit donc pas

se décourager si l'on ne peut faire une observation satis-
faisante : le manque d'habitude des observations ou les
troubles de l'atmosphère en sont souvent la cause. Un
léger nuage de poussière en suspension dans l'air peut
occasionner autour d'un faible objet une diffusion de la
lumière suffisante pour le voiler momentanément ; en
outre, notre œil est capricieux comme notre système
nerveux. Il ne faut pas chercher à faire de bonnes observations si l'atmosphère est troublée. Un petit nombre de
bonnes observations vaut mieux qu'un grand nombre de
médiocres.

Certaines observations sont plus difficiles quand la
Lune est levée et le deviennent d'avantage à mesure
qu'elle s'élève vers le zénith. Il y a exception à cette
règle pour l'observation des étoiles doubles dont les
étoiles principales sont brillantes et les compagnons très
rapprochés. Le clair de Lune, l'aurore et le crépuscule
ont l'avantage d'amoindrir l'irridiation. Les nuits les
plus brillantes ne sont pas les meilleures pour l'observation, à moins qu'on veuille observer les nébuleuses et
les amas difficiles à résoudre ; encore faut-il qu'il n'y ait
pas de Lune.

La visibilité des étoiles en plein jour au moyen d'une
lunette astronomique est un phénomène dû à l'affaiblisse-
ment de la lumière du Ciel par son passage dans le tube
de la lunette. Plus la lunette est puissante, plus l'éclat
du Ciel est diminué et, par conséquent, plus celui de
l'étoile augmente, à la condition, toutefois, que l'atmosphère soit bien transparente. — Pour mieux observer
les étoiles en plein jour, on place à l'extrémité de la
lunette un tube en carton d'environ 0^{m}50 de longueur,
noirci à l'intérieur ; par ce moyen, l'objectif ne reçoit que
l'illumination de la partie du Ciel devant laquelle il est

braqué. Il y a souvent avantage à diaphragmer l'objectif pour voir certains objets.

En général, on ne fera des observations astronomiques qu'après que l'œil sera habitué à l'obscurité ; on écartera donc de soi toute lumière artificielle ou on s'arrangera de façon à la masquer, surtout si on observe des étoiles colorées. Quand on aura fait la lecture des cercles, on attendra que l'œil retrouve sa sensibilité. L'observateur devra être placé dans une position aisée ou le plus commodément possible ; dans les positions difficiles seulement et lorsqu'il ne pourra faire différemment, il emploiera le prisme à réflexion totale ou l'oculaire coudé (§§ 29 et 30), car l'adjonction d'un de ces appareils fait perdre un peu de lumière. Lorsqu'on aura à faire une observation d'une certaine durée dans le voisinage du zénith, près du méridien, avec un réfracteur équatorial, on la commencera assez à temps pour éviter de retourner la lunette pendant l'observation, ou on n'observera l'objet qu'après son passage au méridien, car la monture équatoriale française ne permet pas de faire décrire à la lunette un arc de 180° en passant par le zénith ou son voisinage. La monture du réflecteur n'a pas cet inconvénient.

Quelles que soient les observations que l'on aura à faire, on ne perdra pas de vue que la sensation visuelle se décompose en trois fonctions : sensation lumineuse, sensation de couleur et sensation de forme. Ces fonctions sont distinctes et d'ordre de plus en plus complexe ; car il faut plus de lumière pour percevoir la couleur d'un objet que pour percevoir sa lumière, et encore plus de lumière pour percevoir sa forme.

Nous ne saurions trop engager les amateurs à inscrire jour par jour sur le registre dont nous avons parlé au

§ 38 tous les faits marquants dont ils auront été témoins, ainsi que toutes les observations qu'ils feront, en y mentionnant tous les détails qui peuvent éclairer sur la nature des observations ; ces notes peuvent servir plus tard à contrôler des faits astronomiques. Nous les engageons également à envoyer aux journaux astronomiques, qui les accueilleront avec empressement, toutes les communications qui peuvent servir aux progrès de la science.

Nous ajouterons, en terminant ce paragraphe, que la puissance de la vue, comme le sentiment des couleurs, diffère d'individu à individu selon la conformation de l'œil. Il en résulte que tel observateur voit ce qu'un autre ne peut voir, surtout s'il s'agit d'objets délicats ou difficiles à apercevoir ; de même que certains objets ne peuvent être observés que par des personnes douées d'une vue exceptionnelle (1) ; maintes fois nous avons fait cette expérience sur bien des personnes en leur faisant observer l'une après l'autre les satellites de Saturne, des étoiles doubles et des étoiles colorées. Nous avons même remarqué plusieurs fois que non seulement les appréciations de couleurs sont différentes d'un observateur à l'autre, mais que cette différence d'appréciation peut exister également de l'œil *droit* à l'œil *gauche* du *même* observateur. Enfin, qu'indépendamment des causes physiques et autres que nous avons énumérées et celles

_____

(1) Un œil exempt de défauts, un œil normal, doit pouvoir permettre d'embrasser l'espace qui nous environne et de voir distinctement les objets les plus éloignés, non moins que les objets voisins et ceux qui se trouvent dans l'intervalle ; c'est-à-dire que l'œil doit pouvoir s'accommoder à toutes les distances comprises entre l'infini et 25 à 30 centimètres environ ; il doit, en outre, bien distinguer les couleurs.

qui proviennent de l'observateur, — l'agitation de l'air, les variations de sa pression dans les hautes et basses régions de l'atmosphère, le mois dans lequel on observe et l'heure de l'observation, — sont là encore autant de causes qui influent sur la bonté des observations, quelle que soit la perfection de la lunette.

Il est acquis aujourd'hui que la bonté des observations astronomiques est en raison directe de l'altitude du lieu d'observation, de la qualité de l'instrument, de la méthode employée, des circonstances météorologiques, de la vision de l'observateur, ainsi que de son zèle, de sa patience et de son imagination éprouvée. Il est également certain qu'il n'y a pas de comparaison à établir entre les observations faites dans un mauvais milieu où l'atmosphère est plus ou moins brumeuse et celles faites dans un site élevé où la pureté du Ciel et le paysage contribuent encore à illuminer l'intelligence de l'observateur.

Le célèbre professeur Watson disait : « *l'œil de l'observateur à l'oculaire forme encore la partie la plus importante de l'instrument.* » En voici encore un exemple récent très remarquable, il est cité par M. O. Collandreau dans le *Bulletin Astronomique* de l'Observatoire de Paris, t. III, p. 107 : « La nébuleuse de Mérope a été observée dernièrement dans un réfracteur de cinq pouces de Clark, et un grossissement de 45. Il faut que le Ciel soit transparent pour qu'on puisse la voir ; encore les yeux des différents observateurs sont-ils inégalement disposés pour la saisir. »

Pour nous conclure, nous dirons qu'il y a bien des facteurs, plus ou moins bien connus, avec lesquels il faut compter pour obtenir de bonnes images et faire de bonnes observations. Ainsi que le dit Argelander : « Ce qui peut être obtenu en Astronomie est souvent manqué par suite d'efforts mal dirigés pour approfondir ce qui ne peut être saisi. » Ce n'est pas sans raison qu'Arago a dit : « *La manière d'observer, qui n'est que le commencement de la science, est elle-même une grande science.* »

OBSERVATIONS DIVERSES

Soleil. — Pour observer les taches solaires, les facules, etc., on doit préalablement fixer un verre à teinte neutre foncée sur l'oculaire, précaution sans laquelle on perdrait irrémédiablement la vue. — L'étude de la structure intime du Soleil ne pouvant être faite qu'à l'aide d'un *télé-spectroscope* (lunette astronomique et spectroscope conjugués) et demandant d'assez longs développements, nous donnons à ce sujet, dans un chapitre spécial, les indications nécessaires sur sa structure, ainsi que la manière de l'observer directement et par voie de projection ; on trouvera dans les chapitres qui suivent la manière de l'observer avec le spectroscope et de le photographier.

Planètes. — Les planètes ne sont pas lumineuses par elles-mêmes ; elles brillent à nos yeux de la lumière réfléchie du Soleil. Leur éclat est très variable, il varie avec leur diamètre apparent, qui dépend lui-même de la position relative du Soleil, de la Terre et de la planète. La *Conn. des T.* donne aux éphémérides des planètes le demi-diamètre et la durée du passage au méridien de chacune d'elles.

Mercure. — Cette planète ne s'éloigne guère à plus de 28° du Soleil ; à l'époque de sa plus longue élongation, elle est parfois plus brillante que Sirius. Quand on peut la voir à l'œil nu, elle n'est visible que pendant peu de temps avant le lever ou le coucher du Soleil. Il est assez difficile d'avoir une bonne image de Mercure.

D'après M. Schiaparelli, — que l'importante découverte qu'il vient de faire sur la rotation de Mercure rendra immortel, — sauf un mois à l'époque de sa conjonction inférieure et huit jours à celle de sa conjonction supérieure, on peut observer cette planète à toute heure du jour en hiver. En automne et au printemps, il faut choisir la matinée ; mais, pendant l'été, les vapeurs et l'incessante agitation de l'atmosphère rendent son observation difficile. C'est avec une lunette de $0^m 216$ d'ouverture que M. Schiaparelli a fait sa découverte. — Mercure offre les mêmes phases que la Lune.

Vénus. — Cette planète est également visible le soir et le matin ; elle est presque toujours observable en plein jour lorsqu'elle est au-dessus de notre horizon. Lorsque cette planète passe entre le Soleil et la Terre et que l'atmosphère est transparente, elle est visible à l'œil nu en plein jour, excepté pendant les quelques jours où sa phase ressemble à celle de notre nouvelle lune. La limite de ses phases qui sont en tout semblables à celles de notre satellite, donne lieu à des observations très intéressantes. Pour observer cette planète, il est parfois très avantageux de fixer une bonnette à teinte bleue très pâle sur l'oculaire.

Mars. — Le moment le plus favorable pour observer cette planète est le milieu de la nuit pendant l'époque de son opposition. Mars présente des phases sensibles, mais elles n'ont jamais la forme d'un croissant ; la partie éclairée surpasse toujours les sept huitièmes du disque entier. Cette planète est très intéressante à observer, mais il faut une lunette d'assez grande ouverture pour voir certains détails à sa surface et particulièrement les singulières stries, dont l'aspect change souvent, observées par Schiaparelli, auxquelles ce savant observateur avait donné le nom de canaux (1). Ses pôles, couverts de neige, sont visibles avec de petits instruments ; mais on ne peut observer ses satellites qu'avec de puissantes lunettes. — D'après M. Fizeau, la teinte rouge de cette planète montrerait que son atmosphère n'a pas une constitution semblable à celle de la Terre.

Jupiter. — L'observation de cette planète est très curieuse ; les éclipses de ses satellites permettent de trouver approximativement la longitude d'un lieu ; sa tache rouge et ses bandes offrent à l'amateur d'astronomie de nombreux sujets d'étude. On sait que la période de rotation de la tache rouge n'est pas identique à celle de la planète ; neuf observations faites dans le courant de l'été de 1886, par le professeur Young, de Princeton, pour déterminer la période de rotation de Jupiter, indiquent que cette période était, à cette époque, de $9^h55^m40^s,7 \pm 0^s,2$. — Il y a là un mystère à éclaircir.

Saturne. — L'époque la plus favorable pour observer cette planète, la plus belle de notre système solaire, est également celle de son opposition. Ses merveilleux anneaux, ses bandes et ses nombreux satellites sont autant d'objets on ne peut plus curieux et intéressants à observer.

---

(1) D'après M. Maunder, l'existence des canaux de Mars n'est pas à l'abri de toute objection. Cet éminent praticien observe que, s'ils faisaient réellement partie du corps de la planète, ils ne devraient pas présenter presque partout l'aspect de rainures rectilignes ; près des bords de la planète, on devrait les voir courbés. — En réalité, les canaux de Mars sont restés jusqu'ici sans explication. Ce sont là de nouveaux problèmes que la science approfondira probablement. L'Observatoire de Lick nous ménage plus d'une surprise.

Uranus, Neptune. — L'observation télescopique d'Uranus, dont l'éclat ne surpasse guère celui d'une étoile de 5e grandeur, et celle de Neptune, dont l'éclat est d'environ de 8e grandeur, n'offre rien de remarquable dans les instruments de moyenne puissance, leurs satellites y sont invisibles ; celui de Neptune n'est même pas visible, à Paris, aux instruments de l'Observatoire. La photographie est aujourd'hui, pour cet établissement, le seul moyen de l'observer. — L'observation de ces planètes n'est donc pas du domaine de l'Astronomie populaire ; il en est de même de presque tous les astéroïdes qui circulent entre Mars et Jupiter.

LUNE. — Quand on observe la Lune, il est indispensable d'indiquer la position du Soleil, celle de la Terre et celle de notre satellite, afin de pouvoir éliminer les erreurs produites par l'illumination de la surface lunaire, et surtout celles de la *libration*. L'amplitude moyenne pour la latitude géocentrique est de 6°40′49″ et peut aller jusqu'à 6°50′ environ. Elle est en moyenne de 6°17′39″ pour la longitude géocentrique et, par les effets de la perturbation de la Lune, etc., l'amplitude en longitude géocentrique peut s'élever à 7°53′.

On doit observer la Lune sous toutes ses phases ; son aspect est splendide deux ou trois jours avant ou après le premier et le dernier quartier. Quand on observe notre satellite vers l'époque de la pleine Lune, sa vive lumière éblouit l'œil ; il résulte, en outre, de cette vive lumière, que les contours des mers se noient dans l'éclat des surfaces environnantes. Pour obvier à cet inconvénient, et afin de distinguer les détails avec plus de netteté, on placera devant l'oculaire un verre neutre légèrement teinté.

Pour l'observateur terrestre, 1″ sur la Lune, *mesurée*

de la Terre à la distance moyenne de nôtre planète, vaut 1ᵏ835ᵐ environ, et 1° mesuré du centre de la Lune ne vaut que 16″,6, ou environ 26ᵏ715ᵐ (1).

ÉTOILES. — *Étoiles doubles.* — L'étude des étoiles doubles est on ne peut plus intéressante, mais elle est bien difficile. Nous ferons remarquer au sujet de ce genre d'observations, que le pouvoir pénétrant dans l'espace, celui de la séparation de deux points voisins, ainsi que l'intensité de l'image, sont proportionnels au diamètre de l'objectif (§ 45); en outre, que les dimensions d'un point lumineux sont d'autant plus petites que l'ouverture de la lunette est plus grande, et ensuite que le résultat des observations dépendra, dans bien des cas, de l'état de l'atmosphère et de la pratique des observations astronomiques. On remarquera également que l'onde envoyée par un point lumineux, placé à l'infini, sur l'objectif d'un réfracteur ou sur le miroir d'un réflecteur, est limitée par l'ouverture de la lunette et occasionne, conséquemment, des phénomènes de diffraction ; il se produit donc au plan focal une tache centrale brillante entourée d'anneaux alternativement brillants et obscurs, d'intensité rapidement décroissante. Le diamètre de la tache centrale étant en raison inverse du diamètre de l'ouverture, il s'ensuit, ainsi que nous l'avons dit plus haut, que l'image d'une étoile sera d'autant plus petite que l'ouverture de la lunette sera plus grande, et, par consé-

---

(1) On trouvera dans l'ouvrage de E. Neison, intitulé : *the Moon,* etc., publié à Londres par Longman, Green and Cᵒ, tous les renseignements nécessaires ainsi que les formules pour faciliter les calculs dans l'intéressante étude de notre satellite. On peut se procurer cet ouvrage, ainsi que tous les ouvrages en langues étrangères dont nous parlons dans ce volume, à la librairie étrangère de Mme veuve Boiveau, rue de la Banque, 22, à Paris.

quent, que deux étoiles très voisines ne seront nettement dédoublées que si les taches centrales n'empiètent pas l'une sur l'autre. Donc le pouvoir séparateur de la lunette est proportionné au diamètre de l'objectif ; mais il dépend également de certaines causes dont nous avons parlé au § 45 et d'autres encore que nous avons énumérées dans ce chapitre.

L'appréciation des grandeurs relatives des composantes des étoiles doubles ou multiples est très difficile et l'est d'autant plus que les composantes diffèrent entre elles et sont plus rapprochées, car il arrive souvent, dans ce cas, que le compagnon disparaît dans le rayonnement de l'étoile principale. M. Otto Struve a constaté qu'à l'observation directe, la différence de grandeur des deux composantes augmente avec le diamètre de l'objectif employé. La photographie pourra nous fixer sur la véritable grandeur apparente de certaines composantes, de même qu'elle nous montre déjà un certain nombre de petites étoiles dans le voisinage de la brillante Véga, car la plaque sensible a seule le pouvoir d'accumuler l'énergie irradiée sur elle. — Pour supprimer autour des belles étoiles le disque azuré qui nuit à la définition, M. Schiaparelli emploie un verre jaune foncé.

Il est souvent avantageux de placer un opercule (1) devant l'objectif, afin de donner aux étoiles une forme ronde nettement définie, l'opercule ayant pour effet de diaphragmer l'auréole formée par *chaque* étoile ; il s'en suit que le compagnon n'étant plus masqué ou affaibli par

---

(1) L'opercule est un couvercle en carton, noirci à l'intérieur, dans lequel on pratique une ouverture proportionnée à l'intensité de l'étoile à observer. On doit en avoir de différents diamètres d'ouverture.

l'éclat de l'étoile principale, devient visible. L'opercule diminuant la lumière du champ, il ne peut être employé, même par un temps calme, lorsque le Ciel est légèrement voilé.

Voici un fait assez fréquent dans les systèmes binaires formés par deux étoiles voisines et d'inégale grandeur, qui montre qu'il peut y avoir quelquefois avantage à se servir d'une lunette relativement faible ; nous l'empruntons à l'*Étude sur la Diffraction,* etc., de M. Ch. André : « Avec une lunette de 0^m110 d'ouverture, les deux composantes de l'étoile double ζ Hercule (3e et 6e grandeurs, et $1'',3$ de distance angulaire) sont presque en contact, et parfois même le compagnon de l'étoile principale se montre nettement séparé ; avec une lunette de 0^m130, au contraire, le premier anneau de l'étoile principale se rapproche et passe sur le compagnon, de telle sorte que celui-ci s'allonge et semble faire partie de l'étoile principale. » — En diaphragmant un peu l'ouverture de l'objectif de 0^m130, on pourrait séparer les composantes de ce système.

Les personnes qui n'ont pas l'habitude de faire des observations micrométriques, commenceront par s'exercer sur des étoiles doubles dont la distance entre les composantes ainsi que l'angle de position sont bien connus, telles que γ Vierge, ζ Grande Ourse, α et β Hercule, 61 Cygne, etc. (1).

Quand on prendra des mesures micrométriques, on devra faire au moins cinq fois la même observation, en ayant soin d'écarter chaque fois les fils, et on prendra

_____

(1) Voici les mesures de ces étoiles doubles ; elles ont été prises par MM. Henry au moyen du *macro-micromètre,* appareil nouveau qui sert à prendre les mesures sur les clichés obtenus par la photo-

la moyenne des résultats obtenus. On attendra quelques minutes entre chaque observation, afin de ne pas fatiguer l'œil, ce qui nuirait considérablement aux observations. Ainsi qu'on l'a vu au § 25, on obtient des mesures d'une rigoureuse exactitude avec un micromètre à fils mobiles.

On croit généralement qu'il suffit d'avoir un bon micromètre avec cercle de position pour mesurer avec précision la distance angulaire entre les composantes des étoiles doubles, ainsi que l'angle de position que fait le compagnon avec l'étoile principale ; il est loin d'en être ainsi pour certains groupes binaires, et, pour s'en convaincre, il suffit de comparer non seulement les mesures prises par différents astronomes à une même époque, mais de comparer les observations faites sur la même étoile double par le même observateur avec le même instrument.

D'après les tables dressées par W. Struve, il est acquis que l'erreur probable dans la mesure de la distance angulaire entre les composantes des étoiles doubles est d'autant plus grande que l'éclat du compagnon est faible et que la distance entre les étoiles à mesurer est grande ; cette erreur n'est en moyenne que de 0″,074 à 0″,156 lorsque le compagnon n'est pas au-dessous de la 8ᵉ grandeur, mais elle peut atteindre 0″,207 lorsque le compa-

---

graphie. Ces étoiles étant fondamentales, on trouvera leurs coordonnées dans la *Conn. des Temps* :

Nom de l'étoile.	Date.	Distance.	Angle de position.
γ Vierge.	1886,31	5″34	333°,2
ζ Grande Ourse.	86,31	14.37	149, 1
α Hercule.	85,51	4.73	116, 1
β Hercule.	85,51	3.71	311, 3
61 Cygne.	85,52	20.48	119, 7

gnon atteint la 11e grandeur. De même que l'erreur probable dans l'angle de position est d'autant plus grande que les composantes sont plus rapprochées ; elle peut atteindre 2°30. L'erreur dans l'estimation de l'angle de position de deux étoiles très proches, faite à l'œil nu, peut aller à 10°.

Pour arriver à prendre des mesures exactes, il faut une attention bien soutenue et être bien familiarisé avec le mécanisme du micromètre ; cela demande plusieurs mois d'exercice. On doit éviter de se fatiguer avant de commencer les mesures, afin d'écarter toute cause de perturbation physiologique. Schiaparelli recommande « d'éviter le café, dont l'action sur le système nerveux détruit au plus haut degré l'équilibre si nécessaire pour bien juger de ce que l'on voit et de ce que l'on mesure. » On doit laisser de petits intervalles de repos entre les pointés, afin de ne pas fatiguer l'œil. On doit savoir faire un bon choix de l'oculaire, qui doit être généralement fort, et observer par une très belle nuit calme, sans Lune et une atmosphère très transparente. On doit, autant que possible, employer le même grossissement pour la mesure des étoiles doubles.

D'après les remarques de plusieurs observateurs, si les composantes sont à peu près de même éclat et si l'image des étoiles offre un disque parfait et très net, si l'instrument a une ouverture suffisante pour supporter un grossissement de 300 fois, on pourra dédoubler des étoiles doubles au-dessous de 1″ ; si le disque des étoiles n'est pas bien défini, on aura de la peine à dédoubler des couples dont les composantes sont séparées de 1″ à 2″ ; mais si les disques sont mal définis, avec le même instrument on ne pourra pas séparer des couples de 3″ de distance. Voici quelques remarques sur ce genre d'observations :

Les composantes d'une étoile double étant au milieu du champ de la lunette, on embraie le mouvement d'horlogerie et on amène le fil fixe le plus proche sur l'étoile principale en agissant très lentement et simultanément sur le mouvement en ascension droite et sur la vis qui sert à mouvoir le micromètre sur son centre, jusqu'à ce qu'il coupe le disque de cette étoile dans une direction perpendiculaire à celle du compagnon dont on veut mesurer la distance ; ensuite, à l'aide de la vis micrométrique, on bissecte le compagnon avec le fil mobile.— Dans les groupes rapprochés, après avoir ramené le fil de manière à bien bissecter l'étoile, on remarque la forme du disque ; si elle est elliptique, on dirige l'autre fil de manière à avoir la même image. — Lorsqu'il y a moins d'une seconde d'arc entre les composantes, on dispose les fils de façon à ce que la distance angulaire entre les bords des fils ne soit que de 1″, on amène ensuite le groupe binaire entre ces fils et on en estime la distance ; c'était la méthode employée par W. Struve. Dans le même cas, Dembowski recommande de faire d'abord l'estimation comme ci-dessus, de mesurer ensuite avec les fils et de prendre la moyenne des deux observations.

Il nous reste à expliquer maintenant comment on doit mesurer la distance angulaire entre deux étoiles qui sont séparées de plus d'une seconde d'arc ; il y a deux manières de procéder. Ainsi, après avoir bissecté l'étoile principale avec le fil fixe, on bissecte ce dernier avec le fil mobile et on fait la lecture des tambours ; ensuite, on dirige le fil mobile de manière à lui faire bissecter la seconde étoile, on fait une nouvelle lecture des tambours et la différence entre elles, c'est-à-dire le déplacement linéaire du fil mobile, donne la distance angulaire cherchée ; ou bien on bissecte les étoiles l'une avec le fil fixe et l'autre avec le fil mobile, et, après avoir fait la lecture, on bissecte les deux fils ; on fait une nouvelle lecture, et la différence entre les deux lectures donne également le résultat cherché. Quand les astres ont un diamètre, on mesure la distance entre leurs disques et l'on y ajoute leur demi-diamètre.

La mesure du diamètre d'une planète ou d'un objet quelconque s'obtient de la même manière, avec cette différence que les fils doivent toujours être tangents aux bords de l'astre ou de l'objet à mesurer ; si la lunette n'était pas parfaitement au point, on n'obtiendrait pas de mesures exactes. — Quel que soit le grossissement employé, l'angle est toujours le même.

En donnant la description du cercle de position (§ 26, page 70), nous avons indiqué le procédé pour trouver l'angle de position de deux étoiles entre elles.

On remarquera que, lorsque le champ est trop éclairé, la lumière nuit à l'exactitude des mesures, même lorsque les astres sont brillants ; elle rend même les mesures impossibles si ces derniers sont peu lumineux. Il est donc de la dernière importance de ne régler que progressivement l'éclairage, de manière à ne laisser passer dans le corps de la lunette que juste la lumière nécessaire pour distinguer les fils et ne pas diminuer l'éclat des astres ; c'est ici le cas d'interposer un verre coloré entre la lumière de la lampe et l'orifice par où pénètre la lumière dans le corps de la lunette (§ 36) et, au besoin, d'employer la méthode de la vision *oblique* si les étoiles à mesurer sont trop petites pour pouvoir supporter la plus faible lumière de la lampe.

Nous avons dit que l'épaisseur de l'atmosphère troublait les images ; c'est surtout dans la mesure des étoiles doubles que l'influence de l'atmosphère est sensible ; car plus le couple est près de l'horizon, plus l'erreur probable dans la détermination des mesures est grande. — L'inclinaison de la tête pendant l'observation peut avoir pour certains observateurs une influence sensible sur l'équation personnelle ; quelques astronomes ont remarqué qu'il est préférable de maintenir la tête de manière à ce que la ligne des yeux soit parallèle ou perpendiculaire à la ligne des étoiles. Dawes, qui était un observateur de grand mérite, ayant remarqué que les mesures qu'il prenait successivement sur un même couple variaient avec l'inclinaison de la tête, a remédié à cet inconvénient en plaçant sur l'oculaire un petit prisme qu'il déplaçait selon l'inclinaison qu'il donnait à la tête. Au sujet de l'équation personnelle, provenant de l'inclinaison relative de la ligne des deux astres et de celle de la ligne des yeux de l'observateur, nous engageons les observateurs à consulter une thèse de doctorat très importante soutenue par M. G. Bigourdan : sur *l'Équation personnelle dans les mesures d'étoiles doubles.* (Paris, Gauthier-Villars).

Quand on observe sous une coupole, on doit avoir soin d'ouvrir toutes les ouvertures, au moins une heure avant de commencer les observations, afin que la lunette soit autant que possible à la température de l'air extérieur.

Nous ne pouvons pas entrer ici dans des détails multiples relatifs à l'intéressante étude des étoiles doubles ; elle présente de très grandes difficultés de calcul, particulièrement lorsqu'il s'agit de passer du mouvement apparent de l'étoile à la détermination de son orbite. Les amateurs qui voudront approfondir cette étude consulteront à ce sujet les importants travaux de

Savary et d'Yvon Villarceau, que ces savants ont publiés dans la *Conn. des T.* de 1830, 1832, 1852 et 1857. — Au point de vue pratique de l'observation des étoiles doubles, ils trouveront tous les renseignements désirables dans un ouvrage récent, édité à Londres par Macmillan and C°, intitulé : *A Hand Book of Double Stars,* par Ed. Crossley, J. Gledhill et J.-M. Wilson, membres de la Société Royale d'Astronomie de Londres.

Étoiles colorées. — Nous savons que les couleurs placées à côté les unes des autres se modifient mutuellement par un effet de contraste, et que si l'on fait passer un rayon du Soleil à travers un prisme de verre, ce rayon lumineux se décompose en une multitude de nuances, parmi lesquelles on distingue sept couleurs principales, désignées sous le nom de *spectre solaire.* Ces couleurs sont disposées, à partir de la plus réfrangible dans l'ordre suivant : violet, indigo, bleu, vert, jaune, orangé et rouge, qui sont les couleurs de l'arc-en-ciel. Le violet, l'indigo, le vert et l'orangé sont dits *couleurs mixtes* parce qu'ils sont produits par la combinaison de deux des trois couleurs principales : le *jaune,* le *bleu* et le *rouge.* On appelle *couleurs supplémentaires* deux couleurs, l'une principale et l'autre mixte, dont le mélange correspond à celui des trois couleurs principales, c'est-à-dire au *blanc.* Par exemple, le violet, formé du bleu et du rouge, est complémentaire du jaune, puisqu'associé à cette couleur principale il produit la couleur blanche ; pour la même raison, le vert est complémentaire du rouge, et l'orangé du bleu.

Il résulte de ce phénomène d'optique qu'une petite étoile blanche placée à côté d'une *rouge écarlate* paraîtra *verte ;* de même qu'elle paraîtra *bleue* si l'étoile principale est *jaune brillant.* Toutefois, ainsi que le fait remarquer

Arago dans la *Conn. des T.* de 1828, on ne doit introduire la notion physique de contraste qu'avec la plus grande réserve; car si le contraste est quelquefois la cause de la teinte verte ou bleue que présente la petite étoile d'un groupe binaire, où la brillante est rouge ou jaune, il n'en est pas toujours ainsi; il suffit pour s'en convaincre de cacher l'étoile principale avec un diaphragme placé dans la lunette, on verra alors que l'ocultation de l'étoile principale laisse la teinte de la petite étoile intacte, ou du moins n'y apporte que des modifications insensibles. — Nous avons fait cette expérience sur β Cygne, γ Andromède et ι Triangle.

L'emploi de diaphragmes, ou ce qui est la même chose, d'oculaires à ocultation, est parfois très utile aussi pour nombre d'observations relatives aux satellites de certaines planètes ou des composantes des étoiles doubles, alors qu'on a besoin de masquer la planète ou l'étoile principale; ou bien encore si on a besoin de masquer une étoile brillante dont l'irradiation efface une faible nébuleuse située très proche d'elle. Ce système de diaphragme consiste, si on emploie un oculaire *positif* à disposer dans un petit tube, et à peu près dans un de ses diamètres, une lame en métal noirci, masquant l'ouverture d'environ six dixièmes de millimètre, de manière à laisser une des moitiés du champ entièrement libre, et on introduit l'extrémité de l'oculaire, à frottement doux, dans le tube portant le diaphragme. Si on se sert d'un oculaire *négatif*, on peut faire remplacer un des fils du réticule par la petite lame, ou avoir un oculaire spécial, ou bien encore on fixe la lame dans une bague que l'on introduit à frottement doux entre les deux lentilles de l'oculaire. Le diaphragme doit être placé au foyer de l'objectif; dans le premier cas, ainsi que nous l'avons déjà dit, le foyer se trouve un peu en avant de l'oculaire, et dans le deuxième il se trouve entre les deux lentilles, à l'endroit où l'image des fils du réticule ou de la bande de métal sort parfaitement nette.

Il paraît acquis aujourd'hui que la variation de couleur est surtout sensible pour les étoiles doubles qui ont un mouvement orbital bien accusé. Dans certains groupes, l'étoile secondaire ne serait pas de la même couleur au périastre (1) qu'à son aphélie ; on sait que le même phénomène se produit également pour les planètes. Toutefois l'expérience a démontré que l'appréciation des couleurs, si diverse d'un observateur à l'autre, dépend non seulement de l'état physiologique de l'œil de l'observateur, mais aussi de l'éclat intrinsèque de l'étoile, du fond plus ou moins noir du Ciel, de la hauteur de l'étoile au-dessus de l'horizon et du milieu dans lequel on observe ; en outre l'ouverture de la lunette a une grande importance dans l'appréciation, car une trop grande ou une trop petite lumière fausse l'impression ; ce sont là, comme on le voit, bien des facteurs qui influent sur le jugement de l'observateur. Un objectif de moindre réfrangibilité permettra mieux de juger un objet coloré qu'un objectif plus réfrangible.

Pour discerner avec fruit les phénomènes de coloration relatifs au contraste simultané des couleurs, il faut recourir à la féconde théorie des couleurs de Chevreul ; la théorie de cet illustre savant est la seule capable de rendre compte de la variété infinie des effets qui affectent notre organisme. Nous pouvons supposer que l'application de la Photographie à l'Astronomie ne laissera plus

---

(1) Point de l'orbite, du compagnon, le plus rapproché de l'astre principal.

17.

de doute à l'avenir sur la couleur des étoiles ; car les étoiles jaunes, orangées, rouges et vertes étant moins photogéniques que les autres, donneront des disques plus petits sur la plaque sensible, si cette dernière n'est pas isochromatique.

Étoiles variables. — Le nombre des étoiles variables est considérable ; nous pourrions dire qu'à la longue elles le sont toutes, mais à des degrés plus ou moins sensibles selon le sens de leurs mouvements. Il y a à peine 200 étoiles dont la période de variabilité est bien connue ; l'*Ann. du B. des Long.* donne tous les ans la position moyenne, le *maxima* et le *minima* d'environ 180 de ces étoiles, ainsi qu'un catalogue de 300 étoiles dont la période de variabilité est encore inconnue ou supposée variable ; il donne également un éphéméride synchronique des *maxima* et *minima* des étoiles variables les plus connues.

L'étude des étoiles variables étant intimement liée à la constitution physique de l'Univers, un certain nombre d'astronomes illustres, parmi lesquels W. Herschel et Argelander ont donné des méthodes pour déterminer l'éclat des étoiles. De nos jours Chandler et C. Pickering, directeur de l'Observatoire de Harvard College (Etats-Unis), ont perfectionné les méthodes. Sans chercher ici à entrer dans les détails sur les causes auxquelles on croit pouvoir attribuer la recrudescence momentanée d'éclat de certaines étoiles, on peut aujourd'hui, grâce aux observations spectroscopiques, supposer qu'à l'exception d'un petit nombre, la variabilité des étoiles dont le spectre lumineux change avec le temps est due à des changements qui se produisent dans la constitution physique de l'astre ou de son atmosphère ; quant aux étoiles qui ne changent pas de lumière, mais qui ne font que pâlir un peu pendant une courte période, on peut, avec beaucoup de certitude, attribuer ce phénomène à la présence d'un corps opaque, une immense planète, par exemple, qui tournerait autour d'elles. — Il semble résulter des nombreuses recherches faites par Chandler à Harvard College, que la période d'une étoile variable est d'autant plus longue que l'étoile est plus rouge.

On classe les étoiles variables d'après la nature des changements qui se produisent dans leur lumière. On les divise aujourd'hui en cinq catégories bien distinctes : 1° Les étoiles temporaires qui, comme celles de 1572 et 1866, etc., apparaissent soudainement puis s'éteignent graduellement ; 2° les variables à longues époques périodiques qui subissent de grandes variations de lumière pendant leur époque de variabilité de plusieurs mois, telles que o Baleine (Mira), etc. ; 3° les étoiles qui subissent de légers changements irréguliers comme α Orion et α Cassiopée ; 4° les variables qui parcourent en une courte période une série de changements périodiques, comme β Lyre, et δ Céphée ; et 5° les étoiles dont la lumière s'affaiblit pendant quelques heures à des époques périodiques tellement précises qu'on peut les calculer à une seconde de temps près, et qui reprennent ensuite leur intensité première, telle que β Persée (Algol), par exemple. — L'œil inarmé ne peut suivre avec intérêt que β Persée, δ Céphée, β^{l} Lyre, δ Balance et o Baleine.

L'observation *systématique* des étoiles variables, d'après Pickering, nous semble donner de bons résultats ; nous regrettons de ne pouvoir entrer ici dans tous les détails de cette méthode. Les amateurs qui voudraient consacrer leurs soirées à l'étude des étoiles variables pourront s'adresser à cet éminent observateur, à Harvard College, aux Etats-Unis, il leur fera parvenir, sur leur demande, une brochure très détaillée sur la manière de faire les observations. Les observateurs sont particulièrement sollicités par ce savant de notifier à l'auteur la nature du travail qu'ils auront entrepris. — Nous n'allons donner ci-après que quelques renseignements sur la manière d'observer l'intensité lumineuse des étoiles, nous croyons qu'ils seront suffisants pour les amateurs qui ne voudraient pas en faire une étude spéciale.

L'observation des étoiles au point de vue de leur intensité lumineuse demande une grande attention ; le choix des étoiles de comparaison doit être fait avec beaucoup de discernement, car la proximité d'un astre brillant pourrait occasionner des erreurs proportionnées au pouvoir amplifiant de l'instrument employé. Les étoiles de comparaison doivent être de même couleur, et on ne se servira pas d'une étoile double si les composantes se trouvent dans le champ de la lunette, à moins d'employer un diaphragme pour en masquer une. A l'exception des étoiles de comparaison qui sont dans le voisinage du zénith, les autres devront être choisies autant que possible parmi celles qui sont situées à la même hauteur que celle dont on veut estimer l'éclat, hauteur qui ne doit pas être moindre que 35° au-dessus de l'horizon, car l'épaisseur de l'atmosphère affaiblit l'intensité lumineuse des astres d'une manière si sensible, que l'éclat d'une étoile de 1re grandeur observée au zénith peut tomber à celui d'une étoile de 3e grandeur lorsqu'elle atteint l'horizon ; c'est à cette cause que l'on doit de pouvoir fixer le Soleil à son coucher.

L'appréciation intrinsèque dans l'intensité lumineuse d'une étoile dépend non seulement de l'observateur et des moyens d'observation, mais elle dépend beaucoup de l'époque de l'année, du milieu où l'on observe, de l'éclairement du Ciel par la Lune, par le crépuscule et par la lumière zodiacale ; de l'intensité de la scintillation, et surtout de la transparence du Ciel. Ce n'est que par une longue suite d'observations que l'on parvient à éliminer tous les facteurs qui rendent les appréciations si difficiles dès le début, surtout lorsqu'il s'agit de les faire à un dixième de grandeur près. Afin de pouvoir contrôler les observations on inscrira sur un registre, indépendamment des comparaisons que l'on aura faites, l'état du Ciel : transparent, brumeux, nuageux, etc. ; la date et l'heure de l'observation.

La méthode employée par M. Sawyer (auteur d'un nouveau Catalogue) dans l'estimation des grandeurs des étoiles, consiste à observer avec une jumelle grossissant deux fois et demie, et à observer un peu en dehors du foyer pour avoir des plages lumineuses au lieu de points. Cette méthode après de nombreux essais, a paru donner les meilleurs résultats, surtout dans le cas des étoiles colorées. Ce moyen serait bien préférable à l'emploi du *photomètre ;* on sait que l'on comptait sur cet appareil pour évaluer avec précision l'intensité lumineuse de la lumière que projette un foyer, mais il n'a pas répondu tout à fait, jusqu'à présent, au résultat que l'on en attendait.

Étoiles temporaires. — Les étoiles temporaires sont des soleils qui apparaissent soudainement dans le Ciel, et qui après avoir brillé d'un vif éclat, s'éteignent progressivement. Les annales de l'Astronomie en enregistrent vingt-quatre ; la première mentionnée est, d'après Pline, celle qui apparut du temps d'Hipparque (environ 160 ans avant notre ère). L'étoile temporaire la plus remarquable est celle observée par Tycho, le 11 novembre 1572 ; en quelques jours son éclat dépassa celui de Vénus, et on pût l'observer en plein midi. Un mois après elle commença à décroître et disparut complètement au printemps de 1574.

On croit généralement que les étoiles temporaires sont des conflagrations subites, produites par un embrasement spontané des gaz et des vapeurs métalliques qui ravivent pendant quelques mois des soleils sur le point de s'éteindre, mais d'éminents spectroscopistes ne sont pas de cet avis. (Voir § 96 : *Étoiles temporaires*).

Étoiles nébuleuses. — Il n'y a qu'un très petit nombre d'étoiles de ce genre, nous citerons parmi les plus curieuses : 55 Andromède, ε et ι Orion. Quand on voudra observer ces étoiles, on remarquera que la nébulosité disparaît entièrement lorsque le grossissement employé est très faible relativement à l'objectif. L'observation doit être faite par une belle nuit sans Lune.

Nébuleuses. — Pour observer les nébuleuses, le Ciel doit être transparent et sans Lune, et la lunette ne doit pas être éclairée. Plus la nébuleuse est faible, plus sa hauteur au-dessus de l'horizon devra être grande pour l'observer. On se servira d'abord d'un oculaire très faible, et on n'augmentera le grossissement que progressivement ; car certaines nébuleuses ne sont pas visibles avec de forts grossissements, non plus qu'avec des lunettes d'une certaine puissance ; tel est le cas d'un grand nombre de nébuleuses pour l'observation desquelles une lunette de 0^m108 d'ouverture et un grossissement de 20 à 30 diamètres au maximum peut suffire, à la condition qu'elles soient à au moins 50° au-dessus de l'horizon et que l'atmosphère soit calme et transparente. Ce ne sont pas les plus forts grossissements qui conviennent le mieux pour observer les nébuleuses, mais les meilleurs, puisque, à quelques exceptions près, un petit grossissement suffit.

Il arrive quelquefois qu'une nébuleuse de faible étendue
n'est pas observable parce qu'elle est effacée par l'irradiation d'une étoile centrale ou très voisine ; dans ce cas,
en masquant l'étoile avec un petit écran, ou en interposant
un verrre d'urane, on peut quelquefois l'observer si son
étendue n'est pas trop limitée. C'est en procédant ainsi
que M. Perrotin a pu observer la nébuleuse découverte
autour de Maya, par MM. Henry, au moyen de la plaque
sensible.

Secchi fait remarquer que dans la plus grande partie
des nébuleuses planétaires, on découvre des points
lumineux, ce qui les a fait supposer formées d'étoiles ;
mais cette apparence n'est pas suffisante pour résoudre
la question, parce que, quand on dirige fortement son
attention sur un objet faiblement éclairé, il est facile
d'observer une scintillation qui est un phénomène purement physiologique ; aussi faut-il faire grande attention
dans ces recherches. — Quand on connaît parfaitement
les nébuleuses de certaines régions du Ciel, si on croit
en apercevoir une nouvelle, il est très probable qu'on
sera en présence d'une comète.

A propos des nébuleuses, nous rappellerons que c'est
dans la condensation de ces objets célestes que Laplace
a puisé l'idée de son système. On peut espérer, aujour-
d'hui, qu'à l'aide de la Photographie, on parviendra avec
le cours des siècles, à éclaircir ce grand mystère de la
genèse des mondes, problème le plus vaste qu'il soit
donné à la science de résoudre.

AMAS. — Les amas peuvent être observés avec tous
les grossissements. Si on veut voir l'image dans son
ensemble, en employant un oculaire faible, l'aspect
en sera plus beau ; dans le cas contraire il est préférable
d'employer un fort grossissement.

Voie lactée. — L'observation de cette immense
poussière d'étoiles, que l'on appelait autrefois Galaxie,
offre à l'observateur une succession de surprises dont
rien ne peut donner une idée, surtout si il dirige sa lunette
sur la partie du Ciel qui traverse le Cygne et l'Aigle.
On doit observer la Voie lactée par un Ciel transparent
et sans Lune. — D'après Proctor, la Voie lactée couvre
environ un cinquième de la sphère céleste.

Comètes. — De même qu'il y a des comètes sans
chevelure, il y en a aussi sans noyau. Nous ferons remarquer que ces astres errants offrent parfois en tous points,
à l'œil de l'observateur, les apparences de nébuleuses
non résolubles. (Voir § 96, *Comètes*). Une comète de
faible éclat ne peut être observée que par un beau Ciel
sans Lune, encore faut-il qu'elle se trouve à une certaine
hauteur au-dessus de l'horizon ; la belle comète Fabry
nous en a encore donné un nouvel exemple pour nos
latitudes. Lorsqu'on observera une comète on notera sa
forme, son éclat, sa position, et celle de l'étoile qui a
servi de terme de comparaison.

Météores ignés. — *Bolides.* — On sait que les bolides,
de même que les étoiles filantes sont des météores ignés.
Lorsqu'on en verra un, on notera l'heure exacte de son
apparition et de sa disparition, ainsi que ses coordonnées
aux mêmes moments, afin de pouvoir en déterminer la
trajectoire et la hauteur si le phénomène a été vu de
deux stations éloignées ; on ajoutera à la suite de ces
renseignements les indications qui peuvent aider à faire
connaître la nature du météore : le diamètre apparent, la
grandeur de l'éclat, la couleur du noyau, la traînée
lumineuse, la poussière d'or, etc.; la station au milieu et
à la fin de sa course, la rupture en éclats, la double
rupture si elle a lieu, la nébulosité persistante, les nuages

cotonneux, et surtout la durée du phénomène ; en un mot on mentionnera toutes les indications qui peuvent éclairer sur leur constitution physique. Si on était assez heureux pour en voir tomber des débris autour de soi, on les ramasserait, et dans l'intérêt de la science, on en enverrait des échantillons au directeur de l'École des Mines. (Voir ci-après les remarques sur les météores ignés.)

Étoiles filantes. — L'observation de ces phénomènes, dont l'origine semble être dû à la dissémination des masses cométaires, a une très grande importance. L'observateur indiquera leur trajectoire, le nombre d'étoiles dans un temps donné, l'éclat, la couleur, les traces lumineuses, les points lumineux sans trajectoire apparente, afin d'en déduire approximativement le point radiant du phénomène. La science est redevable à M. l'abbé Lebreton d'un appareil très ingénieux qui permet de déterminer, très approximativement, les coordonnées des étoiles filantes ; cet appareil a été approuvé par M. Leverrier. — On trouvera le procédé élémentaire pour déterminer les orbites que les étoiles filantes décrivent autour du Soleil dans le *Bulletin Astr.*, t. III, p. 467 et suivantes.

Remarques sur les météores ignés. — Nous croyons ne pas pouvoir nous dispenser de donner ici un extrait de la traduction d'un article de l'*American Journal of Science*, relatif aux faits acquis par la science sur les météorites, les météores et les étoiles filantes, que nous trouvons dans le *Bull. Astr.*, t. III, p. 514 :

« Les trajectoires lumineuses des météores sont dans la partie supérieure de l'atmosphère terrestre. Il y en a peu ou point qui apparaissent à une hauteur plus grande que 160 kil., et peu sont vues à une hauteur inférieure à 50 kil. au-dessus de la surface de la Terre, excepté dans des cas rares où des pierres et des fers météoriques tombent sur le sol. Toutes ces trajectoires météoriques sont causées par des corps qui arrivent dans l'air en venant du dehors. — Les vitesses des météores dans l'air sont comparables à celle de la Terre dans son orbite autour du Soleil. Il n'est pas facile de déterminer les valeurs exactes de ces vitesses ; cependant, on peut estimer qu'elles sont à peu près comprises entre 50 et 250 fois la vitesse du son dans l'air (17 à 85 kil. par seconde). — Une conséquence nécessaire de ces vitesses est que les météores se meuvent autour du Soleil et non autour de la Terre comme centre d'action.

« Il y a quatre comètes associées à quatre essaims périodiques qui arrivent le 20 avril, le 10 août, le 14 novembre et le 27 novembre. Les petits météores qui appartiennent à chacun de ces essaims constituent un groupe, dont chaque individu se meut dans une orbite semblable à celle de la comète correspondante. — Les étoiles filantes ordinaires, dans leur apparence et leurs phénomènes, ne diffèrent pas essentiellement des petits météores des essaims. — Les météorites des différentes chutes diffèrent l'un de l'autre par leur composition chimique, leur forme minérale et leur tenacité. Mais, au milieu de toutes ces différences, elles offrent des particularités communes qui les distinguent entièrement de toutes les roches terrestres.

« Les recherches les plus délicates n'ont pu déceler une trace de vie organique dans les météorites. »

D'après M. Stanislas Meunier, l'éminent lithologiste, il n'y a aucune preuve d'une analogie constitutive quelconque entre les étoiles filantes et les météorites, et même, ce qu'on en sait, établit entre ces deux phénomènes des caractères distinctifs extrêmement tranchés. Ce savant proteste contre le nom de météorite donné par M. Lockyer et quelques autres astronomes aux éléments matériels des comètes.

Voici, d'après M. W. F. Denning, les hauteurs de l'apparition et de la disparition des météores. Ces résultats ont été déduits d'un grand nombre d'observations :

Bolides......... apparition. 110 kil. — Disparition. 48 kil.
Etoiles filantes...   —   128 —   —   86 —

MÉTÉORES LUMINEUX. — Les météores lumineux sont les *arcs-en-ciel* et les *halos* solaires et lunaires, les *parhélies*, les *anthélies* et les *parasélènes*. Nous allons donner quelques indications sur ces météores, parce qu'ils peuvent être, pour les observateurs, l'objet de remarques utiles.

Les météores lumineux sont produits par de l'eau à l'état de vapeur invisible ou à l'état vésiculaire, nuageux ; soit à l'état liquide, en gouttelettes plus ou moins fines ; soit enfin à l'état solide, en aiguilles ou en parcelles de glace microscopiques de forme prismatique. Ce sont ces particules aqueuses répandues dans l'atmosphère à l'état solide ou liquide qui forment, sous l'influence des rayons solaires ou lunaires, selon les circonstances, les phénomènes dont nous allons parler.

Arc-en-ciel. — L'arc-en-ciel est un météore lumineux formé de sept arcs concentriques représentant les couleurs du spectre solaire ; il se produit dans les nues opposées au Soleil quand elles se résolvent en pluie.

Dans nos climats, les arcs-en-ciel sont simples ou doubles. Quand ils sont simples, la bande rouge est en dehors et la bande violette en dedans ; lorsqu'ils sont doubles, le deuxième provient d'une double réflexion totale qu'ont subie les gouttelettes au lieu d'une ; en conséquence, le deuxième arc est extérieur au premier et est plus faible que lui, en outre, sa bande rouge est en dedans ; en sorte que les deux bandes rouges sont vis-à-vis l'une de l'autre.

Dans toutes les contrées septentrionales de l'Europe, de l'Asie et de l'Amérique et même dans le nord de l'Ecosse, on observe fréquemment des arcs-en-ciel multiples disposés dans des positions extraordinaires ; il y en a qui ont un de leurs arcs renversé, d'autres ont leurs arcs entrecroisés, etc. Le nombre d'arcs que peut avoir ce phénomène dépend donc du nombre de réflexions totales que subissent les goutelettes de pluie avant d'être renvoyées à l'œil de l'observateur. — Ce phénomène a été observé quelquefois en France.

Halos solaires. — Les halos solaires sont des cercles lumineux irisés, concentriques au Soleil, dont les bords sont teintés des diverses nuances de l'arc-en-ciel, mais bien moins vives que celles de ce dernier. On distingue deux sortes de halos, les simples et les doubles. Le simple halo est assez fréquent dans nos climats ; son rayon est vu sous un angle de 23° environ. Lorsque le halo est double, le second a un rayon de 46°. Mais ce sont dans les régions précitées que l'on observe ces phénomènes dans toute leur splendeur ; on y en a vu dont le rayon était de 90°.

Les halos simples ou doubles, c'est-à-dire formés d'un ou de deux cercles, sont concentriques au Soleil. Dans les deux cas, la bande rouge est en dedans et la bande violette en dehors. On voit quelquefois des halos à arcs multiples, d'autres à arcs tangents symétriquement placés à droite et à gauche du halo principal. Dans nos climats, les cercles ne sont pas toujours complets.

Parhélies. — Les parhélies, ou faux soleils sont des images pâles du Soleil qui apparaissent quelquefois à l'intersection du cercle parhélique du petit halo. On donne le nom de cercle parhélique à une bande blanche horizontale qui passe par le centre du Soleil. — Il se produit quelquefois des parhélies sur le halo extérieur, mais ils sont moins intenses.

Anthélie. — On a donné ce nom à l'image ronde, très vive, que l'on voit aussi, mais rarement, à l'opposite du Soleil.

Les phénomènes lumineux que l'on observe autour du Soleil sont tous dus aux météores aqueux. Ce sont ces derniers également qui, dans les circonstances favorables, et par les mêmes causes, produisent autour de la Lune les *couronnes,* les *halos* et les *parasélènes* ; de même qu'ils produisent, mais plus rarement, les arcs-en-ciel lunaires. On sait que les parasélènes sont à la Lune ce que les parhélies sont au Soleil.

Elysée Reclus rapporte, dans le tome XV de sa *Géographie Universelle,* que les phénomènes de réfraction sont très communs dans les couches aériennes inégalement échauffées qui reposent sur les mers polaires, la Lune y devient quelquefois ovalaire ou même polygonale, s'entoure d'un halo, et plusieurs soleils brillent dans le Ciel, unis par des croix et des cercles de lumière.

Il est bien établi aujourd'hui que l'effet général des halos solaires et lunaires ne sont pas dus à la lumière réfléchie, mais à la lumière réfractée à travers les cristaux de glace.

A l'encontre des halos lunaires qui sont généralement très visibles la nuit, les halos solaires sont peu aperçus par les personnes qui n'ont pas l'habitude d'observer le Ciel dans le jour. En outre, lorsque ce phénomène se produit, la lumière de l'astre radieux est tellement diffusée par les vapeurs aqueuses et les légers nuages qui l'entourent, qu'il devient presqu'impossible de fixer le voisinage du Soleil dans un rayon de 45° de son centre ;

c'est ce qui fait qu'on observe difficilement les halos solaires et les parhélies sans l'aide de lunettes ou de verre à teinte neutre pâle ; on peut également se servir d'un carton percé de deux trous d'aiguille à la même distance que celle des prunelles.

MÉTÉORES ÉLECTRIQUES. — Les météores électriques sont au nombre de trois : l'*éclair* proprement dit, dont on connaît la rapidité ; l'*éclair de chaleur*, dont le mouvement est plus lent que l'éclair, et l'*aurore polaire,* dont la lueur dure quelquefois plusieurs heures.

Nous dirons peu de choses des éclairs, ils sont suffisamment décrits dans les Traités de physique, mais nous nous étendrons davantage sur les lumières polaires, parce qu'elles ont été, depuis quelques années seulement, l'objet de découvertes peu connues encore.

Éclair. — On sait que l'éclair est une lumière plus ou moins éblouissante qui est projetée par les nuages chargés d'électricité. — La lumière des éclairs qui provient des basses régions de l'atmosphère est blanche et éblouissante et est toujours accompagnée d'une détonation violente dont le bruit ne nous parvient qu'à raison de 331 m., environ, par seconde de l'endroit de la décharge électrique.

Les éclairs qui se produisent dans les hautes régions de l'atmosphère illuminent les nuages dans leurs contours ou dans la masse dans laquelle se décharge l'électricité. La lumière de ces éclairs est variable ; mais elle est généralement violacée.

Éclair de chaleur. — On donne le nom d'éclairs de chaleurs aux lueurs subites d'une teinte blanchâtre plus ou moins violacée que l'on voit généralement en été et en automne, mais qui sont, en réalité, des coups de foudre ordinaires qui éclatent dans les nues situées au-dessus de l'horizon, à des distances telles, que le roulement du tonnerre ne peut arriver jusqu'à l'oreille de l'observateur. — On a constaté qu'on avait distingué, non seulement à Paris, mais au centre de la France, la lueur de certains éclairs qui se produisaient sur la Belgique.

Aurore polaire. — L'aurore polaire, à laquelle on donne improprement le nom d'*aurore boréale,* puisqu'elle se produit aussi au pôle austral, dans les parages duquel elle a été observée sous toutes ses formes par un grand nombre de navigateurs, se désigne également sous les noms de *lumière* ou *lueur polaire,* ou bien encore *lumière* ou *lueur aurorale.*

Un grand nombre d'hypothèses ont été proposées pour expliquer l'origine de l'aurore polaire ; mais, depuis la célèbre entreprise internationale faite en 1882-1883, dans le but de faire des recherches physiques simultanées dans les régions polaires, au lieu de conjectures plus ou moins probables, on a maintenant des faits scientifiques incontestables, et on est certain aujourd'hui que ce phénomène a la même origine que l'éclair de tonnerre et l'éclair de chaleur. Ces trois phénomènes proviennent donc des mouvements de l'électricité de notre atmosphère ; ajoutons que c'est l'aurore polaire qui a démontré les phénomènes électriques des régions supérieures de notre atmosphère. Dans l'ensemble de ces phénomènes, le magnétisme terrestre occupe une place importante, bien qu'il soit d'une tout autre nature que l'électricité atmosphérique. (Voir § 96, *Aurore polaire.)*

L'aurore polaire est un phénomène lumineux plus ou moins splendide, selon la latitude où on l'observe ; il est produit par un courant électrique dans l'atmosphère et se manifeste sous deux formes très distinctes : près des pôles, lorsque le temps est clair, on ne voit que des arcs lumineux, immuables de section, répandant continuellement pendant les longues nuits des tristes régions où elles se produisent une lueur blafarde comme celle d'un clair de Lune ; mais sous les latitudes un peu moins septentrionales, le phénomène est incomparable, et rien ne peut donner une idée de sa splendeur. Quel contraste frappant avec les lieux plus ou moins inhospitaliers des contrées qu'elle illumine ! — M. Nordenskiold, dont on se rappelle le long hivernage qu'il fit dans la mer glaciale, donne le nom d'*auréole* à la première forme de l'aurore polaire, et celui d'*aurore radiante* à la seconde.

C'est donc à tort, comme on· le croyait autrefois, que les aurores polaires augmentent en nombre et en beauté à mesure qu'on se rapproche des pôles; cette opinion préconçue des physiciens n'a pas été confirmée par les observations des navigateurs qui ont passé de longues nuits sous les latitudes arctiques ou qui ont navigué dans les mers australes.

En ce qui concerne les terres arctiques, les manifestations aurorales y sont donc constantes, mais ne sont éclatantes, lorsqu'elles se produisent, que dans la Laponie, le Groenland méridional et le Labrador. Aucun pays de la Terre ne présente comme ces contrées autant de circonstances favorables à l'observation de ces phénomènes, car ils y ont une grande intensité et sont très fréquents.

L'aurore polaire a parfois des formes très bizarres, mais généralement elle apparaît sous la forme d'un arc d'une blancheur jaunâtre d'où émergent de larges flammes et des raies plus ou moins étroites. Parfois les rayons lumineux, de couleurs éclatantes; prennent la forme d'immenses draperies simples ou superposées, ou celle d'une bande ondulante d'une grande étendue, ou bien encore celle d'une couronne à laquelle on a donné le nom de *couronne boréale*. — On a remarqué que le sommet de l'arc auroral était très variable, et que s'il était situé assez souvent dans le méridien magnétique, il l'était plus souvent encore à l'ouest et, en moyenne, à 11° de ce méridien. D'après Bravais, un des savants à bord de *la Recherche*, la direction du pôle magnétique n'est pas là même à la surface de la Terre que dans les régions où se produit la lumière polaire.

M. Lemström, professeur de physique à l'Université d'Helsingfors, donne sur l'aspect ordinaire de l'aurore polaire, qu'il a observée fréquemment dans ses voyages, la description suivante, que nous extrayons de son important ouvrage « *L'Aurore Boréale*, » paru récemment chez MM. Gauthier-Villars :

« La lumière polaire commence presque toujours comme un arc de lumière d'une blancheur jaunâtre. Dans les contrées méridionales, l'Europe centrale, par exemple, le phénomène ne présente ordinairement que cet aspect; parfois aussi, il se développe d'une manière splendide. Des rayons aux couleurs vives et variées paraissent subitement émerger de l'arc et former, en passant un peu au-dessus du zénith, une figure semblable à une couronne régulière nommée *couronne boréale*. Cette forme de l'aurore boréale peut être considérée comme celle qui se reproduit sur tous les points de la Terre. Les rayons peuvent varier beaucoup en couleur et en disposition, mais le plus souvent ils se déploient en bandes longues et étroites dont la partie inférieure est jaunâtre, passant vers le milieu presque au vert, puis change plus haut en rouge et violet. L'extrémité supérieure des rayons se termine souvent en larges flammes rouges. La couronne est d'ordinaire d'un rouge de sang, mais ses nuances varient parfois. »

Lorsque l'on est en mer ou sur un de ses rivages, il

arrive quelquefois pendant que la couronne boréale trône dans le ciel, qu'une lueur magique d'un effet saisissant éclaire subitement les vagues. Ce second phénomène disparaît en même temps que la couronne qui l'a produit.

Plus l'atmosphère est pure, plus les couleurs de la lumière polaire sont claires et vives : le rouge, le vert et le jaune y dominent. Très souvent, dans l'espace de quelques minutes, le phénomène change d'aspect. Lorsque le temps n'est pas beau, la lumière polaire cesse d'être visible dès que la Lune s'élève au-dessus de l'horizon. Quant à l'éclat de cette lumière il est moins vif que celui de la pleine Lune, même quand le Ciel tout entier est illuminé par l'aurore la plus intense.

Dans les rigoureux hivers de la Laponie suédoise, on peut, grâce aux lueurs aurorales, voyager sans aucune difficulté dans les forêts les plus épaisses de cette contrée ; mais lorsque l'hiver y est doux, ce qui est une exception, la neige et la pluie ne discontinuent pas de tomber et les phénomènes auroraux y sont rares.

Quand le temps est brumeux au Spitzberg et dans les contrées alpestres de la Laponie, on observe fréquemment autour des montagnes une lueur blanche et diffuse, de même nature que la lumière polaire, qui s'élève dans l'air brumeux à une certaine hauteur, entoure le point culminant du sommet, du centre duquel émerge verticalement une immense colonne de même teinte que celle d'où elle surgit.

Les aurores polaires sont visibles à des distances considérables des pôles et sur une étendue immense. Quelquefois une aurore boréale a été vue en même temps à Saint-Pétersbourg, à Moscou, à Varsovie et à Rome.

Les observateurs sont loin d'être d'accord sur la hau-

teur des aurores polaires. Pour qu'on puisse se fier à la
hauteur d'une bande inférieure aurorale, elle doit être
prise simultanément, sur une base assez étendue, par
deux observateurs se servant d'instruments identiques.

M. Adam Paulsen qui a fait plusieurs séries d'observations de hauteur des aurores polaires à Godthaab (sur le
détroit de Davis, au Groenland) leur assigne une mesure
comprise entre 600 m. et 67 kilom. Les mêmes observateurs ont trouvé une hauteur variant entre 1 kilom. 600 m.
et 15 kilom. 600 m. près du cap Farewell, à l'extrémité
méridionale du Groenland. Non loin de cet endroit, le
Dr Fritz en a observé qui n'étaient élevés que de 50 à
200 m. au-dessus du niveau de la mer. D'autres observateurs ont mesuré au Spitzberg, des hauteurs variant entre
600 m. et 29 kilom. au-dessus de l'horizon. Les hauteurs
trouvées par Flogel varient entre 150 et 500 kilom.
M. Reimann dit en avoir vu à une hauteur de 800 à
900 kilom. Nordenskiold leur assigne une hauteur
moyenne de 200 kilom.

M. Lemström, qui a fait des manifestations aurorales
le sujet de ses études de prédilection, a réuni les déterminations de mesures prises par un grand nombre de
savants afin de pouvoir fixer la limite supérieure à
laquelle peut s'élever l'aurore polaire dans les pays
septentrionaux, il se contente d'en donner une valeur
approximative de 35 à 70 kilom.

Pour nous résumer nous dirons après M. Adam
Paulsen (*Ciel et Terre,* 11e année, p. 47) « que les
aurores polaires ne se bornent pas à occuper les régions
les plus élevées de notre atmosphère, mais qu'elles se
produisent indifféremment à toutes les altitudes..... Que
c'est seulement dans la zone tempérée que les aurores
occupent les couches supérieures de l'atmosphère, tandis

que dans les régions boréales, qui constituent la zone
aurorale proprement dite, le phénomène se produit le
plus souvent dans les couches inférieures. » — Nous
ajouterons que dans les contrées méridionales de l'Europe, les aurores se montrent quelquefois très bas, et,
comme dans les pays septentrionaux, on en voit tout près
du sol sur les cîmes des montagnes.

Ce météore électrique agit puissamment sur les fils
télégraphiques dont il agite continuellement les sonnettes ;
il empêche les appareils de fonctionner normalement et
occasionne une interruption dans l'envoi ou la réception
des dépêches. Les phénomènes auroraux ont en outre
l'inconvénient de déranger de sa position ordinaire
l'aiguille de déclinaison et celle d'inclinaison ; les déviations s'élèvent quelquefois à 12' ou 15', ils produisent ce
changement dans des lieux où ils ne peuvent être vus.
L'influence de l'aurore polaire peut aller jusqu'à affoler
l'aiguille aimantée.

Les personnes qui désireraient étudier les phénomènes
produits par les courants électriques de notre atmosphère
consulteront avec intérêt l'important ouvrage de M. S.
Lemstrôm.

LUMIÈRE ZODIACALE. — La lumière zodiacale se voit le
matin à l'est, avant l'aube, comme une lueur oblique en
forme de fuseau qui sortirait graduellement de la Terre.
Cette lumière, dont la base va de 20° à 30°, et dont la
hauteur atteint quelquefois 50°, se voit également le soir
à l'ouest, après la fin du crépuscule, comme une phosphorescence que le Soleil aurait laissée sur sa route, et
qu'il entraîne après lui.

Le soir comme le matin, la lumière zodiacale se termine en pointe vers le haut. Elle est visible toute l'année
par les temps sereins ; mais dans nos climats il est plus

facile de l'observer le soir en février ou en mars, et le matin en octobre. C'est à ces époques que son éclat est le plus intense. Si c'est le soir qu'on l'observe, il faut attendre que les dernières lueurs du crépuscule soient au moment de disparaître ; alors si le Ciel est pur et s'il n'y a pas de Lune, on voit au couchant la gerbe pointue de la lumière zodiacale qui se dessine de plus en plus à mesure que le Ciel se fonce. Le matin, du côté de l'Orient, c'est l'inverse jusqu'à ce que la clarté de l'aurore la fasse disparaître complètement. Ce phénomène mystérieux dure environ une heure.

Lumière antizodiacale. — Depuis quelque temps on a découvert un phénomène zodiacal particulier, auquel on a donné le nom de *lumière antizodiacale*, et que les Allemands appellent *Gegenschein*. Il se produit dans la partie du Ciel opposée au Soleil. C'est un nuage lumineux qui, vers l'équinoxe d'automne, affecte une forme circulaire d'environ 10°, puis sa figure s'aplatit. A l'équinoxe du printemps, il ressemble à une bande zodiacale mal définie.

De l'ensemble des observations faites par plusieurs savants observateurs, il paraît très probable que le plan de la lumière zodiacale et anti-zodiacale coïncide avec celui de l'Ecliptique.

CHAPITRE VII

INSTRUMENTS MÉRIDIENS

58. — Usage des instruments méridiens. — Les observations méridiennes sont la base de l'Astronomie du mouvement. Pour faire ces observations on emploie la *lunette méridienne* et le *cercle mural*, ou à la place de ceux-ci, le *cercle méridien*.

La *lunette méridienne* est spécialement destinée à la mesure des ascensions droites. La lunette méridienne n'ayant pas de cercle de déclinaison doit être accompagnée du *cercle mural*.

Le *cercle mural* sert à déterminer les distances zénithales méridiennes, d'où l'on déduit les distances polaires au moyen d'une formule.

Le *cercle méridien* sert à mesurer à la fois les ascensions droites et les distances zénithales méridiennes ou les distances polaires; il est par conséquent on ne peut plus propre à la détermination des positions géographiques.

Un des avantages qu'offre cet instrument est de pouvoir donner avec une rigoureuse exactitude les coordonnées d'une étoile surtout si cette dernière doit servir de terme de comparaison dans les mesures différentielles prises avec l'équatorial en dehors du méridien.

Nous n'allons pas parler dans cet ouvrage du cercle

mural, instrument que l'on n'emploie que dans les grands observatoires, où même on tend à le remplacer par le cercle méridien qui, comme on le sait, est la réunion du cercle mural et de la lunette méridienne. Le cercle méridien a l'immense avantage de donner à la fois l'ascension droite et la distance polaire, ou la déclinaison d'un astre à son *passage au méridien.*

Dans ce qui va suivre, tout ce qui traite des *passages* s'applique indifféremment à la méridienne et au cercle méridien ; et ce qui traite des *distances zénithales,* des *distances polaires,* des *déclinaisons* et des *hauteurs* ne s'applique qu'au cercle méridien. C'est pour éviter des redites que nous ne faisons pas de description spéciale de la lunette méridienne.

59. — Cercle méridien. — Cet instrument (fig. 22 ou 23), composé d'une lunette et d'un cercle qui lui est parallèle, est disposé de telle sorte que son axe optique peut prendre toutes les directions possibles dans le plan méridien du lieu sans jamais en sortir. Tous les astres venant successivement passer par ce plan, on peut préciser l'instant où leur passage s'effectue ; un cercle, divisé en 360°, subdivisés eux-mêmes, selon l'importance de l'instrument, est ajusté à l'axe de rotation de la lunette. Des verniers permettent de faire la lecture des subdivisions.

Le cercle méridien est essentiellement un instrument installé dans le plan méridien. C'est l'instrument indispensable d'un observatoire d'amateur ; il doit être accompagné d'une pendule sidérale ou d'une bonne montre indiquant le temps sidéral. Par suite du mouvement diurne et uniforme de la sphère céleste tous les astres venant à passer successivement en 24 h. au méri-

dien d'un observatoire, il suffit de déterminer la différence
des heures de passage pour conclure la distance angulaire des méridiens de ces astres. En joignant à cette
détermination la mesure des distances polaires effectuées
dans le méridien, la position de chaque astre se trouve
nettement fixée dans le Ciel. — La mesure des ascensions
droites et des déclinaisons des astres constitue la partie
la plus importante du travail d'un observatoire.

Ce qui fait le mérite de la lunette méridienne et du
cercle méridien, c'est qu'ils n'opèrent que dans le sens
du plan méridien, et que la mesure des ascensions
droites s'effectue à l'aide d'une pendule sidérale, et non
au moyen d'un cercle divisé ; les seules erreurs à craindre
sont donc celles de la pendule, abstraction faite des
erreurs instrumentales. Au moment même du passage au
méridien, l'heure sidérale n'étant autre chose que l'ascension droite de l'astre, il suffit de jeter un coup d'œil
sur la pendule sidérale pour connaître les étoiles qui
vont passer au méridien. En combinant donc l'observation de la pendule sidérale et celle de la lunette méridienne ou du cercle méridien, on détermine la distance
au cercle horaire initial du cercle horaire d'un astre,
c'est-à-dire *l'ascension droite.*

En observant le passage et en connaissant l'ascension
droite absolue d'une seule étoile, on aura par le temps
marqué à une bonne pendule sidérale l'ascension droite
de toutes les étoiles qui passeront successivement au
méridien. Connaissant l'ascension droite ou le temps
sidéral au passage supérieur d'un astre quelconque, on
en déduira le temps moyen de ce passage par la conversion du temps sidéral en temps moyen (§ 17). On voit
par ce qui précède que l'ascension droite d'une étoile à
son passage au méridien supérieur marque le temps

sidéral à cet instant ; s'il est question du Soleil moyen, il indique le temps sidéral à midi moyen.

Ainsi quand on a à déterminer les heures comparatives du passage de deux étoiles au méridien, on a l'angle formé par leur plan horaire à raison de 15° par heure sidérale, 15' par minute de temps et 15" par seconde du même temps. Il suffit, comme on le voit, de multiplier l'heure trouvée par 15.

Avant de passer à la description du cercle méridien, nous allons d'abord indiquer comment on procède pour observer le nadir, et pour calculer les distances polaires et les distances zénithales méridiennes.

60. — Observations du nadir. — L'observation du nadir a pour but de déterminer la verticale d'un lieu. On l'obtient au moyen d'une surface réfléchissante horizontale. Le mercure, par exemple, offre un moyen précieux d'obtenir une ligne rigoureusement verticale, et c'est à la verticale d'un point quelconque, choisi sur la surface de la Terre, que doivent être rapportées toutes les observations astronomiques qui y sont faites.

Pour observer le nadir, placez sous la lunette un bain de mercure, sa *surface représentera un miroir* plan et horizontal (1). — Après avoir dirigé la lunette dans une position verticale, l'objectif en bas, fixez sur l'oculaire un appareil nadiral (§ 28 *bis*) ; supprimez la lumière qui éclairait le champ de la lunette si vous opérez la nuit. (Cette opération peut se faire dans le jour, mais il faut

---

(1) Il suffit de mettre 250 grammes de mercure dans une petite cuvette en cuivre rouge, dont le fond est formé de rainures concentriques, pour faire un bain de mercure ; mais ce bain offre tant d'inconvénients que nous engageons les possesseurs d'instruments méridiens à ne pas employer ce modèle. (Voir § 28.)

que l'endroit dans lequel on opère soit obscur). Dirigez ensuite un faisceau lumineux dans le corps de la lunette au moyen d'une petite lampe ou d'une bougie, tenue à la main, ou ce qui est préférable, fixée par un moyen quelconque en face de la lentille de l'appareil nadiral ; regardez à travers la glace en conduisant la lunette, et au besoin en agissant sur les vis calantes jusqu'à ce que l'axe optique de la lunette ait la verticalité rigoureuse, ce dont vous serez assuré lorsque l'image réfléchie de tous les fils du micromètre ou du réticule sera confondue avec son image réelle.

On remarquera que les fils et leur image ne peuvent se superposer que si l'oculaire est à la distance voulue des fils. Mais ici se présente une difficulté, attendu que le fil a un diamètre apparent de plusieurs secondes d'arc, et l'image réfléchie étant plus faible que l'image directe, on ne peut juger si les deux images sont bien bissectées. Pour éviter cette cause d'erreur, on fait tangenter l'image en se plaçant au nord de l'instrument et ensuite au sud, ou *vice-versa*, on note la lecture à chaque visée, et la moyenne des lectures trouvées sera le pointé au nadir.

Le pointé au nadir étant une opération très importante, on devra la faire dans les deux positions de la lunette, et on prendra la moyenne des résultats obtenus. Connaissant la lecture au nadir on aura celle du zénith en ajoutant ou en retranchant 180° de cette lecture. On déduit celle de l'horizon, pour les deux positions de la lunette, en ajoutant ou en retranchant, selon la position du cercle, 90° à la lecture au nadir ; dans ce cas, les lectures de l'horizon sont prises pour le *zéro* dans les observations de hauteur.

Lorsque la lunette pointe le nadir, si on cale la lunette dans cette position et qu'on déplace le cercle de manière à ce que son index indique 270°, il indiquera 0° lorsque la lunette pointera l'horizon sud, de même qu'il donnera la même indication, si on pointe l'horizon nord, après avoir changé la position du cercle, c'est-à-dire mis le cercle à l'est s'il faisait face à l'ouest et *vice-versa*.

Le bain de mercure dispense de se servir de niveau pour mettre un instrument méridien dans une position horizontale.

A défaut de bain de mercure, le cercle doit être pourvu d'un niveau parallèle (fig. 23); dans ces conditions on trouve la direction du nadir en amenant d'abord la bulle du niveau entre ses deux repères au moyen de la vis buttante du diamètre vertical, ensuite on pointe un objet bien déterminé à l'horizon de façon à l'amener sous le fil horizontal, et on fait la lecture du cercle. Cette opération faite, on retourne la lunette sans déplacer le pied, c'est-à-dire qu'on met le cercle à droite s'il était à gauche ou *vice-versa*, on rectifie le niveau, et après avoir pointé le même objet on fait une nouvelle lecture du cercle. La moyenne des lectures trouvées donne celle du nadir, d'où on déduit celle de l'horizon ou celle du zénith comme nous l'avons dit ci-dessus.

On remarquera que si de la première lecture du cercle on passe par le 0 pour arriver à la seconde, on ajoute 360 à la deuxième lecture et on en retranche la première.

61. — Distance polaire méridienne. — La distance polaire méridienne *apparente* ou observée d'un astre est l'arc de méridien compris entre le pôle et cet astre, sauf la réfraction que l'on ajoute ou que l'on retranche selon le cas. Cette distance polaire se compte de 0° à 360° à partir du pôle vers l'horizon sud. — Trois cas peuvent se présenter : 1° lorsque l'astre passe entre le zénith et

l'horizon sud ; 2° lorsqu'il passe entre le zénith et le
pôle ; et 3° lorsqu'il passe entre le pôle et l'horizon nord.

Soit R la réfraction calculée, P la distance polaire
observée. Dans le premier cas, on aura pour la distance
polaire vraie P + R ; dans les deuxième et troisième cas
P — R. Si on admet que dans le premier cas la distance
polaire observée de l'astre est de 100°30′, dans le deuxième cas 22°10′, et dans le 3ᵉ cas 349°15′, la distance
polaire *vraie* sera :

		o ′	′ ″	o ′ ″
Premier cas		100.30 +	0.34 =	100.30.34
Deuxième cas.		22.10 —	0.20 =	22. 9.40
Troisième cas.		349.15 —	1.14 =	349.13.46

Pour déterminer les latitudes, comme nous l'indiquons
aux §§ 76 et 83, on se sert d'étoiles des éphémérides de
la *Conn. des T.* A cet effet on transforme la déclinaison
de l'étoile en *distance polaire* en retranchant sa déclinaison de 90°, si elle est boréale, ou en ajoutant 90° à la
déclinaison de l'étoile si elle est australe.

Ainsi, la distance polaire d'une étoile dont la déclinaison est égale à + 10°16′20″, est de 79°43′40″ ; et pour
une étoile dont la déclinaison est — 28°35′6″ elle est de
118°35′6″.

62. — Distance zénithale méridienne. — La distance zénithale méridienne d'un astre est l'arc du méridien compris entre le centre de cet astre et le zénith de
l'observateur, réfraction *déduite* ou *ajoutée* selon le cas.
On obtient la distance zénithale *vraie* d'un astre en combinant sa distance polaire *apparente* et sa distance polaire
du zénith.

Admettons, par exemple, qu'après avoir pointé successivement trois étoiles dans un lieu dont la colatitude est

44°9'48", et que la lecture du cercle ait donné 100°30'
pour la première étoile, 22°10' pour la seconde, et enfin
349°15' pour la troisième ; ces trois cas sont les seuls qui
peuvent se présenter dans la mesure des distances
zénithales méridiennes : le premier cas, lorsque l'astre
passe entre l'Équateur et l'horizon sud ; le second lorsqu'il
passe entre le zénith et le pôle ; et le troisième, lorsqu'il
passe entre le pôle et l'horizon nord.

Soit Z la distance zénithale vraie de l'étoile, L la
distance polaire du zénith (colatitude), P la distance
polaire apparente de l'étoile, R la réfraction, P' la distance polaire vraie, on aura :

Premier cas : $Z = (P + R) - L$, ou $P' - L$;

c'est-à-dire. . . . $Z = (100°30' + 1'38'') - 41°9'48'' = 59°21'50''$.

Deuxième cas : $Z = L - (P - R)$, ou $Z = L - P'$;

c'est-à-dire. . . . $Z = 41°9'48'' - (22°10' - 0'20'') = 19°0'8''$.

Troisième cas : $Z = 360° - (P - R) + L$ ou $360° - P' + L$;

c'est-à-dire. . . . $Z = 360° - (319°15' - 1'14'') + 41°9'48'' = 51°56'2''$.

On obtient également la distance zénithale méridienne
vraie d'une étoile, en retranchant sa hauteur observée,
réfraction déduite, de 90°. EXEMPLE : Hauteur observée :
52°29'5".

$$Z = 90° - (52°29'5'' - 45'') = 37°31'40''.$$

REMARQUE. — Pour plus de simplicité nous avons supposé
que le vernier indique 0°0'0" lorsque la lunette pointe le pôle,
abstraction faite de la réfraction, c'est-à-dire s'il n'y avait pas
d'atmosphère ; nous avons supposé également que le cercle
était divisé pour donner les distances polaires, autrement dit
que les lectures vont en croissant quand on dirige le cercle
du nord vers l'horizon sud ; mais si on lisait 0°0'52", par
exemple, lorsque la lunette pointe le pôle, il faudrait alors
pour conclure les distances polaires *vraies*, retrancher 52" des
lectures corrigées de la réfraction.

63. — Description du cercle méridien. — Nous croyons être utile aux amateurs d'Astronomie en leur faisant ici la description du plus petit modèle du cercle méridien que nous connaissions et qui peut servir à l'observateur le plus exigeant. Son poids, n'excédant pas 20 kilog., le rend facilement transportable. Ce modèle dont nous nous servons, permet de faire toutes les observations de passage avec une exactitude presque aussi rigoureuse qu'avec un instrument de plus grande dimension, en tant que la puissance optique n'est pas en jeu (1).

La lunette L, L (fig. 22) est posée sur un pied composé de deux montants verticaux B, B, terminés par des coussinets en forme de V sur lesquels reposent les tourillons de l'axe de la lunette (2). Les montants sont reliés entre eux à un socle horizontal S, de même métal en forme de ⊣, dans lesquels sont ajustées les trois vis calantes V, V′, V″, (la première est masquée par un des montants). Ces vis portent sur des galets c, c′, c″ ; ce dernier, de forme rectangulaire, est à glissière ; il permet au moyen de deux vis antagonistes z et z′ (cette dernière est masquée par le galet) de déplacer l'instrument en azimut. L'axe A, A d'un seul morceau, est en fonte de fer creux pour laisser passer la lumière qui doit éclairer le champ de la lunette ; il est composé de deux cônes reliés à un cube central sur lequel sont vissés les deux tubes L, L, également en fonte, formant le corps de la

(1) Ce modèle sort des ateliers de M. P. Gautier, constructeur à Paris.

(2) Le pied de l'instrument que nous décrivons est rigide ; mais dans certains modèles le pied est en deux parties ; dans cette condition la partie supérieure a un mouvement en azimut, et on rend les deux parties solidaires au moyen d'une ou deux vis.

lunette. Toutes les surfaces extérieures de l'instrument, de même que la surface intérieure des tubes de la lunette ne sont pas travaillées afin de conserver à toutes leurs parties une rigidité parfaite.

Fig. 22

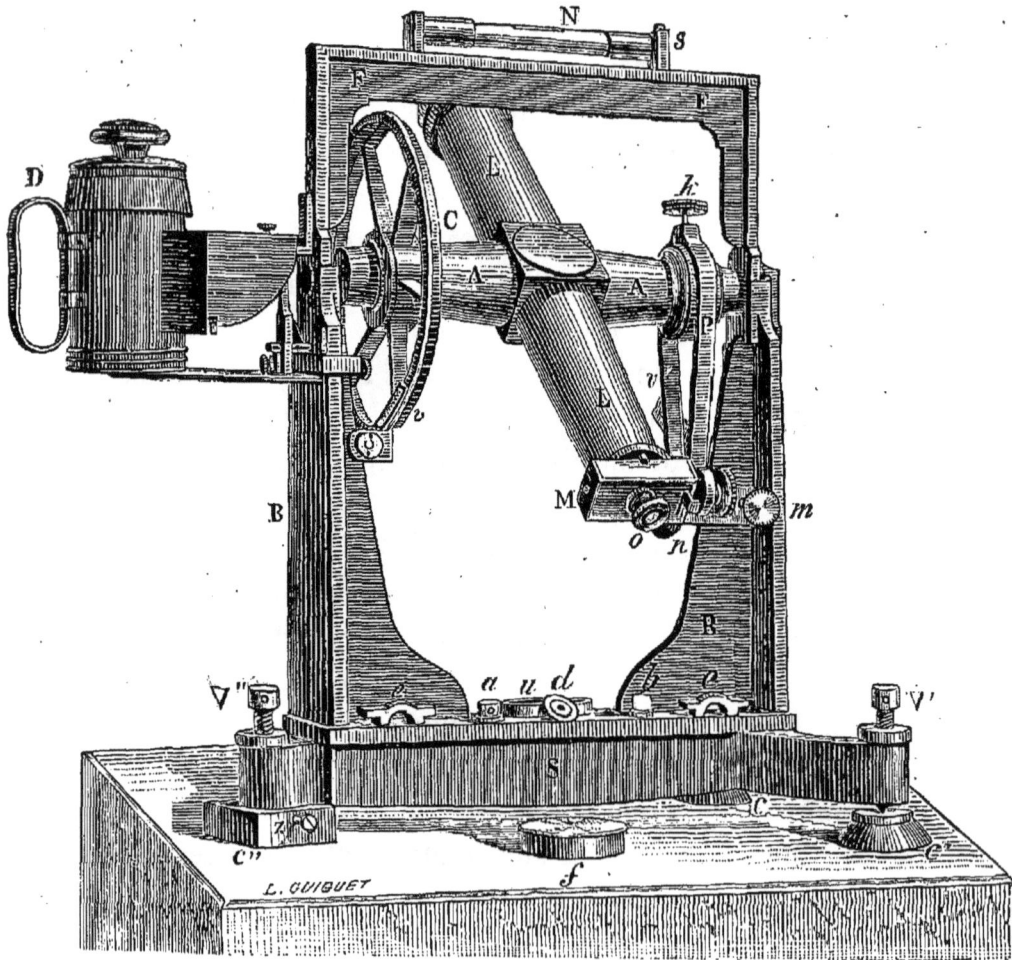

Sur un des cônes de l'axe de rotation est ajusté à frottement doux, dans une position perpendiculaire à l'axe de rotation, un cercle C, de 24 centimètres de diamètre, à limbe d'argent, divisé en demi-degrés, ou 720

divisions de 30', donnant très facilement la minute d'arc
par le vernier. Ce cercle est mobile sur son ajustement
et peut être immobilisé à volonté au moyen d'un écrou
de serrage ; bien entendu, la lunette dans son mouvement
de rotation autour de l'axe des tourillons entraîne le
cercle avec elle. Sur l'autre cône est ajustée une pince
P qui se fixe sur l'astre au moyen d'une vis de pression
k. L'extrémité de cette pince est munie d'un buttoir à
ressort m ; en regard du buttoir, une vis de rappel n. La
pince étant engagée sur l'un des montants permet au
moyen de la vis de rappel n de déplacer la lunette par
petits mouvements dans le plan méridien afin d'amener
avec précision l'étoile sur le fil horizontal du micromètre.

Deux verniers sont portés par les montants et sont
mobiles ; on les éloigne du cercle pour rendre plus facile
le retournement de l'instrument. Un niveau N, servant à
vérifier l'horizontalité de l'axe de rotation, est fixé sur
une monture en fer F, F, qui elle-même repose sur les
tourillons ; le niveau est muni d'une vis de réglage s,
qui permet de le rectifier. De chaque côté de la monture
du niveau est placé un petit bras s'engageant dans une
broche de telle façon que la monture du niveau reste
toujours dans la position verticale (1) ; le niveau est
susceptible de retournement.

L'objectif de cette lunette a 0^{m}054 de diamètre et
permet de déterminer, dans les conditions ordinaires, la
position des étoiles de 10e,5 grandeur ; la distance focale
de la lunette est de 0^{m}45.

------

(1) Le modèle du cercle méridien que nous décrivons n'a qu'un
niveau ; comme on le verra, certains modèles en ont deux. Nous
ferons remarquer qu'en employant un bain de mercure les niveaux
n'ont plus d'utilité.

· Le micromètre M est composé de cinq fils d'araignée, coupés à angle droit par un fil horizontal. Les fils verticaux, ou *horaires*, sont distants de 1′, ce qui donne 4 secondes de temps entre chacun des fils ; un fil mobile est conduit par la vis micrométrique ; le tambour est divisé en 100 parties. Ce fil mobile, parallèle aux fils horaires, permet de faire des pointés à volonté. Chaque tour de tambour, dont la lecture se fait en face d'un index fixe, donne, par conséquent, un centième de minute d'arc, c'est-à-dire un vingt-cinquième de seconde de temps. Entre la boîte quadrangulaire du micromètre et le buttoir à ressort *m* on voit l'index, le tambour et le bouton de la vis micrométrique. En ayant soin de compter la seconde et sa fraction au passage de l'astre devant les fils et à chaque pointé (si on observe une circompolaire) fait au moyen de la vis micrométrique, on peut arriver à une précision absolue.

La plaque portant les fils est rectifiable. Pour le centrage du fil méridien, il suffit de tourner une vis placée à la partie opposée de la vis micrométrique pour obtenir le déplacement voulu. La plaque étant ainsi réglée, on l'immobilise en serrant deux vis placées sous la boîte du micromètre. Pour la rectification des fils verticaux, on desserre légèrement deux vis placées sur la couronne solidaire du micromètre, ce dernier peut alors se déplacer circulairement jusqu'à parfait réglage ; ce résultat obtenu, on serre les vis pour rendre le micromètre invariable. Un réflecteur, placé à 45° dans le corps de la lunette, réfléchit la lumière sur les fils du micromètre.

Pour éclairer le champ de la lunette, on dispose la lampe D en face d'une petite lentille adaptée sur l'ouverture du tourillon du côté du cercle ; cette lentille sert à concentrer la lumière dans la direction de l'axe ; l'ouverture du tourillon opposé est fermée avec un bouchon en métal. Les trous des tourillons ont le même diamètre, afin de pouvoir recevoir indifféremment la lentille ou le bouchon en métal, selon que le cercle est à l'est ou à l'ouest. La même lampe sert également à faire la lecture des verniers. Le système le plus simple et le plus commode que nous ayons trouvé pour placer la lampe, consiste, ainsi qu'on le voit sur la figure, à fixer contre un des montants, avec des serre-joints de 3 à 4 centimètres, un morceau de plaque en métal formant équerre ; il suffit de déplacer un peu la lampe du côté du vernier pour permettre également de faire la lecture de ce dernier.

Le micromètre porte sur une coulisse mobile un oculaire positif o, grossissant 45 fois. La mobilité de l'oculaire permet de le mouvoir devant les fils du micromètre, de manière à parcourir entièrement le champ de la lunette et de l'amener devant le fil du micromètre où doit se faire l'observation. On déplace l'oculaire en le dirigeant avec la main ou à l'aide d'une vis placée à l'opposé de celle du micromètre si l'appareil en porte une. Cette mobilité de l'oculaire permet, en outre, d'avoir toujours l'image au centre de l'oculaire et d'éviter la parallaxe qui peut exister entre l'image et les fils, ce qu'on ne pourrait éviter si l'oculaire était immobile, le champ de la lunette étant restreint à cause du diaphragme intérieur de l'oculaire.

L'appareil pour les observations du nadir, a ; le prisme à réflexion totale b, et le verre à teinte neutre d, qui se montent sur l'oculaire, sont représentés sur le socle de l'instrument. A droite et à gauche de ces appareils figurent les chapeaux e, e, que l'on place sur les tourillons lorsqu'on enlève le niveau ; f représente le couvercle de l'objectif.

Fig. 23

La base de l'instrument porte une cuvette *u ;* elle est destinée à recevoir le mercure pour déterminer le point du zénith ou la verticalité de l'instrument (1). — Une borne en pierre d'environ 1^{m}20 de hauteur, sur laquelle repose une pierre plate d'une surface de 0^{m}50 sur 0^{m}40, ou un petit massif de même dimension, suffit pour recevoir cet instrument.

Le cercle méridien portatif (fig. 22) que nous venons de décrire est très suffisant pour les amateurs d'Astronomie et les explorateurs ; mais, pour faire des observations de hauteur de haute précision, celui que nous représentons fig. 23 est préférable. Quant aux observations de passage, le résultat est le même pour les deux instruments.

Ainsi qu'on le voit, fig. 23, à l'exception que l'axe de la lunette porte trois cercles au lieu d'un, sauf les dimensions, il est en tout semblable au modèle représenté fig. 22 ; nous ne donnerons donc que la description des appareils supplémentaires.

Le premier cercle, à droite de la lunette, n'est gradué que pour la facilité du pointage, et la lecture du cercle se fait avec un microscope ordinaire ; la lecture du second cercle, dont le limbe porte un plus grand nombre de divisions que celui de la figure 22, se fait à l'aide de microscopes micrométriques.

Les deux premiers cercles sont fixés solidement à l'axe de rotation de la lunette et sont mobiles avec elle ; le troisième cercle, que l'on nomme *couronne* ou *porte-microscopes*, reste immobile ; c'est sur lui que sont

---

(1) La cuvette faisant corps avec le socle, il est préférable d'y placer une autre petite cuvette mobile, ce qui permet de l'enlever pour nettoyer le mercure quand il est terni par la poussière, etc.

montés un microscope ordinaire, quatre microscopes micrométriques, ainsi qu'un second niveau. (Voir le § 27 qui traite des microscopes.) Cette couronne est fixée à frottement dur, en dehors d'un des montants, sur le prolongement de la partie de l'axe de rotation de la lunette ; une pièce maintenue par une vis, la fixe au montant et permet de la déplacer sur son centre.

Afin d'éliminer les erreurs, quatre microscopes micrométriques, dont la puissance de grossissement donne beaucoup plus de précision que les verniers, sont montés sur cette couronne qui porte également un niveau. Ce dernier appareil sert, à défaut de bain de mercure, à trouver la lecture du zénith pour en déduire celle de l'horizon dans les observations de hauteur ; de même qu'il sert, concurremment avec le grand niveau, pour régler l'instrument et s'assurer s'il ne s'est pas déplacé pendant le cours des observations.

Les dimensions de l'instrument ne permettent pas de faire le retournement de la lunette avec les mains ; pour procéder à cette opération, on desserre la vis qui rend la couronne solidaire du montant de la lunette, et on se sert d'un appareil de retournement que l'on installe sur le pied de l'instrument, pour permettre, à l'aide d'une manivelle, d'élever la lunette, la faire pivoter et la laisser descendre de manière que les tourillons de l'axe reposent dans les coussinets.

Ce cercle méridien, dont la figure nous a été prêtée par M. Secrétan, se règle par les mêmes moyens que celui que nous avons décrit pour le petit modèle.

64. — Emplacement du cercle méridien. — Le seul emplacement convenable pour une méridienne ou un cercle méridien est un jardin ; mais il faut que la

partie qui avoisine le méridien, et particulièrement du
côté sud, soit le moins masqué possible à l'horizon. Pour
l'abriter, il suffit d'une très petite cabane. On y ménage
sur les faces nord-sud et dans le toit une ouverture
étroite qui permette de viser dans le plan méridien ; on
ferme les ouvertures par une disposition quelconque
appropriée à la disposition de la cabane. Pour garantir
le modèle que nous venons de décrire, un capuchon en
bois ou en métal peut suffire ; mais il doit être fixé de
manière à ne pas être déplacé par le vent. Il est évident
que, si l'on a plusieurs instruments, il est préférable de
les abriter sous une cabane roulante. (§ 39.)

65. — Réglage de la méridienne ou du cercle méridien.

— Toutes choses étant en état, ainsi que
nous l'avons indiqué au § 40, et l'instrument ayant été
posé sur les galets (celui qui porte la glissière doit être
à l'est), on mettra l'axe de rotation horizontal avec le
niveau que supportent les montants de la lunette (1) ; ce
résultat obtenu, on dirigera la lunette dans une position
perpendiculaire et on vérifiera avec le fil à plomb si le
tube de la lunette est dans le plan des jalons. Si les
prescriptions ont été bien observées, l'axe optique de la
lunette coïncidera, aussi bien qu'on peut le faire par ce
moyen physique, avec le plan méridien, et on pourra
procéder aux diverses rectifications. On observera qu'en
agissant sur les vis de réglage du pied de l'instrument
on modifie l'inclinaison de l'axe des tourillons, tandis

---

(1) Il est de la dernière importance que les extrémités de l'axe de
rotation qui reposent sur les coussinets, de même que ces derniers,
soient fréquemment essuyés et huilés avec une huile spéciale ; on
devra fréquemment nettoyer ces parties de l'instrument.

qu'en agissant sur la glissière que porte un des galets, l'azimut varie (1).

Pour faire les observations de passage avec la précision requise, il faut que la méridienne ou le cercle méridien satisfasse aux conditions suivantes :

1° *L'axe de rotation de l'instrument doit être parfaitement horizontal.* — Pour vérifier cette horizontalité, on se sert d'un niveau à bulle d'air N (fig. 22) dont la monture est construite de façon à pouvoir le placer sur les tourillons. Le niveau ainsi placé, on observe les points du tube où s'arrêtent les extrémités de la bulle d'air, puis on retourne le niveau bout pour bout afin de faire la contre-épreuve et l'on observe de nouveau les points extrêmes de la bulle. Si l'axe de rotation est bien horizontal, les points extrêmes seront les mêmes que précédemment ; dans le cas contraire, le déplacement de la bulle donne le double de l'inclinaison de l'axe ; alors, au moyen des vis calantes, on fait rétrograder la bulle de la

---

(1) Nous avons dit qu'avant de procéder au réglage d'un instrument on devait s'exercer sur la valeur d'un tour de vis d'azimut pour connaître le degré de déplacement que l'on obtient en la faisant fonctionner. (Voir § 40.) Nous rappellerons que lorsque le galet à glissière est à l'est du méridien, si on agit sur la vis qui est au nord, la lunette se déplace vers l'ouest ; c'est l'inverse si ce galet est à l'ouest. Donc pour connaître la valeur d'un tour de vis d'azimut, desserrez la vis qui fait face au sud, et observez au fil moyen (fil du milieu) le passage d'une étoile équatoriale ; notez l'heure du passage et tournez vivement la vis qui fait face au nord de façon à lui faire faire un tour entier, ce dont vous serez assuré lorsque la rainure de la tête de la vis aura été ramenée dans la direction qu'elle avait précédemment ; dans cette condition le fil observé s'est déplacé vers l'ouest. Observez de nouveau l'étoile à son passage au même fil, notez l'heure, et la différence entre les deux passages vous donnera la valeur en temps d'un tour de vis. Vous aurez sa valeur en arc en la multipliant par 15.

moitié du déplacement, puis on la ramène complètement
entre ses repères au moyen de la vis de rectification *s*
dont le niveau est pourvu. — Pour mener cette opération
à bien, il faut que, chaque fois que l'on pose le niveau
sur l'instrument ou qu'on le retourne, on procède très
doucement afin d'éviter qu'il se produise une division
dans la bulle ; s'il s'en produisait, on la ferait disparaître
en soulevant et en abaissant ensuite très lentement une
des branches du niveau. Environ une minute après la
remise en place du niveau, on donne avec un crayon un
petit choc sur une des branches verticales pour vaincre
l'inertie de la bulle ; puis, environ 30 secondes après, on
peut faire la lecture de ses extrémités. On doit avoir
grand soin de ne pas exposer le niveau au Soleil : il
éclaterait.

2° *Le fil méridien du micromètre doit être dans un plan
vertical.* — A cet effet, pointez une mire (§ 32) ; si, en
haussant et baissant la lunette, l'image que l'on aperçoit
derrière toute la longueur du fil méridien, ou fil moyen,
est toujours semblable, c'est que ce dernier sera dans
une position verticale ; dans le cas contraire, on desserre
la plaque qui porte le micromètre, on fait la rectification
voulue en la déplaçant sur son centre et, lorsqu'on est
assuré de la bonne position des fils, on resserre la plaque
et on observe de nouveau la mire. A défaut de mire, on
observe un objet éloigné ; mais ce moyen donne rarement de bons résultats.

3° *L'axe optique de la lunette doit être perpendiculaire à
l'axe de rotation.* — Il y a deux manières de procéder à
cette rectification : au moyen de la mire ou au moyen du
bain de mercure ; nous allons indiquer les deux procédés ; le second est bien supérieur.

Premier procédé : Après avoir installé une mire au

moyen de l'objectif collimateur, ainsi que nous l'avons dit aux § 31 et 32, la lunette étant dans la position *directe* (1), pointez la mire et notez attentivement le pointé que vous obtenez. Cette première opération étant faite, mettez la lunette dans la position *inverse ;* en d'autres termes, enlevez la lunette de ses coussinets, retournez-la et mettez dans le coussinet de gauche le tourillon qui était dans le coussinet de droite, et inversement ; pointez de nouveau la mire et assurez-vous si vous obtenez le même pointé ; s'il en était ainsi, le résultat cherché serait obtenu. — Supposons maintenant que, dans la première opération, c'est-à-dire lorsque la lunette était dans la position directe, le fil méridien ne passait pas exactement par le milieu de la croisée de la mire ; en ce cas, on se sert du fil mobile. Après avoir fait faire au tambour le nombre de tours suffisants pour que le fil mobile croise la mire, on remarque l'image ; ensuite, on remet la lunette dans la position inverse et, après avoir amené de nouveau le fil mobile à la croisée de la mire, on examine de nouveau l'image. Si dans les deux positions de la lunette l'image est semblable, c'est que l'axe optique de la lunette est perpendiculaire à l'axe de rotation ; dans le cas contraire, il faudrait agir sur une des vis calantes et recommencer les opérations jusqu'à parfait réglage. Il peut arriver qu'on ne distingue pas bien la mire ; dans ce cas, on procède comme il est dit au § 32.

Deuxième procédé. — Placez un bain de mercure sur le socle de l'instrument, procédez comme il est indiqué au

(1) On dit que la lunette est dans la position *directe* lorsque le cercle est à *l'ouest,* et qu'elle est dans la position *inverse,* lorsque le cercle est à *l'est.*

§ 60 et agissez ensuite sur les vis calantes jusqu'à ce que l'image des fils du micromètre soit bissectée par les fils ; ce résultat obtenu, vous serez certain que l'axe optique de la lunette sera perpendiculaire à l'axe de rotation, et vous pourrez procéder à la quatrième vérification.

REMARQUE. — Lorsque le cercle méridien est en place, il est bien difficile de retourner la lunette sans qu'il en résulte une petite différence dans sa position ; aussi devra-t-on pointer la mire chaque fois qu'on procédera au retournement de la lunette, afin de rectifier sa position s'il y a lieu ; car si l'axe optique de la lunette n'était pas perpendiculaire à l'axe de rotation, il serait impossible de faire décrire à la lunette le plan méridien du lieu ; aussi engageons-nous les observateurs à procéder de préférence avec le bain de mercure, ce moyen étant plus sûr et plus expéditif.

4° *Le plan vertical que décrit la lunette doit coïncider avec le plan méridien*, c'est-à-dire *que l'axe de rotation doit coïncider avec la ligne est-ouest*. — Pour faire cette rectification quand on connaît exactement le temps sidéral ou le temps moyen du lieu que l'on considère, ce qui arrive rarement, à moins d'être à proximité d'un observatoire, il suffit d'observer successivement le passage au méridien de plusieurs étoiles connues, voisines de l'Équateur ; si on ne connaît que le temps moyen, on calculera l'heure des passages. A cet effet, si le pied du cercle méridien est rigide, placez le chronomètre sur le pied de l'instrument, desserrez les vis d'azimut, dirigez la lunette de manière à ce que l'étoile se trouve sur le fil horizontal et calez-la en serrant la vis de pression *k*. Au moins une minute avant le passage de l'étoile, disposez le pied de l'instrument de manière à l'amener sur le fil moyen et maintenez-la sur ce fil en agissant sur la vis d'azimut qui fait face au nord pour faire marcher la lunette en même temps que l'étoile dans le sens du mouvement diurne, jusqu'au moment précis de la culmination de l'astre ; resserrez ensuite la vis d'azimut opposée, afin d'éviter tout déplacement ultérieur du pied. Observez de nouveau plusieurs passages, mais à l'aide des cinq fils, et assurez-vous, à chaque observation, si la moyenne trouvée, qui correspond du reste avec l'heure du passage au fil moyen, est égale à l'ascension droite de l'étoile indiquée par la *Conn. des T.* (Voir la Méthode d'observation, § 66.)

Si le pied a un mouvement en azimut, après avoir calé la lunette à la déclinaison de l'étoile, desserrez la vis qui rend solidaire les deux parties du pied, ramenez l'étoile comme vous l'avez fait ci-dessus, et, à l'instant précis du passage, resserrez la vis qui solidarise les deux parties du pied et observez également plusieurs passages d'étoiles, aux cinq fils, pour vérifier si la lunette est bien orientée. — Pour s'assurer si la pendule ou le chronomètre qui a servi à placer la lunette dans le méridien marquait exactement le temps sidéral ou le temps moyen du lieu, selon l'appareil employé, faites une dernière vérification en observant, ainsi qu'il va être dit ci-après, le passage au méridien de deux étoiles d'ascension droite différente.

Admettons que l'on ne connaisse pas l'heure du lieu, procédez de la manière suivante : Choisissez deux étoiles fondamentales assez brillantes dont la différence en ascension droite est très petite et la différence en déclinaison très grande, l'une vers le zénith et l'autre entre l'Equateur et l'horizon sud, ou *vice-versa*, et observez successivement leur passage au méridien. Si l'intervalle de temps sidéral entre le passage observé des deux étoiles choisies est égal à la différence d'ascension droite desdites étoiles, c'est que l'axe optique de la lunette décrit bien le plan méridien du lieu ; cette rectification faite, fixez aussitôt la mire à demeure.

Lorsque l'intervalle de temps entre les deux passages observés est plus petit que la différence d'ascension droite entre les deux étoiles choisies, alors que l'étoile située vers le zénith passe la première (ce qui est toujours préférable), c'est que la lunette dévie vers l'est ; si, dans le même cas, cet intervalle était plus grand, c'est que la deuxième étoile est passée trop tard et que la lunette dévie vers l'ouest.

On comprendra facilement que ce moyen est infaillible, car il est évident qu'une étoile qui culmine vers le zénith est toujours à peu près dans le méridien du lieu d'observation ; et, quel que soit le défaut d'orientation de la lunette, le temps sidéral du lieu considéré sera d'autant plus égal à l'ascension droite de l'astre observé, que sa culmination se fera plus proche du zénith. Il est donc non moins évident que si la seconde étoile passe trop tôt, c'est que la lunette est trop vers l'est, et que c'est l'inverse si elle passe trop tard. Exemple :

L'étoile située vers le zénith passe la première.

PREMIER CAS.

	h m s
Ascension droite α Cocher.	5.8.10
Ascension droite β Orion	5.8.59
Différence en ascension droite	0.0.49
Différence entre les passages.	0.0.45

La lunette dévie vers l'est.

DEUXIÈME CAS.

	h m s
Ascension droite α Cocher.	5.8.10
Ascension droite β Orion	5.8.59
Différence en ascension droite	0.0.49
Différence entre les passages.	0.1.10

La lunette dévie vers l'ouest.

Lorsque l'axe optique dévie vers l'est, on serre légèrement la vis d'azimut qui fait face au nord ; lorsqu'elle dévie vers l'ouest, on serre la vis opposée. Après la rectification, on observe d'autres passages jusqu'à ce que la différence en temps entre les passages observés soit égale à la différence d'ascension droite des étoiles choisies. Si, parmi les étoiles choisies, c'est celle qui est proche de l'horizon qui passe la première, les erreurs seront renversées, et on agira d'une manière contraire sur les vis d'azimut du galet à glissière. EXEMPLE :

L'étoile située vers l'horizon passe la première.

PREMIER CAS.

	h m s
Ascension droite ε Lièvre	5.0.35
Ascension droite α Cocher	5.8.10
Différence en ascension droite	0.7.35
Différence entre les passages	0.7.10

La lunette dévie vers l'ouest.

DEUXIÈME CAS.

	h m s
Ascension droite ε Lièvre	5.0.35
Ascension droite α Cocher	5.8.10
Différence en ascension droite	0.7.35
Différence entre les passages	0.8. 4

La lunette dévie vers l'est.

REMARQUES. — Si comme nous l'avons recommandé à la note qui termine le § 40 et dans la première note de ce paragraphe, on a étudié au moyen du micromètre la valeur approximative du déplacement occasionné par un tour et une fraction de tour de la vis d'azimut, il sera facile après quelques observations de faire coïncider la lunette avec le plan méridien, surtout si on a eu soin de bissecter la seconde étoile avec le fil mobile à l'instant où elle aurait dû l'être par le fil moyen. Pour faciliter le réglage, on aura soin, en rectifiant l'azimut de la lunette, de la laisser plutôt vers l'est si on pointe en dernier lieu vers l'horizon, ce qui est toujours préférable; de même, on la laissera plutôt vers l'ouest, si on pointait en dernier lieu vers le zénith, ce que, par expérience, nous ne conseillons pas. Bien entendu que le déplacement de la lunette ne doit être fait que pour la moitié de la valeur de la différence entre le fil mobile et le fil moyen. La rectification faite, on refait de nouvelles observations jusqu'à parfait réglage, et on scelle la mire.

Si on se sert d'une pendule sidérale, ou d'une montre à secondes indépendantes indiquant ce temps, on pourra pour plus de facilité choisir deux étoiles dont l'ascension droite diffère de plusieurs minutes; mais, si on se sert d'un chronomètre indiquant le temps moyen, il faudra choisir deux étoiles dont la différence d'ascension droite est moins d'une minute, car pour trois minutes de temps sidéral il y a une différence de près d'une demi-seconde avec le temps moyen, et si on n'en tenait pas compte, à l'aide de la table V, l'axe optique de la lunette ne serait pas dans le plan méridien. — Chaque fois qu'on déplace la lunette en azimut il faut vérifier si son axe optique est perpendiculaire à l'axe de rotation. — Avant de choisir les étoiles on consultera le § 72 relatif aux *doubles passages* des étoiles au méridien.

5° *Le cercle doit être calé de manière à ce qu'il indique* 0° *ou* 90°, *selon que l'on compte en distance polaire ou en déclinaison, lorsque la lunette pointe le pôle* (si l'instrument doit rester à demeure), *ou* 0° *lorsque la lunette, dans l'une ou l'autre de ses positions, pointe l'horizon* (ce qui est préférable pour déterminer les positions géographiques).

Il est évident que si l'on pointe la Polaire à son passage au méridien supérieur et inférieur, la moyenne des lectures du cercle, défalcation faite de la réfraction, donnera l'emplacement du pôle. Mais pour appliquer la correction de la réfraction on doit connaître la hauteur de l'étoile au-dessus de l'horizon *vrai*. Pour avoir cette donnée, on observe le nadir et on dispose le cercle de manière à ce qu'il indique *zéro* lorsque la lunette pointe l'horizon. (Voir § 60).

Admettons que le cercle donne cette indication lorsque la lunette pointe l'horizon ; admettons également qu'après avoir pointé la Polaire au méridien supérieur, la lecture du cercle donne 49°30′12″, et que la lecture du cercle au passage, au méridien inférieur, donne 46°55′56″. Si à ces hauteurs observées on retranche la réfraction et que l'on prenne la moyenne du résultat, on aura évidemment la lecture que donnera le cercle lorsque la lunette pointera le pôle. — Donc :

Passage au méridien supérieur 49°30′12″ — 50″ = 49°29′22″
—   —   inférieur 46°55′56″ — 54″ = 46°55′ 2″

                                                    96°24′24″
Moyenne des lectures. . . . . . . 48°12′12″

En faisant indiquer cette lecture au cercle, la lunette pointera le pôle.

Pour que la lunette indique 0° lorsque la lunette pointe le pôle, on élève la lunette jusqu'à ce que l'index indique 48°12′12″. La lunette étant dans cette position, on l'immobilise à l'aide de la vis *k,* on desserre l'écrou qui fixe le cercle, et on déplace le cercle de manière à amener son *zéro* en face de l'index, si on compte en distance polaire, ou en face de 90°, si on compte en déclinaison ; ensuite on resserre l'écrou, et on s'assure si en procédant à cette dernière opération le cercle ne s'est pas déplacé sur son ajustement. (Voir la remarque du § 62).

Si l'on ne pouvait observer qu'un passage de la Polaire, on retrancherait ou on ajouterait la distance polaire de l'astre, selon que l'on aurait observé la Polaire à son passage supérieur ou à son passage inférieur, et le résultat de cette opération indiquerait la lecture du cercle lorsque la lunette pointerait le pôle.

Supposons que l'on n'a pu observer que le passage de cet astre au méridien supérieur et que le jour de l'observation, la déclinaison de cette étoile était de 88°42'50", le complément de cet angle, c'est-à-dire 1°17'10' serait la distance polaire. Donc :

	o	/	//
Passage au méridien supérieur, réfraction déduite. .	49.	29.	22
Distance polaire de l'étoile	— 1.	17.	10
Indication du cercle.	48.	12.	12

Il faut, autant que possible, observer les deux passages parce que l'un contrôle l'autre.

A défaut de bain de mercure, si le cercle est pourvu d'un niveau, on procédera ainsi que nous l'indiquons à la fin du § 60. Si le cercle n'était pas muni de cet accessoire, en dernier moyen, on aurait recours à celui indiqué à la fin du § 82 ; mais nous devons prévenir l'observateur que ce procédé ne donne pas un aussi bon résultat.

REMARQUES. — Le point du pôle étant déterminé par *zéro*, par exemple, si on dirige la lunette de manière à ce que le vernier indique 90°, elle pointera l'Equateur. Si la distance polaire d'un astre est supérieure à 90°, c'est qu'il appartient à l'hémisphère austral ; en en retranchant 90°, on obtiendra la déclinaison sud de l'astre. Si la distance polaire est inférieure à 90°, en prenant le complément de la distance trouvée on aura la déclinaison boréale de cet astre. Pour connaître la distance polaire d'un astre à son passage au méridien inférieur, on retranchera le chiffre indiqué par l'index de 360° ; le complément de la distance polaire trouvée donnera la déclinaison.

Il est bien entendu qu'on peut faire la cinquième rectification au moyen d'une étoile circumpolaire quelconque, à la condition de choisir une étoile dont la position est donnée de jour en jour par la *Connaissance des Temps*. Une condition non moins essentielle est de bien bissecter l'étoile avec le fil des hauteurs pendant l'observation ; c'est ici le cas, si on observe la Polaire, d'employer le réseau dont nous parlons vers la fin du § 66. Le réglage du cercle méridien ne laissant pas que d'offrir certaines difficultés, on ne saurait y procéder trop minutieusement.

Lorsque l'instrument doit servir à déterminer des positions géographiques, il est préférable de faire indiquer 0° au cercle quand la lunette pointe l'horizon sud. (Le cercle donnera la même indication lorsque la lunette pointera l'horizon nord si on retourne la lunette). Pour lui faire donner cette indication, on procède avec le bain de mercure ainsi que nous l'avons expliqué déjà. Lorsque les fils sont bien superposés à leur image, on cale la lunette et on dispose le cercle de manière à ce que l'index indique 270° ; dans cette condition, la lecture du vernier donne la hauteur de l'étoile, et le complément de cette coordonnée, réfraction corrigée, donnera la distance zénithale méridienne. Connaissant, d'après la *Conn. des T.*, la distance polaire de l'étoile choisie, il est évident que sa distance du pôle au zénith sera égale à la distance polaire méridienne de l'étoile moins sa distance zénithale.

Pour appliquer un exemple à ce qui précède, supposons que la hauteur d'un astre connu, prise dans le méridien, donne 60°41′7″, réfraction corrigée, sa distance zénithale méridienne sera égale au complément de cet angle : 29°18′53″. Supposons également que la distance polaire de l'astre observé est de 95°31′15″, sa distance du pôle au zénith, ou ce qui est la même chose, la colatitude du lieu d'observation, sera égale à 95°31′15″ — 29°18′53″, c'est-à-dire 66°12′22″ ; d'où on concluera la hauteur du pôle, ou latitude du lieu d'observation, par le complément de ce dernier angle : 90° — 66°12′22″ = 23°47′38″, qui sera la latitude du lieu considéré.

Connaissant la hauteur du pôle dans un lieu quelconque, alors que le cercle indique 0° lorsque la lunette pointe *l'horizon nord*, si on veut faire indiquer 0° au cercle lorsque l'axe optique de la lunette pointera le *pôle*, il suffira d'élever la lunette jusqu'à ce que le cercle indique la hauteur du pôle de ce lieu. Pour appliquer un exemple à ce changement dans l'indication du cercle, supposons que nous sommes sous la latitude de 23°47′38″ nord; dirigez la lunette de manière à donner au cercle cette indication; calez la lunette dans cette position au moyen de la vis de pression K, décalez le cercle et fixez-le définitivement lorsque son zéro coïncidera avec l'index, et le cercle indiquera 0° lorsque la lunette pointera le pôle. Voir la remarque du § 62, page 225.

Rien n'oblige toutefois à ce que le *zéro* du vernier corresponde au *zéro* du cercle lorsque la lunette pointe le pôle, l'Equateur ou l'horizon. Le zéro du vernier étant l'origine des lectures du cercle quelle que soit sa lecture dans l'observation du nadir, en y ajoutant ou en y retranchant 180°, elle donnera celle du zénith; de même qu'on en concluera la lecture à l'horizon en retranchant ou en ajoutant 90° à celle du zénith, selon que le numérotage va en montant ou en descendant. Donc dans l'un comme dans les autres cas, quelle que soit la lecture du vernier, elle sera prise pour origine des lectures dans les mesures de hauteur et les calculs.

Admettons, par exemple, que l'instrument étant dans la position directe (cercle à l'ouest), la lecture du vernier donne 298°27′10″ lorsque la lunette pointe le nadir; celle du zénith sera 118°27′10″ lorsque la lunette sera braquée sur ce point du Ciel; de même que le vernier indiquera 28°27′10″ lorsque la lunette pointera l'horizon sud, et ce dernier nombre sera pris pour le zéro du cercle. Si nous supposons maintenant qu'après avoir pointé une étoile, la lecture du vernier donne 97°40′51″, réfraction déduite, la hauteur de cette étoile sera : 97°40′51″ — 28°27′10″ = 69°13′41″. Dans la position inverse (cercle à l'est), la lecture sera la même si on pointe vers le nord. Comme on le voit, quelle que soit la lecture du vernier, on arrive toujours au résultat cherché.

Alors que l'instrument sera placé dans la position voulue, on devra procéder de nouveau aux rectifications afin de s'assurer si l'instrument n'a pas subi de déplacement pendant le réglage. Lorsqu'on sera certain que l'instrument est placé dans les conditions requises, on devra en vérifier très fréquemment la position par l'observation du nadir, conjointement avec celle de la mire, afin de rectifier, s'il y a lieu, les erreurs qui pourraient être occasionnées par une des causes dont nous avons parlé au § 41.

L'instrument étant réglé, on ne touche plus à la mire; mais afin de pouvoir vérifier la position de la lunette, on prend note de la lecture des tambours du micromètre alors que le fil mobile bissecte la mire. C'est ce qu'on appelle *l'azimut de la mire.*

Nous avons supposé jusqu'ici que par construction l'instrument ne laissait rien à désirer; mais la précision exigée pour qu'un instrument soit parfait est presque impossible à obtenir. Il en résulte donc des erreurs instrumentales dont la principale est l'erreur de collimation, et d'autres provenant du fait de l'observateur, particulièrement l'erreur d'inclinaison et celle d'azimut de la lunette.

Erreur de collimation. — Disons tout d'abord que la ligne de collimation est la ligne qui passe par le centre optique de l'objectif et par le point ou le fil moyen ou le fil idéal, rencontre le plan déterminé par le centre optique et l'axe de rotation de l'instrument; de même que la ligne sans collimation est la ligne passant par le centre optique de l'objectif et perpendiculaire à l'axe de rotation. Donc l'erreur de collimation est l'angle que forme la droite perpendiculaire à l'axe de rotation passant par le centre optique de la lunette, avec la droite joignant le même point au fil idéal ou au fil moyen. La lunette ayant été orientée et la mire scellée dans le méridien supposé, de manière que dans une des positions de la lunette sa croisée soit bissectée par le fil moyen (ou par le fil mobile, dont on connaît la lecture des tambours), on retourne la lunette dans ses coussinets et on fait un nouveau pointé sur la mire ; si l'image répond à celle du premier pointé, cela indique que l'instrument est dans sa position voulue.

Si nous admettons maintenant qu'après avoir retourné l'instrument, la lunette était dans la position directe et que le fil moyen ne bissectait plus la mire ; dans ce cas, on amène le fil mobile sur le fil moyen on fait la lecture du tambour. Appelons cette lecture m ; on bissecte ensuite la mire avec le fil mobile et on fait une nouvelle lecture que nous appellerons m'. Si nous désignons par c l'erreur de collimation, cette erreur sera :

$$c = \frac{m' - m}{2}$$

Bien entendu que si l'on s'était servi du fil mobile au premier pointé, on arriverait au même résultat en admettant même que la mire ne soit pas tout à fait dans le plan du méridien.

Donc, comme on connaît la valeur d'un tour de vis, on note la valeur de l'erreur de collimation, et on déplace les fils du micromètre en agissant sur la vis *ad hoc* jusqu'à ce que le fil moyen (ou le fil mobile, selon le fil qui a servi au premier pointé, corresponde à la moitié de l'erreur trouvée, en ayant soin de déplacer l'oculaire en même temps que les fils. Cette opération étant faite, on la recommence en se servant du fil mobile afin d'éliminer de plus en plus l'erreur, et la différence entre les deux pointés, différence que l'on réduira en arc, sera la correction à appliquer dans les observations de passage. Cette correction se calcule ainsi :

$$\frac{1}{15}\ \frac{c}{\sin\delta}$$

δ étant la distance polaire de l'astre. — Si on admettait pour cette correction 3″, soit 0ˢ,2 pour une étoile équatoriale, elle serait de 8ˢ,6 pour la Polaire.

Il s'agit maintenant de connaître comment on doit procéder pour appliquer la correction dont nous venons de parler. Dans l'exemple ci-dessus, nous avons dit qu'après le retournement, la lunette était dans la position directe (cercle à l'ouest) ; la tête de la vis micrométrique étant à l'est, la lecture du tambour va en croissant. Si nous supposons maintenant que, dans cette position de la lunette, en agissant sur la vis pour bissecter la mire, la lecture m' était plus grande que la lecture m faite précédemment ; cela indique que la correction est négative, c'est-à-dire qu'elle doit être retranchée de l'heure du passage de l'astre ; si la lecture m' avait été plus petite que m, la correction aurait été positive. Mais si la lunette avait été dans la position inverse (cercle à l'est), l'effet changerait, la lecture aurait été en décroissant et les corrections seraient contraires ; c'est-à-dire que, si la lecture avait été plus grande, la correction aurait été positive.

Si les fils étaient en nombre pair, on pointerait la mire avec le fil mobile dans les deux positions de la lunette et on procéderait comme ci-dessus en notant la lecture des tambours à chaque pointé, et on appliquerait les corrections selon que les lectures iraient en croissant ou en décroissant, d'après la position du cercle.

Lorsque l'erreur de collimation est connue, on l'inscrit sur un carnet et on applique la correction à chaque observation de passage.

Erreur d'inclinaison. — Cette erreur provient de ce que, par suite d'un mouvement du sol sur lequel repose l'instrument, l'une des extrémités de l'axe des tourillons est plus élevée que l'autre. Cette erreur peut fausser considérablement le résultat de l'observation. Pour éviter cette erreur, on vérifie avant et après l'observation l'horizontalité de l'axe des tourillons au moyen du niveau, dont le réglage aura été préalablement bien fait, — ou, ce qui est infiniment préférable, à l'aide d'un petit bain de mercure ; ce dernier moyen, beaucoup plus expéditif, ne laisse plus subsister d'erreur.

Erreur d'azimut de la lunette, son annulation. — Cette erreur provient de ce que l'axe des tourillons de la lunette n'est pas dans la direction est-ouest. Pour reconnaître cette erreur, il suffit d'amener le fil mobile de manière à ce que les tambours du micromètre marquent la lecture de l'azimut de la mire qui a été notée lorsque l'axe optique de la lunette était dans le plan méridien, l'écart entre la mire et le fil sera l'erreur d'azimut de la lunette. Pour la rectifier, on déplace la lunette en agissant sur une des vis d'azimut : sur celle qui fait face au sud, si l'heure est trop grande, c'est-à-dire si l'instrument est trop à l'ouest, jusqu'à ce que le fil bissecte la mire ; en agissant sur l'autre vis, si l'heure est trop petite, autrement dit si l'instrument est trop à l'est. La rectification étant faite, on serre la vis opposée et l'instrument est dans le méridien.

MÉTHODE D'OBSERVATION

66. — Observations méridiennes. — Ainsi qu'on l'a vu au § 25, la lunette méridienne, ou cercle méridien, doit être pourvue d'un micromètre à fil mobile, afin de diminuer l'erreur du pointé, etc. L'observation du passage d'une étoile au méridien (1), sans être bien difficile, ne laisse pas que de demander une certaine habitude pour noter l'instant précis où un astre quelconque se trouve coïncider avec les fils horaires. Deux moyens se présentent à l'observateur : l'*enregistrement électrique* et l'observation par *l'œil et l'oreille*. On a préconisé le premier moyen ; nous ne l'admettons que dans des cas exceptionnels, car les avantages qu'il offre sont balancés au delà par les inconvénients qu'il occasionne. Il est vrai que l'enregistrement électrique ne demande pas une attention soutenue, quoiqu'il donne une plus grande somme de travail, mais ce procédé demande un matériel encombrant, tels que des piles avec leurs accessoires, une pendule chronographique ou un chronomètre spécial pour l'interruption automatique du courant, etc., etc. ; maintenant, si on considère que ce dernier a une marche incertaine, qu'en outre il est sujet à de fréquents dérangements et que la réduction des observations devient une opération aussi fastidieuse que pénible, sans parler des perturbations de l'atmosphère qui rendent l'enregistrement électrique tout à fait impossible, il n'y a pas à hésiter entre le choix des deux méthodes ; en un mot, il vaut infiniment mieux donner la préférence à l'observa-

---

(1) On sait que le passage des étoiles et des planètes dans le Ciel n'est qu'apparent, et qu'il est dû au mouvement de rotation de la Terre.

tion par *l'œil et l'oreille*, qui a sur l'enregistrement électrique l'immense avantage d'être beaucoup plus simple. C'est de ce dernier procédé, qui est non seulement à la portée de tous les amateurs, mais qui est plus commode pour les voyageurs, dont nous allons parler.

Pour observer un passage, on dirige d'abord la lunette avec la main à l'inclinaison voulue pour que l'étoile traverse le champ près du fil *horizontal (fil des hauteurs)* si elle est faible, ou soit bissectée par le fil si elle peut être aperçue derrière lui ; si c'est un astre qui a un diamètre, son bord supérieur ou inférieur doit être tangent au fil ; ensuite, on cale la lunette, on la met au point de l'étoile ou de l'astre et, à l'aide de la vis de rappel, on achève le pointé avec la précision requise. Aussitôt que l'étoile est bissectée par le fil des hauteurs, on regarde l'heure à la pendule et on compte mentalement la seconde à chaque battement de la pendule ou de ce qui la remplace, sans quitter l'étoile de vue ; à mesure que l'étoile est bissectée par un des fils *verticaux (fils horaires)*, on note la seconde. Si l'astre a un diamètre, on ne note qu'à l'instant où le bord latéral de son disque est tangent au bord du fil vertical.

Quand on a acquis un peu de pratique, on apprécie le cinquième, même le dixième de seconde, soit en fractionnant directement la seconde pour estimer l'instant du passage, soit en déduisant celui-ci des espaces parcourus par l'étoile sur le fil des hauteurs, de part et d'autre du fil horaire considéré ; la moyenne des temps correspondant à chacun des passages devant les fils, donne l'heure du passage de l'étoile au méridien.

Quand l'astre a un diamètre, selon qu'on a observé le premier ou le second bord, on ajoute ou on retranche, à la moyenne trouvée, la valeur en temps du demi-

diamètre de l'astre. Si l'heure de la pendule est plus
grande ou moindre que l'ascension droite de l'astre, c'est
qu'elle avance ou qu'elle retarde de la différence trouvée ;
ensuite, sur le cercle on lit en degrés, minutes et
secondes la distance de l'astre au pôle.

Comme on le voit, le cercle méridien donne l'ascension droite de l'astre et la distance polaire ou la déclinaison avec la plus grande facilité et la plus grande
précision. A la rigueur, on peut se contenter du passage
à la ligne de collimation de la lunette, c'est-à-dire la
ligne qui joint le centre optique de l'objectif au point de
croisement des fils du réticule ; c'est pour plus d'exactitude qu'on observe le passage à chacun des fils horaires
et que l'on fait même des pointés avec un fil vertical
mobile quand on observe des étoiles circumpolaires.

Pour que l'observation de passage soit bien faite, on
dirige l'oculaire de manière à ce qu'il soit toujours placé
en face du fil derrière lequel l'astre, ou le bord de son
disque, doit passer ; car l'observation serait faussée si le
plan focal ne concordait pas rigoureusement avec le
plan du micromètre.

Voici, d'après un de nos plus savants observateurs,
M. Yvon Villarceau, un procédé très méthodique, dont
une longue expérience a démontré l'efficacité, pour arriver à déterminer le temps sans faire porter l'estime sur
des intervalles plus grands que deux dixièmes de seconde ; on peut même, avec un peu de pratique, parvenir
à estimer exactement le dixième de seconde ; nous trouvons ce procédé dans l'important ouvrage de M. P. Hatt,
sur le *Cercle Méridien* : « Le son parcourant 334 m. par
seconde, si l'on se place à 33 m. d'un mur et que l'on
produise un bruit sec, comme un battement de mains,
l'écho de ce bruit succédera au son lui-même à 0^s,2 de

distance. On acquiert, en répétant cet exercice, une notion très précise de la durée de deux dixièmes de seconde. Cela posé, l'observateur arrivera facilement à dédoubler l'intervalle des battements de la pendule en battant la seconde avec le crayon, à la manière des musiciens avec leur bâton de mesure, les secondes entières correspondant au *frappé* et le $0^s,5$ au *levé ;* d'autre part, il subdivise cet intervalle lui-même au moyen de la connaissance qu'il possède de la durée des deux dixièmes de seconde. Il obtiendra donc les points de repère suivants : 0 dixième quand le passage a lieu au battement juste ; 2 dixièmes quand il a lieu plus tard de l'intervalle de temps connu ; 3 dixièmes s'il précède de cet intervalle de temps le demi-battement intermédiaire ; 5 dixièmes s'il a lieu au demi-battement, et de même pour 7 et 8 dixièmes. Quant aux dixièmes restants, 1, 4, 6 et 9, ils viennent se placer naturellement entre deux des précédents, c'est-à-dire qu'on les rattache à $0^s,0$ et $0^s,5$, en remplaçant $0^s,2$ par $0^s,1$. » — Ce procédé est non seulement applicable avec une pendule battant la seconde, mais il l'est surtout avec un chronomètre battant la demi-seconde ; c'est dans ce cas qu'il offre un réel avantage aux observateurs qui ont à déterminer des positions géographiques.

C'est de la vitesse du mouvement angulaire d'une étoile que dépend le degré de précision de son passage à un fil ; elle est donc beaucoup plus grande à l'Equateur qu'au pôle, puisqu'à l'Equateur elle est de $15''$ par seconde de temps, tandis que la Polaire emploie $43''$ environ pour parcourir le même arc. On choisira donc toujours une étoile voisine de l'Equateur pour vérifier la marche de la pendule ou du chronomètre ; de même que pour vérifier la position de l'instrument on observera

successivement une étoile circumpolaire et une étoile
équatoriale (λ Petite Ourse est l'étoile fondamentale la
plus voisine du pôle).

Il faut s'attacher à maintenir l'étoile entre les deux
fils horizontaux du réticule, si on observe à la lunette
méridienne ; et, s'il n'y en a généralement qu'un comme
au cercle méridien, près et parallèlement à lui, afin
d'observer toujours le passage au même point du fil.
Lorsqu'on a besoin de connaître la hauteur ou la déclinaison d'une étoile, on l'amène près du centre du champ
de la lunette jusqu'à ce qu'elle soit bissectée par le fil
horizontal. Quand on observe le passage d'une étoile
voisine de l'Equateur, la ligne qu'elle parcourt dans le
champ de la lunette est rectiligne et, par conséquent,
parallèle au fil horizontal. On remarquera qu'il n'en est
pas ainsi si l'étoile est voisine du pôle ; alors, la courbure de la trajectoire est sensible et, pour maintenir
l'étoile parallèlement au fil des hauteurs, on est obligé
d'agir sur la lunette. — On devra s'assurer de temps en
temps si le fil est bien horizontal ; à cet effet, on pointera
une étoile voisine de l'Equateur ; si, dans sa course en
travers du champ de la lunette, elle est constamment
bissectée par le fil, c'est que ce dernier est dans la position requise.

La lunette devra être mise exactement au point, ce
qu'on obtient en poussant ou retirant l'oculaire jusqu'à
ce que l'image du point visé et celle des fils soient bien
nettes. Le fil mobile devra être amené à la droite du
champ si on pointe vers le sud ou entre le pôle et l'horizon nord, et à la gauche du champ si on pointe entre
le zénith et le pôle ; l'endroit sera choisi de manière à ne
pouvoir être confondu avec un des fils verticaux. —
L'œil sera placé aussi proche de l'oculaire que possible,

et on déplacera l'oculaire latéralement à mesure que
l'étoile avancera dans le champ. En procédant ainsi,
l'œil sera toujours placé exactement en face du fil
derrière lequel l'étoile va passer, et on évitera l'erreur
que pourrait produire la parallaxe des fils si le plan focal
ne concordait pas rigoureusement avec le plan du micromètre. On remarquera que, dans une observation de
passage, l'erreur d'estime de l'œil sera d'autant plus
grande que l'étoile sera plus voisine du pôle, qu'elle
sera plus brillante et que le grossissement employé sera
petit. Toutefois, on peut éviter l'erreur qui pourrait
résulter de l'éclat de l'astre en plaçant devant l'objectif
un réseau établi dans les conditions que nous indiquons
à la page 262.

Indépendamment de la correction de la réfraction qui
rapproche les astres du zénith, on aura en outre à tenir
compte de la parallaxe qui les rapproche de l'horizon,
quand on observera le passage au méridien du Soleil, de
la Lune et des planètes. Dans l'observation des passages
de ces astres, on ne devra noter le temps que *juste* à
l'instant où le fil horaire du micromètre est tangent à
leur disque. On remarquera surtout qu'il est de la dernière importance que l'image du bord du disque de
l'astre soit d'une netteté parfaite, parce qu'un défaut de
mise au point occasionne un agrandissement du diamètre
de l'astre et, par suite, une erreur dans l'appréciation du
passage. Il est surtout nécessaire que l'oculaire soit
mobile, si on veut éviter la parallaxe des fils, ce qui
produirait également une erreur.

La réfraction et la parallaxe qui affectent la distance
zénithale des astres ne modifient que par un vent violent
l'heure de leur passage au méridien. La *Conn. des T.*
donne aux éphémérides du Soleil, de la Lune et des

planètes, le demi-diamètre de ces astres et la durée du passage du demi-diamètre ; elle donne également la correction à appliquer pour leur parallaxe. Cette correction n'a de l'importance que pour le Soleil et la Lune ; elle est insignifiante pour les planètes et nulle pour les étoiles.

Lorsqu'on observe un passage entre le zénith et l'horizon sud, l'astre traverse le champ de la lunette en se dirigeant de droite à gauche, sens contraire au mouvement diurne apparent ; il en est de même si on observe un passage entre le pôle et l'horizon nord, c'est-à-dire dans le méridien inférieur ; mais, entre le zénith et le pôle, l'astre traverse le champ dans le sens du mouvement diurne apparent, c'est-à-dire de gauche à droite.

L'observation du nadir permettant de déterminer la verticalité de la lunette d'une façon tout à fait précise, il est donc facile par ce moyen de s'assurer si l'instrument n'a pas dévié dans un sens ou dans l'autre pendant le cours d'une série d'observations. Cette observation permet en outre de se passer de niveau pour régler les instruments méridiens ; on comprendra donc que, si un déplacement s'est produit, il suffira, pendant l'observation du nadir, d'agir sur les vis calantes, jusqu'à ce que les fils du micromètre coïncident avec leur image réfléchie pour que l'axe optique de la lunette soit perpendiculaire à l'axe de rotation. En un mot, le bain de mercure sert aussi bien à régler le calage du cercle dans les deux positions qu'à déterminer la collimation nadirale et l'inclinaison de l'axe de rotation.

Chaque fois que l'on fera une observation de passage, on devra donc préalablement vérifier la position de l'instrument au moyen du bain de mercure ou du niveau, si on ne se sert que de ce dernier appareil, mais toujours conjointement avec un pointé sur la mire. Si on emploie

22.

le niveau, il est nécessaire de le laisser, autant que possible, sur les tourillons de l'axe de rotation de la lunette pour s'assurer si, pendant la série d'observations, il ne se produit pas de changement dans l'inclinaison de cet axe. Mais si on veut faire une série d'observations sérieuses, on devra observer le nadir avant, pendant et après la série ; il sera même prudent de faire, dans l'intervalle, quelques pointés d'étoiles dans le voisinage du zénith ; on devra également observer la même série dans les deux positions de la lunette en conservant le même calage au nadir.

On obtiendrait plus de précision en déplaçant le cercle sur son axe, c'est-à-dire en faisant varier le point de départ des lectures. Ce déplacement systématique permettrait de corriger les erreurs de division du cercle ; cette opération est inutile si le cercle est muni de deux microscopes.

Nous ferons remarquer qu'il est très difficile de faire le retournement de la lunette, si l'instrument est de grande dimension, sans occasionner un petit changement dans l'azimut de la lunette si l'instrument n'est pas pourvu d'un appareil de retournement, et surtout si l'installation n'est pas parfaite ; dans ce cas, il sera très prudent de pointer la mire avant et après le retournement, conjointement avec une observation du nadir.

Lorsque le cercle méridien est placé sur un pilier provisoire quelconque, en un mot s'il manque de stabilité (tel est souvent le cas des installations faites par les explorateurs et les officiers des brigades topographiques), il est de la dernière nécessité que l'observateur ait un assistant pour faire les lectures du cercle, car s'il se déplaçait il est presque certain que la lecture du cercle ne coïnciderait plus avec celle que donnait l'instrument pendant l'observation.

Malgré que nous recommandons d'employer de préférence le bain de mercure au niveau, à cause des avantages qu'il offre, il serait imprudent d'en faire usage dans une station située sur le bord de la mer, car les vents violents et certaines trépidations y agiteraient sans cesse la surface du bain, et il serait impossible d'obtenir une image nette des fils, à moins d'avoir un petit modèle du bain de mercure Gautier, modifié ; dans ces conditions, l'observateur pourrait opérer en toute sécurité.

Les lunettes des instruments méridiens portatifs seront pourvus d'un micromètre à fil mobile, parce que, dès qu'on connaît la valeur d'un tour de vis, si le tambour porte 100 divisions ou 60 seulement, comme on peut estimer à l'œil nu au moins le quart ou le cinquième d'une division (ce qui est possible avec les tambours modernes revêtus d'une lame de celluloïd), en admettant qu'il y ait une distance angulaire d'une minute d'arc entre les fils, on voit qu'on peut déterminer la distance équatoriale entre les fils avec une exactitude qui peut atteindre un centième de seconde de temps. Mais si la lunette est dépourvue de fil mobile, on doit avoir recours à une très longue série d'observations et, par suite, de calculs pour déterminer ces distances, et si un fil casse, tout le travail qu'a donné cette détermination ne sert plus à rien ; en outre, sans fil mobile, les pointés sur la mire deviennent très difficiles et occasionnent une grande perte de temps.

Nous ne saurions trop recommander d'apporter la plus grande attention à l'observation du passage de la Lune au méridien quand il s'agit de déterminer une longitude ; la mise au point est ici une affaire capitale ; et, comme la lunette a pu servir précédemment à l'observation d'une étoile de culmination lunaire, l'observateur doit être assez exercé et assez habile pour remettre sa lunette au point de la Lune pendant le temps qui s'écoule entre l'entrée de l'image de la Lune dans le champ de la lunette et celui de son parcours jusqu'au premier fil, tout en ne perdant pas de vue le battement du chronomètre ; en outre, il doit également bien apprécier l'instant où le bord éclairé de notre satellite se trouve derrière le fil et celui où il est bissecté par lui ; sans ces précautions, sa soirée serait perdue.

L'observateur devra s'assurer si les fils du micromètre sont bien orientés dans le plan focal, c'est-à-dire bien perpendiculaires à l'axe de rotation ; si l'axe optique de la lunette est bien défini, autrement dit si l'axe optique coïncide avec l'axe géométrique de la lunette ou, ce qui est la même chose, avec le fil horaire moyen.

Il nous reste à expliquer comment on procède dans les observations méridiennes pour trouver la moyenne de cinq passages successifs d'une étoile devant les fils du micromètre. Deux exemples suffiront pour tous les cas : le premier, lorsqu'il n'y a pas de changement de minute pendant le passage ; le second, lorsque la minute change une ou plusieurs fois :

		h m s		h m s
Passage devant le 1er fil. . . .		17.37. 39, 7	. . .	4. 18.46, 7
—	2e fil . . .	44, 0	. . .	21.13, 2
—	3e fil. . . .	48, 2	. . .	26.07, 8
—	4e fil. . . .	52, 4	. . .	28.02, 3
—	5e fil. . . .	56, 5	. . .	33.04, 2
		240, 8		127.14, 2
		0, 2		4. 25.26,84
		17.37. 48,16		

Pour avoir la moyenne, il suffit, dans le premier cas, de faire une simple addition et de diviser la somme des 5 nombres par 5 ; ou ce qui est plus commode et qui revient au même, de multiplier la somme par 0,2. Dans le second cas, on fait l'addition comme dans les nombres complexes ; ainsi, la somme des secondes donne 74^s,2, soit 14^s,2 plus 1^m, qu'on reporte à la colonne suivante, et le produit des minutes donne 127. Pour prendre la moyenne de cette somme, on divise d'abord par 5, ce qui donne 25^m, et il reste 2^m que l'on transforme en secondes, soit 120^s, que l'on ajoute à 14^s,2 ; on obtient alors 134^s,2, qui, divisé par 5 ou multiplié par 0,2, donne 26^s,84. Le résultat de l'observation, autrement dit le moment infinitésimal du passage de l'étoile au méridien, c'est-à-dire au fil moyen, est donc 17^{h}37^{m}48^s,16 pour le premier cas, et 4^{h}25^{m}26^s,84 pour le second. La différence entre le résultat donné et l'ascension droite de l'astre observé est l'erreur de la pendule.

S'il y avait un plus grand nombre de fils, 7 ou 9, on diviserait par le nombre égal à celui des fils. De même que s'il y avait un nombre de fils pair, 4, 6 ou 8, on procéderait de la même manière, et la moyenne des lectures indiquerait l'heure du passage de l'astre au fil moyen idéal, c'est-à-dire au méridien. Comme on le voit, le résultat serait le même.

Si, pour une cause imprévue, un nuage, etc., on ne peut pointer l'étoile à son passage au méridien et qu'elle se trouve encore dans le champ de la lunette, on fait une bissection avec le fil mobile à un battement de seconde rond et on note ce temps. La valeur d'un tour et d'une division du tambour étant connues, il est très facile, en ramenant le fil mobile au fil moyen, ou s'il y avait un nombre de fils pair, de le ramener aux deux fils centraux dont on prendrait la moyenne, et on en concluerait l'instant où le passage de l'étoile a eu lieu. Ce moyen ne peut être appliqué s'il s'agit de déterminer une longitude.

Il était très difficile de déterminer l'influence que la grandeur d'une grosse étoile exerçait sur l'observation de son passage. Une heureuse découverte faite par M. Gonnissiat, astronome adjoint à l'Observatoire de Lyon, consistant à placer un réseau de toile métallique devant l'objectif, afin d'en diminuer la grandeur apparente, va faciliter cette observation. Trois réseaux différents suffisent pour ramener les grandeurs d'éclat à une seule. Pour placer ces réseaux devant l'objectif, on les fixe sur des anneaux en carton du diamètre de l'extrémité du tube de la lunette. Un réseau simple abaisse la grandeur de 2,5 unités l'ordre de grandeur ; un réseau double la diminue de 4,5 et un réseau triple de 6,5 environ. En faisant un choix convenable des réseaux, on peut ramener les grandeurs apparentes entre 5,5 et 8,0, ce qui permettra d'accroître la précision des observations dans une proportion d'autant plus forte que l'étoile vue librement sera plus grosse.

Pour faciliter la vision pendant le jour on place un bout de tube en carton, noirci à l'intérieur, à l'extrémité de la lunette. Il y a souvent avantage à diaphragmer l'objectif à l'aide d'un opercule (§ 66).

Dans les observations de hauteur, pour déterminer les latitudes, si le cercle contient deux verniers, ces derniers étant placés dans une position diamétralement opposée, la différence des lectures est de 180° ; s'il n'en est pas ainsi, on prend la moyenne de la différence, en tenant compte de 180°. On observe ainsi la hauteur de plusieurs étoiles, dont on note la lecture en la faisant précéder des lettres P D, si on est dans la position directe, et P I, si on est dans la position inverse. Le lendemain, après avoir fait le retournement de la lunette et s'être assuré de sa bonne position, on observe de nouveau les mêmes étoiles et on prend la moyenne des différentes différences trouvées.

Pour déterminer rigoureusement les coordonnées d'une étoile et particulièrement sa déclinaison, il faudrait faire subir au résultat de l'observation des corrections dont les calculs multiples demandent beaucoup de temps. Les instruments portatifs ne comportent que bien rarement une précision rigoureuse. En dehors de la réfraction et de la collimation, dont on doit tenir exactement compte, nous ne nous étendrons pas sur le travail compliqué auquel on a donné le nom de *réduction des observations.;* d'abord, parce que ce travail nous semble ne pouvoir être fait que dans les observatoires d'une certaine importance ; ensuite, parce que nous sortirions des limites que nous nous sommes tracées.

Nous croyons que ce que nous avons dit sur le cercle méridien, sur ses appareils, et ce que nous dirons dans la suite de ce chapitre, peut suffire à déterminer un point géographique si l'observateur a un instrument bien construit, un cercle suffisamment divisé, et surtout s'il sait faire de bonnes observations, conditions sans lesquelles, *même s'il faisait les réductions,* il commettrait des erreurs autrement considérables que les petites corrections à affecter au résultat d'observations bien faites. Ces corrections sont du reste très minimes. D'ailleurs, les observateurs qui sont dans l'impossibilité de faire les calculs afférents à leurs observations, ont la ressource de les faire faire ou de les faire vérifier par un astronome de l'Observatoire de Paris, préposé à cet effet. Nous renvoyons les observateurs familiarisés avec les mathématiques transcendantes aux remarquables ouvrages de MM. Laugier, de Bernardières et Hatt, sur le *cercle méridien.*

On trouvera dans la méthode d'observation relative aux lunettes ordinaires et équatoriales, § 66, page 165, un grand nombre de renseignements utiles applicables aux observations méridiennes.

67. — Passage du Soleil au méridien. — Fixez un verre neutre sur l'oculaire et observez les deux bords du Soleil ; prenez la moyenne des deux observations et vous aurez l'heure en *temps moyen à midi vrai* du passage du Soleil au méridien. — Il ne faut pas confondre le *midi vrai* avec le *midi* qu'indiquent les pendules publiques. — Si vous n'observez que le premier bord, vous obtiendrez l'ascension droite du centre en ajoutant à l'heure trouvée le temps que le demi-diamètre de l'astre emploie à traverser le méridien ; si vous n'observez que le second bord, vous retrancherez le temps du demi-passage. Ce temps est donné, pour tous les jours de l'année, aux pages pairs, 12 à 29 de la *Conn. des Temps* (1).

L'ascension droite du Soleil *vrai* ne correspondant pas avec le temps sidéral à midi moyen, mais avec le *temps moyen* à *midi vrai*, la moyenne des lectures faites pendant le passage des deux bords devra s'accorder ainsi que nous l'avons dit avec le temps moyen à *midi vrai* du jour de l'observation du passage, temps que doit marquer un chronomètre ou une montre réglée sur le temps moyen ; dans le cas contraire, la différence entre la moyenne des lectures trouvées et le temps moyen de Paris, sauf une correction si on observait sous une autre

---

(1) La durée du passage du demi-diamètre du Soleil est donnée en temps sidéral ; pour avoir cette durée en temps moyen, on retranche 0',19 de celle du temps sidéral.

longitude, indiquerait l'avance ou le retard du chronomètre sur le temps moyen. — EXEMPLE :

Le 1er mars 1890 on a observé le premier bord du
Soleil à 0ʰ9ᵐ35ˢ en temps moyen du chronomètre et le
second bord à 0ʰ11ᵐ45ˢ,8, même temps, dans un lieu
situé approximativement sous la longitude de Paris, on
demande l'état du chronomètre.

	h m s
Passage du premier bord	0. 9.35,0
— du 2ᵐᵉ bord (— 0ˢ,4 pour différence de temps).	0.11.45,4
	0.21.20,4
Passage du centre du Soleil	0.10.40,2
Temps moyen à midi vrai de Paris, 1ᵉʳ mars.	0.12.30,9
Retard du chronomètre	0. 1.50,7

Si on observait le passage du Soleil sous une autre
longitude, on aurait à tenir compte du produit de la
variation horaire prise dans la dernière colonne (pages
paires des éphémérides du Soleil) par la longitude exprimée en heure. Cette correction est négative ou positive
selon que la longitude est occidentale ou orientale.

On remarquera toutefois que la variation pour une
différence de 15° de longitude (1ʰ en temps) à l'est ou à
l'ouest du méridien de Paris est peu sensible : elle peut
varier, selon les époques, de 0ˢ,04 à 1ˢ,1 au maximum.
Nous allons donner un exemple qui, sauf l'emploi du signe
à employer pour la variation, servira pour les deux cas.

Le 1er mars 1890, on a fait, aux mêmes heures, la
même opération que ci-dessus, à Mexico, par 104°26′53″
de longitude ouest (6ʰ45ᵐ47ˢ en temps), on demande
l'état du chronomètre.

	h m s
Passage du centre du Soleil, à Mexico, le 1ᵉʳ mars . . .	0.10.40,2
Temps moy. à midi vrai de Paris, 1ᵉʳ mars. 0ʰ12ᵐ30ˢ,9	
Var. pour 6ʰ45ᵐ47ˢ long. ouest × 0ˢ,501 = — 0 3,8	0.12.27,1
Retard du chronomètre	0. 1.46,9

68. — Calcul de l'heure du passage de la Lune au méridien d'un lieu quelconque. — La connaissance de l'heure du passage de la Lune au méridien sert à l'observation de ce passage, elle sert aussi à trouver l'heure des marées. Pour connaître l'heure locale du passage de la Lune en un lieu donné dont on connaît la longitude, on a recours aux éphémérides de la Lune pour le jour indiqué. Supposons que le 27 janvier 1889 on veuille connaître l'heure locale du passage de la Lune au méridien d'un lieu dont la longitude est $6^h25^m14^s$ ouest.

Dans la deuxième éphéméride, on trouve directement, pour chaque heure ronde de longitude, le temps moyen local du passage ; pour avoir sa variation pour 1^m de longitude, il suffit de retrancher de la variation en ascension droite pour 1^m de longitude, l'accélération de la Lune pour une minute de temps, égale à $0^s,16$. Dans l'exemple proposé, le méridien donné tombe, page 87, entre les méridiens 6^h et 7^h et surpasse le premier de $25^m14^s = 25^m,233$ (1). La variation cherchée pour 1^m est égale à $2^s,73 — 0^s,16 = 2^s,57$. On a donc :

	h	m	s
Temps moyen local du passage au méridien 6^h	21.	36.	34,0
Variation pour $25^m14^s = 2^s,57 \times 25^m,233$ . . . . . $=$	+	1.	4,8
Temps moyen local au méridien donné	21.	37.	38,8

69. — Passage de la Lune au méridien d'un lieu dont on veut connaître la longitude. — Le mouvement propre de la Lune est tellement rapide que si l'on détermine l'ascension droite de notre satellite au moment de son passage au méridien de deux lieux différents, on

---

(1) Pour la facilité du calcul on convertit les secondes en décimales ; à cet effet on divise leur nombre par 6.

pourra déduire de la différence des deux ascensions droites, la valeur de la différence des longitudes ; mais cette observation demande beaucoup d'attention et doit être faite dans les conditions suivantes :

1° La mise au point de la lunette doit être parfaite, afin d'éviter l'agrandissement du disque, ce qui fausserait l'observation ; à cet effet l'observateur devra s'assurer s'il distingue bien les détails sur la Lune.

2° On notera en temps moyen ou en temps sidéral, selon la méthode employée, l'instant précis où le bord lumineux de la Lune est tangent à chacun des fils, dont on prendra la moyenne.

3° L'heure du passage d'un bord étant connue, on *ajoutera* ou on *retranchera* le temps employé par le demi-diamètre de l'astre selon qu'on aura observé le *premier* ou le *second bord,* d'où on déduira le passage du centre de l'astre. Dans le calcul de la variation pour 1^m de longitude, on retranchera également $0^s,16$ pour l'accélération par minute de temps, lorsqu'on se servira du temps moyen local pour déterminer une longitude par l'observation d'un passage de la Lune.

4° Lorsque l'on calera la lunette en hauteur, en prévision d'un passage de la Lune, on tiendra compte de sa parallaxe, car la correction pouvant être plus grande que l'étendue du champ de la lunette (elle dépasse quelquefois 1°) l'astre ne passerait pas dans le champ, et si l'on observait le premier bord, il ne resterait que quelques instants pour caler la lunette à la position voulue, la mettre au point et s'apprêter à l'observation du passage. Si pour une cause quelconque, on était empêché de caler la lunette avant l'entrée de la Lune dans son champ, on l'oscillerait en gardant l'œil à l'oculaire, de manière à comprendre le point du Ciel où la Lune va

passer, ce dont on serait prévenu par l'éclairement du
champ et la visibilité de plus en plus grande des fils ; et
aussitôt que l'image entrerait dans le champ, on dispo-
serait la lunette de manière à bissecter la Lune avec le
fil horizontal et on calerait la *lunette* pour s'occuper des
heures du passage.

5° On ne manquera pas d'observer le passage des
étoiles de culmination lunaire (1), afin de pouvoir
compter sur l'état absolu du chronomètre ; car en comparant l'ascension droite de la Lune pour une minute de
longitude avec la variation de la différence entre l'ascension droite de la Lune et celle d'une étoile de culmination, on s'affranchit de l'erreur résultant de la différence
entre la position réelle de la Lune et sa position théorique.

La *Conn. des T.* donne la longitude des lieux où la
Lune passe au méridien à chaque heure de temps moyen
de Paris, et les variations en ascension droite et en
déclinaison pour 1^m de longitude. Cette longitude est
comptée de 0^h à 24^h dans le sens du mouvement diurne.

L'instrument étant orienté, on connaît l'heure du lieu
considéré par le passage d'étoiles connues au méridien,
et particulièrement celle de culmination lunaire qui
précède le passage de la Lune au méridien, ce qui
permet de déterminer exactement les différences de position de ces étoiles, et, par suite, d'en déduire avec précision l'ascension droite de la Lune au moment de son
passage. Il n'y a pas à s'inquiéter des erreurs instrumen-

---

(1) On donne le nom d'*étoiles de culmination lunaire,* ou étoiles
de culmination de la Lune, aux étoiles choisies qui se trouvent à peu
près sur le même parallèle que la Lune. Les éphémérides de la Lune
en donnent deux pour chaque jour que notre satellite est observable.

tales, car elles sont les mêmes pour la Lune et les étoiles, la déclinaison des groupes d'étoiles de culmination étant à peu près les mêmes pour un jour donné.

On remarquera que la position apparente de ces étoiles a été calculée dans chaque journée, pour le moment du passage *supérieur* de l'étoile au méridien de Paris, et l'on trouve en outre, à la suite de chaque ascension droite, la variation de cette coordonnée pour les vingt-quatre heures sidérales qui suivent et précèdent le passage ; cette variation est affectée d'un double signe, le signe supérieur se rapportant au jour suivant, et le signe inférieur au jour précédent. De cette manière chaque groupe d'étoiles servira pour les deux journées qui respectivement suivent ou précèdent le passage.

La *Conn. des T.* donne deux méthodes pour déterminer la longitude d'un lieu au moyen d'une observation de passage de la Lune : la première est plus expéditive, mais la seconde est plus exacte.

1re Méthode. — Pour procéder d'après la première méthode, on retranche du temps moyen du passage de la Lune (demi-diamètre déduit) le temps moyen local correspondant au méridien qui précède l'heure de l'observation ; le *reste* ou *différence* sert à trouver la variation par minute de longitude. A cet effet on divise cette différence par la variation du temps moyen local pour 1ᵐ de longitude, déduction faite de 0ˢ,16 pour l'accélération de la Lune.

Exemple. — Le 20 janvier 1889, date locale, on a observé le passage au méridien du deuxième bord de la Lune à 14ʰ55ᵐ47ˢ, temps moyen du lieu ; on demande la longitude du lieu de l'observation.

On voit page 83, que le temps *moyen* du passage tombe entre ceux qui correspondent aux méridiens 13ʰ et 14ʰ et que la durée approchée du passage du demi-diamètre est 65^s,4 de temps sidéral, que l'on peut sans inconvénient considérer comme un intervalle de temps moyen ; le centre passera donc au méridien à 14^{h}55^{m}47^s — 1^{m}5^s = 14^{h}54^{m}42^s.

Cette valeur tombe entre les méridiens 13^h et 14^h ; on aura donc :

	h	m	s
Temps moyen local du passage au méridien 13^h	14.	54.	21
Temps moyen du passage du centre au méridien cherché.	14.	54.	42
Différence.	+ 0.	0.	21

La variation du temps moyen local pour 1^m de longitude est égale à 2^s,16 — 0^s,16 = 2^s,00, donc,

Longitude cherchée = 13^h + 1^m × $\dfrac{21}{2,00}$ = 13^{h}10^m,5 = 13^{h}10^{m}30^s.

2e Méthode. — On observe l'heure sidérale du passage du bord au méridien cherché, et comme ci-dessus, au moyen de la durée du passage du demi-diamètre, on détermine l'heure sidérale du passage du centre. L'ascension droite ainsi obtenue tombera entre deux ascensions droites consécutives de l'éphéméride calculée pour les méridiens successifs, et la longitude cherchée entre les longitudes des deux méridiens correspondants. Au moyen de l'excès de l'ascension droite observée, sur l'une ou l'autre des deux ascensions droites tabulaires et de la variation donnée par minute de longitude, on trouvera facilement par interpolation la longitude demandée.

Exemple. — Le 24 janvier 1889, on observe le passage au méridien du deuxième bord de la Lune à 14^{h}56^{m}29^s,8, temps sidéral local. On demande la longitude du lieu d'observation.

	h	m	s
Ascension droite observée du 2e bord de la Lune . .	14.	56.	29,80
Durée du passage du demi-diamètre	—	1.	8,58
Ascension droite du centre de la Lune	14.	55.	21,22

Cette ascension droite tombant entre celles qui répondent aux méridiens 2^h et 3^h, il s'ensuit que le lieu d'observation est lui-même entre ces deux méridiens. On aura :

	h	m	s
Ascension droite au méridien de 2^h. . . .	14.	54.	19,65
Ascension droite au méridien du lieu . . .	14.	55.	21,22
Différence.	+ 0.	1.	1,57

En ajoutant à la longitude 2^h la différence $1^m 1^s,57$ ($61^s,57$) divisée par la variation $2^s,3519$, relative à 1^m de longitude, on trouvera la longitude cherchée. On a donc :

$$\text{Longitude cherchée} = 2^h + 1^m \times \frac{61,57}{2,3519} = 2^h 26^m,179 = 2^h 26^m 10^s,74.$$

Dans la généralité des cas, ce calcul sera suffisant; mais si l'on voulait obtenir le résultat en toute rigueur, il faudrait déterminer la variation par minute de longitude, qui correspond au méridien intermédiaire entre le méridien de départ et le méridien cherché, pour lequel on vient d'obtenir une première approximation. Il faudra, en outre, interpoler d'une manière plus précise la durée du passage du demi-diamètre; on trouvera dans le cas actuel la valeur $68^s,54$, ce qui donnera $14^h 55^m 21^s,26$ pour ascension droite du centre de l'astre, et $1^m 1^s,61$ pour la différence avec l'ascension droite au méridien 2^h; on a ensuite :

Variation de l'ascension droite au méridien 2^h. . .	$2^s,3519$
Variation de l'ascension droite au méridien 3^h. .	$2,3571$
Différence pour l'heure de longitude. . .	$+0,0052$

La variation moyenne est donc :

$$2^s,3519 + \left(\frac{0^s,0052}{60} \times \frac{26,18}{2} \right) = 2^s,3530.$$

Donc :

$$\text{Longitude cherchée} = 2^h + 1^m \times \frac{61,61}{2,3530} = 2^h 26^m,184 = 2^h 26^m 11^s,04.$$

Comme on le voit, par ce qui précède, rien n'est plus simple que de faire les calculs que nécessite une observation de passage de la Lune au méridien d'un lieu pour la détermination d'une longitude.

REMARQUES. — Lorsque la Lune passe au méridien avant minuit, on observera le premier bord, et le second si elle passe après.

Si le temps est clair et que l'observateur n'ait pas eu le temps de placer l'image de la Lune dans le champ, on oscille la lunette de manière à comprendre le point du ciel où la Lune va passer. Lorsque le temps est nuageux, ou un peu couvert, voici comment on procédera : La hauteur géométrique du centre d'un astre à son passage au méridien étant égale à la *colatitude* du lieu + ou − la déclinaison de l'astre selon son signe; si nous supposons que la déclinaison de la Lune est de + 18°45′, et sa parallaxe de hauteur pour le jour de l'observation de 58′ sous une latitude de + 48°10′, on aura :

$$\text{Hauteur} = 41°50′ + 18°45′ + 0°58′ = 61°33′.$$

En calant le cercle sur 61°33′, on aura l'image de la Lune dans le champ de la lunette.

70. — Passage des planètes au méridien. — Retranchez le temps sidéral à midi moyen de Paris, du jour de l'observation, de l'ascension droite de la planète à son passage au *méridien supérieur* (1) de cette ville le même jour. (Ne pas confondre avec l'ascension droite au *méridien inférieur*, ni avec celle qui se rapporte au *midi moyen* de Paris, qui se trouve aux pages paires). Retranchez ensuite de l'angle horaire approché, la correction de la table V, vous aurez l'heure, en temps moyen de

_____

(1) La *Conn. des T.* donne également l'heure du passage inférieur pour Mercure et Vénus. Sous nos latitudes on ne peut observer que le passage supérieur.

Paris, de son passage au méridien de ce lieu. On ajoute 24 heures au besoin, pour rendre la soustraction possible.

Les principales planètes ayant un diamètre visible, on en retranchera le demi-diamètre que donnent les éphémérides, ainsi que nous l'avons indiqué pour le passage de la Lune ; si les planètes ont des phases, comme Mercure, Vénus et Mars, on n'observera qu'un bord. Dans le doute, c'est toujours celui qui est le plus proche du Soleil qu'il faut observer. Nous allons donner un exemple du passage d'une planète au méridien de Paris et celui d'un passage à un autre méridien.

Quelle est l'heure en temps moyen astronomique du passage de Mercure au méridien de Paris, le 10 mai 1886 ?

	h m s
Æ du centre de Mercure à son passage au méridien sup. de Paris. . . . . (+ 24)	1.36.33,20
Temps sidéral à midi moyen de Paris.	3.12.48,60
Angle horaire approché	22 23.44.60
Correction de la table V pour 22ʰ23ᵐ44',60.	— 3.40,13
Passage au méridien de Paris, le 10 mai 1886. . . .	22.20. 4,47

Supposons maintenant que le 11 août 1886 on veuille connaître l'heure, en temps moyen astronomique d'Abbeville, du passage de Vénus au méridien de cette ville, dont la longitude, à un point indiqué, est de 0°30'18" ouest, c'est-à-dire 0ʰ2ᵐ1ˢ de longitude en temps.

Procédez comme vous l'avez fait pour le passage de Mercure. Le lieu considéré étant à l'ouest de Paris, ajoutez au résultat de l'opération la différence de longitude en temps ; faites une autre correction pour la variation de longitude occasionnée par le mouvement de la planète. Cette correction est donnée pour 1ʰ de longitude dans la colonne qui suit la coordonnée ascension droite de la planète ; si l'ascension droite de l'astre est *plus grande* le jour de l'observation qu'elle l'était la veille, la correction est *soustractive;* elle est *additive* si elle est plus *petite* que celle de la veille. Faites encore subir au résultat trouvé une petite correction de la table VI pour la différence entre le temps sidéral de Paris et celui d'Abbeville (§ 16) et vous connaîtrez, en temps moyen de Paris, l'heure du passage de Vénus au méridien d'Abbeville. Pour connaître l'heure du passage, en temps moyen d'Abbeville, retranchez du résultat final la différence de longitude en temps.

	h m s
Æ du centre de Vénus à son passage au méridien sup. de Paris . . . . (+ 24ˢ)	7.30.56,52
Temps sidéral à midi moyen de Paris	9.19.28,31
Angle horaire approché	22.11.28,21
Correction, table V, pour 22ʰ11ᵐ28ˢ,21.	— 3.38,12
Passage au méridien de Paris, le 11 août 1886, temps moyen de Paris.	22. 7.50,09

Différence de longitude en temps. + 0ʰ2ᵐ1ˢ,12	
Variations pour 0ʰ2ᵐ1ˢ,12 de long. — 0.0.0,43	+ 2. 0,69
	22. 9.50,78
Diff. entre le temps sidéral de Paris et celui d'Abbeville.	+ 0. 0,33
Passage au méridien d'Abbeville. temps moy. de Paris	22. 9.51,11
Différence de longitude entre Abbeville et Paris . . .	— 2. 1,12
Pass. au mér. d'Abbeville, même date, t. m. de cette ville	22. 7.49,99

Comme on le voit, le passage au méridien d'Abbeville a lieu le 11 août 1886, à 22ʰ7ᵐ49ˢ,99, temps moyen astronomique de ce lieu; ce temps correspond au 12 août 10ʰ7ᵐ49ˢ,99 du matin, temps *civil.* — L'anomalie qui semble exister entre les heures de passage d'un même astre à des méridiens différents n'est qu'apparente; car s'il s'effectue en apparence à la même heure, sauf la correction à appliquer au mouvement de la planète et à la différence de temps sidéral entre Paris et le lieu considéré, c'est que, *une heure donnée*, arrive plus tôt à Paris qu'à Abbeville de la quantité résultant de la différence de longitude en temps entre les deux villes.

71. — Simple passage des étoiles au méridien. —

L'heure du passage d'une étoile au méridien *supérieur* d'un lieu indique le temps sidéral dudit lieu à cet instant. Le passage *inférieur* a lieu juste 12^h sidérales après le passage supérieur.

Pour connaître l'heure en temps moyen astronomique du passage d'une étoile au méridien supérieur, retranchez le temps sidéral du jour de l'observation de l'ascension droite de l'étoile, vous obtiendrez l'intervalle sidéral ou l'angle horaire approché ; ajoutez au besoin 24^h à l'ascension droite de l'astre pour rendre la soustraction possible. Faites ensuite pour l'angle horaire approché la correction toujours *soustractive*, donnée par la table V de la *Conn. des T.*, vous aurez l'heure en temps moyen du passage de l'étoile au méridien. Pour donner un exemple, nous allons calculer à quelle heure, temps moyen astronomique, a lieu le passage de β Orion (Rigel) au méridien de Paris, le 20 avril 1886.

	h	m	s
Æ de Rigel, le 20 avril, au méridien de Paris.	5.	9.	3,14
Temps sidéral, même date, à midi moyen de Paris. . .	1.53.57,50		
Angle horaire approché. . . . . , ...	3.15. 5,64		
Correction de la table V pour 3ʰ15ᵐ5ˢ,64	— 31,96		
Passage au méridien de Paris, le 20 avril.	3.14.33,68		

Lorsque l'on sera sous un autre méridien que celui de Paris, on procédera de la même manière pour calculer l'heure du passage d'une étoile, avec cette seule différence qu'on fera subir au temps sidéral la petite correction de la table VI dont nous avons parlé au § 16, correction qui ne peut affecter ce temps de plus de $1^m58^s,28$ en *plus* ou en *moins*, selon que le lieu d'observation est situé entre 0° et 180° de longitude *ouest* ou *est* de Paris.

Nous allons refaire, pour la même date, le calcul du passage de Rigel au méridien de Nancy, afin de montrer de nouveau que la similitude entre les heures de passage d'une même étoile à deux méridiens différents n'est qu'apparente; car il est tout naturel que le passage de Rigel au méridien de Nancy a lieu 15^m24^s plus tôt qu'à Paris, Nancy étant à $3°54'0''$ à l'est du méridien de Paris.

	h	m	s
Æ de Rigel le 20 avril 1886.	5.	9.	3,14
Temps sidéral à midi moyen de Paris, même date. . .	1.	53.	57,50
Angle horaire approché.	3.	15.	5,64
Correction de la table V pour $3^h15^m5^s,64$. . — $0^m31^s,96$			
Correct. de la table VI pour 15^m24^s de long. est — 0. 2,53 —	0.	34,	49
Pass. au mér. de Nancy, temps moyen de cette ville. .	3.	14.	31,15

Comme on le voit par l'exemple précédent, si on ajoute à l'heure du passage de l'étoile au méridien de Nancy, la petite correction de la table VI que l'on a fait subir au temps sidéral à midi moyen de Paris, attendu que le temps sidéral est plus grand à l'est qu'à l'ouest, on trouve : $3^h14^m31^s,15 + 2^s,53 = 3^h14^m33^s,68$, qui est exactement l'heure, en temps moyen de Paris, du passage de cette étoile au méridien de l'Observatoire de cette ville; seulement le temps moyen de Paris étant en retard de 15^m24^s sur le temps moyen de Nancy, à cause de la différence de longitude, alors que le passage a lieu au méridien de Nancy, c'est-à-dire à $3^h14^m31^s,15$, temps moyen de cette ville, il n'est que $2^h59^m7^s,15$ de temps moyen à Paris.

Pour obtenir l'heure en temps civil du passage d'un astre dont la culmination a lieu après minuit et avant midi, prenez l'ascension droite et le temps sidéral de la veille.

72. — Double passage des étoiles au méridien. —

Le jour solaire moyen étant de 24ʰ de temps moyen, et le jour sidéral de 23ʰ56ᵐ4ˢ,09 du même temps, il s'ensuit que la Terre fait 366 rotations un quart environ dans une année ordinaire, et 367 rotations un quart dans une année bissextile. De ce fait, il résulte que toutes les étoiles passent successivement dans leur ordre d'ascension droite deux fois au même méridien, supérieur ou inférieur, un certain jour de l'année. La *Conn. des T.* indique par de petits chiffres le jour des doubles passages des étoiles au méridien. — Ce que nous allons expliquer pour la Polaire, α Petite Ourse, s'applique à toutes les étoiles. Cet exemple suffira pour tous les passages de ce genre.

La *Conn. des T.* donne pour chaque jour de l'année l'ascension droite, c'est-à-dire le temps sidéral du passage supérieur de la Polaire et de vingt autres étoiles circumpolaires au jour astronomique proposé : elle le donne de 10 en 10 jours pour trois cent soixante autre étoiles fondamentales.

Si l'heure moyenne du passage est inférieure à 12, le passage appartient au *soir* du jour civil proposé. Si l'heure moyenne du passage est supérieure à 12, le passage appartient au *matin* du jour civil suivant.

Le temps sidéral, milieu entre le temps sidéral du passage *proposé* et le temps sidéral du passage de la veille, donne le temps sidéral du passage *inférieur* qui *précède* immédiatement le passage supérieur proposé ; de même que le temps sidéral, milieu entre le temps sidéral du passage *proposé* et le temps sidéral du passage du

24

lendemain, donne le temps sidéral du passage *inférieur* qui *suit* immédiatement le passage supérieur proposé.

La conversion en temps moyen du temps sidéral du passage inférieur fait connaître l'heure moyenne du passage inférieur de la Polaire, laquelle heure peut également appartenir au jour civil proposé ou au lendemain, selon qu'elle est supérieure ou inférieure à 12 heures. On calcule de préférence le passage supérieur.

Quand le passage supérieur arrive un jour après minuit, le passage inférieur du même jour est le passage inférieur *précédent ;* quand le passage supérieur arrive au contraire un jour avant minuit, le passage inférieur dudit jour est le passage inférieur *suivant.* On calcule deux fois le même passage, supérieur ou inférieur, lorsqu'il se présente deux fois le jour proposé, *avant* le lever ou *après* le coucher du Soleil. Or, on trouve un double passage *supérieur* ou *inférieur* toutes les fois que l'un ou l'autre arrive avant $0^h3^m56^s,6$ du matin, ou après $11^h56^m3^s,4$ du soir.

Prenons pour exemple le passage inférieur de la Polaire du 20 janvier 1881 (matin); on procèdera ainsi :

Ascension droite de l'étoile, la veille, au passage supérieur.
Ascension droite de l'étoile, du jour, au passage supérieur.
La demi-somme du produit précédent + 12 heures,
— le temps sidéral de la veille à midi moyen ; ajoutez au besoin 24 h. pour rendre la soustraction possible.
Passage approché, temps sidéral,
— la correction, toujours soustractive, de la table V de la *Conn. des T.*
Passage inférieur $> 12^h$ = temps astronomique de la veille.
Passage inférieur $< 12^h$ = passage inférieur du jour, ou = temps moyen civil, matin.

Autre exemple du passage inférieur (soir) 9 ou 10 avril :

Ascension droite de l'étoile, du jour, au passage supérieur.

Ascens. droite de l'étoile, du lendemain, au passage supérieur.

La demi-somme du produit précédent $+ 12^h$,

— temps sidéral du jour à midi moyen.

Passage approché, temps sidéral,

— la correction toujours soustractive, de la table V de la *Conn. des T.*

Passage $< 12^h =$ temps moyen civil, soir.

> RÉSUMÉ. — *Matin :* Ascension droite de l'étoile $+$ temps sidéral pris la veille.
>
> *Soir :* Ascension droite de l'étoile $+$ temps sidéral pris le jour.
>
> Passage supérieur : Ascension droite de l'étoile prise à la date.
>
> Passage inférieur : Ascension droite de l'étoile $+ 12^h$ et moyenne entre la date et la suivante.

Pour bien comprendre ce qui va suivre, on doit bien distinguer le temps moyen civil qui se compte de 0^h (minuit) à midi et de midi à minuit, du temps moyen astronomique qui se compte de 0^h (midi) au midi suivant (de 0^h à 24^h). Les huit exemples numériques ci-après pourront servir pour tous les cas qui peuvent se présenter.

20 Janvier 1881 : Passage inférieur (matin).

	h m s
Ascension droite de la Polaire, du 19.	1.15. 9,96
— — du 20.	1.15. 9,00
Demi-somme du produit $+ 12$.	13.15. 9,48
Temps sidéral à midi moyen du 19.	19.56. 2,37
Passage approché.	17.19. 7,11
Correction de la table V.	— 2.50,24
Passage inférieur du 19, temps moyen astronomique.	17.16.16,87
Ou passage du 20, temps civil (matin).	5.16.16,87

20 Janvier 1881 : Passage supérieur (soir).

	h m s
Ascension droite de la Polaire, du 20.	1.15. 9,00
Temps sidéral à midi moyen du 20 (soir)	19.59.58,92
Passage approché.	5.15.10,08
Correction de la Table V	— 0.51,63
Passage supérieur du 20	5.14.18,45

10 Avril : Premier passage inférieur (matin).

	h m s
Ascension droite de la Polaire, du 9	1.14.28,37
— — du 10.	1.14 28,39
Demi-somme du produit + 12. . . . . . ·	13.14.28,38
Temps sidéral à midi moyen du 9	1.11.26,67
Passage approché.	12. 3. 1,71
Correction de la table V	— 1 58,45
Premier passage au mérid. inférieur, du 9, t. m. astr.	12. 1. 3,26
Ou passage du 10, temps civil (matin)	0. 1. 3,26

10 Avril : Second passage inférieur (soir).

	h m s
Ascension droite de la Polaire, du 10	1 14.28.39
— — du 11	1.14.28,45
Demi-somme du produit + 12.	13.14.28,42
Temps sidéral à midi moyen du 10.	1.15.23,22
Passage approché	11.59. 5,20
Correction de la table V.	— 1.57,81
Second passage au méridien inférieur du 10 (soir) . .	11.57. 7,39

29 Juin : Passage supérieur (matin).

	h m s
Ascension droite de la Polaire, du 28.	1.14 80,74
Temps sidéral à midi moyen, du 28.	6.26.51,15
Passage approché.	18.48.29,59
Correction de la table V.	— 3. 4,88
Passage au méridien supérieur, t. m. astronom. du 28	18.45.24,71
Ou passage du 29, temps civil (matin)	6.45.24,71

29 Juin : Passage inférieur (soir).

	h m s
Ascension droite de la Polaire, du 29.	1.15.21,61
— — du 30.	1.15.22,47
Demi-somme du produit + 12.	13.15.22,04
Temps sidéral à midi moyen du 29.	6.30.47,71
Passage approché.	6.44.34,33
Correction de la table V	— 1. 6,28
Passage au méridien inférieur, du 29 (soir)	6.43.28,05

10 Octobre : Premier passage au méridien supérieur

	h m s
Ascension droite de la Polaire, du 9	1.16.32,42
Temps sidéral, à midi moyen, du 9.	13.12.56,27
Passage approché.	12. 3.36,15
Correction de la table V	— 1.58,54
Premier passage du 9, temps moyen astronomique. .	12. 1.37,61
Ou passage du 10, temps civil (matin).	0. 1.37,61

10 Octobre : Second passage supérieur.

	h m s
Ascension droite de la Polaire, du 10.	1.16.32,69
Temps sidéral, à midi moyen, du 10	13.16.52,82
Passage approché.	11.59.39,87
Correction de la table V	— .1.57,90
Second passage du 10, temps civil (soir).	11.57.41,97

73. — Distances lunaires. — L'observation de la distance du centre de la Lune au centre du Soleil, d'une planète ou d'une étoile, permet de trouver dans un lieu quelconque l'heure de Paris au moment de l'observation, ainsi que la longitude dudit lieu, si on connaît exactement l'heure en temps moyen astronomique de ce lieu au même instant ; dans ce cas, la *comparaison des deux heures* donne la longitude.

Ce n'est qu'avec un instrument de réflexion, comme

en emploient les marins, et un niveau artificiel, si on n'est pas au bord de la mer, que l'on peut arriver à un résultat à peu près sérieux. Avec un théodolite, il faudrait que les deux contacts puissent être obtenus simultanément, ce qui est impossible. En outre, si les astres dont on voudrait connaître la distance n'étaient pas à la même hauteur, indépendamment de la correction du demi-diamètre, il faudrait ajouter celle de la réfraction ; ce dernier phénomène affectant la distance des astres observés, la correction qu'il nécessite entraînerait des calculs longs et compliqués.

Les personnes qui voudront déterminer les longitudes au moyen des *distances lunaires,* trouveront la manière de faire les calculs dans l'Explication et Usage des éphémérides qui terminent la *Conn. des T.*

74. — Eclipses des Satellites de Jupiter. — La *Conn. des T.* et l'*Ann. du Bur. des Long.* donnent le jour et l'heure, en temps moyen astronomique de Paris, de la visibilité des satellites de Jupiter à Paris. L'instant de la visibilité de l'entrée définitive d'un satellite dans le cône d'ombre de Jupiter, ainsi que l'instant où il commence à en sortir, étant considéré comme un phénomène instantané pour tous les points de la Terre où la planète est au-dessus de l'horizon, les observations de ces phénomènes offriraient aux observateurs de fréquents moyens de régler leur chronomètre et déterminer le méridien d'un lieu, si le ligament ou pont lumineux qui se produit dès que le satellite est proche de la planète n'empêchait pas de préciser le moment exact de l'immersion ou de l'émersion du satellite ; il en résulte que les contacts sont observés trop tôt à l'immersion et trop tard à l'émersion. L'incertitude dans l'appréciation du moment de l'occultation peut atteindre 1ᵐ30ˢ à 3ᵐ avec une lunette de 0ᵐ110 à 0ᵐ120 d'ouverture. Plus l'objectif est petit, plus l'incertitude est grande. Les expériences faites par M. André, directeur de l'Observatoire de Lyon, ne laissent aucun doute à cet égard.

Toutefois, cet éminent observateur est parvenu à obtenir des résultats plus nets en plaçant contre l'objectif une toile métallique serrée que l'on trouve dans le commerce. Cette toile est faite de fils de 0ᵐᵐ1 d'épaisseur moyenne, placés perpendiculairement les uns aux aux autres à 0ᵐᵐ2 de distance environ, et laisse, en conséquence, passer les deux tiers de la lumière qu'elle reçoit. Placé contre l'objectif de la lunette, un pareil écran permet de changer la figure et les dimensions du solide de diffraction correspondant à la lunette employée et, par suite, ne laisse plus subsister pour l'œil et dans l'image principale, que des traces très faibles du ligament, ce qui réduit l'erreur d'observation à quelques secondes seulement. Pour disposer cet écran, on fixe la toile métallique à un bout de tube en carton de quelques centimètres de longueur et du diamètre du tube de la lunette, et on le place devant l'objectif.

Pour observer une éclipse d'un des satellites de Jupiter sous un méridien autre que celui de Paris, dont on connaît la longitude, il suffit, selon qu'on sera à l'*orient* ou à l'*occident* de cette ville, *d'ajouter* ou de *retrancher* au temps indiqué pour la visibilité du phénomène la différence en temps entre le méridien de Paris et celui du lieu considéré.

EXEMPLE. — Supposons qu'une éclipse est observable à Paris, le 8 mai 1890, à 15ʰ20ᵐ17ˢ, temps moyen astronomique de cette ville, à quelle heure peut-on l'observer à Vannes, dont la longitude est de 5°5′42″ ouest ?

	h m s
Temps moyen astron. de la visibilité de l'éclipse le 8 mai 1890 à Paris.	15.20.17
Différence de longitude en temps pour 5°5′42″ ouest. . .	— 0.20.23
Heure d'observ. du phénomène, à Vannes, t. m. de cette ville	14.59.54
Ou ce qui est la même chose, le 9 mai, temps civil (matin).	4.59.54

REMARQUES. — Lorsque Jupiter passe au méridien *avant* minuit, c'est-à-dire après son opposition, c'est toujours à l'orient de la planète que sont les satellites qui doivent entrer dans l'ombre ou qui doivent en sortir. Lorsque Jupiter passe au méridien *après* minuit, les immersions et les émersions des satellites ont lieu à l'occident de la planète. Si l'on se sert d'une lunette qui renverse les objets, les apparences sont contraires ; c'est-à-dire que le phénomène s'observe à droite de la planète quand cette dernière passe au méridien avant minuit, et à gauche quand elle passe après. Pour faciliter les observations, les tableaux des éclipses des satellites de Jupiter, dans la *Conn. des T.*, sont accompagnés d'autres tableaux indiquant la configuration des satellites de la planète pour tous les jours de l'année où la planète est observable sur la Terre. Ces configurations indiquent les positions relatives de Jupiter et de ses satellites à une heure marquée au haut de chaque tableau.

75. — Occultation des étoiles et des planètes par la Lune. — La *Conn. des T.* indique, en temps sidéral et en temps moyen astronomique, l'heure de l'immersion et de l'émersion des étoiles occultées par la Lune à Paris. Elle donne également l'angle-pôle et l'angle-zénith des points où doivent se faire les immersions et les émersions. Ces angles, vus dans une lunette qui renverse les objets, sont comptés sur la circonférence du disque lunaire, en haut de gauche à droite, c'est-à-dire dans le sens des aiguilles d'une montre : le point 0° pour l'angle-pôle est à l'intersection du disque de la Lune et de l'arc passant par le pôle du monde et le centre apparent de la Lune ; et pour l'angle-zénith, à l'intersection du disque de la Lune et de l'arc passant par le zénith et le centre apparent de notre satellite. Il est donc nécessaire de se préparer à l'avance pour faire ces observations.

REMARQUES. — La visibilité des occultations des étoiles et des planètes par la Lune n'étant pas, à cause de la proximité de notre satellite, un phénomène instantané pour tous les lieux de la Terre qui ont la Lune au-dessus de l'horizon, les heures indiquées par la *Conn. des T.*, pour l'observation des immersions et des émersions, ne sont applicables que pour Paris seulement. Ainsi, l'occultation de λ Gémeaux, qui était visible à Paris, le 6 Mars 1884, à 11h27m30s, temps moyen de Paris, n'a pu être observée à Marseille, par exemple, qu'à 11h53m12s, temps moyen de ce lieu, c'est-à-dire 25m42s plus tard qu'à l'heure indiquée, alors que la différence de longitude en temps entre Paris et Marseille n'est que de 12m14s est.

La limite du cadre que nous nous sommes tracé ne nous permet pas de nous étendre sur l'observation de cet intéressant phénomène, les calculs qui s'y rattachent étant relativement longs et très compliqués. Pour observer avec intérêt les occultations dans un autre lieu, on aura recours aux éléments donnés dans l'Explication et Usages des Ephémérides de la *Conn. des T.* — Si, un peu avant l'occultation de l'étoile, on dispose le fil des déclinaisons d'une lunette équatoriale de manière à ce que l'étoile soit bissectée par lui, on la verra reparaître sous ce fil de l'autre côté du disque de la Lune.

76. — Détermination des positions géographiques.
— Il n'est pas difficile de déterminer un point sur la Terre avec une certaine précision quand on a à sa dispo-

sition un cercle méridien bien construit. Nous ferons observer, toutefois, qu'aucun instrument ne peut être supposé rectifié par construction. Quand bien même il le serait, il perdrait cette qualité par l'usage. C'est par la combinaison des observations entre elles, c'est-à-dire en faisant la même observation cercle à droite et cercle à gauche, et deux lectures dans chaque cercle, que l'on élimine une partie des erreurs.

S'il est hors de doute que la qualité de l'instrument est une condition importante à la réussite de l'opération, il l'est également qu'il faut deux conditions capitales pour arriver au but que l'on veut atteindre : le bon réglage de l'instrument et une certaine habitude des observations. Il reste encore quelques facteurs avec lesquels il faut compter : les erreurs instrumentales, l'équation personnelle et les corrections à faire subir au résultat des observations. Quand les petits instruments sont bien construits, le premier de ces facteurs ne peut provenir que des erreurs du cercle ; on les neutralise pour ainsi dire, en déplaçant le cercle pendant une même série d'observations, ou, quand le cercle est muni de deux microscopes micrométriques (§ 27), en faisant deux lectures dans chaque position du cercle pour un même pointé en hauteur. Le second de ces facteurs, l'équation personnelle, est inhérent à l'observateur ; à moins d'être deux observateurs pour faire la même série d'observations et de prendre la moyenne des observations, il n'y a pas moyen d'y porter remède. Quant aux corrections à faire subir au résultat des observations, il y a possibilité d'y remédier si les mesures sont bien prises et si l'observateur a eu soin d'inscrire sur son registre tous les détails relatifs à ses procédés d'observation.

Nous adressant à des personnes qui ont peu de connaissances en mathématiques, nous croyons pouvoir leur assurer qu'avec les notions qu'elles trouveront dans cet ouvrage et un peu d'habitude des observations, elles seront à même, avec un cercle méridien portatif, un altazimut (1) ou un théodolite, de pouvoir déterminer les coordonnées géographiques d'un lieu, si leur lunette est bien orientée et si le cercle de déclinaison est suffisamment divisé et pourvu de deux microscopes micrométriques. L'essentiel pour l'observateur est de bien observer les passages ; de préciser, autant que le permet son cercle, la position en déclinaison des étoiles choisies et d'inscrire sur le carnet tout ce qui est relatif à l'observation. Un astronome attaché à l'Observatoire de Montsouris est chargé de vérifier les calculs des observateurs qui, au retour de leur voyage, n'ont pas la possibilité de le faire eux-mêmes.

Les personnes auxquelles les mathématiques sont familières, et particulièrement messieurs les officiers de l'armée de terre pourront, si l'instrument est compliqué, se servir avec avantage des ouvrages de MM. Laugier, de Bernardières et Hatt sur le *Cercle méridien*, et le *Cours d'Astronomie pratique* de M. E. Caspari. L'étude de ces ouvrages leur permettra d'obtenir une plus grande

---

(1) L'altazimut n'est autre que la combinaison d'un cercle méridien, qui forme la partie supérieure de cet instrument, et la partie inférieure du théodite sur lequel est fixé le premier. Cet instrument se règle comme le cercle méridien; ses dimensions ne le rendent pas facilement transportable. Quand on sait se servir du cercle méridien et qu'on connaît l'usage du cercle azimutal du théodolite, on sait se servir également de l'altazimut. Cet instrument est bien préférable au théodolite, mais il ne remplacera jamais le cercle méridien; ce dernier n'opérant que dans le même plan, on est beaucoup plus certain des mesures; nous entendons parler ici de son application aux observations astronomiques.

précision ; mais aux *conditions expresses :* 1° de connaître
les méthodes d'observation ; 2° de savoir bien régler leur
instrument et 3° d'avoir une certaine habitude des observations, conditions sans lesquelles elles n'obtiendraient
que des résultats négatifs ; on en a pour preuves plusieurs lettres adressées à ce sujet par M. l'amiral Mouchez, directeur de l'Observatoire de Paris, à la Société
de Géographie de cette ville. Il est à regretter que les
ouvrages dont nous venons de parler plus haut, tout en
étant excellents sous le rapport théorique, nous semblent
laisser beaucoup à désirer sous celui de la pratique, et
particulièrement en ce qui concerne les méthodes
d'observations et d'autres petits détails qu'il serait trop
long d'énumérer. Ces ouvrages, à l'exception du dernier,
ne parlent pas non plus du théodolite.

Pour déterminer les positions géographiques, nous
recommandons spécialement l'emploi du cercle méridien
portatif, à son défaut celui de l'altazimut et, faute de
mieux, le théodolite. En recommandant particulièrement
l'emploi du cercle méridien portatif, nous ne prétendons
pas qu'on ne puisse obtenir un résultat assez satisfaisant
avec l'altazimut ou un certain résultat avec le théodolite.
Il existe un petit modèle de ce dernier instrument que
construit M. Hurlimann, successeur de M. Lorieux,
modèle fort bien construit, que nous avons vu à l'Observatoire de Paris, et qui a servi successivement à deux
explorateurs éminents, victimes de la Science, MM. le
docteur E. Crevaux et Charles Huber, pour la construction de leurs cartes. Mais ce serait se faire une grande
illusion que de penser qu'un théodolite installé dans le
méridien pourrait fournir des données aussi exactes, à
beaucoup près, que celles qu'on obtient avec un cercle
méridien portatif ; c'est là une erreur que ne partageront

pas certainement les personnes qui, comme nous, ont fait usage des deux instruments. Il suffit de comparer leur construction pour se convaincre de la supériorité d'un instrument méridien. Dans le théodolite, il n'est pas possible d'avoir exactement l'inclinaison de l'axe de rotation de la lunette ni de soumettre cet axe aux vérifications dont il est parlé au § 65 ; la vérification de l'axe optique offre également les plus grandes difficultés.

Le théodolite est un instrument éminemment propre à la mesure des angles horizontaux et des distances zénithales, mais il n'a pas la fixité désirable pour faire les observations de passage ; nous en avons fait l'expérience. Il n'en est pas de même du cercle méridien, le seul propre à la détermination précise de la position des astres ; car, quand on connaît par des éphémérides la position apparente des astres, on peut déduire par des observations méridiennes l'état absolu du chronomètre sur le temps sidéral ou sur le temps moyen, ainsi que la longitude et la latitude de la station. On a reconnu que les voyageurs ou les personnes qui emploient le cercle méridien portatif à la recherche des positions géographiques obtiennent un grand succès, car l'expérience a démontré que les résultats déduits d'une série d'observations avec cet instrument ont presque la précision des résultats fournis par les instruments méridiens des grands observatoires.

Pour déterminer un point sur la Terre, il faut connaître la longitude et la latitude de ce point. Les Français comptent la longitude à partir du point $0°0'0''$ ou $0^h0^m0^s$ passant par l'Observatoire de Paris, jusqu'à $180°$ de part et d'autre de ce méridien, et ce dans n'importe quelle partie de la Terre où ils ont des longitudes à déterminer. La longitude d'un lieu est égale à la différence d'heure réduite en degrés, minutes et secondes d'arc entre Paris et le lieu que l'on considère. Donc, pour avoir la longitude d'un lieu, il faut connaître au même instant l'heure de Paris ou celle d'un lieu dont la longitude est connue et celle du lieu d'observation, la comparaison des deux heures donnera la longitude en temps. La latitude d'un lieu se compte à partir de l'Equateur terrestre ; elle est égale à la hauteur du pôle céleste vu de ce lieu au-dessus de l'horizon, ou à la distance du zénith à l'Equateur céleste, ou bien au complément de la distance du pôle céleste au zénith.

Que le voyageur se serve d'un cercle méridien portatif, d'un altazimut ou d'un théodolite, il devra emporter avec lui la *Conn. des T.* de l'année, celle de l'année suivante, des tables de logarithmes, un baromètre, deux thermomètres, un planisphère céleste et les outils pour démonter et remonter son instrument au besoin. S'il se sert des deux premiers instruments, il emportera un bain de mercure, du fil d'araignée et de l'arcanson pour les fixer. Nous avons indiqué au § 25 comment on pouvait se procurer ce fil et comment il fallait procéder pour le nettoyer. Le voyageur devra également emporter avec lui plusieurs chronomètres réglés sur l'heure de Paris ; il doit en connaître bien la marche, afin de tenir compte des variations. Si ses chronomètres sont bien d'accord entre eux, il est extrêmement probable que leur marche est régulière et que le voyageur pourra se fier aux indications qu'ils fourniront quand il aura à déterminer les longitudes des différentes stations où il opérera. Il s'assurera fréquemment par des observations méridiennes si les chronomètres n'ont pas varié, et il prendra note des variations.

Avant de commencer une série d'observations pour

déterminer une position géographique, et afin de n'avoir à s'occuper que des observations, on calculera à l'avance l'heure du passage de la Lune au méridien du lieu considéré (§ 68) ; on fera la liste des étoiles de culmination lunaire à observer. La *Conn. des T.* donne la position de ces étoiles, calculée chaque jour pour le moment de leur passage au méridien *supérieur* (§§ 69 et 71). L'instrument ayant été bien réglé et l'état absolu des chronomètres étant connu, on peut procéder à l'observation des passages des étoiles de culmination lunaire et de la Lune.

Les étoiles de culmination ayant à peu près la même déclinaison que celles de notre satellite, il en résulte alors que les erreurs de l'instrument ont presque la même influence sur les temps des passages, et que les différences observées, ainsi que l'ascension droite de la Lune qui s'en déduit, sont presque indépendantes de l'instrument ; on aura soin également de prendre la hauteur de ces étoiles, afin de pouvoir calculer plus tard leur position pour le jour de l'observation, et par suite déterminer la latitude du lieu considéré.

Le choix de la station et l'installation de l'instrument sont deux opérations auxquelles il faut apporter beaucoup d'attention. Une des principales exigences pour un observatoire, doit être la parfaite symétrie des conditions topographiques et atmosphériques ambiantes ; car les difficultés qui résultent d'une trop grande précipitation se présentent souvent lorsqu'il est trop tard pour y porter remède. L'observateur devra en outre se guider, dans le choix de l'emplacement d'un observatoire, par les considérations suivantes : il choisira un terrain solide où le plan méridien est entièrement dégagé, ou tout au moins qui permette d'observer à une certaine distance zénithale de part et d'autre du méridien, et de placer une mire à une distance qui peut aller à 200^m au moins.

L'emplacement du pilier qui doit supporter l'instrument est d'une importance extrême : une roche à fleur de terre est ce qu'il y a de plus convenable pour sa construction, car elle dispenserait de faire des fondations. A défaut de roche on choisira un terrain ferme ; on évitera à tout prix les terrains marécageux ou rapportés, et si on ne peut faire différemment on pilotera le terrain avant de monter le pilier. A défaut de roche, pour établir le pilier, on construira sur une base très large, un massif en pierres convenables avec un mortier quelconque que l'on pourra se procurer, et si c'est possible, on surmontera le tout d'une pierre plate. La hauteur du massif variera selon la taille de l'observateur et les dimensions de l'instrument. Toutefois nous engageons l'opérateur à faire en sorte que la lunette soit à la hauteur de l'œil lorsqu'elle est dans une position horizontale, afin d'éviter dans une certaine mesure les rayons visuels du sol lorsqu'il pointera la mire (voir § 32), ce qui restreindra les erreurs dues aux réfractions et aux ondulations. — Si on était dans l'impossibilité d'employer des matériaux convenables on emploiera des pierres ou des roches qu'on trouvera à sa portée et à défaut de mortier on mettra entre chaque assise une couche de terre détrempée afin d'éviter les mouvements en porte à faux ; l'argile ou les terres argileuses ou glaiseuses sont préférables aux autres terres.

Afin d'éviter la trépidation du sol pendant le déplacement de l'observateur ou de son assistant, on enlèvera un peu de terre autour du massif pour l'isoler du terrain avoisinant, et on établira, si c'est possible, un plancher autour du pilier. (Voir à ce sujet ce que nous avons dit au chapitre III, sur l'établissement d'un observatoire à poste fixe). Si on était dans l'impossibilité d'établir un plancher et que le terrain soit sablonneux ou poudreux, on l'humecterait, et on étendrait une toile sur le sol afin d'éviter la poussière, car elle est très nuisible aux instruments. On construira une cabane quelconque, comme le permettront les circonstances locales, en planches ou en toile ; l'essentiel est qu'elle soit disposée de manière à ce que l'on puisse découvrir à volonté l'horizon sud et nord, et soulever la partie du toit située au-dessus de l'instrument. Pour plus de sûreté et afin d'éviter l'action du vent, on consolidera la cabane avec des haubans.

Lorsque la construction du pilier sera sèche, on posera l'instrument sur les galets et on procèdera à sa rectification ainsi qu'il est indiqué aux §§ 65, ou 79 et 80, selon la nature de l'instrument. Comme les abris ne suffisent pas pour préserver les instruments de la poussière, car ils doivent être tenus dans un état de propreté constante, lorsqu'on aura fini de s'en servir, on les essuiera et on les recouvrira d'un capuchon en étoffe que l'on serrera près du socle au moyen d'une coulisse.

L'instrument étant en place, un baromètre et un thermomètre seront suspendus à l'intérieur de la cabane et un second thermomètre sera placé à l'extérieur ; généralement la planche du baromètre en porte un. Ces instruments seront consultés chaque fois qu'on aura à prendre une hauteur ou une distance zénithale afin de pouvoir faire la correction de la réfraction que donne la table II. Nous ne pouvons entrer dans les détails relatifs à la réduction du baromètre à zéro ; on trouvera tous les renseignements nécessaires et des tables de réduction dans un petit ouvrage de M. Mascart, intitulé « *Instructions météorologiques* », il est édité par M. Gauthier-Villars, à Paris.

Toutes choses étant en état, on pourra déterminer le pôle ou le zénith, les distances polaires méridiennes, la hauteur des astres au-dessus de l'horizon, les distances zénithales, et faire toutes les observations de passage. En observant le passage au méridien d'une étoile d'éphéméride connue, on aura l'heure en temps sidéral du lieu d'observation ; en transformant ce temps on aura l'heure en temps moyen astronomique du lieu. Connaissant l'heure du lieu, on trouvera la longitude par un des moyens indiqués aux §§ 69, 73, 74 et 75 ; l'emploi du premier moyen est le seul qui permette d'obtenir une exactitude rigoureuse. On trouvera la latitude du lieu avec le cercle méridien, l'altazimut ou le théodolite par la détermination de la distance du pôle au zénith (§ 62). Pour déterminer la latitude on devra autant que possible choisir des étoiles connues dont la distance zénithale ne dépasse pas 35° afin d'atténuer les erreurs des tables de réfraction ; cette dernière devra toujours être calculée à l'aide du baromètre et des thermomètres si les divisions de l'instrument permettent de tenir compte de la correction.

A moins d'être en communication avec une station géographique dont la longitude est connue, l'observation du passage de la Lune au méridien est le *seul moyen* de déterminer la longitude avec le cercle méridien. Toutes les étoiles des éphémérides peuvent servir à trouver une latitude avec les instruments qui permettent d'opérer dans le méridien.

Nous avons indiqué au § 69 (p. 266) comment on procédait pour déterminer la longitude d'un lieu à l'aide d'une observation de passage de la Lune au méridien, nous n'avons plus à indiquer ici comment on devra opérer pour obtenir cette coordonnée ; nous allons seulement indiquer maintenant comment on procède avec les instruments méridiens et le théodolite pour trouver la longitude quand on connaît l'heure de Paris ; nous donnerons ensuite la manière de trouver la latitude : 1° par la distance zénithale méridienne d'une étoile connue, 2° par sa hauteur méridienne, et 3° par la hauteur du Soleil.

EXEMPLE. — On demande la longitude et la latitude d'un lieu dans lequel l'heure, en temps moyen de Paris, marquée par les chronomètres, et obtenue par un des moyens dont nous avons parlé, était $8^h37^m41^s$, alors qu'il était $8^h40^m58^s$ de même temps au lieu d'observation, et où la distance zénithale méridienne observée de α Ophiuchus indiquait soit au cercle méridien, soit à celui de l'altazimut ou à celui du théodolite 17°43′24″, la déclinaison de cette étoile, le jour de l'observation, étant $= + 12°38′45″$?

Longitude. — L'heure du lieu considéré étant plus grande que celle de Paris, le dit lieu est à l'orient du méridien de cette ville. La longitude étant égale à la différence d'heures réduite en degrés, etc., entre Paris et le lieu d'observation, on trouve :

$$8^h40^m58^s - 8^h37^m41^s = 3^m17^s, \text{ ou } 0°49′15″ ;$$

la longitude est donc : 0°49′15″ est.

Latitude. — Ainsi que nous l'avons dit, la latitude est égale au complément de la distance polaire vraie d'un astre au zénith du lieu d'observation, obtenue — soit par la combinaison de la distance zénithale observée avec la distance polaire vraie de l'étoile, — soit par la combinaison de la hauteur observée avec la déclinaison vraie de l'astre. Nous allons indiquer les deux moyens de procéder pour trouver la latitude demandée.

Premier procédé :

o   '   "

Distance polaire vraie de α Ophiuchus = 90° — 12°38'45" = 77.21.15
Distance zénithale méridienne observée de l'étoile. . . .   17.43.21
Distance polaire apparente du zénith 59.37.54
Réfraction pour 72°16'39" (1) . . . .   +   0.19
Distance polaire vraie du zénith, ou colatitude . . . . . + 59.38.13
Complément de la distance polaire, ou latitude. . . . . + 30.21.47

(Pour plus de facilité nous avons supposé que le zéro du cercle indiquait le zénith, mais s'il avait indiqué 24°13'53", par exemple, la distance zénithale aurait indiqué 41°57'14" ; la lecture allant en augmentant, on noterait : 41°57'14" — 24°13'53" = 17°43'21". Comme on le voit, la lecture aurait été la même).

Deuxième procédé : Dans le même lieu on a observé la hauteur méridienne de α Ophiuchus, quelle est la latitude de ce lieu ?

o   '   "

Hauteur méridienne observée de l'étoile 72.17.17
Réfraction . . . .   —   0.19
Hauteur vraie observée. 72.16.58
— Déclinaison de l'étoile. 12.38.45
Distance polaire zénithale de l'étoile, ou colatitude. + 59.38.13
Complément, ou latitude . . . . + 30.21.47

(Nous supposons également ici que le cercle indique zéro lorsque la lunette pointe l'horizon ; s'il n'en était pas ainsi on ajouterait ou on retrancherait la lecture du cercle à l'horizon de celle de la hauteur de l'étoile, selon le sens de la graduation et on obtiendrait le même résultat).

Le point cherché est donc situé par 0°49'15" de longi-

---

(1) On calcule la réfraction sur le complément de la distance zénithale méridienne observée. La correction est additive en distance zénithale, et soustractive en hauteur.

tude orientale et 30°21'47″ de latitude nord, c'est-à-dire au sud-est de El-Coléa, en Afrique.

On peut également trouver une latitude au moyen de la hauteur du Soleil, mais ce moyen est bien moins précis que le précédent, car il est beaucoup plus facile de bissecter une étoile que d'obtenir le contact tangentiel du bord du Soleil.

La hauteur de l'Équateur céleste dans le méridien d'un lieu étant égale à la colatitude de ce lieu, il est évident que si de la hauteur du Soleil à son passage au méridien, on *retranche* ou on *ajoute* sa déclinaison à midi vrai du jour de l'observation, selon que la déclinaison du Soleil est *boréale* ou *australe,* on connaîtra la colatitude du lieu considéré, d'où on conclura sa latitude. A cet effet, l'instrument étant bien orienté, observez la hauteur du Soleil, et dès que son image apparaîtra dans le champ de la lunette, faites tangenter le bord supérieur du disque solaire par le fil horizontal que vous maintiendrez dans cette position en agissant sur la vis *ad hoc* jusqu'à ce que le centre du disque soit bissecté par le fil horaire moyen. Faites ensuite la lecture du cercle ; tenez compte du demi-diamètre du Soleil, de sa parallaxe horizontale (table III de la *Conn. des T.*) et de la réfraction, et procédez comme dans les exemples ci-après :

EXEMPLE. —*(Déclinaison boréale du Soleil).* On a observé le bord supérieur du Soleil, à Sens, le 27 mars 1886, à midi vrai ; on demande la latitude du lieu d'observation :

Hauteur méridienne observée.			44°45′29″
— Déclinaison du Soleil à midi vrai + 2°40′45″			
— Demi-diamètre	16. 3		
— Réfraction	0.59	2°57′47″	
+ Parallaxe de hauteur		— 0. 6	2.57.41
Colatitude			+ 41.47.48
Latitude			+ 48.12.12

AUTRE EXEMPLE. — *(Déclinaison australe du Soleil).* On a observé le bord supérieur du Soleil, à Sens, le 11 octobre 1886, à midi vrai ; on demande la latitude du lieu.

(La déclinaison du Soleil étant australe, on ajoute la déclinaison et la parallaxe de l'astre à la hauteur observée, et on en retranche son demi-diamètre et la réfraction).

			o	'	"
Hauteur méridienne observée.			34.	47.	56
+ Déclinaison du Soleil, le 11 octobre à midi vrai. . .			— 7.	17.	13
+ Parallaxe de hauteur.			0.		7
			42.	5.	16
— Réfraction	1'24"				
— Demi-diamètre . .	16. 4		— 0.	17.	28
		Colatitude	+ 41.	47.	48
		Latitude	+ 48.	12.	12

Nous avons indiqué plus haut la manière de déterminer la longitude au moyen de chronomètres réglés sur l'heure de Paris. Ce moyen serait le plus commode s'il ne survenait pas d'accidents ou si les chronomètres ne variaient pas dans leur marche, mais il n'en est pas ainsi. L'expérience a démontré que pour déterminer une longitude avec exactitude, il était bien préférable de régler ses chronomètres sur le temps moyen et sur le temps sidéral du lieu d'observation ; elle a démontré également, qu'à moins d'être un observateur accompli et familiarisé avec les différentes méthodes d'observation, le meilleur moyen de déterminer une longitude est d'observer le passage de la Lune au méridien. On trouvera au § 69 tous les renseignements nécessaires pour faire cette observation, ainsi que deux méthodes avec exemples numériques pour faire les calculs. La première méthode est plus expéditive ; mais nous engageons les observateurs à employer la deuxième, elle est plus exacte.

Lorsqu'on voudra déterminer la longitude avec une exactitude aussi grande que le comporte l'instrument employé, une détermination complète devra comprendre un certain nombre de passages de Lune, divisé en passages du premier et du deuxième bord; la moyenne des résultats obtenus donnera la longitude exacte cherchée. Pour déterminer la latitude, on fera également un certain nombre d'observations de distances polaires zénithales en se servant d'étoiles différentes; on choisira de préférence celles qui avoisinent le zénith afin d'amoindrir les erreurs de réfraction.

Comme on l'a vu par les exemples ci-dessus et ceux donnés au § 69, ces calculs sont aussi simples que faciles. Les seules difficultés que nous connaissions sont de bien régler les instruments et de faire les observations avec précision; il faut pour cela une certaine habitude que l'on n'acquiert que par la pratique. Aussi, fera-t-on bien de s'exercer dans un lieu dont la longitude et la latitude sont connues avant de s'aventurer dans une entreprise, afin d'être certain de posséder les connaissances nécessaires pour faire des observations utiles. Que de voyages très pénibles ont été pour ainsi dire stériles, parce que les observateurs ne possédaient pas les connaissances suffisantes !

CHAPITRE VIII

THÉODOLITE

77. — Définition et avantages du théodolite. —
Ainsi qu'on le sait, le *théodolite* est un instrument d'astronomie et de géodosie qui sert particulièrement à mesurer directement les angles réduits à l'horizon et les
hauteurs ; il est donc éminemment propre à mesurer les
azimuts et les distances zénithales, et par conséquent à
déterminer un point quelconque.

Un des avantages du théodolite est de pouvoir définir,
indifféremment en dehors ou dans le méridien, la direction suivant laquelle on aperçoit un objet ou une étoile.
Pour obtenir ce résultat, il suffit de mesurer d'abord son
angle azimutal, en d'autres termes, l'angle que le plan
vertical qui contient l'objet ou l'étoile fait soit avec un
plan vertical particulier, pris pour plan de comparaison,
soit avec le méridien ; ensuite de mesurer sa *distance
zénithale*, c'est-à-dire l'angle que l'objet ou l'étoile fait
avec la verticale.

Il y a un grand nombre de modèles de théodolite.
Certaines personnes donnent également le nom d'*altazimut* à cet instrument, quoique ce dernier nom ne soit
donné, par les astronomes, qu'aux instruments composés
d'un cercle méridien fixé sur la partie inférieure d'un

théodolite. Il existe également un modèle de théodolite à lunette centrale. La complication d'un théodolite est en rapport avec ses dimensions. La lunette du théodolite représentée par la figure 24 est placée excentriquement.

Tous les théodolites sont munis de deux cercles et se règlent de la même manière; toutefois la lunette du théodolite à lunette centrale ne pouvant pas tourner autour de son axe, on est obligé, dans certaines opérations, de procéder comme on le fait avec le cercle méridien, c'est-à-dire soulever la lunette, et mettre dans le coussinet de droite le tourillon qui était dans le coussinet de gauche et *vice versa*. On donne le nom de *tachymètre* à l'instrument qui n'est pas pourvu d'un cercle vertical.

Nous allons décrire le modèle le plus compliqué ; nous indiquerons ensuite les moyens de le rectifier, de l'orienter, de déterminer l'azimut et la distance zénithale d'un astre, et paticulièrement les coordonnées géographiques d'un lieu.

78. — Description du théodolite. — Le théodolite est composé de deux systèmes distincts, l'un supérieur et l'autre inférieur. Chaque système est composé d'un axe, d'un cercle gradué au centre duquel est un cercle alidade, et d'une lunette.

Le système supérieur comprend un axe secondaire horizontal A (fig. 24), à une des extrémités duquel est un cercle vertical C, nommé indistinctement *cercle zénithal* ou *cercle des hauteurs;* concentriquement au limbe tourne un cercle alidade *c* qui porte la lunette principale LL, les verniers (la position du cercle empêche de les voir) et les pinces *p* et *q*. Le cercle alidade *c* peut se mouvoir sur lui-même dans l'intérieur du cercle C sans cesser de toucher ce dernier dans tout son contour, et la lunette L peut être entraînée avec le cercle alidade, et par suite coïncider avec un plan vertical quelconque. Un contre-

Fig. 24

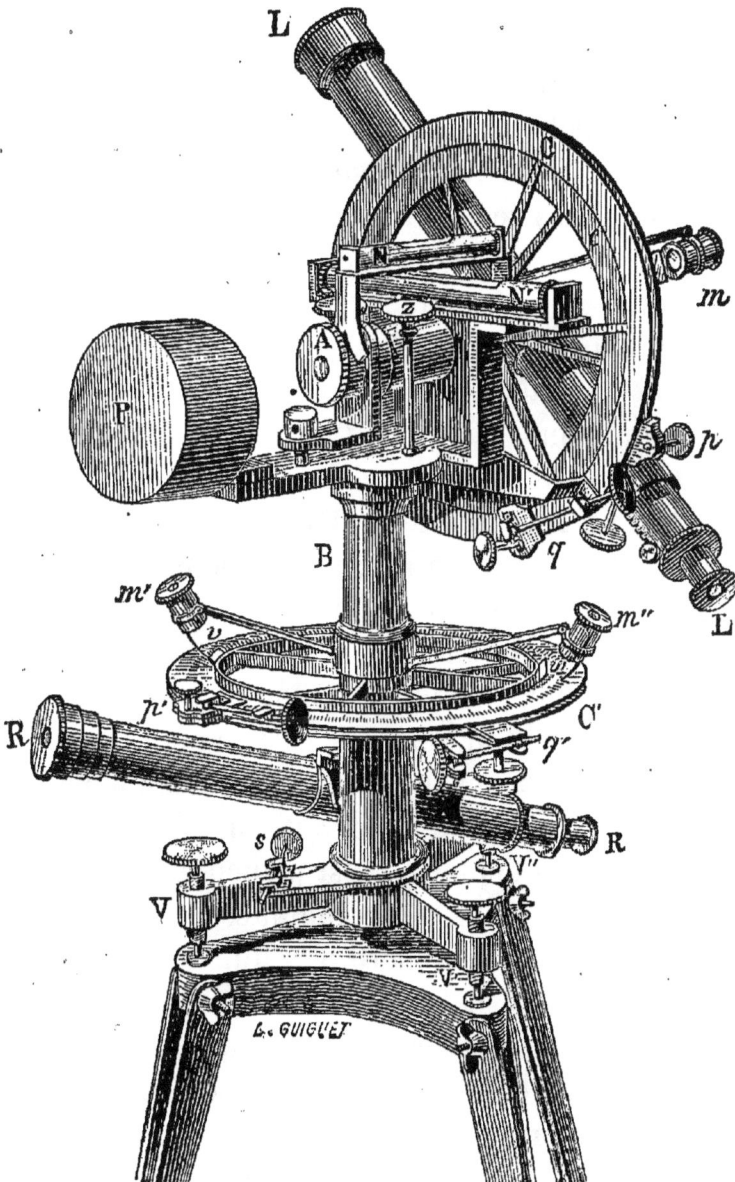

poids **P**, placé à l'extrémité de cet axe sert à équilibrer le poids du cercle et de la lunette. L'axe A est porté par l'extrémité supérieure de l'axe principal B, autour duquel tout le système supérieur peut tourner.

· Le système inférieur est composé d'un axe principal B, d'un cercle horizontal C, dit cercle azimutal, donnant l'orientation de la lunette, avec cercle alidade au centre; ce cercle alidade, en tout semblable à celui du cercle supérieur, a son centre exactement situé sur l'axe B et peut tourner dans son plan autour de cet axe. Les cercles alidades sont liés invariablement avec l'axe qui les porte, et sont ajustés à frottement doux dans l'intérieur des cercles gradués comme s'ils y étaient incrustés; et en outre tout le système supérieur peut tourner d'un mouvement commun autour de l'axe B, auquel est fixé le cercle alidade horizontal qui lui-même, aussi, est invariablement lié avec tout le système supérieur.

Une lunette de repère RR, placée sous le cercle horizontal, sert à s'assurer si l'instrument n'a pas bougé pendant l'opération; elle est adaptée au pied de l'instrument de telle manière qu'au moyen de la vis de rappel s on peut lui faire subir un petit mouvement pour amener son axe optique dans la direction du point de repère choisi. Cette lunette n'indiquant pas la quantité dont l'instrument s'est déplacé, n'est d'aucune utilité pour déterminer des positions géographiques; dans ce cas une mire sert de point de repère à la lunette principale. — Le pied, avec vis calantes V,V′,V″, dont les pointes forment le sommet d'un triangle équilatéral, supporte l'instrument; un galet centré est placé sous chaque vis. (La vis V″ est masquée par la lunette de repère).

Les cercles sont divisés en 360°, subdivisés eux-mêmes selon l'importance de l'instrument. Les cercles alidades portent généralement deux ou quatre verniers diamétralement opposés deux à deux; des microscopes m, m', m'', pouvant se déplacer sur leur ajustement, permettent de faire la lecture des verniers v, v' dont les divisions sont généralement éclairées. (Voir § 35, 3°). Une pince p, à vis de pression et vis de rappel, sert à relier le cercle C au cercle alidade qui se meut à son intérieur et à imprimer également un mouvement lent à ce dernier. La pince p' remplit le même office relativement au cercle C'. Deux autres pinces q, q' servent, l'une à fixer le cercle C et au besoin à le faire tourner lentement autour de l'axe B, et l'autre est destinée à fixer de même le cercle C' au pied de l'instrument, et, s'il y a nécessité, à lui imprimer un mouvement lent autour de son centre. Un niveau fixe, N', vissé sur la pièce principale qui supporte l'axe A, et placé parallèlement au cercle C, sert à mettre l'axe B dans une position verticale. Un second niveau (mobile) N, monté sur deux tiges dont les extrémités sont terminées de façon à pouvoir prendre une position déterminée sur l'axe A, sert à obtenir l'horizontalité de cet axe.

Certains théodolites sont pourvus d'une aiguille aimantée; ce qui est parfois très avantageux, car ils peuvent être utilisés comme boussole lorsqu'il est nécessaire d'orienter directement une direction.

On dit que le théodolite est dans la position directe quand la lunette est à l'est et le cercle à l'ouest, et dans la position inverse, quand elle est à l'ouest et le cercle à l'est. Dans le cours des observations on doit toujours noter la position du cercle en regard de la lecture du vernier.

79. — Réglage du théodolite. — Le réglage de cet instrument est une opération assez délicate. Pour que le théodolite fonctionne bien, il doit réunir les conditions suivantes : L'axe principal, B, doit être dans une position verticale ; l'axe secondaire, A, doit être perpendiculaire au premier, et l'axe optique de la lunette principale, L, doit être perpendiculaire à l'axe de rotation. Les deux axes du théodolite devraient être perpendiculaires entre eux par construction ; il n'en est pas toujours ainsi, mais si le théodolite est bien construit, une disposition particulière du support de l'axe secondaire doit permettre de rétablir son horizontalité. Afin de donner plus de stabilité à l'instrument, les pieds du théodolite doivent être construits très solidement et très lourds ; ils doivent être composés de deux branches chacun, et leurs points d'attache à la planchette seront écartés autant qu'on le pourra. Après avoir bien enfoncé les pieds en faisant en sorte que sa plate-forme soit à peu près horizontale, on serrera fortement les vis d'arrêt ; dans ces conditions, on évitera les mouvements de rotation et de torsion, et on pourra placer le théodolite sur son support en disposant un galet centré sous chaque vis calante.

Ces préparatifs étant terminés, on commence d'abord par faire tourner le théodolite autour de l'axe B jusqu'à ce que le niveau N', qui est placé parallèlement au cercle C, soit dans une position parallèle à une ligne qui passerait par deux vis calantes V, V' par exemple, et on agit sur ces deux vis jusqu'à ce que la bulle du niveau soit entre les repères du tube ; ensuite on fait tourner l'instrument jusqu'à ce qu'il ait décrit un angle de 180° ; le niveau étant encore dans une position parallèle aux deux mêmes vis, on vérifie de nouveau si la bulle est dans sa position primitive, ou on fait le nécessaire pour y arriver. (Voir § 65, 1°). Ce résultat obtenu, c'est signe que l'axe principal, B, n'a pas d'inclinaison dans le sens de la

ligne V,V′. Maintenant, on fait tourner l'instrument de
90°, de manière à amener le niveau à être disposé perpendiculairement à la ligne passant par V,V′, c'est-à-dire
parallèle à la ligne qui passe par la troisième vis V″;
ensuite, on agit de nouveau, mais sur cette troisième vis
seulement, jusqu'à ce que dans les deux positions de
l'instrument, ainsi qu'on l'a fait pour les deux premières vis, la bulle occupe dans le tube la position
voulue. Ce résultat obtenu, on fait une nouvelle vérification pour s'assurer si en touchant à la troisième vis
il ne s'est pas produit un petit déplacement dans l'autre
sens.

Lorsque l'axe principal est dans une position rigoureusement verticale, on place l'axe secondaire dans une
position horizontale pour que le cercle C soit perpendiculaire à cet axe, c'est-à-dire dans une position verticale;
à cet effet, on pose le niveau mobile N sur l'axe A, et on
procède au nivellement en retournant le niveau bout
pour bout. Pour obtenir ce résultat, on est quelquefois
obligé d'agir sur une vis *ad hoc* qui sert à relever ou
abaisser une des extrémités de cet axe afin de le rendre
horizontal; ensuite on retourne le niveau bout pour bout,
et après quelques tâtonnements on arrive, dans les deux
positions du niveau, à obtenir que la bulle soit dans la
position voulue de ses deux repères. Dans ces conditions
l'axe principal B et le cercle C seront dans une position
verticale. Il est toutefois nécessaire de s'assurer si la
bulle reste en place dans tous les azimuts.

Il reste maintenant à vérifier si l'axe optique de la lunette est perpendiculaire à l'axe de rotation. Cette vérification est d'autant plus importante que le défaut de
perpendicularité entre les deux axes du théodolite ferait
décrire un cône à la lunette au lieu d'un plan, et occa-

sionnerait une erreur de collimation qui fausserait toutes les mesures.

Pour procéder à cette vérification, le théodolite étant dans la position directe, par exemple, on vise ordinairement un objet terrestre éloigné d'au moins 3 kilom., et on note la lecture d'un des verniers du cercle azimutal ; ensuite, on met le théodolite dans la position inverse, on vise le même objet et on fait une nouvelle lecture au même vernier. Pour la facilité des calculs, on ajoute 180° à la première lecture et on en prend la moyenne ; on amène le vernier à cette moyenne, puis on agit sur les vis de droite et de gauche du réticule jusqu'à ce que le fil bissecte de nouveau l'objet. Exemple :

Position directe : lecture . . . $64°27'30'' + 180 = 244°27'30''$
— inverse : — . . . . $244°22'30''$
Collimation — $2'30''$ posit. dir. $\Big\}$ moyenne. . . $244°25'$
— + $2'30''$ posit. inv. $\Big\}$

Amenez le vernier du cercle azimutal à 244°25', le point visé se voit à droite du fil ; dévissez la vis de gauche et agissez sur la vis de droite jusqu'à ce que le fil vertical le bissecte de nouveau. Refaites l'opération jusqu'à ce que vous trouviez la même lecture dans les deux positions de la lunette.

Comme il n'existe pas toujours d'objet convenable à la distance voulue pour faire cette opération, il est bien préférable d'employer une mire (§§ 34 et 32) ; elle offre, en outre, un moyen précieux pour s'assurer si l'instrument ne s'est pas déplacé pendant les opérations.

MÉTHODE D'OBSERVATION

80. — Orientation du théodolite. — L'orientation du théodolite consiste à faire décrire à la ligne de visée, ou axe optique de la lunette, le plan méridien du lieu ; à cet effet, on a habituellement recours à la méthode des *hauteurs égales* ou *correspondantes*. Pour des causes que nous indiquons ci-après, il serait bien préférable d'orienter le théodolite à l'aide de deux étoiles dont la différence en déclinaison est très grande et celle en ascension droite très petite. Ce dernier moyen, que nous avons expérimenté avec le théodolite, donne un bien meilleur résultat que le premier; il a, en outre, l'avantage d'être très expéditif et on n'a pas à craindre qu'un changement dans l'état atmosphérique rende impossible la seconde partie de l'observation. Nous allons indiquer les deux moyens en commençant par celui des hauteurs égales.

Choisissons, pour faire cette observation, une étoile très brillante β Orion (Rigel), par exemple, dont l'ascension droite est $= 5^h9^m4^s$ et supposons que l'observation a lieu le 8 janvier 1886, vers 7 h. du soir. A ce moment, Rigel est à environ 3^h du méridien et à 20° au-dessus de l'horizon ; visez l'étoile. Supposons également que la lecture du cercle zénithal donne 20°17′23″ à l'instant où l'astre est à l'intersection des fils du réticule ou du micromètre, si la lunette en est pourvue ; fixez la lunette et faites la lecture du cercle azimutal, afin de déterminer le plan vertical de l'astre ; soit L cette lecture. Environ 6 h. après cette première observation, la lunette étant toujours fixée au limbe, dirigez-la sur la même étoile et suivez sa marche jusqu'à ce qu'elle se trouve dans la même position qu'elle avait à la première observation, 20°17′23″, et déterminez encore le plan vertical de Rigel en faisant une nouvelle lecture du cercle azimutal ; soit L′ cette nouvelle lecture. Ces deux plans étant également éloignés du plan méridien, si le cercle azimutal est bien gradué, la moyenne des lectures de ce cercle, c'est-à-dire $\frac{L + L'}{2}$ déterminera le plan méridien du lieu; dirigez ensuite la lunette jusqu'à ce que l'index du cercle azimutal coïncide avec la graduation correspondant avec la moyenne des lectures trouvées; immobilisez ce cercle et si vous décalez la lunette, vous pourrez lui faire décrire le plan méridien du lieu en la faisant tourner autour de son axe, si toutefois pendant toute la durée de l'opération l'instrument est resté dans la position voulue. S'il en est ainsi, ce dont vous serez assuré après avoir vérifié la position des axes et le point de repère, vous pourrez commencer les opérations (1).

Le moyen que nous venons d'indiquer, moyen généralement employé pour déterminer le plan méridien, ne donne pas toujours un bon résultat, à moins qu'on ait une certaine habitude des observations; ensuite, faute de quelques secondes de retard ou un petit nuage qui masque l'étoile, on peut manquer la seconde observation, et voilà une soirée perdue. Lorsqu'on voudra opérer avec plus de certitude et de précision, on prendra au sud-est, à quelques minutes d'intervalle, 5 ou 6 hauteurs sur la même étoile, en ayant soin de prendre des valeurs rondes sur le cercle zénithal, afin d'éviter de se servir des verniers et des microscopes. A cet effet, on calera à l'avance le cercle zénithal et par tâtonnement, en dirigeant la lunette, on amènera l'étoile au point d'intersection des fils du réticule ou du micromètre. Ce résultat obtenu, on note la lecture du cercle des hauteurs et celle du cercle azimutal et on procède de la

(1) On sait que si pour obtenir la moyenne des lectures d'un cercle divisé en 360 divisions, on doit passer par son *zéro*, on ajoute 360° à la seconde lecture, et après en avoir retranché la première, on divise le résultat par 2.

même manière pour les autres pointés. Supposons que
l'on ait fait six pointés vers l'est; calez le cercle zénithal
après ce sixième pointé, et environ 4 h. ou 5 h. après la
dernière visée, selon l'intervalle qu'il y aura eu entre
chacun d'eux, faites de nouveau la lecture du cercle
azimutal chaque fois que la hauteur de l'étoile vers
l'ouest correspondra avec une des hauteurs prises vers
l'est ; autrement dit, la hauteur du 7e pointé pris au sud-
ouest doit correspondre avec celle du 6e pris vers l'est,
le 8e avec le 5e, et ainsi de suite jusqu'au 12e, qui doit
être fait à la hauteur du 1er. Les douze visées étant faites,
la moyenne générale des lectures du cercle azimutal
donnera la direction du méridien. Bien entendu que si,
pour une cause quelconque, on manquait une ou plusieurs visées à l'ouest, on retrancherait dans le calcul la
ou les lectures correspondantes à l'est. On fera bien de
s'exercer un peu sur ce genre d'observation avant de
procéder définitivement.

Nous avons indiqué au § 65, 4° (Instruments Méridiens) le moyen de procéder à l'orientation d'un instrument au moyen de deux étoiles. Ce moyen, que nous ne
sachions pas avoir été employé avec le théodolite, et
que nous avons expérimenté, est bien préférable à celui
des *hauteurs égales*, à la condition expresse de donner
assez de fixité à l'instrument et de faire cette observation
dans les deux positions de la lunette. Le choix des
couples d'étoiles à observer doit être fait d'avance dans
le catalogue de la *Conn. des T.*

Pour faire les observations de passage, l'axe de rotation de la lunette doit être parfaitement horizontal. Ce
résultat obtenu, observez le passage au méridien de
deux étoiles comme nous l'indiquons page 239. Dans le
cas où la différence de temps entre les passages ne serait

pas égale à la différence d'ascension droite entre les deux astres, il suffirait pour corriger la position en azimut de la lunette de la déplacer de la moitié de la différence trouvée. A cet effet, on convertit cette différence en arc et on agit sur la vis de rappel de la pince q (fig. 24) jusqu'à ce que l'index du cercle azimutal indique qu'il a déplacé la lunette de la quantité voulue et on note la lecture des verniers comme nous l'indiquons page 92. Placez ensuite la lunette dans l'autre position ; observez le passage des deux autres étoiles choisies et faites une nouvelle lecture des verniers. — Si les observations ont été bien faites, et si la seconde lecture des verniers est à peu près semblable à la première, + ou — 180°, c'est que la lunette est dans la position requise ; dans ce cas, la moitié de la différence entre les lectures du cercle azimutal indique l'erreur de collimation.

Si le théodolite est pourvu d'un micromètre, on rectifie l'erreur de collimation en procédant comme on le fait pour le micromètre du cercle méridien (page 247) ; dans le cas contraire, on déplace la lunette de la moitié de la différence trouvée, on pointe la mire avec la lunette d'observation dans les deux positions de la lunette et on note la moyenne des lectures trouvées pour s'assurer si l'instrument ne s'est pas déplacé pendant les observations ultérieures. Nous indiquons à la page 249 la manière de calculer et d'appliquer la correction.

REMARQUES. — S'il y avait une grande différence entre le résultat des observations, c'est qu'elles auraient été mal faites ; aussi est-il prudent de faire deux fois et successivement l'observation de deux couples d'étoiles dans la même position de la lunette, afin d'éliminer les erreurs avant de faire l'observation dans la position inverse.

Le choix des couples d'étoiles à observer devra être fait, autant que possible, de manière à commencer l'opération par celles situées dans le voisinage du zénith. Pour faciliter l'observation des passages, avant de la commencer on balancera la lunette ; de cette façon, on s'assurera que l'étoile proche de l'horizon est à peu près perpendiculaire à celle voisine du zénith et, par suite, la lunette pointera à peu près le méridien.

Si l'instrument était trop vers l'ouest, il se pourrait que la seconde étoile n'entrât dans le champ de la lunette qu'après que la différence de temps calculée pour son passage est écoulée ; dans ce cas, la lunette étant calée à la déclinaison de l'étoile, on compte à partir du moment écoulé combien de secondes de temps l'étoile met pour être bissectée par le fil moyen, et on réduit le temps en arc. Après avoir déplacé la lunette de la moitié de la différence trouvée, on immobilise le cercle azimutal et on observe le passage d'un nouveau couple d'étoiles dans la même position de la lunette avant d'observer un autre couple dans la position inverse.

Voici un moyen d'orienter un théodolite d'une façon suffisante pour la topographie, en se servant du Soleil. A cet effet, environ un quart d'heure avant midi *vrai*, on amène le Soleil dans le champ de la lunette, de manière à ce que son bord supérieur soit prêt à raser le fil horizontal ; ensuite on cale la lunette en hauteur et on fait tangenter le *premier* bord du Soleil (bord ouest) avec le fil vertical en agissant sur la vis d'azimut jusqu'à ce que son bord supérieur soit également tangenté par le fil horizontal. Ce résultat obtenu, on fait la lecture du cercle azimutal et, un peu moins d'une demi-heure après, on dirige la lunette, sans la décaler, jusqu'à ce que le *deuxième* bord du Soleil (bord est) soit tangent au bord vertical ; on agit de nouveau sur la vis d'azimut jusqu'à ce que le bord supérieur de l'astre soit également tangent au fil horizontal, et on fait une seconde lecture du même cercle. Si l'opération a été bien faite, la moyenne des lectures indiquera la direction du méridien.

Pour faire cette opération, la vue doit être protégée par un verre neutre. On pourra faire cette opération toute l'année, excepté quelques jours avant ou après les solstices, attendu qu'à ces époques la variation de la déclinaison du Soleil est trop petite pour opérer utilement.

Toutefois, lorsque l'on connaît *l'heure sidérale locale* par la transformation du temps moyen ou autrement, il est préférable, pour installer avec facilité et rapidité un théodolite ou un altazimut dans le plan méridien, d'employer le moyen indiqué par la *Conn. des T.* ; il est aussi très suffisant pour faire les levés topographiques.

A cet effet, on pointe la Polaire ; on note la lecture L au cercle azimutal et l'heure locale de l'observation ; on déduit de cette dernière donnée l'angle horaire S de l'astre. Avec cet angle horaire S et la latitude φ, la Table des azimuts de la Polaire fournit la déviation azimutale A de l'instrument par rapport au méridien. L'azimut A sera occidental ou *positif* si l'angle horaire S est compris entre 0^h et 12^h ; il sera oriental ou *négatif* si S est compris entre 12^h et 24^h.

A la direction cherchée du méridien, ou zéro des azimuts, correspond une lecture L_0 que l'on trouvera à l'aide des règles suivantes, où l'on fera attention au signe de A :

$$L_0 = L \pm A \begin{cases} - \text{ Si les lectures croissent dans le sens des azimuts} \\ \quad \text{positifs.} \\ + \text{ Si les lectures décroissent dans le sens des azi-} \\ \quad \text{muts positifs.} \end{cases}$$

EXEMPLE. — Le 10 octobre 1889, à Alger, on a observé la Polaire à 21^h20^m de temps sidéral, et l'on a noté 33°55′,0 au cercle azimutal, gradué de gauche à droite, et dont les lectures décroissent, par conséquent, dans le sens des azimuts positifs; on demande la direction de la méridienne.

L'ascension droite approchée de la Polaire étant $1^h19^m,2$, on trouve pour l'angle horaire :

$$S = 21^h20^m,0 - 1^h19^m,2 = 20^h0^m,8.$$

Avec $S = 20^h0^m,8$ et la latitude d'Alger $\varphi = 36°47′20″ = 36°,8$, la Table donne l'azimut —1°23′,6. La graduation allant du nord à l'est et la déviation étant orientale, la lecture

$$33°55′,0 + (-1°23′,6) = 32°31′,4$$

donnera la direction de la méridienne.

Si le cercle était gradué de droite à gauche, on aurait pour la direction de la méridienne la lecture

$$33°55′,0 - (-1°23′,6) = 35°18′,6.$$

On a remarqué que pour la commodité des calculs on réduit les secondes de temps ou d'arc en dixièmes de minutes de temps ou d'arc.

81. — Détermination de l'azimut au moyen du théodolite. — Nous avons dit que tout le système supérieur du théodolite était invariablement lié avec le cercle alidade du système inférieur ; si donc le théodolite est orienté et que l'on fixe le cercle alidade horizontal à l'axe principal, la lunette sera dans le plan fixe à partir duquel se comptent les azimuts, c'est-à-dire dans le plan méridien. (Aujourd'hui, les astronomes et les géodésiens comptent les azimuts de 0° à 360°, à partir du méridien vers l'ouest.)

Toute mesure d'angle revient à la détermination de la différence entre deux directions. Le *zéro* du vernier est le repère de tous les angles ; il n'est donc pas nécessaire de s'astreindre au zéro du cercle pour une direction donnée. L'instrument étant orienté, la lecture du cercle azimutal, quelle qu'elle soit, sera ce que l'on appelle la *lecture au méridien*. Donc, pour connaître l'azimut d'un astre ou d'un objet quelconque, notez la lecture au méridien, faites tourner le système supérieur autour de l'axe principal dans la direction du plan vertical de l'astre si c'est une étoile ; dirigez la lunette de manière à amener l'étoile à l'intersection des fils du réticule ; faites une nouvelle lecture du cercle horizontal, et la différence entre les lectures vous fera connaître l'angle azimutal de l'astre. Si l'astre a un disque apparent, ajoutez ou retranchez son demi-diamètre aux lectures du cercle, selon que vous aurez observé le premier ou le second bord. Connaissant l'azimut de l'astre ou de l'étoile, vous pourrez déterminer de suite sa distance zénithale ou sa hauteur en procédant comme il est indiqué dans le paragraphe suivant.

L'azimut du Soleil s'obtient en faisant tangenter dans une des deux positions de l'instrument son bord supérieur avec le fil horizontal, et son bord est, par exemple, avec le fil vertical ; l'observation étant faite, notez l'heure et la lecture du cercle azimutal. Dans l'autre position de l'instrument, observez le bord inférieur du Soleil et son bord ouest, notez l'heure de l'instant de l'observation et la lecture du même cercle. L'opération étant terminée, faites la moyenne des heures et des lectures trouvées, elles vous donneront l'azimut du Soleil pour la moyenne des heures de l'observation sans avoir à tenir compte du demi-diamètre de l'astre. Vous connaîtrez de même la distance zénithale du Soleil, ou sa hauteur, en tenant compte de sa parallaxe et de la réfraction si vous avez fait la lecture du cercle zénithal.

82. — Détermination de la distance zénithale d'un astre ou de sa hauteur. — Pour mesurer la distance zénithale d'un astre dans le méridien ou en dehors de ce plan, dirigez la lunette d'observation de manière à faire coïncider le zéro du cercle azimutal avec le zéro de son vernier ; fixez ce cercle au cercle alidade qui porte la lunette au moyen de la pince *ad hoc* alors que l'index du vernier indique 0° ; faites tourner le système supérieur autour de l'axe principal jusqu'à ce que la lunette soit dans le plan vertical de l'astre, et ensuite faites tourner la lunette autour de l'axe horizontal de manière à amener l'étoile à l'intersection des fils du réticule ; calez ensuite 'a lunette et faites la lecture du cercle zénithal. Supposons que le théodolite soit dans la position directe et qu'il indique 0° ; placez-le dans la position inverse, son axe optique aura décrit un angle double de la distance zénithale de l'objet visé. Desserrez la pince qui fixait la lunette au cercle ; la lunette étant mobile, faites-la mouvoir sur son centre *sans que le cercle tourne*, amenez de nouveau l'étoile à l'intersection des fils, et faites la lecture du cercle zénithal, 55°11′30″, par exemple. Il est évident que la lunette ayant décrit deux fois la distance angulaire zénithale de l'astre, la moitié de la dernière lecture, c'est-à-dire 27°35′45″, corrigée de la réfraction, sera la distance apparente de l'étoile.

Comme nous avons dit que le *zéro* du vernier était le repère des angles ; supposons maintenant que dans l'opération ci-dessus la première lecture donne 56°23′40″, et la seconde 123°36′20″ ; la distance apparente de l'astre sera donc 33°36′20″, qui est la moyenne de la différence entre les lectures à laquelle on fera subir la correction de la réfraction en procédant de la manière suivante :

La *hauteur* d'un astre étant égale au complément de l'angle de sa distance zénithale ; si, pour cette distance *apparente*, nous admettons la valeur de 33°36′20″, sa hauteur *apparente* dont on se servira pour calculer la réfraction sera 56°23′40″. Donc la hauteur vraie de l'astre est de 56°23′40″ — 39″ = 56°23′1″, et sa distance zénithale *vraie* est de 33°36′20″ + 39″ = 33°36′59″. On trouvera au § 35, *c*, les indications nécessaires pour faire la lecture des verniers.

Si l'étoile observée est dans le méridien, sa distance zénithale (çorrigée de la réfraction au moyen de la hauteur du baromètre et du thermomètre, table I et II de la *Conn. des T.*) déduite de la distance polaire de l'astre, donnera la *colatitude* du lieu, d'où on concluera la *latitude* par le complément de l'angle. Pour atténuer les erreurs de réfraction, on choisira autant que possible des étoiles dont la distance zénitale ne dépasse pas 35°.

Lorsqu'on connaît la distance zénithale d'un astre, il est facile d'en déduire la verticale du lieu d'observation, puisqu'elle est égale à la moyenne de la différence des lectures des deux pointés ; c'est-à-dire égale à la lecture que donnerait le vernier si la lunette pointait le zénith. Connaissant cette lecture on en conclut celle que donnerait le vernier, si la lunette pointait l'horizon, en ajoutant ou en retranchant 90°, selon que les graduations du cercle vont en décroissant ou en croissant. Quelle que soit cette lecture elle sera prise pour le *zéro* dans la mesure des hauteurs. — On peut également procéder à l'aide du Soleil. A cet effet on place un verre neutre sur l'oculaire et on observe à une ou deux minutes d'intervalle un

même bord du Soleil dans les deux positions de la lunette, en tenant compte de sa variation de hauteur entre
les deux observations (6ᵉ colonne des éphémérides du
Soleil). La correction à appliquer à la lecture du deuxième pointé est négative ou positive selon qu'on opère
après l'équinoxe du printemps ou après celui d'automne.

Voici un moyen bien simple de connaître la lecture
qu'indique le vernier lorsque la lunette pointe l'horizon
qui peut être très utile pour la Topographie. Pointez une
mire dans les deux positions de la lunette, en procédant
comme on l'a fait pour déterminer une distance zénithale ;
notez la lecture du ou des verniers du cercle vertical à
chaque pointé ; faites la moyenne des lectures, elle vous
indiquera l'emplacement du zénith ; ajoutez ou retranchez-
en 90°, selon la graduation du cercle, et vous aurez la
lecture qu'indiquera le vernier lorsque la lunette pointera l'horizon. Cette lecture servira d'origine dans la
mesure des hauteurs du lieu d'observation. Si nous supposons qu'elle indique 4°17'20'', cette lecture sera prise
pour le zéro, ou ce qui est la même chose, le point d'origine des mesures ; cette lecture sera ajoutée ou retranchée selon le sens de la graduation. Si le cercle zénithal
était pourvu d'un niveau on obtiendrait un résultat plus
certain. — Ce moyen est naturellement moins précis que
si on opérait avec un bain de mercure.

83. — Détermination des positions géographiques.

— *Latitudes.* — Par application de ce que nous venons
de dire dans le paragraphe précédent, la lunette étant
orientée, supposons que pour connaître la latitude d'un
lieu on ait choisi α Pégase au moment de son passage au
méridien, dont la déclinaison d'après la *Conn. des T.* était
ce jour là = + 14°35'10''. Transformez d'abord sa décli-

naison en distance polaire (90° — 14°35′10″ = 75°24′50″),
puis retranchez-en la distance zénithale méridienne observée, vous aurez la distance polaire zénithale apparente ; faites la correction de la réfraction, le résultat
vous donnera la distance polaire zénithale vraie de l'astre, c'est-à-dire la *colatitude* du lieu considéré, et le
complément de cette distance polaire zénithale vous
donnera la latitude. — EXEMPLE :

	o ′ ″
Distance polaire vraie de α Pégase = 90° — 14°35′10 =	75.24.50
— zénithale méridienne observée.	33.36.20
— polaire apparente du zénith	41.48.30
Réfraction pour 33°36′20″ de distance zénithale (Tables I et II).	— 0. 0.39
Distance polaire vraie du zénith ou colatitude	+ 41.47.51
Complément de la distance du pôle au zénith, ou latitude	+ 48.12. 9

Longitudes. — Après ce que nous avons dit au chapitre
qui a trait aux instruments méridiens, chapitre que l'on
devra consulter pour déterminer les longitudes avec le
théodolite, il nous reste peu de choses à dire. Pour
trouver la longitude d'un lieu on emploiera un des
moyens que nous allons indiquer ci-après, en faisant
observer toutefois que, quel que soit le moyen employé,
on n'obtiendra jamais avec le théodolite des résultats
bien précis. Depuis longtemps déjà, un savant illustre,
M. Biot, a dit dans son *Astronomie physique*, que c'est
un principe général admis pour tous les instruments
d'astronomie qu'il ne faut exiger de chacun d'eux qu'une
fonction spéciale, pour laquelle on a alors toute liberté
de les adapter le plus avantageusement qu'il est possible.
C'est en vertu de ces principes et afin d'éliminer autant
que possible les erreurs instrumentales que nous maintenons toujours la lunette d'observation du même côté

de l'axe vertical pour faire les observations relatives à l'orientation du théodolite et aux observations méridiennes à faire avec cet instrument. Par ce procédé on peut, à l'aide de deux étoiles (§ 65, 4°), obtenir une bien plus grande précision dans l'orientation et par suite dans les observations méridiennes.

Lorsque l'axe optique de la lunette d'observation décrira le plan méridien du lieu, on placera une mire méridienne dans ce plan (§ 32), afin de vérifier *avec la lunette d'observation* si l'azimut de la lunette n'a pas varié pendant l'opération.

Le meilleur moyen qui permet à l'observateur de trouver une longitude et d'obtenir un résultat aussi satisfaisant que le permet le théodolite est d'observer un ou plusieurs passages de Lune au méridien dans les deux positions du cercle, et de prendre la moyenne des résultats obtenus. On trouvera au § 69 tous les renseignements nécessaires pour faire cette observation.

Pour déterminer les longitudes il reste encore aux observateurs les moyens suivants : l'observation des éclipses des satellites de Jupiter, et celui de l'occultation des étoiles par la Lune. Le premier de ces moyens laisse non seulement beaucoup à désirer, mais ne peut être employé que par un observateur accompli, et le second occasionne des calculs tellement longs et compliqués que nous n'engageons pas les observateurs à l'employer ; un autre inconvénient, c'est de ne pouvoir contrôler les observations. (Voir §§ 74 et 75).

OBSERVATIONS DIVERSES DU SOLEIL

Comme il est très commode pour les voyageurs de faire des observations à l'aide du Soleil, nous avons indiqué page 297 comment on procède avec le cercle méridien pour déterminer la latitude d'un lieu à l'aide d'une hauteur méridienne de cet astre, nous allons indiquer maintenant comment on procède pour obtenir cette coordonnée au moyen du Soleil quand on opère avec le théodolite.

Pour calculer la hauteur d'un astre au-dessus de l'horizon, on doit d'abord connaître la lecture du cercle vertical lorsque la lunette pointe cette direction ; à cet effet on observe un bord du Soleil, ou une mire, dans les deux positions de la lunette ainsi que nous l'avons indiqué pages 317-318. Si on admet pour cette moyenne 94°17′20″ (la lecture va en montant), on aura pour la lecture, à l'horizon

$$94°17′20″ — 90° = 4°17′20″$$

qui sera prise pour le *zéro*, c'est-à-dire pour l'origine des lectures. Prenons pour exemple celui que nous avons donné page 297. (La graduation du cercle va en montant.)

	o	′	″
Hauteur méridienne du bord observé	40.	28.	9
La lecture du cercle zénithal à l'horizon. . .	— 4.	17.	20
Hauteur apparente du bord observé	44	45.	29

On continue l'opération comme à la page indiquée et on a pour résultat : latitude = + 48°12′12″.

Connaissant approximativement la latitude du lieu, on peut par deux hauteurs égales du Soleil trouver le temps moyen à midi vrai et l'emplacement du méridien du lieu considéré ; mais comme le Soleil se déplace en déclinaison pendant l'intervalle de deux pointés, pour obtenir le résultat cherché on doit connaître cette variation. Nous allons indiquer, à l'aide d'exemples numériques, comment on procède avec le théodolite pour trouver la hauteur du centre du Soleil au premier pointé, ainsi que la variation de déclinaison du Soleil à un moment déterminé, la hauteur du Soleil au deuxième pointé, l'état du chronomètre ou de la montre, et l'emplacement du méridien.

Le 28 avril 1890, à 9ʰ du matin, on a observé simultanément à Sens, en un lieu ou la latitude est $+ 48°12'12''$, le premier bord et le bord inférieur du Soleil à une hauteur de $48°12'59''$, on demande : 1° la hauteur du centre du Soleil au premier pointé ; 2° quelle sera sa hauteur 3ʰ *après* le méridien ; 3° l'état du chronomètre, et 4° l'emplacement du méridien de ce lieu.

1° Pour trouver la hauteur du centre du Soleil, on détermine d'abord la lecture du cercle vertical lorsque la lunette pointe l'horizon, et on dirige cette dernière de manière à ce que le bord supérieur ou inférieur du Soleil (nous allons supposer le bord *inférieur*) soit tangenté par le fil des hauteurs, et son *premier* bord par le fil moyen. Au moment exact ou les contacts tangentiels sont obtenus, on note l'heure du chronomètre ainsi que la lecture du cercle zénithal et celle du cercle azimutal. — On remarquera qu'en observant le premier bord le matin, et le second bord le soir, on n'a pas à tenir compte de la durée du passage du demi-diamètre.

Supposons pour plus de facilité que la hauteur du bord inférieur ait été prise à 9ʰ, temps moyen du chronomètre ou de la montre, que le cercle vertical indiquait $48°12'59''$, et le cercle azimutal une lecture quelconque L ; on procède de la manière suivante :

	o ′ ″
(1) Hauteur observée du bord inférieur à 9ʰ	48.12.59
Lecture du cercle à l'horizon (la graduation va en montant)	− 8.58.22
Hauteur apparente du bord inférieur	39.14.37

		o / "
Hauteur apparente du bord inférieur		39.14.37
+ demi-diamètre (28 avril). . 15′57″		
+ parallaxe de hauteur. . . . 0. 7		0.16. 4
Hauteur approchée		39.30.41
— Réfraction.		1.10
Hauteur vraie du centre du Soleil		39.29.31

2° La hauteur correspondante du Soleil, pour 3^h après le méridien, se trouve à l'aide d'une formule.

La déclinaison du Soleil, le 28 avril, étant = + 14°13′23″ ;

La latitude : + 48°12′12″ ;

L'angle horaire du Soleil à 9^h : 45° ;

La hauteur du centre observée 3^h avant le méridien étant 39°29′31″ ;

La variation pour 1^h de déclinaison : + 47″ ;

D'où variation pour 6 heures : + 47″ × 6 = 4′42″.

Appelant D la déclinaison, φ la latitude du lieu, A l'angle horaire et h la hauteur ; on a

$$\text{Var. de haut.} = \text{var. de décl.} \times \frac{\cos D \sin \varphi - \sin D \cos \varphi \cos A}{\cos h}.$$

Le facteur de cette formule a pour valeur, dans le cas actuel, 0,798.

Ce qui donne pour variation de la hauteur cherchée :

$$4′42″ \times 0,798 = 3′45″$$

que l'on devra ajouter à la hauteur primitive.

On aura donc pour la hauteur vraie du centre du Soleil 3^h après le méridien :

$$39°29′31″ + 3′45″ = 39°33′16″.$$

Comme on n'observe pas le centre vrai, mais bien le bord inférieur, pour caler le cercle à la lecture que doit indiquer le second pointé, on retranche de la hauteur vraie corrigée de la variation, c'est-à-dire de 39°33′16″, le demi-diamètre, la parallaxe, et on ajoute la réfraction et la lecture du cercle à l'horizon ; ou, ce qui est plus simple, on ajoute à la hauteur observée ([1]) la variation pour 6 heures (3′45″). Le cercle zénithal devra donc indiquer :

$$48°12′59″ + 3′45″ = 48°16′44″.$$

Ce cercle étant calé à cette hauteur, on dirigera la lunette quelques minutes avant l'observation de façon à ce que le *second* bord du Soleil et son bord inférieur soient simultanément tangentés par les fils, et, à cet instant, on note l'heure et la lecture du cercle azimutal ; soit L′ cette dernière lecture.

3° Pour connaître par l'observation méridienne du Soleil l'état du chronomètre au lieu d'observation, on doit connaître à quelques degrés près la longitude de ce lieu. — Le point choisi, à Sens, étant situé par 3^m46^s de longitude est, on ajoute d'abord 12^h à l'heure d'observation du soir et on prend la moyenne des heures ; ensuite on tient compte du produit de la variation horaire prise dans la dernière colonne des pages pairs des éphémérides du Soleil par la longitude exprimée en heures. Ce produit est positif ou négatif selon que la longitude est orientale ou occidentale, puis on procède ainsi :

	h m s
On a observé le premier bord du Soleil, le 28 avril à	9. 0. 0,00
— second bord à $3^s + 12^h$	15. 0. 0,00
Moyenne des observations. . . .	12. 0. 0,00
Temps moy. de Paris, 28, midi vrai. . $11^s57^m23^s,27$	
Var. pour 3″46′ long. E. × 0′,377. . . + 0. 0 ,02	11.57.23,29
Avance du chronomètre	0. 2.36,79

Ainsi que nous l'avons dit au § 67, et comme on le voit par cet exemple, une erreur de quelques degrés dans l'appréciation de différence de longitude entre le lieu considéré et Paris serait insignifiante ; on peut généralement négliger la correction applicable à la variation horaire lorsqu'on n'est pas éloigné du méridien de Paris.

Pour plus de facilité nous avons pris l'heure ronde dans l'exemple précédent ; mais si on avait commencé l'observation à 9ʰ10ᵐ35ˢ, l'angle horaire au lieu d'être de 45° aurait été de 42°36'15".

4° Il nous reste à trouver le plan méridien du lieu d'observation.

Nous avons appelé L la première lecture du cercle azimutal, à 9ʰ, et L' la seconde lecture du même cercle à 3ʰ ; pour que la lunette décrive le plan du méridien du lieu considéré, elle devra être ramenée jusqu'à ce que ce cercle indique là moyenne des lectures trouvées, c'est-à-dire $\frac{L + L'}{2}$.

Nous avons indiqué au § 67 comment on procédait avec le cercle méridien pour trouver, à l'aide du Soleil, le temps moyen à midi vrai ; on peut faire la même opération avec le théodolite.

Voici un autre moyen bien expéditif pour trouver approximativement la latitude d'un lieu en observant le Soleil à midi vrai alors que l'instrument n'est pas orienté.

La lecture du cercle lorsque la lunette pointe l'horizon étant connue, quelques minutes, plus ou moins avant et après midi vrai, selon qu'on est vers l'époque des solstices ou des équinoxes, et selon les subdivisions du cercle (moins il comporte de subdivisions plus tôt on doit commencer l'observation), on fait plusieurs pointés symétriques du bord supérieur ou inférieur du Soleil ; on note la lecture du cercle zénithal à chaque pointé, et on base le calcul, déduction faite de la lecture du cercle à l'horizon, en procédant comme nous l'avons indiqué page 297.

———————

Nous ferons remarquer de nouveau que malgré tous les soins qu'on pourrait apporter pour déterminer les coordonnées géographiques avec un théodolite, on n'obtiendra jamais la précision que donne le cercle méridien, quel que soit le moyen employé.

Les observateurs qui sont dans l'impossibilité de faire les calculs afférents à leurs observations ont la ressource de les faire faire, ou de les faire vérifier, par un astronome de l'Observatoire de Paris préposé à cet effet ; mais pour cela il faut que le carnet mentionne tous les renseignements et les calculs afférents aux observations.

REMARQUES. — La mise au point des lunettes du théodolite se fait, comme pour les lunettes astronomiques ou terrestres, en avançant ou en reculant l'oculaire jusqu'à ce que l'objet visé et les fils soient bien nets ; la parallaxe des fils fausserait considérablement les mesures. (Voir le § 24). Si on se sert du théodolite pour déterminer les positions géographiques, on *consultera préalablement tout ce qui concerne les instruments méridiens* ainsi que le chapitre qui a rapport aux appareils en usage : réticule, micromètre, microscopes, verniers, mires, etc., etc.

La lunette d'observation du théodolite doit être assez puissante pour apercevoir les étoiles de culmination lunaire. Il est très facile d'identifier la position de ces étoiles ; connaissant la distance polaire de l'astre et la distance du pôle au zénith du lieu d'observation on trouve sa hauteur ; de même que le temps sidéral indique l'instant de son passage. — L'oculaire de la lunette principale devra être pourvu de trois fils horaires et d'un fil horizontal. Le cadre portant les fils doit être pourvu de vis de réglage. On obtiendrait également des mesures beaucoup plus exactes si on adaptait un micromètre à la lunette et si les cercles étaient munis de deux microscopes à vis micrométriques placés à l'opposite l'un de l'autre.

Avant de commencer les observations, et à défaut de mire, on dirigera la lunette de repère sur un point fixe, et avant de conclure on s'assurera si l'instrument n'a pas varié pendant l'observation. Il serait prudent également de vérifier de nouveau la perpendicularité de l'axe principal et celle du cercle zénithal. Si une mire était placée dans le plan méridien on pourrait employer avantageusement le bain de mercure en adaptant un appareil nadiral à l'oculaire (§ 28).

Si on emploie la méthode des hauteurs égales pour déterminer le méridien d'un lieu, on choisira autant que possible une étoile comprise dans la zone équatoriale ; l'étoile devra être située au moins à 20° au-dessus de l'horizon.

Le cercle limbe du système supérieur doit être fixé avec assez de stabilité afin de n'être pas entraîné légèrement par la lunette lorsqu'elle se meut autour de son centre. — Un théodolite qui a servi pendant un certain laps de temps ne donne pas des mesures aussi exactes qu'un instrument neuf, surtout s'il s'agit de déterminer une distance zénithale ou la hauteur d'un astre, et ce, à cause de l'usure des centres qui déplace l'axe de rotation de la lunette en le faisant descendre dans le fond de la douille dans laquelle il tourne ; mais si les cercles sont pourvus de deux verniers et de deux microscopes on peut corriger cette erreur en observant dans la position directe et inverse ; car si une lecture est trop forte, c'est que l'autre est trop faible, par conséquent la moyenne des lectures trouvées donnera la mesure vraie. On procédera de la même manière dans la mesure des angles horizontaux.

Jusqu'à ce jour les dispositifs pour éclairer les fils du réticule ou du micromètre des théodolites dans les observations de nuit consistaient à placer à quelques centimètres en avant de l'objectif une glace inclinée à 45° et d'y projeter la lumière d'une lampe, ce qui nécessitait un changement continuel du

point lumineux ; ce procédé avait en outre le grand désavan-
tage de masquer la moitié du champ de la lunette, et par suite
ne permettait d'observer un passage qu'au fil moyen, ce qui
nuisait considérablement au résultat de l'observation.

Nous avons indiqué aux §§ 36 et 63 comment on éclairait
les fils des lunettes astronomiques ; M. Berthélemy, constructeur d'instruments de précision, à Paris, vient d'appliquer ces
procédés à l'éclairage des fils du théodolite à lunette centrale ;
il consiste à percer le tourillon d'un trou de 3ᵐᵐ de diamètre,
et de placer dans la lunette en prolongement de ce trou un
miroir plan de 4 à 5ᵐᵐ de diamètre. Ce miroir est fixé à l'extrémité d'une tige se vissant sur le manchon de la lunette, et
peut avoir un mouvement de rotation limité par deux boutons
dont l'un arrête le miroir à 45° et l'autre le maintient dans
une position parallèle à l'axe de la lunette, où son petit
volume n'altère pour ainsi dire pas les qualités optiques de la
lunette. Une petite lampe accrochée au montant, éclairant
directement ou par un prisme, suivant l'emplacement dont on
dispose, donne un très bon éclairage des fils. — Il serait à
désirer que les constructeurs de théodolites fassent la même
modification.

Si on avait à déterminer l'azimut ou la hauteur du Soleil,
on fixerait un verre neutre sur l'oculaire de la lunette, précaution sans laquelle on perdrait la vue. A défaut de verre de
cette nature pouvant s'adapter sur l'oculaire, on peut se servir
de grandes bésicles dans une des ouvertures desquelles (l'autre
restant vide) est placé un verre neutre foncé.

CHAPITRE IX

STRUCTURE DU SOLEIL. — MÉTHODE D'OBSERVATION

STRUCTURE DU SOLEIL

84. — L'étude du Soleil, cette simple étoile parmi des millions d'autres qui la surpassent en éclat, en grandeur et en puissance, est sans contredit celle qui nous offre le plus d'intérêt, car c'est notre Soleil qui est le centre de toutes les énergies qui s'exercent sur notre système planétaire. C'est à cet astre radieux, qui nous inonde de chaleur et de lumière, que nous devons la vie (1). C'est

---

(1) Les observations spectroscopiques et bolométriques faites en 1881, à 4,300 mètres d'altitude, par le célèbre professeur Langley, au mont Withney, dans la Sierra Nevada (Californie), lui ont d'abord démontré que la couleur de notre Soleil était bleue, et qu'il devait sa couleur jaune à l'interception de cette couleur à travers l'atmosphère qui retient de préférence la couleur bleue et laisse passer les rayons les moins réfrangibles; ces observations ont démontré en outre, d'après les expériences acquises, que si notre planète était privée de son enveloppe aériforme, la température de sa surface, même à midi sous les tropiques, descendrait à — 45°,6 C., c'est-à-dire au-dessous de celle du mercure congelé. Voir à ce sujet plusieurs articles remarquables publiés dans le tome VI de *Ciel et Terre*. — Le bolomètre est un appareil nouveau inventé par M. Langley. Cet instrument permet de mesurer de très petites portions d'énergie rayonnante sous forme de chaleur; un changement de un cent millième de degré peut être reconnu.

lui qui dissipe les ténèbres de la nuit ; et si, pendant un mois seulement, la terre — qui avant d'être refroidie à sa surface devait briller comme un Soleil, — était privée de ses rayons bienfaisants, toute vie cesserait à sa surface. Rappelons en passant que l'atmosphère terrestre emmagasine la chaleur solaire. On sait que le Soleil est le résultat de la condensation d'une immense nébuleuse par l'effet du refroidissement, lequel continue et doit amener son extinction. — Nous engageons nos lecteurs à lire deux importants ouvrages, l'un a pour titre : sur l'*Origine du Monde*, par M. H. Faye, où sont exposées les théories cosmogoniques des anciens et des modernes ; l'autre, celui de *Hypothèses Cosmogoniques*, par M. Ch. Wolf. (Gauthier-Villars à Paris, éditeur.)

Il paraît établi aujourd'hui qu'il y a une relation certaine entre les variations du magnétisme terrestre et les phénomènes observés sur le Soleil, car les grands mouvements de l'atmosphère solaire se révèlent sur la Terre par une agitation de l'aiguille aimantée, ce qui permettra de résoudre un des phénomènes les plus importants pour la physique du globe.

Remarques. — Les savants sont loin d'être d'accord sur la constitution physique du Soleil. La théorie généralement admise est que la portion centrale de notre astre radieux est en grande partie composée d'une masse de gaz chauffée à un extrême degré, et qu'il est entouré d'une ceinture de nuages éblouissants formés par le refroidissement et la condensation des vapeurs de la surface dans l'espace extérieur ; en outre, que ces nuages sont enveloppés eux-mêmes de gaz permanents et particulièrement d'hydrogène, ayant avec les nuages à peu près les mêmes rapports que l'oxygène et l'azote de notre atmosphère ont avec les nôtres.

Cette théorie rencontre bien des contradicteurs ; elle est

révoquée en doute par des autorités qui ont donné des preuves incontestables de leurs talents. Kirchhoff et Zollner affirment que la photosphère est formée d'une croûte solide ou d'un océan liquide de métaux en fusion. — Notre compatriote, M. le colonel d'artillerie Gazan, dans une brochure sur les *Taches Solaires*, combat également l'hypothèse d'un Soleil gazeux ; il soutient avec un remarquable talent que notre astre radieux n'est qu'une grosse Terre en voie de se refroidir, comme elle, en passant par les mêmes phases ; qu'il est plus avancé qu'on ne le croit vers sa solidification et son extinction, notamment que la surface de son disque est aujourd'hui liquide ; qu'il contient une *croûte solide* qui enveloppe son noyau en fusion, et que *photosphère* et *chromosphère* ne sont qu'une atmosphère immense composée de couches de vapeurs minérales, de gaz, de vapeurs d'eau à l'état de dissociation et d'hydrogène superposées d'après l'ordre de leurs densités. Cette couche solide serait surmontée d'une couche à laquelle M. Gazan donne le nom de *pastosphère*, pâteuse à sa partie inférieure, liquide et lumineuse à sa partie supérieure qui forme la surface du disque solaire. — Nous reviendrons, au chapitre suivant, sur la constitution physique de notre Soleil d'après l'analyse spectrale. Si une découverte récente de Tacchini et Lokyer était confirmée, elle serait de nature à modifier complètement l'avenir de la théorie du Soleil.

Quand on observe le Soleil avec une petite lunette, on ne distingue qu'une surface lisse, d'un éclat uniforme, assez souvent parsemée de taches ; avec une lunette de moyenne puissance, on peut observer les phases des taches et les facules. Si on observe notre sublime flambeau avec une lunette d'un certain pouvoir amplifiant, on voit que la surface qui semblait lisse est mouvementée ; indépendamment des taches, on y découvre des points noirs *(pores)*, des granulations de formes ellipti-

ques et sphériques séparés par des parties sombres auxquelles on a donné le nom de *réseau*, et sur certaines
parties de sa surface on distingue des masses blanchâtres plus brillantes que l'on a désignées sous le nom
de *facules*. Mais si on adapte un spectroscope à la lunette
(la lunette prend alors le nom de *télé-spectroscope)*, on
peut alors étudier ou contempler la photosphère, la
chromosphère, les protubérances solaires et analyser le
spectre des étoiles, etc., etc.

Les amis d'Uranie connaissent, par les nombreuses
descriptions qui ont été faites, le spectacle grandiose de
ces phénomènes ; mais aucune description n'est compa-
rable à l'observation spectrale. Les limites de notre
ouvrage ne nous permettent pas d'entrer dans tous les
détails de ce saisissant spectacle ; mais nous allons
donner, aussi succinctement que possible, quelques indications, indispensables à connaître, sur ces phénomènes.

Chromosphère. — La chromosphère, ou nuages d'un
rouge vif, est l'enveloppe gazeuse qui entoure la photosphère ; elle est en partie composée d'hydrogène incandescent. D'après les observations spectroscopiques jour-
nalières faites par M. Trouvelot, ce savant a constaté que
la chromosphère subit des variations rapides qui, parfois, sont si considérables que cette couche est réduite
sur une grande étendue à un mince filet lumineux, à
peine visible, là où quelques heures auparavant elle
avait une épaisseur de 8″ à 10″. Un fait paraît établi, c'est
que l'épaisseur de la chromosphère varie avec l'agitation
de la surface solaire ; dans les temps calmes, elle atteint
à peine 3″ à 4″, et elle peut atteindre 10″ à 15″ lorsque la
surface est très agitée. Ces mesures sont celles que le
spectroscope nous donne en tout temps ; mais comme

pendant les éclipses du Soleil la hauteur de la chromosphère dépassait considérablement celle que l'on voyait avant ou après le phénomène, on a constaté, ainsi qu'on le verra plus loin, que le spectroscope ne révélait pas les dimensions exactes. Il résulte de là que l'épaisseur de la chromosphère doit être considérable et que si l'on ne peut apercevoir la coloration rose dans le spectroscope au delà de 15″, c'est que, ainsi que le fait remarquer M. l'abbé Sprée dans *Ciel et Terre*, cette enveloppe gazeuse qui entoure la photosphère va en s'affaiblissant à partir des bords du disque solaire et qu'on ne peut plus la distinguer lorsque sa lumière est réduite à l'intensité de la lumière diffusée par l'atmosphère. Ce qui est acquis, c'est que les phénomènes chromosphériques sont très irréguliers et très variables.

Photosphère. — La photosphère ou enveloppe lumineuse d'une épaisseur inconnue est constituée par des masses incandescentes : granulations, facules et protubérances. La photosphère forme l'enveloppe visible du Soleil. M. Trouvelot est convaincu que sous la photosphère il existe une couche gazeuse s'étendant à de grandes profondeurs, condition sans laquelle, dit-il, certains phénomènes qui se produisent à la surface solaire ne pourraient s'expliquer.

Granulations. — La surface du Soleil est parsemée de granulations ; elles ont presque toutes les mêmes dimensions (plusieurs centaines de kilomètres dans tous les sens), mais de formes différentes, parmi lesquelles la forme sphérique semble dominer. Les éléments granulaires sont constitués par une matière très mobile qui cède avec facilité aux actions extérieures. Les interstices très déliés qui séparent ces granulations forment un *réseau* sombre sans être complètement noir.

Facules. — Jusqu'à ce jour, on avait cru que les régions, les plaques ou masses lumineuses qui entourent la pénombre des taches et auxquelles on a donné le nom de *facules,* étaient des courants de matières photosphériques en forme de raies irrégulières ou ruisseaux lumineux qui avaient de 10 à 30 kil. de longueur et qu'elles étaient, ainsi que les granulations des régions élevées et transitoires, disséminées sur un fond moins brillant de la surface du Soleil ; mais les récentes découvertes faites par M. Janssen au moyen de la photographie, ont prouvé à ce savant que les régions lumineuses qui entourent la pénombre des taches sont formées des mêmes éléments granulaires que les autres parties de la photosphère ; mais .que les granulations qui les composent sont plus serrées, ont plus d'éclat, et que le fond lui-même est plus lumineux. Lorsqu'une facule très brillante peut être observée près du bord du disque solaire, on voit au-dessus d'elle une protubérance ou au moins un soulèvement dans la chromosphère.

Taches. — Les taches sont des dépressions de la photosphère ; elles sont occasionnées par des bouleversements considérables dans la masse dont le Soleil est composé et qui ont pour conséquence de projeter de la partie inférieure, ainsi que le dit C.-A. Young, des fragments sombres ou des lames minces comme l'écume d'une chaudière. L'observation spectrale nous enseigne que la couleur sombre est due aux gaz et aux vapeurs produites par la lumière émise par le *plancher* de la dépression ; elle nous enseigne également qu'aucune tache ne se produit sans être accompagnée d'une éruption métallique. Lorsqu'il s'agit de taches ayant une grande étendue, les vapeurs métalliques s'élèvent à des hauteurs considérables. Respighi affirme qu'en règle générale, la chromosphère subit une dépression considérable juste au-dessus d'une tache. Secchi le nie ; mais un grand nombre d'observations faites par C.-A. Young et d'autres savants, confirment le dire de ce premier observateur. D'après Secchi et Wilson, la profondeur des cavités est à peine de 2.500 kilom. et ne dépasse guère 8.000 kilom. D'après Spœrer, qui a exposé une nouvelle théorie du Soleil, les taches seraient loin d'avoir la profondeur qu'on leur attribue quelquefois ; elles seraient produites par les courants descendants, — les facules et les protubérances, par les courants ascendants.

Assez souvent l'ombre des taches est plus noire vers les bords du disque solaire que vers le centre. Avec un hélioscope polariseur, on constate presque toujours dans les grandes taches des voiles souvent colorés en rouge.— On aperçoit quelquefois à la surface du Soleil des plaques d'un gris foncé dont le trouble qui les produit n'est pas assez puissant pour leur faire percer la photosphère. M. Trouvelot, qui les a signalées le premier, il y a une dizaine d'années, leur a donné le nom de *taches voilées*.— Les taches sont animées d'un mouvement propre très prononcé.

Il est impossible d'indiquer le moment de la naissance des taches solaires, parce qu'elles partent d'un point insensible ; toutefois, leur apparition est annoncée par de brillantes facules parsemées de pores dont les dimensions augmentent insensiblement. Autour de ces pores apparaissent des plaques grisâtres dans lesquelles se manifeste, en s'amoindrissant de plus en plus, l'éclat de la structure photosphérique sous la forme de filets lumineux. Cet espèce de voile finit par s'ouvrir vers son centre, disparaît et montre la tache et sa pénombre ; une partie des pores dont les facules étaient parsemées

s'unissent à la tache principale, quelques-unes disparaissent et les autres forment un groupe secondaire de
taches dans le voisinage de la tache principale. On a
remarqué qu'à l'époque de la formation des taches, les
facules ont un mouvement divergent. Dès l'instant où on
voit apparaître les taches, elles grandissent très rapidement ; souvent, en moins d'une journée, elles atteignent
le maximum de leur grandeur ; elles restent stationnaires
pendant dix à vingt jours ; quelquefois elles sont visibles
pendant quarante et même cinquante jours. Chaque fois
que les taches se divisent en plusieurs parties, chaque
partie se sépare ordinairement avec une grande vitesse.

Le phénomène de la disparition des taches dure également dix à vingt jours. Il est impossible de décrire les
phases que présentent les taches irrégulières avant leur
disparition ; mais, quelle que soit leur forme, on y
remarque toujours l'existence des filets lumineux qui
caractérisent leur structure et la convergence de ces
filets vers un ou plusieurs centres. Alors que dans les
taches régulières, nous voulons parler des taches rondes
ou ovales auxquelles Secchi a donné le nom de taches
nucléaires, les courants sont toujours dirigés vers le
centre de figure, dans les taches irrégulières, ils sont
généralement groupés par faisceaux dirigés perpendiculairement aux bords. La disparition des taches nucléaires
commence lorsque le courant des facules est convergent ;
alors l'afflux de ces matières liquides forme en s'avançant de fortes dentelures sur les bords de la tache et
souvent des *ponts* sur l'ouverture du trou. Secchi, en
reconnaissant que c'est la matière lumineuse qui se précipite dans les régions obscures, dit que souvent même
la masse brillante semble surnager au-dessus des masses
plus sombres qui constituent le noyau.

Les taches disparaissent également sous la condensation, sur leur ouverture, de vapeurs invisibles en vapeurs violacées qui deviennent floconneuses, puis filamenteuses et les transforment peu à peu en taches voilées. Souvent les taches finissent en se rétrécissant; elles reprennent l'apparence de pores et finissent par se refermer complètement. Il arrive parfois qu'une tache, au moment de disparaître, reprend une nouvelle activité; mais alors la forme de ses contours n'est plus la même que celle qu'elle avait primitivement.

C'est entre les latitudes héliocentriques de 10° à 25° nord et sud que les taches apparaissent le plus souvent ; elles sont plus nombreuses dans l'hémisphère nord que dans l'hémisphère sud, relativement rares sur l'Equateur et encore plus rares au delà de 35°. L'astronome Peters en a observé une à Naples en juin 1846, à 50°55' de latitude. Dans le commencement du siècle dernier, Ph. de Lahire en avait observé une à 70°. — Il n'est pas rare de voir des taches de 50 à 60.000 kil. de diamètre et dont l'ombre centrale, le plancher, mesure 30 à 40.000 kil. D'après Young, la plus grande tache observée (1858) avait une largeur de près de *dix-huit* fois celle de la Terre, c'est-à-dire 230.000 kil.

Nous devons à la gracieuseté de M. Janssen, directeur de l'Observatoire physique de Meudon, le bonheur de posséder un beau cliché de la plus grande perturbation solaire que nous connaissions, et qui offre le plus beau spécimen de presque tous les phénomènes que les taches peuvent présenter ; il a été obtenu par ce savant le 22 juin 1885. L'image de cette gigantesque manifestation représente d'abord une grande tache de forme irrégulière, dont le noyau principal mesure près de 2' (86.000 kil.) dans son plus grand diamètre. Cette tache présente deux ponts très remarquables et un amas isolé très brillant de matière qui les réunit. La photographie a démontré récemment à M. Janssen que cet amas et les ponts qui s'y rattachent sont formés d'éléments granulaires semblables à tout le reste. Presque contigu à cette immense trouée de la photosphère se trouve un groupe de taches de diverses dimensions, ayant la forme vague d'un pentagone oblong dont les angles seraient arrondis ; il mesure près de 4′ dans son plus grand diamètre et environ 2′ en moyenne dans le plus petit. Si, ce qui paraît très probable, ainsi qu'on le verra ci-après, l'ensemble de ce phénomène appartient à la même perturbation solaire, jamais on aurait vu une aussi immense manifestation, car elle atteindrait près de 260.000 kil. en diamètre ; autrement dit plus de vingt fois le diamètre de la Terre.

Afin de prémunir les observateurs contre certaines versions encore accréditées aujourd'hui, sur les perturbations solaires, nous demandons la permission au lecteur de citer ici un passage d'une lettre de M. Janssen :

« On s'entend peu, en physique solaire, nous écrit cet éminent praticien, sur les vraies limites d'une tache quand elle n'est pas ronde et bien délimitée. On observe très fréquemment à la surface du Soleil des phénomènes bien circonscrits présentant plusieurs noyaux plus ou moins rapprochés, mais où les pénombres se touchent et s'enchevêtrent. Entre ces noyaux, la surface solaire n'a pas repris son aspect normal, en sorte que le phénomène tout entier peut être considéré comme appartenant à une même manifestation. Pour les grandes perturbations, on peut admettre 3′ à 4′ ; pour les taches rondes ou ovales à bords bien limités, 2′ sont un maximum ; on en observe à chaque maximum de 1′15″ à 1′30″..... »

Qu'il nous soit permis ici de remercier cet éminent et infatigable observateur du Soleil auquel la science est redevable de tant de découvertes.

On observe quelquefois des échancrures sur le bord du disque du Soleil ; on les attribuait à la dépression du *plancher* des grandes taches. M. Spœrer conteste que les échancrures soient produites par les dépressions que forment les grandes taches arrivées au moment de passer derrière le disque, attendu, dit-il, qu'on ne peut suivre la tache, aussi grande qu'elle soit, jusqu'au bord proprement dit, l'image en étant trop affaiblie, mais que cette échancrure est produite par une grande diminution de l'intensité lumineuse de ces parties de la surface du disque.

M. J. Scheiner reconnaît que certaines de ces dépressions sont dues à des illusions d'optique, alors qu'elles se produisent sur les taches, le noyau de ces dernières n'étant pas plus lumineux que le fond sur lequel se détache l'image solaire, de sorte que le bord paraît ébréché ; mais il ajoute qu'il y a aussi des exemples non douteux de dépressions, d'entonnoirs, qui s'enfoncent dans le bord et qui ont une profondeur de plusieurs secondes. M. J. Scheiner serait assez porté à y voir un effet d'absorption anormale des rayons lumineux ; il signale ces phénomènes à l'attention des observateurs (1).

---

(1) M. Chambers, dans son important ouvrage : *A Hand Book of Astronomy*, donne à la page 42 du tome I le dessin d'une photographie du Soleil prise à Dehra-Dun (Inde) sur lequel une échancrure du bord du disque solaire est fortement prononcée. — L'*Astronomie*, 9° année, p. 46, reproduit, d'après M. Riccò, un dessin très curieux qui montre non seulement une dépression, mais des irrégularités du bord du disque solaire. Ces irrégularités sont probablement dues à de gigantesques manifestations qui avoisinent la dépression.

Pour mesurer les dimensions d'une tache solaire, la lunette doit être pourvue d'un micromètre à fils mobiles (1).

Noyau. — Le noyau est la tache proprement dite ; il est plus ou moins obscur et souvent moins sombre dans une partie que dans l'autre.

Pénombre. — La pénombre est la partie grisâtre striée ou filamenteuse qui entoure la tache ; elle est le talus en pente douce de cette dépression dont le *noyau* est le fond. Les filaments qui composent la pénombre sont ordinairement dirigés vers le centre ; quelquefois ils sont courbés et disposés en spirales, ce qui est assez fréquent ; dans ce cas il en résulte un mouvement cyclonique qui fait faire à la tache une révolution sur elle-même en peu de jours. Généralement le contour de la pénombre est loin d'être parallèle à celui du noyau ; c'est quand une. tache est en voie de formation ou de dissolution que la pénombre n'est pas de la même largeur tout autour.

M. Janssen a remarqué que les stries des pénombres sont constituées par une granulation disposée en chapelets, et que sur les bords de la pénombre même, cette granulation est moins lumineuse, plus rare, laissant des vides obscurs entre les files de grains ; il a remarqué, en outre, que les grains deviennent moins lumineux et moins gros,

---

(1) Pour l'observateur terrestre, une seconde linéaire sur la surface solaire correspond à environ 720 kil. — Il faut bien se garder de confondre la valeur d'une seconde d'arc mesurée de la Terre avec une seconde d'arc comptée du centre du Soleil. La valeur de 1° sur le limbe solaire ne vaut que 16″8, c'est-à-dire 12.087 kil. ; donc 1′ héliocentrique ne vaut que 201 kil. 450 m., et une seconde n'est que de 3 kil. 357 m. — Le diamètre apparent du Soleil est très variable, il dépend de la distance de la Terre à l'astre radieux ; quand on voudra obtenir des mesures exactes, on consultera la *Conn. des T.*

en général, vers le noyau où ils paraissent se dissoudre.
— Dans les grands instruments on voit de petites taches
sans pénombre et des pénombres sans noyau. — D'après
W. Herschell l'intensité lumineuse de la photosphère étant
1000, la pénombre mesurée se trouve 469, et le noyau
représenté par le nombre 7.

Ponts. — Les ponts sont des filaments lumineux qui
précèdent généralement la disparition des taches ; ils sont
souvent animés d'un mouvement giratoire. Ces filaments
ou courants de matières lumineuses se précipitent des
bords et partagent le noyau en plusieurs parties ; ils sont
comme suspendus au dessus d'eux et ils ont le même
éclat que la photosphère. Ces ponts sont formés des
mêmes éléments granulaires que la photosphère.

Pores. — Les pores sont des points noirs ou très petites
taches qui, comme ces dernières, sont dues à des éruptions de masses de gaz métalliques incandescents ; elles
donnent naissance aux taches lorsque la quantité rejetée
de l'intérieur est assez considérable.

Réseau photosphérique solaire. — M. Janssen a donné
ce nom aux rayures et parties indistinctes qui couvrent la
photosphère partout où il n'y a pas de granulations ni de
facules ; cet éminent observateur dit que le réseau est
produit en général par des courants gazeux qui entraî-
nent les grains, les altèrent et les déforment. La surface
du Soleil étant en perpétuelle agitation, des changements
considérables dans la disposition du réseau polygonal
dessiné par la forme très différente des granulations, s'o-
pèrent sans cesse et parfois en une seconde (1).

_____

(1) M. G.-M. Stanoiéwitch a pu imiter d'une manière parfaite le
réseau photosphérique, à l'Observatoire de Meudon, en observant,
dans une petite lunette, un mur d'une maison voisine de cet établisse-

Protubérances. — Les protubérances ou proéminences solaires sont dues à de violentes éruptions de la photosphère qui élèvent à des hauteurs prodigieuses des vapeurs métalliques plus ou moins hydrogénées ; elles flottent quelquefois librement dans l'atmosphère solaire. Les protubérances vues près des taches proviennent de courants ascendants et descendants, dans lesquels il y a sans doute excès de matière froide qui se précipite. Ces masses incandescentes sont d'un rouge plus ou moins écarlate ; elles diffèrent autant par leur structure que par leur grandeur. Les protubérances s'élèvent selon leurs poids spécifiques ; leur hauteur n'est pas inférieure à 15″ ou 20″ (11 à 15.000 kilom.). Environ un quart d'entre elles atteignent une hauteur de 1′ (près de 45.000 kilom.); on en aperçoit quelquefois qui ont 3′ (135.000 kilom.). Secchi en a observé une qui avait près de 10′ (450.000 kilom.) et Young en a mesuré une de 13′ (près de 600.000 kilom.), c'est-à-dire plus de 47 fois le diamètre de la Terre. Le 26 juin 1885, M. Trouvelot a observé sur le bord oriental du Soleil une protubérance qui atteignait 10′30″ (453.600 kilom.), et sur le bord occidental, aux antipodes de cette gigantesque manifestation, il en a mesuré une autre dont la hauteur était à peu près sem-

---

ment, qui présentait un aspect granulaire; la lunette donnait une image très nette. Mais en interposant dans le chemin des rayons, à une distance convenable, un carreau (d'une fenêtre) d'une constitution moléculaire tout à fait irrégulière, le mur vu dans la lunette présentait cette fois un aspect semblable au réseau photosphérique; il a même réussi à le photographier et à le comparer directement avec le réseau solaire auquel il est tout à fait identique. *(Comptes-Rendus de l'Acad. des Sciences*, t. CII, p. 655). — Il est facile aux observateurs de faire cette expérience, s'il se trouve un mur recouvert d'un crépis, dit tyrolien, dans le voisinage de leur observatoire.

blable à la première : près du tiers du diamètre solaire.

Ces hauteurs qui paraissent si considérables sont réellement plus grandes, le spectroscope ne montrant que la partie intérieure, comme l'ossature des protubérances ; ainsi pendant l'éclipse du Soleil, qui eut lieu le 17 mai 1882, plusieurs astronomes ayant mesuré la hauteur des protubérances dans une station près des bords du Nil, d'abord à l'aide du spectroscope et ensuite directement au dessus du bord solaire, ces savants s'aperçurent avec étonnement qu'il y avait une grande différence entre les deux évaluations : la hauteur des protubérances observées directement au-dessus du disque dépassait de beaucoup celle des protubérances observées au spectroscope. Les observations faites pendant l'éclipse totale de 1886 ont confirmé ce fait.

Il résulte des observations faites par Tacchini, Lokyer et d'autres savants : 1° pendant une éclipse totale de Soleil on voit des protubérances que le spectroscope ne révèle pas par la méthode ordinaire ; 2° les protubérances vues pendant l'éclipse semblent plus blanches et plus sombres à mesure qu'on s'éloigne de la photosphère, et c'est parce que leur intensité lumineuse est faible qu'on ne peut les voir à l'œil nu que lorsque leurs dimensions dépassent les régions les plus éloignées de la couronne ; 3° toutes les protubérances en général sont plus considérables et plus hautes quand on les observe pendant une éclipse totale qu'en d'autres temps ; 4° leurs parties supérieures sont toujours blanches lorsqu'elles atteignent une minute d'arc. — Ce qui revient à dire que les phénomènes éruptifs observés en temps ordinaire ne donnent qu'une idée partielle de leurs dimensions.

Les protubérances sont des phénomènes indépendants ;

elles sont toutefois plus nombreuses où les trouées sont plus abondantes, c'est-à-dire entre 10° et 30° de latitude héliocentrique nord et sud. D'après les observations de Tacchini il n'y a pas de liaison intime entre les taches et les protubérances ; ces deux phénomènes n'ont pas de coïncidences. Par l'effet de la rotation du Soleil les protubérances qui sont dans le voisinage des pôles ne disparaissent que lentement ; quelques-unes persistent quelquefois pendant toute une rotation solaire (1).

Les protubérances sont parfois animées de mouvements qui sembleraient incroyables si on ne connaissait la précision des méthodes d'observation en Astronomie. M. Trouvelot a observé une protubérance qui s'éloignait de l'observateur avec une vitesse de 2.584 kilom. par seconde, et qui, tout à coup, a disparu avec l'instantanéité de l'éclair. Ainsi que le dit cet éminent observateur, cette disparition ne peut-être attribuée à l'extinction subite de la lumière de la protubérance, mais à la vitesse de son éloignement en arrière du disque solaire.

Les observations magnétiques du Parc Saint-Maur semblent démontrer aujourd'hui que les grands mouvements de l'atmosphère solaire se révèlent sur la Terre par une agitation de l'aiguille aimantée.

Couronne. — La couronne enveloppe la chromosphère

---

(1) Le phénomène des protubérances peut être imité d'une manière saisissante par une expérience due à M. Vettin. Il suffit, pour cela, d'introduire de la fumée de tabac sous une cloche de verre posée sur une plaque, d'attendre que la fumée s'y dépose en couche uniforme, puis de chauffer la plaque en dessous par une allumette enflammée ; on voit alors se former au-dessus du point chauffé une intumescence d'où bientôt jaillissent des jets de fumée tout à fait analogues aux protubérances solaires. *(Bull. Astron. de l'Observ. de Paris,* t. III, p. 347).

et est parfaitement concentrique au Soleil ; elle est composée de filaments brillants, de rayons et de nappes de lumière divergentes dus à des gaz incandescents, et à la matière à l'état de brouillards ou de fumées capables de réfléchir la lumière. La couronne est lumineuse par elle-même ; elle s'élève à une hauteur prodigieuse au-dessus de la chromosphère ; en outre, des banderolles ou aigrettes jaillissent quelquefois à plusieurs degrés au-dessus de la surface embrasée du Soleil. Les parties les plus rapprochées du Soleil sont éblouissantes de clarté, mais toutefois moins brillantes que les protubérances ; les parties les plus éloignées se fondent graduellement dans l'obscurité extérieure. Pendant les dernières éclipses du Soleil on a pu mesurer la hauteur de la couronne ; sa distance du bord du disque solaire à son extrémité mesurait plus de deux millions de kilomètres.

M. Huggins a pu constater que les banderolles, les aigrettes et les jets anormaux de la couronne ont une extension beaucoup plus grande dans la ligne est-ouest, et qu'il y en a également dans la ligne des pôles qui, quoique plus courts et moins brillants, sont mieux définis que les autres. MM. Langley et Newcomb ont observé des jets en forme de pinceaux qui avaient de 6° à 7° d'étendue ; ils semblaient surtout prendre naissance dans les zones des taches solaires. Il doit y avoir de très grandes variations de forme et d'étendue dans la couronne ; ce qui le prouve, c'est qu'on n'a plus observé dans l'éclipse du Soleil des 28-29 août 1886, les deux prolongements qui avaient si fort attiré l'attention des observateurs de l'éclipse de 1878. Selon certains observateurs l'aspect de ce phénomène change continuellement, et n'est même pas constant pendant la courte durée d'une éclipse.

L'examen des photographies de la couronne, faites par

M. A. de la Baume Pluvinel pendant l'éclipse totale du
Soleil le 22 décembre 1889, démontre que le peu d'étendue de cette couronne et sa ressemblance avec celles de
1867 et 1878, viennent confirmer l'hypothèse d'une relation intime entre l'intensité des phénomènes extra-solaires
et la fréquence des taches du Soleil (*Acad. des Sciences*,
t. CX, p. 334).

MÉTHODE D'OBSERVATION

Avant d'entrer dans les détails relatifs aux différentes
méthodes d'observation du Soleil, nous croyons qu'il est
utile de donner quelques explications sur la rotation de
notre astre radieux.

85. — Rotation du Soleil. — Plus de 9.000 observations faites pendant neuf années, de 1853 à 1861, par
M. Carrington, ont prouvé d'une manière péremptoire que
la rotation du Soleil n'a pas la même durée, sur tous les
parallèles. La vitesse angulaire est plus grande à son
équateur, et elle diminue à mesure que la latitude augmente. Un mémoire de Laugier, présenté à l'Académie
des Sciences, en 1844, contient des données qui mè-
neraient au même résultat ; il est bien regrettable que
ce Mémoire n'ait pas été publié à cette époque, ce qui
fait que cela affaiblit peu les droits de M. Carrington à
être considéré comme ayant découvert cette loi. Selon
M. C. A. Young le problème de la rotation particulière du
Soleil et de son accélération équatoriale est un des plus
importants ; mais il n'a pas encore trouvé sa solution.
A ce sujet ce savant fait remarquer que le même phénomène paraît exister sur le globe de Jupiter, et que les
taches brillantes situées près de l'équateur de cette pla-

nète accomplissent leur rotation plus vite que la tache rouge qui est située à 40° de latitude. L'éminent astronome conclut en disant que quelle que soit la véritable explication de cette particularité sur le mouvement des taches solaires, elle entraînera avec sa solution celle de beaucoup d'autres mystères, et elle permettra de décider entre les différentes hypothèses.

D'après cette loi, déduite de la moyenne des observations des taches du Soleil, la vitesse de rotation est d'un peu plus de 25 jours pour les régions équatoriales ; à 20° de latitude solaire cette révolution est de 18 heures plus longue ; à 30° elle est de 26 jours et demi, et à 45° de 27 jours et demi. Au delà on n'a pu déterminer jusqu'à ce jour, avec quelque certitude, si ce retard se maintient jusqu'au pôle ou non. Voici, d'après Secchi, les résultats obtenus par les observations de Carrington et celles de Spœrer et Secchi combinées :

Éléments	Carrington	Spœrer et Secchi
Nœud ascendant	73° 57′	73° 37′ (1866,5)
Inclinaison sur le plan de l'écliptique.	7° 15′	6° 57′ id.
Rotation diurne	14° 18′	14° 16′
Durée de la rotation	25j,38	25j,2340

D'après Secchi ces deux séries de résultats doivent être regardées comme préférables à toutes celles qu'on a données jusqu'à présent. Nous devons faire remarquer à ce sujet que les formules de plusieurs autorités donnent des résultats qui diffèrent de quelques heures dans certains cas avec les nombres que nous donnons ci-dessus. Toutefois ce qui est incontestable c'est que la rotation des taches est d'autant plus rapide que la latitude est plus petite, et qu'en outre les taches sont animées d'un mouvement propre en longitude et en latitude. M. Carrington a remarqué qu'entre les latitudes solaires de 5° à 20°

nord et de 10° à 20° sud, les taches ont une tendance à se rapprocher de 1′ à 2′ par jour de l'Equateur solaire, et qu'entre les latitudes de 20° à 35° nord et de 15° à 30° sud elles ont un mouvement plus prononcé vers les pôles. Les trajectoires décrites par les taches prouveraient que l'équateur thermique ne correspondrait pas avec l'équateur astronomique, mais bien avec le 5ᵉ parallèle de latitude nord du Soleil.

L'*Ann. des Long.* indique pour la durée de la rotation du Soleil, déduite de l'observation des taches : $25^j 54^h 29^m$; pour l'inclinaison de l'équateur du Soleil sur le plan de l'Écliptique : 6°58′; pour la longitude du nœud ascendant : 74°36′ rapportée à l'équinoxe de 1866,5, d'après Spœrer.

Depuis les observations de M. Carrington, un relevé d'une centaine d'épreuves négatives du Soleil obtenues par M. Wilsing, de l'Observatoire de Postdam, a conduit ce savant à une conclusion tout à fait inattendue que, contrairement à ce qui a lieu pour les taches, la vitesse de rotation des facules est sensiblement constante pour tous les parallèles. D'après ce savant, la durée de la rotation du Soleil déduite des positions des facules est de $25^j 5^h 47^m$.

Il résulte de la non uniformité de la rotation du Soleil et du mouvement propre des taches que la couche du Soleil accessible aux observations est composée d'une masse fluide, et qu'aucune observation d'une seule tache avec quelque attention qu'elle soit faite, ne pourra jamais fournir une détermination exacte de l'axe du Soleil et de sa rotation. — Que l'on admette d'après Carrington que la durée moyenne de la rotation réelle est de $25^j,38$ ($25^j 9^h 36^m$), d'après Secchi et Spœrer qu'elle est de $25^j,23$ ($25^j 5^h 44^m$); d'après Wilsing, de $25^j 5^h 47^m$, ou d'après l'*Ann. des Long.* de 25j4h29m, on ne perdra pas de vue que pendant cet intervalle la Terre a décrit sur son orbite un arc de plus de 25° dans le sens de la rotation solaire, et par suite que la durée *apparente* de la rotation du Soleil est de deux jours plus longue.

La vitesse linéaire de la rotation du Soleil est de ± 2028 mètres par seconde. D'après Ludwig Struve, il se dirige vers le point du Ciel qui correspond à : AR = 19h36m et δ = + 27°19′, et avec une vitesse de 160 millions de lieux environ par an.

86. — Observations directes du Soleil.

— Pour bien observer la surface du Soleil il faut diminuer sa lumière le plus possible, et surtout diminuer sa chaleur. L'emploi de l'écran à verre neutre à teinte graduée (§ 34) permet seul de régler la lumière à volonté, soit qu'on observe les régions centrales ou celles beaucoup plus sombres qui avoisinent les bords de l'astre radieux. L'éclat du Soleil dépend de sa hauteur et des conditions atmosphériques ; mais pour obtenir un résultat parfait il faut, ainsi que l'ont fait nos astronomes pour l'observation du passage de Vénus sur le Soleil, argenter légèrement le devant de l'objectif par le procédé Martin, et ce de manière à ne laisser passer que la lumière que l'on veut. On obtient ainsi une image bien nette, mais un peu bleuâtre ; cette méthode a en outre l'immense avantage d'empêcher l'air de s'échauffer dans l'intérieur de la lunette et par conséquent de troubler l'image. — Lorsque la surface de l'objectif n'est pas argentée, il arrive quelquefois que la chaleur du Soleil fond le verre neutre, ou plus souvent le fait éclater, dans ce cas l'œil reçoit un petit choc ; on évite cet inconvénient en diaphragmant légèrement l'objectif, ou ce qui est préférable en argentant légère-

ment la surface extérieure du verre blanc de l'appareil
teinte graduée (§ 34), la surface argentée faisant face à
la lentille de l'oculaire. Toutefois ces moyens n'empêchent
pas la lunette de s'échauffer ; aussitôt que la chaleur
incommodera l'œil, l'observateur devra cesser immédiatement son observation et désembrayera sa lunette si elle
est mue par un mouvement d'horlogerie.

L'intensité lumineuse du Soleil allant en augmentant
depuis son lever jusqu'à midi, et en diminuant depuis
cet instant jusqu'à son coucher, afin d'éviter un trop
grand échauffement de la lunette, il est préférable, en
été, d'observer le Soleil 3 ou 4 h. avant ou après son
passage au méridien, et en hiver de l'observer vers midi.
Au printemps et à l'automne on choisira une heure
intermédiaire.

Les taches se dirigent en apparence de l'est vers
l'ouest du disque solaire. Pour bien suivre et comprendre
le mouvement des taches, on remarquera qu'en vertu du
mouvement diurne, leur position sur le disque n'est pas
la même au lever qu'au coucher de l'astre, car le point
le plus bas au lever se trouve être le plus haut au coucher.
Quelles que soient les positions des taches, leurs trajectoires sont des lignes parallèles et semblables, tantôt
droites, tantôt elliptiques selon l'époque de l'observation.
On sait que c'est par un effet de perspective que les
trajectoires changent avec les saisons, et qu'il n'y a que
vers le 5 juin et le 6 décembre, c'est-à-dire à l'époque
des nœuds, que les taches passent en apparence en ligne
droite sur le disque solaire.

L'angle de position de l'axe du Soleil, c'est-à-dire
l'angle que son axe semble faire avec une ligne nord-sud
du Ciel, change continuellement pendant le cours de
l'année ; cet angle varie de plus de 26° de part et d'autre

du zéro. Nous donnons d'après l'important ouvrage de Secchi, *le Soleil*, un extrait d'une table de l'angle de position du pôle nord du Soleil rapporté au centre du disque pour certaines époques de l'année : nous pensons qu'il sera suffisant pour les amateurs. (Cette table est très étendue dans l'ouvrage cité).

Angle de position de l'axe du Soleil.

Janvier, 4	0°00′
Janvier, 15 ; Juin, 25	5° ouest.
Janvier, 26 ; Juin, 14	10° —
Février, 7 ; Juin, 2	15° —
Février, 22 ; Mai, 18	20° —
Mars, 18 ; Avril, 25	25° —
Avril, 5	26°20′
Juillet, 6.	0°00′
Décembre, 24 ; Juillet, 17	5° est.
Décembre, 15 ; Juillet, 29	10° —
Décembre, 3 ; Août, 11	15° —
Novembre, 19 ; Août, 27	20° —
Octobre, 29 ; Septembre, 20.	25° —
Octobre, 10.	26°20′ est.

On peut observer les taches du Soleil avec les plus petites lunettes ; mais plus la lunette est grande mieux on voit les détails de la surface solaire. Il faut une lunette d'au moins 0^m,095 d'ouverture, un endroit convenable et une bonne vue pour observer toutes les phases d'une tache. En général pour observer le Soleil il faut employer un oculaire moyen. Il arrive assez souvent que lorsque les conditions atmosphériques sont favorables, on peut, pendant quelques minutes et même pendant quelques heures, observer avec un fort grossissement. La lunette devra toujours être pourvue d'une bonnette à teinte neutre, ou, ce qui est préférable, de l'appareil à teinte neutre graduée, précaution sans laquelle l'observa-

teur perdrait la vue. Si on fixe ce dernier appareil à
l'oculaire, on observera bien des détails dans les régions
plus obscures qui avoisinent les bords du disque solaire,
régions qu'on ne pourrait voir avec un verre neutre
ordinaire, dont la teinte est réglée pour que la vue puisse
supporter sans danger la plus grande intensité de l'éclat
du Soleil.

Les voiles colorés en rouge que l'on observe quelquefois au-dessus des taches ne peuvent être vus avec un
verre à teinte neutre graduée seulement, on réussit à les
voir en mettant au foyer de la lunette un diaphragme en
ivoire percé d'un très petit trou au moyen d'une aiguille
rougie au feu. Ce moyen était employé par Dawes ; nous
lui préférons celui de Secchi, qui consiste à remplacer le
diaphragme en ivoire par un disque, découpé dans une
carte de visite, recouvert d'une couche de blanc de
céruse et percé d'un trou d'aiguille. Ce diaphragme, qui
doit être placé au foyer, a l'avantage d'arrêter la lumière
de tous les points de la surface solaire, sauf celui que
l'on observe. Pour employer ce procédé, qui permet
d'étudier la structure interne des taches du Soleil, on
doit être d'une prudence extrême, et surveiller le mouvement d'horlogerie. Pour plus de sécurité, nous engageons l'observateur à se servir de l'écran à teinte graduée
(§ 34), en glissant devant l'oculaire la partie du verre
dont la teinte est la plus faible. Avec un hélioscope
polariseur il n'y a aucun danger pour l'observateur.
Quand on se sert de ce dernier apppareil on voit presque
toujours les voiles rouges dans les grandes taches.

Avec une lunette de moyenne puissance, les facules
ne peuvent être observées que vers les bords du disque
du Soleil, parce que l'épaisseur de l'atmosphère solaire
faisant décroître très rapidement la lumière sur les bords

du disque, à ce point que près du bord du limbe elle s'obscurcit de plus de 75 pour 100, on comprend que les facules sont beaucoup plus visibles.vers les bords que vers le centre ou leur éclat se confond presque avec celui de la surface du Soleil. Avec un instrument assez puissant, en ayant soin de régler la lumière avec des verres gradués on peut observer les facules dans toutes les régions de la surface solaire ; autour des pôles elles forment des régions bien tranchées et bien visibles. A l'aide de l'appareil à teinte neutre graduée, nous observons très facilement les facules avec une lunette de 0^m108 d'ouverture.

Lorsque les grandes taches arrivent sur le bord du disque du Soleil et, ce qui arrive rarement, que les facules ne font pas saillie autour d'elles, on voit parfois une échancrure sur le bord du limbe ; elle est d'autant plus facile à observer que la cavité est plus grande ; c'est dans ce cas seulement qu'on peut mesurer la profondeur de la dépression. — On peut observer les aigrettes ou appendices de la couronne dans une chambre noire pendant une éclipse totale, mais il faut que la lunette ait un champ considérable et un faible pouvoir amplifiant.

87. — **Dessins.** — On ne devrait jamais observer le Soleil sans dessiner ce que l'on a aperçu à sa surface. On peut procéder par trois moyens différents : par l'observation directe, par la projection et au moyen de la chambre noire.

Dessin par voie directe. — Le dessin doit être fait sur une grande échelle. Après avoir mis la lunette à la déclinaison du Soleil, on projettera l'astre radieux sur un écran de manière à obtenir une grande image. Le carton ou la planchette destinée à recevoir l'image devra être ajustée de façon à ce que sa surface soit placée perpendiculairement à l'axe optique de la lunette. La lunette étant immobile, on fera passer une tache bien nette sur la planchette en prenant plusieurs points de repère pendant qu'elle traversera le papier ; on obtiendra en même temps le diamètre du Soleil en prenant un point quand le premier bord de son disque sera à l'endroit convenable sur le papier, et un second point du même bord au moment où le second bord arrivera à la même place du premier point. Au moyen de ces indications, on tracera d'abord une circonférence et ensuite on tracera une corde sur les points de repère de la tache observée ; la corde ainsi obtenue est parallèle à l'Equateur céleste, et en consultant la petite table que nous avons donnée plus haut sur l'angle de position du Soleil, on obtiendra les données suffisantes.

Lorsqu'on adapte un oculaire céleste à une lunette astronomique, les images projetées sur l'écran sont directes, c'est-à-dire le nord en haut, le sud en bas, comme on les verrait dans le Ciel, à la condition toutefois que le dessinateur tourne le dos au Soleil ; avec un oculaire terrestre, les images sont renversées. Les préparatifs étant faits, on dirigera la lunette de façon à ce que le disque du Soleil couvre la circonférence tracée sur la planchette et on embrayera le mouvement d'horlogerie ; l'image restant fixe, on tracera les contours des taches afin d'avoir leur position sur le disque ; on enlèvera l'écran ; on fixera sur l'oculaire, ou sur un autre que l'on pourrait préférer, le petit appareil à teinte graduée ; on inscrira la date et l'heure sur le papier et on commencera le dessin. Bien entendu qu'un habile dessinateur n'a pas besoin de se servir d'un écran, il lui suffit d'avoir un micromètre et de faire une échelle de proportion.

Le dessin au crayon à la mine de plomb exige beaucoup de temps et demande une grande habitude. Le moyen employé par Secchi pour dessiner les taches est très expéditif et permet, avec un peu d'habitude, de donner les plus petits détails de ce phénomène ; il consiste à se servir de papier noir et de peindre avec du *blanc d'argent* (en petits pains), en se servant de pinceaux assez fins.

Nous ferons remarquer que rien, pas même la Photographie, à moins d'avoir à sa disposition les ressources que possède l'Observatoire astro-physique de Meudon, ne peut remplacer le dessin de la surface du Soleil fait par l'observation directe, s'il est exécuté par une personne expérimentée, munie d'une bonne lunette équatoriale pourvue d'un mouvement d'horlogerie et d'appareils convenables, surtout si l'observateur sait choisir les moments favorables où les conditions atmosphériques permettent d'observer avec succès. Un habile dessinateur peut montrer dans le même dessin des détails qui diffèrent d'intensité à un degré quelconque, ce que ne permet pas la Photographie, la durée de l'action lumineuse n'étant pas la même pour le centre du Soleil que pour les bords où la force actimique y est bien diminuée. Nous devons toutefois ajouter qu'il est préférable d'avoir une photographie dont les détails sont plus ou moins visibles, mais qui, après tout, est toujours la représentation autographique d'un fait, qu'un dessin qui serait plutôt une œuvre d'imagination qu'une image bien fidèle.

Dessin par projection. — Les personnes qui n'ont pas l'habitude de dessiner pourront obtenir l'image du Soleil par projection sur un écran (fig. 25). La manière de procéder dépend de l'installation et de la disposition de la lunette ; toutefois, lorsque la lunette n'est pas mue par un mouvement d'horlogerie et installée dans un endroit obscur, le résultat n'est pas merveilleux, car l'observateur ne peut voir les détails ni bien dessiner.

Le modèle d'écran représenté par la figure 25 (il appartient à M. Bardou) est très commode et suffisant pour bien des amateurs ; il est composé de deux bagues

Fig. 25.

en cuivre bruni réunies par deux pièces latérales qui les rendent solidaires. La grande bague est composée de deux anneaux qui se vissent l'un dans l'autre après y avoir introduit un papier bristol ; la petite bague porte un pas de vis qui permet de fixer l'écran sur l'oculaire. — L'avantage de cet écran est qu'il permet de bien dessiner les taches si la lunette est mue par un mouvement d'horlogerie.

Lorsqu'on voudra projeter l'image du Soleil sur un écran, avec une lunette ordinaire, en plein air, l'écran ayant été fixé à distance convenable de l'oculaire, c'est-à-dire lorsque l'image sera aussi nette qu'on peut l'obtenir, on placera un second écran au bout de la lunette autour du barillet de l'objectif ou, ce qui serait préférable, près de l'oculaire, afin d'intercepter autant que possible la lumière qui ne passe pas au travers de la lunette. (Une feuille de carton percée d'un trou du diamètre du barillet ou de la lunette est un très bon écran.) Si l'observateur disposait un rideau qu'il fixerait au corps de la lunette du côté. de l'oculaire de manière à pouvoir s'entourer la tête et l'écran, ainsi que le font les photographes, il verrait beaucoup mieux et plus net.

Chambre noire. — Pour avoir une bonne image du Soleil par projection et, si on le désire, la dessiner en

suivant ses contours sur le papier, il faut que l'observateur soit installé dans un endroit complètement obscur,
ce qui est très facile à obtenir, avec des rideaux sombres et
épais, dans un petit observatoire ; en outre, la planche à
dessiner sera supportée par une armature à coulisse
fixée au corps de la lunette, ce qui permettra de l'approcher ou de l'éloigner à volonté ; cette armature sera
d'une rigidité suffisante pour éviter la flexion pendant le
tracé du contour de l'image. Dans ces conditions, il peut
obtenir une bonne image au moyen d'un écran et, s'il
n'y a pas de lumière diffuse, l'image gagnera considérablement en éclat, en netteté, en coloris, et sera admirable de vérité. Les images sont d'autant mieux éclairées
que l'objectif est plus grand, et leurs dimensions augmentent avec la distance focale. Par ce procédé, on ne
peut obtenir de détails délicats de la surface solaire ;
mais l'assombrissement des régions qui avoisinent les
bords du disque, causé par l'absorption de l'atmosphère
solaire, permet de voir les facules de ces régions. Pour
bien distinguer les facules du centre du disque, l'ouverture de la lunette doit être de 0^m200. Bien entendu que
pour dessiner, la lunette doit être mue par un mouvement d'horlogerie ; l'observateur pourra terminer son
dessin par l'observation directe en se servant du verre à
teinte graduée.

Un des avantages de la projection, c'est que plusieurs
personnes peuvent voir l'image en même temps. Si on
n'a qu'une lunette montée sur un pied ordinaire, on en
est quitte pour déplacer la lunette et l'écran qui consiste
en une feuille de papier blanc fixée sur un carton ou
une planche que l'on place sur un chevalet ou contre
le dos d'une chaise ; l'essentiel est de déplacer la
lunette et l'écran de manière à les maintenir autant

que possible dans une position perpendiculaire entre
eux.

Nous engageons vivement les amants du Soleil à lire
l'intéressant article de M. A. Schmoll, sur les Taches
solaires, inséré dans le n° 2 (4ᵉ année) du Bulletin de la
Société Astronomique de France.

CHAPITRE X

SPECTROSCOPIE

88. — Avantages de la Spectroscopie solaire et stellaire. — L'analyse spectrale est une des plus importantes découvertes du siècle ; sa plus belle application est sans contredit celle qui en a été faite à l'Astronomie, car elle nous révèle avec un certain degré d'exactitude la constitution intime de notre Soleil et celle des astres les plus éloignés. C'est en perfectionnant les méthodes d'analyses spectrales que MM. Janssen, Secchi, Lockyer, Young, Langley, Piazzi-Smith, Durier, Vogel, Fievez, Wolf, Rayet, Cornu, Thollon, etc., nous ont élevé, par leurs travaux, à la connaissance presque inespérée des matériaux formant les corps célestes. La Spectroscopie ne nous a pas seulement renseignés sur la chimie de ces corps, elle nous indique encore leur histoire et leur structure physique. De même qu'elle nous permet d'analyser notre Soleil, elle nous permet aussi d'analyser et de classer, d'après leur âge et leur constitution physique, ces myriades de soleils qui peuplent l'infini. Grâce à la Spectroscopie, on peut non seulement reconnaître l'identité de la matière des nébuleuses avec celles des autres matières reconnues dans l'Univers, et ce avec autant de facilité que le chimiste analyse les substances terrestres dans son laboratoire, mais on peut encore rechercher

les changements qui peuvent survenir dans leur constitution et déterminer les principales différences qui existent entre ces astres et notre planète. C'est cette belle
science également qui nous démontre que les comètes
sont formées de matières gazeuses et de particules
solides flottant dans le gaz.

Jusqu'à ce jour, les astronomes ne pouvaient déterminer le mouvement des étoiles qu'autant qu'il était
transversal par rapport à nous, l'Astronomie ne nous
fournissait aucun moyen pour déterminer le déplacement lorsqu'il était dirigé vers nous ou loin de nous ; au
moyen du spectroscope, M. Huggins est parvenu à
résoudre le problème en comparant la position d'une
raie dans le spectre d'une étoile avec celle qu'elle occupe
dans le Soleil. On arrive aujourd'hui à mesurer avec une
certaine précision la vitesse et la nature des mouvements
stellaires dans la direction du rayon visuel. C'est par
l'observation spectrale qu'on démontre également le
mouvement de translation de notre système solaire.

Une découverte des plus importantes a été faite il y a
peu d'années. Voici, à cette occasion, ce que dit Secchi
dans son intéressant ouvrage, *le Soleil :* « L'éclipse de
1868 sera une date mémorable dans l'histoire, car c'est
alors que M. Janssen, directeur de l'Observatoire physique de Meudon, apprit aux savants à étudier en tous
temps les protubérances solaires sans être obligé
d'attendre les époques si rares où la nature se plait à
nous les montrer en éclipsant pour un instant la brillante
lumière qui nous empêche de les voir. » M. Faye dit, au
sujet de cette belle découverte, que si la priorité de l'idée
appartient sans conteste à M. Lockyer, celle de la réussite dans l'application féconde revient de droit à
M. Janssen

Depuis cette époque, le spectroscope est devenu un instrument indispensable aux astronomes ; il le deviendra aussi pour les amateurs désireux de contempler ou d'étudier les merveilleux phénomènes célestes ; car, grâce à cet instrument, on peut non seulement observer les protubérances en tous temps, mais on peut suivre régulièrement la marche inénarrable de ces gigantesques phénomènes, de même qu'on peut étudier les différentes régions de la surface solaire, ainsi que l'identité de la nature des autres soleils.

Que de progrès la science a fait depuis Galilée, ce génie sans rival, qui le premier a observé les taches solaires ! La Nature étant inépuisable dans ses merveilles, la Spectroscopie a devant elle un vaste champ à parcourir ; cette science sera pour l'Astronomie une source intarissable de découvertes : les résultats déjà obtenus en sont un sûr garant. — Si, depuis quelques années, l'analyse spectrale a fait faire un pas immense à l'Astronomie physique, la Photographie nous promet aujourd'hui d'importantes découvertes. « L'avenir de l'Astronomie, ainsi que le disait déjà M. Janssen, en 1879, est dans l'ensemble des découvertes que l'on réalisera dans l'ordre des sciences physiques, chimiques et géologiques. » — Le spectroscope se réserve comme dernier triomphe de nous initier à l'architecture atomique des corps.

Avant d'aborder la description du spectroscope, nous allons donner quelques explications indispensables sur le spectre solaire et les ondes lumineuses. Les amateurs qui voudront faire des études spectroscopiques devront se procurer un bon traité de Physique et consulter les ouvrages spéciaux ; mais à l'aide des indications que nous allons donner, les connaissances ne sont pas difficiles à acquérir s'ils ne se bornent qu'à contempler les merveilleux phénomènes célestes.

89. — Spectre solaire. — On sait que si, après avoir intercepté la lumière solaire dans une chambre au moyen d'un volet ou de rideaux très sombres, on pratique une très petite ouverture pour livrer passage à un faisceau solaire, il se formera une image ronde et incolore sur le parquet; mais si, sur le passage de ce faisceau, on intercepte un prisme en flint-glass, placé horizontalement et que l'on dispose un écran sur le mur opposé à l'ouverture, au lieu de l'image primitive horizontale, le faisceau, à l'entrée et à la sortie du prisme, se réfractera dans un plan vertical et on aura sur l'écran une image oblongue verticale, colorée des teintes de l'arc-en-ciel. C'est à cette image, composée d'un nombre infini de teintes, parmi lesquelles on distingue, dans l'ordre le moins réfrangible, le *rouge*, l'*orangé*, le *jaune*, le *vert*, le *bleu*, l'*indigo* et le *violet*, que Newton a donné le nom de *spectre solaire :* Si on superposait cette série de couleurs, on reproduirait la lumière blanche primitive. Les couleurs du spectre sont simples et inégalement réfrangibles, de même qu'elles n'occupent pas toutes la même étendue : l'orangé est la moins étalée et c'est le vert qui l'est le plus.

Il y a deux sortes de spectres : le spectre *continu* et le spectre *discontinu*. Le spectre continu émane d'un corps lumineux à l'état solide ou liquide incandescent et où la lumière règne d'un bout à l'autre ; il contient toutes les couleurs du spectre solaire. Le spectre discontinu émane d'un gaz incandescent où la lumière transformée par le prisme en un certain nombre de plans lumineux, offre des lignes séparées par des intervalles obscurs.— Quand on produit un spectre solaire d'après la règle de Newton, on s'aperçoit que ce spectre n'est pas continu, mais qu'il est sillonné, perpendiculairement à sa longueur, de raies obscures, plus ou moins nombreuses, plus ou moins larges, suivant le degré de netteté de l'image ; c'est ce que l'on appelle les *raies du spectre solaire*.

Renversement du spectre. — Quand la lumière qui vient d'un corps incandescent solide ou liquide traverse un gaz, celui-ci absorbe juste les rayons dont se compose son propre spectre, et il en résulte un spectre dans lequel des raies noires occupent exactement les positions où se trouveraient les raies brillantes du spectre du gaz seul ; c'est ce phénomène qui est connu sous le nom de *renversement du spectre ;* il a été découvert par Foucault.

90. — Raies du spectre. — Le nombre de raies du spectre est considérable ; il augmente avec la puissance des instruments ; leur éclat varie suivant le nombre de radiations de même espèce qui les constituent. La longueur des raies est d'autant plus grande que l'intensité lumineuse de l'élément chimique analysé est considérable. Telle raie qui paraît très fine se dédouble en plusieurs autres lignes très fines ; ainsi, M. Thollon est parvenu à résoudre la raie B en 17 lignes très nettes. On a publié plusieurs dessins du spectre solaire, entre autres celui de :

Fraunhofer, qui a	0^{m}394 de longueur et contient		354 raies.
Brewster,	1.727	d°	2000
Kirchhoff,	1.250	d°	3000
Angström,	2.900	d°	1000
Thollon,	15.000	d°	4000

C'est la carte du regretté M. Thollon qui est la plus

parfaite de toutes celles qui ont été publiées jusqu'à ce jour. Ainsi que le disait cet éminent spectroscopiste : un bon dessin du spectre solaire a, pour le physicien, la même importance que, pour l'astronome, une bonne carte du Ciel.

Pour faciliter l'étude du spectre solaire et pour séparer à peu près ses couleurs, Fraunhofer a primitivement dénommé les principales raies du spectre depuis A jusqu'à H et par les lettres *a* et *b* deux bandes assez larges. Ensuite, Kirchhoff a indiqué la largeur des lignes par *a, b, c, d, e, f, g,* et leur teinte plus ou moins noire par les chiffres 1, 2, 3, 4, 5, 6. Brewster a ajouté également plusieurs nouvelles désignations pour distinguer des bandes d'intensité variable, parmi lesquelles on distingue un groupe α dans l'orangé.

Voici, d'après Fraunhofer, les huit raies principales les plus visibles qui servent de point de repère dans les observations spectrales ; on les appelle ordinairement *raies de Fraunhofer* ou *raies Fraunhofériennes,* et on les désigne par les lettres de l'alphabet : la raie A est située presque à la limite du rouge ; elle est représentée par une bande large très forte et estompée sur les bords. — La raie B est au milieu du rouge ; elle est assez semblable en apparence à la raie A. — La raie C est à la limite du rouge clair ; elle est moins prononcée que les raies précédentes. — La raie D est très forte et se voit dans le jaune orangé. — La raie E est composée de raies plus fines ; elle se trouve dans le jaune vert. — On voit la raie F dans le vert bleu ; elle est très forte, très visible et estompée sur les bords. — La raie G est très forte également ; elle se trouve dans l'indigo. — La raie H est moins visible ; elle se trouve dans le violet. — Viennent ensuite la bande *a,* assez large ; elle se trouve dans le rouge entre A et B. — La raie *b*, qui est triple et très apparente dans le vert; elle se trouve entre E et F. — Enfin, la raie *α* très visible dans l'orangé entre C et D.

Parmi ces raies, A et B sont d'origine *tellurique* (qui a rapport à la Terre); cette désignation a été donnée par M. Janssen, à qui l'on doit la démonstration de l'origine tellurique des principaux groupes de la région la plus lumineuse du spectre solaire et plus particulièrement ceux qui sont près de la raie D, dans l'orangé, et il est parvenu à reconnaître que ces groupes doivent être attribués à la vapeur d'eau. Les six raies suivantes, C à H, sont caractéristiques d'éléments métalliques et sont d'origine solaire : C et F, hydrogène ; D, sodium ; E et G, fer ; et H, calcium. — La bande *a* est également d'origine terrestre ; *b* est métallique (magnésium), et le groupe *α* est attribué à l'absorption par l'oxygène de l'air.

La méthode d'observation spectrale adoptée par M. Thollon, sous le beau ciel de Nice, dans laquelle il tient compte de l'état hygrométrique de l'air à chaque observation, a permis à ce savant d'acquérir avec certitude que A, B et *α* sont des groupes telluriques dus aux éléments constants de l'air et qu'à la même distance zénithale ils ont toujours la même intensité. — Les raies sombres des spectres d'absorption sont dues à l'absorption des mêmes vapeurs métalliques qui donneraient des raies brillantes si elles étaient plus chaudes.

Les raies varient considérablement d'intensité suivant la hauteur du Soleil; elles conservent le même aspect à la même distance zénithale. M. Trouvelot a remarqué que, sous des considérations atmosphériques favorables, les principales raies spectrales ne paraissent pas uniformément noires, mais sont, au contraire, composées de points blanchâtres séparés par des intervalles obscurs.

31.

Au moyen de l'analyse spectrale on peut connaître de deux manières différentes la composition chimique d'un corps céleste : 1° par l'absorption qu'il produit sur les ondes lumineuses ; 2° par les rayons qu'il émet directetement : le premier procédé s'applique à la majeure partie des étoiles, et le second à un petit nombre de ces dernières et aux nébuleuses.

91. — Ondes lumineuses. — Les ondes lumineuses sont des ondulations qu'on suppose dans un fluide hypothétique et insaisissable, l'éther, et qui ont la propriété de représenter par le calcul les phénomènes de la lumière. Suivant le système des ondulations, la variété infinie des rayons de diverses couleurs qui composent la lumière blanche provient tout simplement de la différence de longueur des ondes lumineuses, comme les divers sons musicaux de celles des ondes sonores ; elles sont transmises à la vue par les vibrations d'un fluide insaisissable.

De mêmes que les ondes sonores, les ondes lumineuses n'ont pas la même longueur ; les rayons rouges correspondent aux ondes lumineuses les plus longues, et les rayons violets aux ondes les plus courtes. Toutefois, les ondes lumineuses ayant la même vitesse dans le vide, 298.000 kilom. par seconde (d'après Foucault), il en résulte que le nombre des ondes rouges émises en une seconde, est bien moins grand que celui des ondes violettes émises dans le même intervalle. Les raies du spectre solaire ayant une position constante et la longueur d'ondes d'une raie étant toujours identique à elle-même, on a pu déterminer avec une grande précision la longueur d'onde de chacune d'elles.

Afin de rendre les observations spectrales comparables entre elles, on adopte une échelle absolue fondée sur les longueurs d'onde des divers rayons lumineux, dont les raies du spectre occupent la place. A l'aide d'un tracé graphique et des types de longueur d'onde des principales raies d'absorption du Soleil, il est facile de graduer un spectroscope quelconque. — *L'Ann. du Bur. des Long.* contient un tableau des longueurs d'onde de la lumière, exprimées en millionièmes de millimètres, pour les principales radiations visibles et invisibles, ainsi qu'une échelle conventionnelle des raies très réfrangibles. Il existe, comme nous l'avons dit, plusieurs dessins du spectre normal ou des longueurs d'onde. Pour connaître immédiatement la longueur d'onde du spectre que l'on observe, il suffit de reconnaître sur le dessin la raie du spectre que l'on étudie pour avoir la longueur d'onde correspondante.

92. — Usage du spectroscope. — Le spectroscope est un instrument qui sert à analyser le spectre produit par les rayons émanés d'une source lumineuse quelconque. C'est à cet instrument qu'on a recours pour la plupart des questions relatives à la constitution physique et chimique du Soleil, des étoiles, des nébuleuses, des comètes, etc. Il y a plusieurs espèces de spectroscope ; nous n'allons parler ici que de ceux qu'on emploie en Astronomie : les spectroscopes solaires et les spectroscopes stellaires, parmi lesquels on distingue le spectroscope de *réfraction* ou *prismatique* et le spectroscope de *diffraction* ou *à réseau.* Le spectroscope solaire ou stellaire s'adapte sur une lunette astronomique ; la combinaison de ces deux instruments prend le nom de *télé-spectroscope.* Il n'entre pas dans notre cadre de parler ici du spectroscope de M. Tholon, fondé sur un tout autre principe. Dans son genre cet instrument est d'une précision et d'une puissance incomparables.

93. — Spectroscope de réfraction. — Il existe un grand nombre de modèles de spectroscope de réfraction ; chaque constructeur à le sien. Quel qu'en soit le modèle il est composé de quatre parties principales : un collimateur, une plaque portant une fente, une série de prismes et une petite lunette d'observation. Le modèle que nous allons décrire est celui dont se servait Secchi (1). Cet appareil (fig. 26) est composé : 1° d'une fente placée en *c* dans le plan focal de l'objectif de la grande lunette et dans celui d'un petit objectif qui fait fonction de collimateur ; ce dernier objectif transforme en faisceau de rayons parallèles les rayons divergents issus de chacun des points de la fente ; c'est au moyen du bouton à crémaillère *t* de la grande lunette que se règle la position de la fente. Dans le haut et à droite du tube du collimateur, à la hauteur du point *c*, se trouve une ouverture par laquelle on voit la fente et l'image qui s'y projette, ce qui facilite beaucoup la mise au point ; comme cette image est très vive, il est prudent de protéger l'œil avec un verre légèrement coloré en rouge rubis. 2° Deux plateaux réunis par une monture *r* portent les prismes qui peuvent se séparer à volonté. Ces plateaux portent trois prismes 1, 2, 3 ; leur nombre peut être augmenté ; ils sont fixés au moyen de charnières et placés dans la position qui correspond au minimum de dispersion. 3° Une lunette analysatrice *f* ; l'oculaire diagonal *o* permet d'observer dans une position commode. Quand on n'emploie

(1) Les figures 26, 27 et 29 sont extraites du splendide ouvrage de Secchi, *le Soleil*, dont nous ne saurions trop recommander l'étude aux amateurs d'astronomie. Cet ouvrage est édité par M. Gauthier-Villars, imprimeur-libraire à Paris. Qu'il nous soit permis de remercier cet éminent éditeur d'avoir bien voulu nous prêter un cliché de ces figures.

que deux prismes, la lunette f se visse sur la monture r).
4° Un cercle de position p. Au moyen du bouton placé
au-dessus de ce cercle, près du point p, bouton qui engrène avec une roue dentée placée à l'intérieur du cercle,

Fig. 26.

C.DULOS.

on peut faire tourner le spectroscope autour de l'axe de
la lunette. Au-dessous du bouton à crémaillère t, on voit
la vis à collier qui sert à fixer le spectroscope dans le
porte-oculaire, ou, ce qui est la même chose, dans la
douille de la lunette.

Le modèle que nous venons de décrire n'est pas pourvu d'un micromètre ni d'un microscope ; ces petits appareils sont indispensables, lorsqu'on veut prendre des mesures et bien voir les raies du spectre ; ils se fixent sur l'oculaire.

Le pouvoir dispersif d'un spectroscope de réfraction est d'autant plus grand que le nombre de prismes est élevé. Avec une série de prismes qui se meuvent automatiquement on peut voir entièrement le spectre ; si on double ou triple les dimensions du spectroscope, celui du diamètre de l'objectif et de la longueur focale de la lunette, tout en conservant le même oculaire et la même fente, le pouvoir dispersif sera doublé ou triplé.

Le spectroscope se fixe à la lunette au moyen d'une emboîture circulaire, de manière à pouvoir projeter sur la fente la partie que l'on veut examiner. La fente du spectroscope ayant été mise au foyer de l'objectif et convenablement rétrécie au moyen d'un bouton à tête divisée (on ne le voit pas sur la figure) qui permet d'en régler l'ouverture, on mettra la petite lunette au point en agissant sur l'oculaire o jusqu'à ce qu'on puisse voir nettement les raies du spectre, et principalement la raie C. Ces conditions étant bien remplies, on pourra diriger la lunette sur le Soleil en procédant doucement de façon à amener la fente tangentiellement au bord du disque solaire.

Remarques. — Nous ferons observer que le spectre de réfraction est déformé, c'est-à-dire que les raies sont généralement courbes ; en outre, le rouge et les rayons moins réfrangibles sont condensés, et le violet et les rayons plus réfrangibles sont dilatés outre mesure.

M. Christie, en combinant la réflexion avec la réfraction, est parvenu avec deux prismes et demi à obtenir une aussi

grande dispersion qu'avec cinq prismes et demi. Sa méthode
consiste à couper le dernier prisme en deux et à argenter la
seconde face, de manière à réfléchir la lumière ; il résulte de
cette combinaison que les rayons après avoir traversé une première fois les prismes reviennent sur eux-mêmes en les traversant de nouveau. Un des grands inconvénients de l'emploi
des prismes est que leur poids joint à celui du spectroscope
peut fausser l'instrument ou tout au moins nuire à l'équilibre
de la lunette et par conséquent à sa marche régulière. Le nouveau système de M. Christie remédie un peu à cet inconvénient.

94. — Spectroscope stellaire à vision directe. —
Il y a plusieurs genres de spectroscopes stellaires ; mais
le plus simple pour les amateurs qui ne veulent faire que
des observations qualificatives ou qui n'exigent pas de
mesures absolues est celui inventé et modifié par Secchi.
Cet appareil représenté par la figure 27 donne beaucoup
de lumière, mais il ne permet pas de faire de comparaisons avec les raies des gaz. Ce spectroscope est
composé : 1° d'un petit tube en laiton M, N dans lequel
sont disposés cinq prismes, P, Q, P', Q', P'' juxtaposés,
dont deux sont en flint et trois en crown ; 2° d'une lentille cylindrique C ; 3° d'un mécanisme à coulisse portant
un tambour T et une vis de calage B, et 4° d'un oculaire O.

La lentille cylindrique C dont l'axe est perpendiculaire
au plan de dispersion du prisme est fixée au mécanisme
à coulisse, de façon à ce qu'elle soit placée tout près du
prisme, à deux ou trois centimètres en avant du plan
focal commun à l'objectif et à l'oculaire, en un point, où
par tâtonnement on réussit à avoir une vision nette des
ondulations de l'air atmosphérique et des anneaux de
diffraction de l'image principale. Au moyen du mécanisme
actionné par les vis V, V', on peut déplacer la lentille de

quantités que font connaitre les tambours **T**. L'oculaire
est fixe sur la coulisse ; il se déplace à volonté et en
même temps que la lentille C, dans une direction latérale.
Pour avoir plus de lumière on emploie un oculaire
négatif; on peut également faire usage d'un oculaire
positif, mais dans ce cas, l'étendue de la vision est moins
grande. Ce spectroscope se fixe dans la douille de la

Fig. 27.

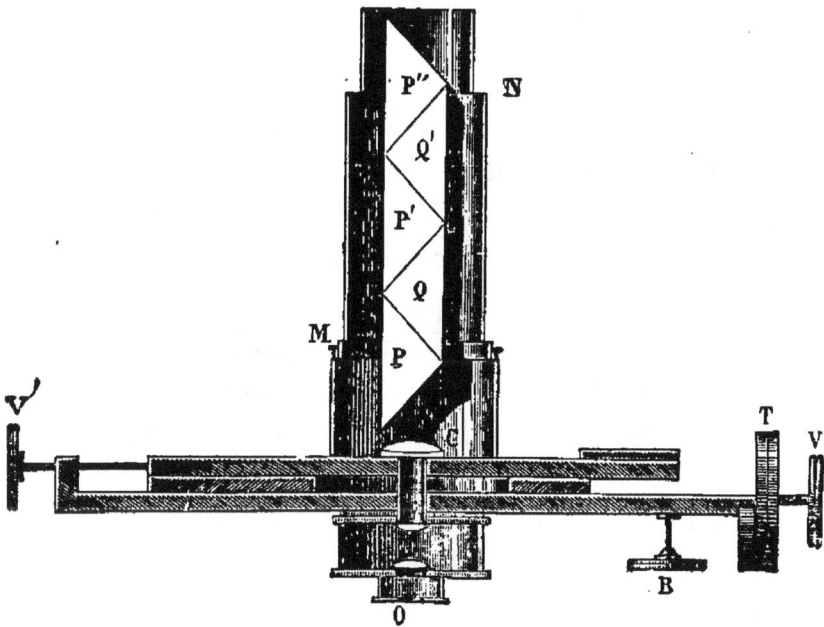

lunette astronomique. Il résulte de cette disposition que
ce télé-spectroscope a l'air d'une lunette simple.

Ainsi qu'on le comprendra facilement en jetant un
coup d'œil sur la figure qui le représente, les rayons qui
sortent de l'objectif viennent tomber sur les prismes,
ensuite sur la lentille, pour venir former un spectre
linéaire de l'étoile au foyer de l'objectif. Le spectre
produit sera d'autant plus large et plus facile à observer
que la distance focale sera grande ; et comme la lumière

des étoiles est très faible, plus la distance focale sera grande, plus l'étoile dont on voudra observer le spectre pourra être petite. Ainsi avec un objectif de petite ouverture, 0^m080 par exemple, on ne distinguera qu'avec peine le spectre des étoiles de première grandeur, tandis qu'avec une ouverture de 0^m250 on pourra, par un temps convenable, voir celui des étoiles de huitième grandeur. Ainsi que le porte son nom, cet appareil ne peut servir que pour observer les étoiles, et ne permet de faire que des observations qualificatives.

95. — Spectroscope de diffraction. — Cet appareil, dont la figure 28 donne une idée, se compose de deux petites lunettes qui sont réglées à l'infini, auxquelles sont joints un *réseau* A et un *prisme* B. La petite lunette ne diffère de la grande, sur laquelle le spectroscope est fixé, que par ses dimensions ; l'autre à laquelle on a donné le nom de *collimateur*, est une petite lunette également à l'extrémité de laquelle il y a un objectif, mais dont l'oculaire est remplacé par une fente C, que l'on règle à volonté au moyen d'une vis. C'est en déplaçant l'oculaire O de la petite lunette que l'on met la fente au foyer. Les dimensions du tube de la petite lunette et de celui du collimateur sont les mêmes. Les objectifs font face au centre du réseau placé en avant d'eux. Le réseau est enfermé dans une boîte métallique sur laquelle sont fixés la petite lunette et le collimateur dont les tubes forment entre eux un angle suffisant pour maintenir le réseau dans une position parallèle à une distance voulue. Le prisme B est fixé entre l'objectif de la petite lunette du spectroscope et le réseau. Un petit micromètre et un microscope sont adaptés à l'appareil spectroscopique ; le premier sert à prendre les mesures et le second à voir

les raies du spectre ; on y adapte si on veut un cercle de
position, cela dépend de la nature des observations que
l'on veut faire. On fixe le spectroscope à la lunette en
introduisant le collimateur dans la douille de la lunette
principale.

Expliquons maintenant ce que c'est que le réseau, nom
improprement donné par son inventeur, Fraunhofer. Le
réseau de diffraction qui remplace le prisme ou la série
de prismes dans le spectroscope de réfraction, est formé
d'une plaque de cristal, ou ce qui est bien préférable
d'une plaque de miroir télescopique bien plane, sur

Fig. 28.

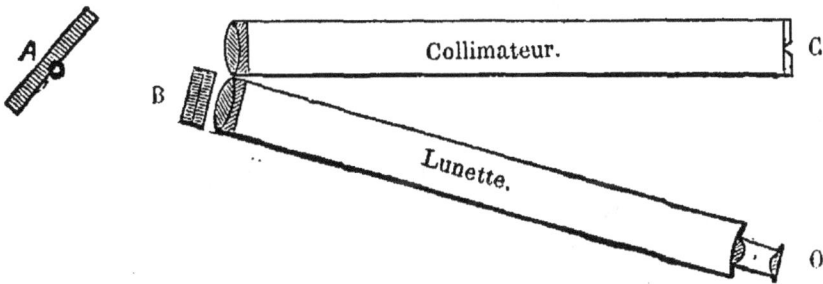

laquelle sont tracées un nombre considérable de lignes
rigoureusement parallèles, équidistantes et très rapprochées. Nous ferons remarquer que les réseaux sur cristal
n'ont pas un grand pouvoir réflecteur.

Les réseaux établis par M. P. Gautier, un de nos plus
habiles constructeurs, sont tracés sur plaques de miroir
et contiennent *six cents traits au millimètre*, autrement
dit les lignes ne sont séparées que de *un six-centième de
millimètre*. Jusqu'à ce jour, on n'était parvenu à faire les
divisions parfaites qu'en ne faisant que trois cents traits
au millimètre. La machine de M. Gautier peut tracer un
réseau de 0^{m}200, donnant par conséquent 120.000 lignes
parallèles et équidistantes.

Nous avons dit en parlant du spectroscope de réfraction que le pouvoir dispersif de cet instrument était en rapport avec le nombre de prismes ; nous dirons du spectroscope de diffraction que la dispersion du spectre est en rapport avec le nombre de traits contenus dans le millimètre, de même que la lumière est en rapport avec la dimension du réseau. Il en résulte que plus les lignes sont serrées, plus la dispersion est grande et plus on a de facilité pour séparer les raies du spectre qui sont très voisines entre elles, et ensuite que plus la surface du réseau est grande plus l'opérateur a de lumière à sa disposition, à la condition que le collimateur et la petite lunette soient d'une dimension assez grande pour utiliser toute la surface du réseau.

Les réseaux produisent un mode particulier de dispersion, inverse de celui des prismes, mais indépendant de la matière du réseau ; le spectre obtenu peut être considéré comme le vrai spectre normal. La dispersion des spectres successifs fournis par un même réseau étant d'autant plus grande que l'on considère un spectre d'ordre plus élevé, les spectres éloignés se superposeraient partiellement, et ce au point que l'observation des spectres qui sont plus écartés que ceux du deuxième ou du troisième ordre pourrait rarement être utilisée, si on ne plaçait un prisme entre la petite lunette et le réseau, l'interposition de ce prisme ayant pour avantage d'empêcher que les spectres de différents ordres puissent empiéter les uns sur les autres.

La mise au point du spectroscope se fait en plaçant la fente une fois pour toutes au foyer de la lunette principale ; la seconde lunette regarde les images données par la première. Les rayons sortant de cette dernière devenant parallèles après leur incidence, on peut distancer à volonté ces deux lunettes sans changer leur foyer respectif. L'observateur en tournant le réseau peut, dans certaines limites, choisir le degré de dispersion qui lui convient, de façon à utiliser les diverses dispositions du spectre.

96. — Application de l'analyse spectrale à la physique céleste. — Nous allons passer successivement et très succinctement en revue l'examen spectral des astres et des principaux phénomènes que nous remarquons.

Soleil. — L'examen spectral nous démontre que le spectre solaire n'est pas continu ; on ne peut donc admettre que cet astre soit analogue à un gros boulet rougi, fondu ou non. Le spectre solaire n'est pas non plus un spectre de lignes brillantes ; donc la lumière du Soleil n'est pas émise par un gaz incandescent. Mais le phénomène du renversement des raies par l'interposition d'une couche gazeuse absorbante nous a appris comment on peut se procurer un spectre lumineux, sillonné de raies sombres analogues au spectre solaire. Nous pouvons donc imaginer que la lumière du Soleil nous vient d'une masse incandescente solide ou liquide continue ou précipitée en nuages analogues à celui dont les flammes carbonnées nous donnent l'exemple, mais qu'avant de nous parvenir cette lumière est tamisée par une couche absorbante de gaz ou de vapeurs métalliques formant l'atmosphère extérieure du Soleil(1). Kirchhoff a reconnu que beaucoup de raies du spectre solaire coïncident avec les raies brillantes qui caractérisent plusieurs de nos

---

(1) Jamin, *Cours de Physique à l'usage de l'Ecole Polytechnique.* (Gauthier-Villars).

métaux, et en a conclu que ceux-ci existent en vapeurs dans l'atmosphère solaire. L'hydrogène libre forme à lui seul l'atmosphère solaire la plus extérieure ; on n'y trouve aucune trace de composés carbonnés. Il résulte d'expériences faites à la station des Grands Mulets, au Mont Blanc, que l'oxygène n'existe pas dans l'atmosphère solaire à un état où il produirait les manifestations spectrales qu'il nous donne dans l'atmosphère terrestre.

En présence de faits nouveaux d'une importance considérable sur l'avenir de la théorie solaire, nous donnons ci-après un extrait du journal anglais *Nature*, n° 882, reproduit par le *Bull. Astron.*, t. III, p. 506-507 ; il est relatif aux observations faites pendant l'éclipse de soleil de 1886 :

Comme observations originales, on peut citer celles de M. Tacchini dans la station de Boulogne. Personne n'était plus compétent que lui pour examiner les protubérances et les autres phénomènes visibles pendant l'éclipse. C'est ce qu'il fit avec une lunette de 0ᵐ16 de diamètre ; puis, dès que le lui permirent les nuages après l'éclipse, il observa le spectre des protubérances par la méthode ordinaire. Il trouva que les protubérances vues dans les deux cas n'étaient pas les mêmes. Il nota aussi que les protubérances vues pendant l'éclipse avaient le même aspect que les protubérances *blanches* qu'il avait observées, en 1883, aux îles Carolines. Ces protubérances semblent plus blanches et plus sombres à mesure qu'on s'éloigne de la photosphère. Les observations ont été examinées avec soin par MM. Tacchini et Lockyer, et leur conclusion est que les nouveaux phénomènes proviendraient de la chute vers le Soleil de matériaux relativement froids.

Il est difficile d'exagérer l'importance de ce résultat pour l'avenir de la théorie solaire. La détermination de la direction des courants dans l'atmosphère du Soleil faisait partie du

programme de M. Turner, mais on n'a pas obtenu de faits
précis. Toutefois, avec le spectroscope, on a observé qu'une
grande aigrette était beaucoup plus brillante près du bord.

Revenons aux observations de M. Tacchini. On vient
de dire que les protubérances vues par la méthode ordinaire ne donnent qu'une idée partielle du phénomène.
Cette conclusion s'accorde entièrement avec l'opinion de
M. Lockyer, pour lequel les protubérances métalliques
vues près des taches proviennent de courants ascendants
et descendants, dans lesquels il y a sans doute excès de
matière froide qui se précipite. Ainsi, par exemple, les
protubérances métalliques observées par la méthode
ordinaire, après l'éclipse, ont paru constituer les portions centrales des protubérances observées pendant la
totalité ; la partie visible, seulement pendant la totalité,
formant une frange blanche autour du centre plus brillant.

Une autre observation importante a été faite. L'arrivée
subite des raies brillantes, attribuées par le professeur
Young à l'existence d'une faible couche contenant toutes
les vapeurs dont la faculté d'absorption est enregistrée
par les raies de Fraunhofer, paraît due seulement à la
grande diminution d'intensité de la lumière réfléchie par
l'atmosphère de la Terre, diminution qui permet de voir
le spectre des plus hautes régions au moment où la dernière trace de la couronne est couverte par la Lune.
Comme on l'avait déjà remarqué pour l'éclipse observée
en Egypte, les images spectrales apparaissent grâce à
l'obscurité croissante, et ce fait explique certaines particularités des éclipses observées depuis 1870.

Voilà pour les faits nouveaux. Venons maintenant aux
observations qui avaient pour but de contrôler certains
détails. Après de nombreuses expériences et observa-

tions, M. Lockyer, avant 1882, avait été amené à conclure que l'atmosphère solaire était composée de couches successives donnant des spectres différents, et que la seule cause de cette différence était la température. L'éclipse de 1882 avait été favorable déjà aux vues de M. Lockyer ; l'éclipse du 29 août dernier (1886) et les observations de M. Turner et du P. Perry leur apporteraient une nouvelle confirmation.

Planètes. — Il est reconnu aujourd'hui que le spectre des planètes et celui de la Lune sont identiques par construction au spectre solaire. Ils n'en diffèrent que par la présence ou la plus ou moins grande intensité des raies ou bandes d'absorption produites par les atmosphères propres des planètes que traverse la lumière solaire réfléchie. Ces raies, insensibles dans le spectre de la Lune, sont d'autant plus marquées qu'on observe des planètes plus éloignées du Soleil. Mercure et Vénus ne présentent que des bandes d'absorption très faibles dans le rouge et le jaune ; Mars présente les mêmes bandes, mais plus marquées. Dans les spectres de Saturne et de Jupiter apparaît en outre une bande très intense dans le rouge ; le violet et le bleu sont fortement affaiblis. Enfin, les spectres d'Uranus et de Neptune sont sillonnés de bandes très nombreuses, répandues un peu partout (1).

Secchi, dans *le Soleil,* donne des détails très intéressants sur la constitution physique des planètes qui peuvent éclairer sur leur mode de formation ; nous allons en donner un résumé, en y ajoutant des détails nouveaux, à cause des déductions qu'on peut en tirer.

Mercure. — La position très défavorable de cette pla-

---

(1) Jamin, d'après Vogel. *Annales de Poggendorf,* t. CLVIII, p. 461.

nète, qui est presque constamment plongée dans les rayons solaires, rend l'observation spectrale très difficile. Toutefois, on n'y a rien remarqué de particulier, sinon que son atmosphère paraît plus dense que celle des planètes voisines.

Vénus. — Le spectroscope nous enseigne que l'atmosphère de cette planète a une composition analogue à celle de la Terre et qu'elle contient en particulier de la vapeur d'eau produisant des nuages. Selon M. Nelson, l'atmosphère de Vénus aurait une réfraction horizontale de 54',65 et sa densité serait 1,89 fois celle de l'atmosphère terrestre.

Mars. — Cette planète possède une atmosphère, mais si mince qu'elle permet de voir les continents beaucoup mieux que sur Vénus.

Jupiter. — L'atmosphère très dense de cette planète, différente de celle de l'atmosphère terrestre, doit être encore le siège de révolutions analogues à celles que la Terre a subies elle-même aux époques géologiques. L'absorption atmosphérique y est très grande. Ce qui viendrait à l'appui de l'hypothèse de Secchi sur la constitution physique de Jupiter, c'est l'inégalité entre sa rotation et celles des taches brillantes situées près de son équateur. D'après Young, la grande tache rouge est un mystère qui cache probablement la clé de la constitution de ce globe immense, dont il est l'expression la plus caractéristique.

Saturne. — Les zones d'absorption de cette planète sont encore plus nombreuses que celles que présentent Jupiter ; quant à la structure de ses anneaux, l'opinion la plus probable est qu'ils seraient composés de particules indépendantes les unes des autres, comme un nuage ou un amas de poussière.

Uranus. — Son atmosphère jouit d'un pouvoir absorbant très considérable ; son spectre est très différent de celui du Soleil. Dans le spectre de cette planète, le rouge et le jaune y sont très faibles ; dans le vert et le bleu, il y a deux bandes très larges et très noires qui n'existent pas dans le spectre solaire ; aussi serait-on tenté de croire que cette lointaine planète est un peu lumineuse par elle-même. .

Selon les intéressantes études faites par MM. Huggins et Vogel, en 1871 et 1872, le dernier mot ne serait pas dit sur cette planète. En effet, M. Huggins déclare avoir réussi, le 3 juin 1889, à trancher, par la Photographie, la question des raies solaires dans le spectre d'Uranus. De F à A, il n'a pas trouvé d'autres raies que des raies solaires. Dans cette région, au moins, la lumière de la planète serait purement solaire. Nous devons ajouter, toutefois, que d'après les observations de M. A. Taylor, communiquées par M. Common, la différence qui existe entre la partie visible du spectre d'Uranus et la partie photographiée par M. Huggins, soulève une question qui paraît demander des recherches nouvelles et approfondies. Ajoutons que, d'après les dernières observations faites par M. Lockyer, il semble résulter pour ce savant que cette planète est encore incandescente.

Neptune. — La couleur verte de cette planète, analogue à l'eau de mer, montre que son atmosphère exerce une forte absorption sur les rayons solaires ; ce fait est confirmé par les observations spectrales. Les bandes sombres que présentent son spectre coïncident avec les bandes des étoiles de la troisième classe de Vogel, c'est-à-dire qui se trouvent dans une phase de développement très avancé. Le vif éclat dont brille cette planète, malgré son énorme distance du Soleil, pourrait même faire croire qu'elle est un peu lumineuse par elle-même. La variabilité dans l'éclat de Neptune avait été soupçonnée par plusieurs observateurs ; les photographies de cette planète obtenues par MM. Henry n'ont indiqué aucune variation.

Lune. — D'après les études spectrales, notre satellite serait dépourvu de toute atmosphère sensible, il n'y aurait pas d'eau à l'état liquide à sa surface ; on voit des corrosions manifestes dans certains cratères désignés sous le nom de mers ; ces mers ne seraient pas remplies d'eau liquide, mais comme elles sont assez sombres et qu'elles polarisent la lumière, il pourrait se faire qu'elles fussent remplies par des glaciers. Le spectre de la Lune est identique au spectre solaire. Des observations bolo-métriques récentes, faites par M. Langley, ont pu lui révéler que la température réelle de la Lune dans son plein, d'après l'étude des corps refroidis, était inférieure à 0°. M. Ferrel est arrivé à un résultat qui se rapproche du précédent au moyen d'une déduction théorique.

Etoiles. — Le spectre des étoiles se rapproche beau-coup de celui de notre Soleil. L'examen spectral de toutes les étoiles qui ont été étudiées a fourni un spectre continu sillonné de lignes noires ; en outre, un certain nombre d'entre elles sont caractérisées par un double système de bandes nébuleuses et de raies noires ; on a pu également établir la coïncidence d'un certain nombre de lignes avec les raies caractéristiques de divers mé-taux.

Pour faciliter l'étude spectrale des étoiles, Secchi les avait divisées en *quatre* types principaux. L'éminent directeur de l'Observatoire de Potsdam, M. Vogel, a modifié cette classification ; il a réduit ce nombre à *trois* seulement, en se basant sur la phase probable de déve-

loppement des étoiles. M. Lockyer, spectroscopiste distingué, a établi une troisième classification. Mais comme
la classification de Secchi est pour ainsi dire la seule qui
ait été étudiée depuis bien des années par les amateurs
d'Astronomie, auxquels elle est très familière, nous ne
pouvons nous dispenser d'en donner ici une courte analyse, en faisant remarquer toutefois que le mode de
classement de Secchi est basé sur des caractères trop
superficiels et que son travail est entaché d'erreurs ;
nous reproduirons ensuite, d'après le *Bulletin Astrono-*
mique de l'Observatoire de Paris, la nouvelle classification de Vogel, admise aujourd'hui par la majorité des
astronomes, et nous donnerons ensuite la relation qui
existe entre les trois espèces de classification.

CLASSIFICATION DE SECCHI.

1er *Type*. — Le premier type est celui des étoiles dites
blanches, quoiqu'elles aient une teinte légèrement
bleuâtre. Ce type, dans lequel se trouvent compris
Sirius, Véga, Régulus, Rigel, l'Epi, Castor, Altaïr et
toutes les étoiles de la Grande Ourse, à l'exception d'α,
comprend plus de la moitié des étoiles visibles au Ciel.
Le spectre de ce type est formé des sept couleurs du
prisme interrompues par quatre fortes raies C, F, V, W ;
ces raies appartiennent au spectre de l'hydrogène ; la
première est dans le rouge, la seconde dans le vert bleu
et les deux dernières dans le violet. (D'après Huggins,
la couche absorbante formée par l'hydrogène doit présenter une grande épaisseur et être soumise à une pression considérable.) Les petites étoiles de ce type donnent
peu de lumière, on y distingue à peine la raie rouge
dans leur spectre, mais la raie bleue y est quelquefois
très large ; c'est le bleu et le violet qui y dominent.

2e *Type*. — Le deuxième type est celui des étoiles jaunes ; les raies de leurs spectres sont identiques à celles de notre Soleil, qui comme la Chèvre, Pollux, α Grande Ourse, Arcturus, γ Lyon, Aldebaran, Procyon et un très grand nombre d'autres, entre autres notre Soleil, appartiennent à ce type. Les raies du spectre des étoiles de ce type sont noires, très fines et nombreuses. Pour bien les observer l'air doit être très pur et très calme.

3e *Type*. — Le troisième type est celui qui se rencontre dans les étoiles orangées et rougeâtres, comme dans α Hercule, Antarès, α Orion, α Hydre, Mira Ceti, α Baleine, δ Vierge, β Pégase, etc. Le spectre des étoiles de ce type, assez singulier, est composé d'un double système de bandes nébuleuses et de raies noires, ce qui donne presque à ce spectre l'apparence d'une colonnade. Mira Ceti (o Baleine) offre ceci de remarquable que son spectre varie avec son éclat ; quand elle atteint son maximum, les colonnades de son spectre sont cannelées. Il y a très peu de belles étoiles appartenant à ce type. D'après Huggins, la température de ces étoiles doit être inférieure à celle de notre Soleil.

4e *Type*. — Les étoiles du 4e type sont encore plus singulières que celles du troisième ; elles sont généralement très rouges et très petites : les plus brillantes ne dépassent pas la sixième grandeur, et sont les plus belles de ce type. Leur spectre est formé de trois zones fondamentales, jaune, vert et bleu ; il présente quelquefois des lignes brillantes. La composition physique et chimique de ces étoiles diffère beaucoup de celle des autres types et particulièrement de notre Soleil. D'après Huggins, elles sont dans un état de condensation avancée, aussi voisine de l'état nébuleux que de l'état stellaire proprement dit. Leur nombre, comme celui du troisième type,

ne dépasse guère une trentaine, pour la partie du Ciel
visible pour nos latitudes. Voici dans leur ordre d'ascension droite les plus belles étoiles de ce type : elles sont
toutes rouges. Les numéros de la première colonne sont
ceux du Catalogue de Schjellerup, dont nous les avons
extraits. Nous avons calculé les coordonnées pour
1885,0.

N°	Constellations.	Grand.	Æ	Précess. ann.	Declinaison.	Précess ann.
41	Girafe.	6,0	4ᵇ39ᵐ24ˢ	+ 6ˢ,16	+ 67°57'50"	+ 7"0
78	Cocher	6,5	6.28.43	+ 4 ,13	+ 38.32.11	— 2,4
132	Hydre.	5,5	10.31.55	+ 2 ,96	— 12.40.43	— 18,6
152	Chiens de Chasse	5,5	12.39.46	+ 2 ,83	+ 46. 3.49	— 19,8
159	Vierge.	5,5	13.20.42	+ 3 ,17	— 11.59.47	— 18,8
273	Poissons. . . .	6,2	23.40.34	+ 3 ,06	+ 2.51.15	+ 20,0

Indépendamment de ces quatre types principaux qui
renferment presque toutes les étoiles, il y en a un très
petit nombre parmi lesquels on distingue γ Cassiopée et
β Lyre, dans le spectre desquels les raies C, F, dues à
l'hydrogène, sont remplacées par des lignes blanches.
Vogel fait figurer ces deux étoiles dans la classe I c.

M. Huggins a découvert que dans certains groupes,
comme celui de la Grande Ourse, par exemple, le déplacement des raies, dû au mouvement des étoiles, a lieu
dans le même sens que celles du premier type, telles que
Sirius, Véga, etc., tandis qu'il marche dans un sens
opposé pour α Grande Ourse, qui appartient au deuxième
type ; ce qui prouve, ainsi que le dit Secchi, l'indépendance des systèmes et la connexion de leurs membres,
comme il l'avait déjà conjecturé. C'est par l'étude spectroscopique d'Algol que Secchi a trouvé que cette étoile
donnait toujours le spectre du premier type, et que ses
variations d'éclat sont probablement dues à une grosse
planète circulant autour d'elle, et non à l'action plus ou

moins absorbante que l'on observe dans les étoiles variables.

CLASSIFICATION DE VOGEL.

Classe I. — Etoiles dont la température est tellement
élevée que les vapeurs métalliques qui se trouvent dans
leurs atmosphères n'exercent qu'une absorption extrêmement faible. — Spectres dans lesquels les raies métalliques sont extrêmement faibles ou entièrement invisibles. Les parties les plus réfrangibles, bleu et violet,
sont très vives. Les étoiles sont blanches ou azurées.

a. Spectres où les raies de l'hydrogène sont très fortes
(Véga, Sirius, etc.)

b. Spectres ou les raies de l'hydrogène manquent, (les
étoiles les plus brillantes d'Orion, à l'exception de Bétel-
geuze) sont les seules connues (1).

c. Spectres ou les raies de l'hydrogène et les raies D^3
sont brillantes (γ Cassiopée et β Lyre sont les seules
connues.)

Classe II. — Etoiles comparables au Soleil et pour
lesquelles l'absorption de leur atmosphère sur les vapeurs
métalliques est sensible. — Spectres dans lesquels les
raies métalliques sont nombreuses et bien visibles.

a. Spectres avec de nombreuses raies métalliques,
surtout dans le jaune et le vert. Les raies de l'hydrogène
sont ordinairement fortes, mais pas autant que dans la
classe I. Dans quelques étoiles elles sont invisibles, et
alors on aperçoit ordinairement dans le rouge des bandes
faibles formées par des raies très serrées (Aldébaran,
Pollux, Arcturus....)

---

(1) Les raies de l'hydrogène auraient cependant été vues dans
β Orion par quelques observateurs, Secchi, Huggins... (*Observatory,*
1885, p. 385).

b. Spectres où il y a plusieurs raies brillantes en outre des raies obscures. (Les étoiles nouvelles, l'étoile variable R Gémeaux, les étoiles trouvées par MM. Ch. Wolf et Rayet, et par Pickering.)

Voici d'après les *Comptes-Rendus* de l'Académie des Sciences, 1867 p. 292, la position pour 1850,0 des étoiles trouvées par ces savants observateurs ; elles ne sont pas variables :

Noms	Constella-tions	Gran-deur	Asc. droites	Déclinaisons	Couleurs
Innommée	Cygne	8,5	20^{h}4^{m}49',3	+ 35°45',1	franchem. jaune.
—	—	8	20.6.27,3	+ 35.46,1	jaune orangée.
—	—	8	20.9. 6,7	+ 36.13,3	jaune verdâtre.

Classe III. — Etoiles dont la température est assez basse pour que des composés chimiques puissent se former et se maintenir dans leurs atmosphères. — Spectres dans lesquels, avec les raies métalliques, il y a de nombreuses bandes obscures dans toutes les parties du spectre, et où le bleu et le violet sont très faibles. Les étoiles sont orangées ou rouges.

a. Les bandes obscures sont dégradées vers le rouge. (α Hercule, α Orion, β Pégase....)

b. Les bandes sont très larges et les principales d'entre elles sont dégradées vers le violet (n°s 78, 152, 273, du Catalogue d'étoiles rouges de M. Schjellerup.) — Nous avons donné, page 385, les coordonnées de ces trois étoiles dans le quatrième type de Secchi.

La classe III offre un intérêt tout particulier : elle contient les étoiles qui se trouvent probablement dans une phase de développement déjà avancé ; en outre, la même classe paraît renfermer à peu près toutes les étoiles variables à longue période (1).

---

(1) A l'exception des trois étoiles de la classe III, dont nous don-

Il résulte de ce qui précède, et l'analyse spectrale le démontre, que les étoiles dont la température est la plus élevée (classe I) contiennent beaucoup d'hydrogène ; ces étoiles qui sont blanches ou azurées, sont les plus jeunes. Viennent ensuite, par ordre de décroissance de température, les étoiles rougeâtres orangées et jaunes (classe II) ; parmi ces dernières est notre Soleil ; l'hydrogène y est en moins grande abondance que dans les étoiles blanches ou azurées, et elles sont plus âgées que les précédentes. En dernier lieu viennent les étoiles rouges (classe III) les plus froides, l'hydrogène y devient rare ; elles sont encore plus âgées que celles de la classe II.

Comme on le voit, plus une étoile est jeune, plus l'hydrogène y abonde ; plus elle est âgée plus il devient rare, jusqu'à disparaître quand elle s'est éteinte, ainsi que nous le voyons par la Terre où il n'existe plus d'hydrogène en liberté.

Ainsi que le dit M. J. Janssen, nous sommes conduits en effet, à admettre que les étoiles dont le spectre est très riche en violet sont des étoiles dont les enveloppes extérieures ont une température élevée, puisque le spectre d'un corps se développe de plus en plus du côté du violet, à mesure que la température s'élève. Mais ceci ne peut légitimement s'appliquer qu'aux enveloppes extérieures de l'étoile.

M. O. Collandreau donne dans le *Bull. Astr.* t. V,

---

nons la position page 385, on trouvera les coordonnées de celles citées dans cette classe, dans la *Conn. des T.* ou dans l'*Ann. du Bur. des Long.* Nous ajouterons parmi l s étoiles curieuses de la classe III *a*, la nouvelle étoile d'Orion, connue sous le nom d'étoile de Gore ; ses coordonnées pour 1885,0 sont : $R = 5^h 48^m 59^s,52$; $\delta = + 20°9'14'',4$. Son éclat est variable. — α Orion est le plus brillant spécimen de la classe III *a*.

p. 504, le curieux tableau suivant, d'après M. O. Gyalla, dont les nombres indiquent l'énergie de la radiation totale pour les différentes étoiles appartenant aux trois classes de Vogel :

Classe 1.		Classe II.		Classe III.	
α Grand Chien	4,68	α Cocher. . .	1,43	α Scorpion. .	1,06
α Lyre . . .	1,96	α Bouvier . .	1.36	α Orion . . .	0,72
α Aigle . . .	1,91	α Cygne. . .	1,24	α Taureau . .	0,65
α Lion. . . .	1,12	γ Lion. . . .	0,64		
α Gémeaux .	0,59	α Gr. Ourse .	0,62		
γ Cassiopée .	0,31	β Gémeaux. .	0,61		

Voici, d'après M. Chambers, la relation qui existe entre la classification de Secchi, de Vogel et de Lokyer :

Secchi	Vogel	Lokyer
Type I	Classe I a	Groupe IV
— II	— II a	— III et V
— III	— III a	— II
— IV	— III b	— VI
— V	— I et II	— I

ÉTOILES TEMPORAIRES. — Dans une lettre adressée à *l'Observatory* (N° d'octobre 1885), M. Monck émet l'idée que les étoiles nouvelles ou temporaires seraient des étoiles filantes ; l'atmosphère terrestre serait remplacée par la masse gazeuse de la nébuleuse, et l'étoile deviendrait lumineuse par son passage rapide à travers la même nébuleuse. Cette hypothèse expliquerait assez bien le caractère propre aux spectres des étoiles temporaires, elle donnerait la raison de la liaison constatée entre les nébuleuses et les étoiles temporaires, et leur variation d'éclat tout à fait irrégulière ou à très longue période se comprendrait ainsi. — Remarquons que l'hypothèse de M. Monck met en jeu les mêmes éléments que celle de

M. Maunder, savoir : des particules solides échauffées
dans un milieu gazeux. *(Ciel et Terre,* t. VI, p. 427 et 522).

NÉBULEUSES. — Les nébuleuses résolubles, c'est-à-dire
celles qui sont composées d'un nombre considérable
d'étoiles juxtaposées, ont un spectre stellaire continu.
Quant aux autres nébuleuses proprement dites, que l'a-
nalyse spectrale divise en deux catégories bien distinctes,
un petit nombre, parmi lesquelles on compte la nébuleuse
d'Andromède et celles de la constellation de la Vierge,
ont un spectre continu ; mais la grande partie des nébuleuses entre autres celle de la Lyre, d'Orion et du Sagittaire, de même que toutes celles connues sous le nom de
nébuleuses planétaires, n'offrent que des spectres discontinus, c'est-à-dire qu'elles ne donnent qu'un très petit
nombre de lignes brillantes ; elles sont donc à l'état
gazeux et irrésolubles dans les grands instruments.

W. Huggins et après lui J. Norman Lockyer, rapportent
que lorsque nos instruments et nos modes d'observation
auront été perfectionnés, nous trouverons, sans doute,
que les spectres appelés *continus* sont en réalité des
spectres discontinus, et que déjà quelques-unes de nos
observations donnent lieu à des doutes. *(Bull. Astronom.,*
t. V, p. 469).

On croyait, d'après Bond, que les amas centraux de la
nébuleuse d'Orion, observés par lui avec une puissante
lunette, étaient résolubles, mais les observations spectroscopiques prouvent que ces masses cosmiques sont
gazeuses. Secchi déclare que là où sont les petites étoiles
du Trapèze on voit le double spectre, et qu'on doit en
conclure que ces points lumineux ne sont pas de véri-
tables étoiles : mais seulement des masses gazeuses plus
condensées. — A la suite d'observations récentes faites
par le Dr Huggins, l'examen des photographies du spec-

tre de la nébuleuse d'Orion indiquerait à ce savant que les étoiles du Trapèze sont des portions de la nébuleuse plus condensées ; les raies étroites et brillantes qui traversent le spectre des étoiles, pour se prolonger au-delà dans le spectre de la nébuleuse, paraissent le prouver.

On voit également des points lumineux dans les nébuleuses planétaires telle que celles de l'Hydre, H. IV, 27 ($AR = 10^h 19^m$; $\delta = -18^o 2'$) et celle du Sagittaire, H. IV, 51 ($AR = 19^h 38^m$; $\delta = -16^o 34'$) ; cependant l'examen spectral démontre qu'elles ne donnent que des spectres monochromatiques, ce qui prouve que la matière gazeuse dont elles sont composées s'est condensée au point de de leur donner l'aspect d'une étoile, sans pour cela qu'elles forment un corps solide et incandescent. La belle nébuleuse planétaire d'Andromède, H. IV, 18 ($AR = 23^h 20^m$; $\delta = +41^o 53'$), qui présente les deux spectres superposés est réellement une étoile. MM. Henry ont remarqué qu'il existait dans certaines nébuleuses, celle de J. H. 1180, par exemple, un certain pouvoir photogénique spécial, qui rendra très intéressante leur étude spectroscopique. De ses nouvelles études, W. Huggins croit pouvoir conclure que les nébuleuses qui, comme celle d'Orion, donnent un spectre de raies lumineuses, avec un spectre continu très faible, probablement formé en partie de raies lumineuses très voisines, sont au commencement, ou près du commencement du cycle de l'évolution céleste, tandis que les nébuleuses semblables à celle de la grande nébuleuse d'Andromède sont déjà arrivées à une époque d'évolution plus avancée. La photographie de cette nébuleuse par M. Roberts nous révèle un système planétaire dans lequel quelques planètes sont déjà formées, et la masse centrale condensée.

Pour conclure, nous dirons que toutes les nébuleuses

composées d'étoiles ont un spectre continu; que toutes les nébuleuses planétaires ont le même spectre, et qu'on le distingue facilement du précédent par leurs raies dont la principale est très vive et les autres un peu moins. Et enfin, qu'un spectre linéaire, caractérise l'état gazeux de la nébuleuse.

COMÈTES. — Les études spectrales d'Huggins ont prouvé que les comètes présentent deux spectres, l'un très discontinu, qui se réduit en général à trois bandes, bleue, verte et orangée, attribuées au carbonne : elles sont projetées sur un faible spectre continu; celui de la chevelure serait produit par la lumière solaire réfléchie, ce qui indique que ces astres errants sont formés de particules solides flottants dans une atmosphère gazeuse. Le noyau lumineux par lui-même fournit un spectre continu ; la queue fournit également un spectre continu, et n'envoie que de la lumière réfléchie. Il résulte des observations spectroscopiques de la comète Fabry, faites à l'Observatoire de Nice, qu'il y a dans cette comète, comme dans celle d'Encke,. prédominence des éléments gazeux ; que l'éclat relatif du noyau d'une comète n'est pas en rapport avec le degré de condensation de la matière cométaire ; en outre, que les bandes brillantes se voyaient facilement, et qu'on a pu, le 14 avril 1886, en constater la présence jusqu'à 20′ du noyau.

MÉTÉORITES. — Les *météorites* ou ce qui est la même chose les *aérolithes*, sont des agrégations, souvent très compliquées, de minéraux différents. — Secchi rapporte que l'analyse chimique des gaz faite par M. Wright a prouvé que dans les aérolithes on a les mêmes substances et les combinaisons hydrogénées que le spectroscope a constatées dans les comètes. Un éminent lithologiste, M. Stanislas Meunier en analysant un grand nombre de météorites a trouvé que leur constitution chimique était parfaitement analogue à celle de certaines roches volcaniques terrestres, et qu'en déshydratant nos minéraux volcaniques on obtient des combinaisons météoriques.

ETOILES FILANTES. — D'après l'examen spectral des étoiles filantes qu'André Herschel est parvenu à observer, malgré la grande difficulté d'observation, il résulterait que leur noyau est composé d'un corps solide incandescent dont la composition est analogue à celle des aérolithes. M. Stanislas Meunier dit que dans ces dernières années et avec une hâte qui pourrait bien n'être pas suffisamment scientifique, quelques astronomes se sont laissé aller à identifier les météorites avec les étoiles filantes et les corpuscules qui composent peut-être la lumière zodiacale.

LUMIÈRE ZODIACALE. — Depuis un grand nombre d'années on cherche à découvrir l'origine de cette lumière. L'opinion la plus accréditée est qu'elle est due à une continuation de l'atmosphère solaire. Quelques savants croient qu'elle est d'origine terrestre. M. Roche la croyait un reste de la nébuleuse primitive. Les observations spectroscopiques de Piazzi-Smith, d'Amici et de Secchi prouvent que le spectre de la lumière zodiacale est constitué par une bande vert-bleu, notablement diffuse et un peu plus tranchée du côté moins réfrangible. Son spectre est semblable aux lumières bleuâtres et faible des animaux phosphorescents, dont l'analyse donne un spectre continu ; cette lumière serait donc réfléchie.

Une observation spectroscopique récente de la lumière zodiacale, à 50° du Soleil, faite par M. Maxwell Hall, lui a démontré que le spectre de ce phénomène est continu de λ 561 à λ 431 ; il commence brusquement au rouge et s'affaiblit vers le violet. Plus près du Soleil, le

spectre plus brillant a les mêmes limites, mais son faible
maximun est reporté à λ 517. M. Maxwell Hall doit observer le spectre du crépuscule séparé de celui de la
lumière zodiacale avec le même instrument, pour voir
si le maximum ne se déplace pas vers le rouge, quand
le crépuscule s'affaiblit ; alors les deux spectres de la
lumière zodiacale et du crépuscule, semblables pour les
parties brillantes pourraient être considérés comme identiques. *(Bull. Astron.*, t. VII, p. 129),

AURORE POLAIRE. — Un grand nombre de savants dis-
tingués parmi lesquels on compte Angström, Backou,
Barcker, Vogel, Winlock et particulièrement Lemström,
l'éminent professeur de physique de l'Université d'Helsingfors, ont étudié la constitution de la lumière polaire
à l'aide du spectroscope. De l'ensemble de leurs observations on peut conclure que douze raies peuvent en
général apparaître dans l'aurore polaire, mais qu'elles ne
se montrent pas toujours toutes ensemble ; en outre, que
la raie principale (désignée sous le nom de raie jaune)
située entre le rouge et le vert, et dont la longueur
d'onde est de 5569 à 5570 dix millionièmes de millimètre,
est tellement caractéristique de la lumière polaire, qu'elle
est visible même quand on ne peut découvrir à l'œil nu
aucune trace d'aurore. D'après M. le Dr Huggins la longueur d'onde ne saurait différer de plus d'un ou de deux
dixièmes de 557,1.

Plusieurs observateurs ont remarqué à plusieurs reprises que la lumière de cette raie, au lieu d'être immobile, ressemble le plus souvent à un courant lumineux,
ce qui ferait supposer une source de lumière qui ne
serait pas continue. Comme un spectre qui offre des raies
lumineuses ne peut provenir, d'après les connaissances
acquises jusqu'à ce jour, que d'un corps gazeux incan-

descent, c'est une preuve importante de l'origine électrique de la lumière polaire. D'après Vogel, le spectre
très caractéristique de l'aurore polaire ne permet pas de
l'assimiler à un autre, et appartient peut-être à l'azote
très raréfié.

Il résulte des observations et des expériences faites
par M. Lemström que la question de la nature de l'aurore polaire a été transportée du domaine de l'hypothèse
dans celui de la réalité, en sorte qu'il est permis
d'affirmer aujourd'hui que le siège de ce météore est dans
la partie supérieure de notre atmosphère, ce qui vient
confirmer l'opinion émise par de la Rive (1). Les remarques faites depuis plusieurs années autorisent à penser
que les aurores polaires et les perturbations solaires
sont des phénomènes connexes.

MÉTHODE D'OBSERVATION

97. — En général, l'étude de chaque raie du spectre
solaire doit être examinée sous trois points de vue distincts : 1° la détermination précise de ses caractères et
de sa position ; 2° la recherche de l'élément chimique
auquel elle correspond ; 3° la désignation de position de
l'élément producteur de la raie sur le trajet que la lumière
parcourt depuis le Soleil jusqu'à l'instrument (2).

---

(1) D'après M. Zenger, il résulterait de ses recherches qu'une
liaison intime existe entre les étoiles filantes et les aurores polaires ;
mais il résulte de l'étude comparative du *Catalogue d'Aurores
boréales* de Rubenson, et des chutes d'étoiles filantes faites par M. E.
Lagrange, que les deux phénomènes ne sont en rien concomitants ;
au contraire, il semble plutôt à ce savant que les maximum d'étoiles
filantes se présentent en même temps que les minima d'aurores
polaires. (Voir, à ce sujet, un remarquable article de M. E. Lagrange
dans *Ciel et Terre*, 7ᵉ année, page 494).

(2) M. L. Mahillon, *Ciel et Terre*, 3ᵉ année, p. 541.

Quel que soit le système de spectroscope que l'on emploie, l'instrument doit être bien réglé et toutes ses pièces doivent avoir une fixité parfaite ; nous ferons remarquer qu'avec un spectroscope de diffraction, les rayons réfléchis par les réseaux métalliques donnent des spectres magnifiques, et que ceux réfléchis par les réseaux sur cristal n'ont pas un aussi grand pouvoir réflecteur que ceux tracés sur miroir ; les rayons chimiques n'étant pas absorbés par les réseaux comme ils le sont lorsqu'ils passent à travers les prismes, ils sont on ne peut plus avantageux pour les procédés photographiques.

L'optique nous enseigne que dans les meilleures lunettes achromatiques, le foyer optique n'est pas le même pour tous les rayons ; que l'achromatisme n'existe que pour les couleurs qui contribuent le plus à la vision et que les rayons les plus réfrangibles ne sont pas rigoureusement compensés. Si donc on veut voir l'image solaire d'une manière parfaite, il faudra la mettre exactement au foyer propre à chaque raie du spectre ; une différence presque insensible dans le pointage empêcherait de faire ressortir les raies plus faibles et plus fines ; un léger mouvement de l'air diminuerait au moins de moitié les raies brillantes visibles.

Dans le spectroscope de réfraction, l'instrument a deux foyers bien distincts : la fente du spectroscope doit être mise au foyer de l'objectif de l'instrument sur lequel on adapte le spectroscope. Plus le spectroscope a de puissance, mieux on distingue les raies du spectre. Ainsi, avec un instrument ordinaire, certaines bandes paraissent comme estompées, tandis qu'avec un spectroscope à grande dispersion, on distingue très facilement dix-sept raies dans la région B, par exemple. Plus la distance zénithale est grande, plus les raies sont intenses.

Comme le spectre du Soleil est généralement assez vif, il est prudent de protéger l'œil avec un verre légèrement coloré en rouge rubis de manière à pouvoir distinguer la raie C ; on fera également bien de se servir de ce verre pour observer les protubérances solaires. La fente ayant été mise au foyer de l'objectif, on y reçoit l'image pour s'assurer si elle s'y forme avec netteté et précision; dans le cas contraire, on élargit ou on rétrécit la fente selon le cas.

Lorsqu'on dirige le télé-spectroscope sur la surface du Soleil, au lieu de voir son image comme avec une lunette ordinaire, on voit une bande lumineuse formée de toutes les couleurs de l'arc-en-ciel et séparée sans symétrie d'un grand nombre de raies plus ou moins fines placées perpendiculairement à la longueur de la bande lumineuse ; c'est ce que l'on appelle le *spectre solaire*. Quand on le dirige sur des taches solaires, l'observation démontre que leur spectre, de même nature que les parties brillantes, ne s'en distingue que par l'intensité des raies d'absorption qui s'élargissent dans la pénombre et surtout dans le noyau, en même temps que l'éclat des parties brillantes diminue. Lorsque l'on place la fente du spectroscope sur le bord du disque solaire et en dehors de la zone lumineuse, là où se trouvent des protubérances, on voit apparaître le spectre lumineux se détachant nettement entre deux régions à raies sombres.

La lunette ayant été dirigée sur le bord du disque solaire et la fente placée tangentiellement au dit bord, on aperçoit d'abord la raie C devenir brillante, cela indique que la chromosphère se dirige sur la fente. Si la raie C apparaît à une certaine distance du bord, c'est qu'elle

appartient à une protubérance. La fente du spectroscope
étant ajustée sur la raie C, la partie rouge du spectre
s'étend en travers du champ visuel comme un ruban
écarlate, et ce ruban est traversé par une bande sombre
sur laquelle apparaissent des protubérances ainsi que
les languettes et les filaments de la chromosphère. Si on
dirigeait la fente sur la raie F, l'image de la protubérance serait bleue, moins parfaite et moins définie dans
ses détails. On arriverait au même résultat avec la raie
D^3 qui lui est propre ; dans ce cas, l'image serait jaune
orange ; mais la raie C est celle qui se prête le mieux à
l'observation. Néanmoins, on peut se servir de toutes les
raies pour certaines études.

Il arrive souvent qu'en déplaçant perpendiculairement
au Soleil la fente du spectroscope de manière à lui faire
parcourir successivement son périmètre, on remarque
quelquefois des régions où les lignes brillantes ont une
longueur beaucoup plus grande que celle de la couche
continue ; ce phénomène est dû à des protubérances. Si
alors on place la fente tangentiellement au bord du
disque et qu'on lui donne une largeur suffisante, on peut
voir toute l'image de la protubérance projetée sur la
fente. En projetant le *pont* d'une tache sur la fente, on
voit quelquefois briller la raie C de l'hydrogène. L'observation spectroscopique démontre que l'on distingue fort
bien la chromosphère au-dessus des taches ; elle y est
même plus brillante et plus élevée que dans les autres
régions.

Lorsqu'on observe les protubérances avec un spectroscope de réfraction et que les prismes ne sont pas ajustés
exactement dans leur position de déviation minimum,
alors que la fente du spectroscope n'est pas tangente au
limbe, il en résulte une petite déformation de l'image. Il

en est de même avec le spectroscope de diffraction si l'inclinaison de la surface du réseau est plus grande ou plus petite pour la lunette que pour le collimateur, alors que la fente est placée tangentiellement au bord du Soleil ; dans le premier cas, la hauteur est réduite ; dans le second cas, elle est augmentée.

Plus le spectroscope a de dispersion, mieux on peut apercevoir l'arc rose qui contourne les bords du disque solaire et les protubérances ; plus la fente est étroite, plus sont distincts les phénomènes observés ; plus le Ciel est pur et bleu, plus on peut élargir la fente. Dans les lieux où l'atmosphère est tranquille et presque transparente, on peut l'élargir de plus d'un millimètre. Quand le Ciel est brumeux et blanchâtre, il faut la réduire davantage. On ne doit pas essayer de faire des observations spectroscopiques si le Ciel est plein de cirrus.

Il ne faut pas que la fente soit ouverte au point de faire disparaître complètement les raies C, B, etc. ; ces raies peuvent être diffuses, mais elles doivent être reconnaissables, à moins toutefois que les protubérances soient très vives ; dans ce cas, on peut élargir la fente jusqu'à faire disparaître les raies si l'image reste bien nette. Toutefois, cette largeur dépend de la lumière et de la distance focale de l'instrument ; pour une lunette de 0^m110 d'ouverture, la fente peut donner 7″ à 8″. Si l'on ne voit pas plus nettement l'image alors que la fente est élargie, on modifie la mise au point de la lunette. Quant au grossissement à employer dans les observations spectroscopiques, il dépend de l'éclat lumineux de l'objet à observer. Avec une lunette de moyenne puissance, 0^m110 à 0^m150 d'ouverture, on peut se servir d'un oculaire grossissant 100 à 150 fois, mais on ne doit pas aller au delà. On ne doit jamais oublier cette loi de l'optique qui nous enseigne que ce que l'on gagne en surface on le perd en netteté.

Plus le pouvoir dispersif du spectroscope est élevé, plus on peut élargir la fente, et, dans ce cas, on peut observer à la fois tout le contour et les détails d'une protubérance ; cependant, si on élargit trop la fente, certains détails s'aperçoivent moins nettement. On se rappellera que pour faire une bonne observation, il faut diriger la lunette sur le bord du disque que l'on veut examiner et ajuster la fente avec le plus grand soin au plan focal des rayons qu'on examine, et ce de telle manière que l'image et la partie du limbe du Soleil soient tangents à la fente. Quel que soit le spectroscope solaire que l'on emploie, on peut connaître la forme d'une protubérance. C'est sur la raie C que les protubérances ont le plus d'éclat. Pour étudier le spectre solaire en lui-même, la photosphère et les protubérances, il faut une fente étroite ; mais lorsqu'on ne veut que contempler les protubérances et suivre les changements dans ses formes, on élargit la fente.

M. O. Collandreau, dans le *Bulletin de l'Obs. de Paris*, t. III, p. 36, appelle l'attention des observateurs sur une remarque importante de M. Duner : « La largeur de la fente du spectroscope a une influence marquée sur l'aspect offert par une bande dégradée dans le spectre d'une source lumineuse d'un certain diamètre ; le bord le moins réfrangible de la bande se trouve transporté vers le rouge, de la demi-longueur de la fente, tandis que le maximum d'intensité est transporté aussi loin vers le violet. » Ce fait a une très grande importance pour les observations sur les bandes spectrales des comètes.

Lorsqu'il y a des nuages incandescents qui flottent au-

dessus du disque, ce qui arrive quelquefois si la fente
est dirigée perpendiculairement au bord du Soleil, il se
produit alors une solution de continuité dans les raies
du spectre, ou bien elles disparaissent pour reparaître
ensuite si la fente est parallèle au bord ; il suffira donc
de déplacer le spectroscope pour voir la protubérance.—
Tacchini dit qu'il a observé, le 19 novembre 1882, une
protubérance en plein disque avec la même facilité que
sur le bord du Soleil ; il ajoute que la hauteur du phénomène doit atteindre 25″ à 30″ pour qu'il soit visible à la
surface de l'astre.

Pour mesurer les protubérances, on s'y prend de
plusieurs manières. Lorsqu'elles sont petites et que leurs
dimensions en longueur et en largeur tiennent dans la
longueur et la largeur de la fente du spectroscope, il est
très facile de les mesurer avec le petit micromètre dont
le spectroscope doit être pourvu ; mais s'il s'agit de protubérances dont les dimensions dépassent celles de la
fente, on amène cette dernière à la base du phénomène,
on fait tourner le spectroscope, et l'angle dont on l'aura
déplacé donnera la largeur. On aura aussi la hauteur
d'une protubérance en employant un des moyens suivants : en mesurant successivement par tranche ou par
section reconnaissable, la fente étant tangente au disque
solaire ; ou, ce qui est préférable, si la hauteur à
prendre ne dépasse pas la longueur de la fente, on placera cette dernière perpendiculairement au disque et on
mesurera la longueur de la ligne du spectre qui traverse
la protubérance dans sa plus grande longueur. Dans le
cas où la protubérance dépasserait la longueur de la
fente, on désembrayerait le mouvement d'horlogerie et on
compterait le temps qu'elle mettrait à passer. La *Conn. des
T.* donne la valeur en arc et en temps du demi-diamètre

34.

du Soleil à différentes époques de l'année ; un simple calcul donnera la valeur en arc de la hauteur cherchée. Nous avons donné, dans la note de la page 340, la valeur d'une seconde d'arc mesurée de la Terre.

Pour reconnaître le mouvement de rotation du Soleil, il suffit de diriger la fente du spectroscope sur le bord est de son disque (ce bord s'approche de nous dans son mouvement de rotation), pour remarquer que les raies spectrales s'éloignent vers la gauche ; elles s'éloignent vers la droite si on observe le bord ouest.

L'examen spectral des étoiles est assez difficile à cause du peu de lumière qu'elles émettent ; par conséquent, plus la lunette sera puissante, plus on aura de facilité. Ces observations, de même que celles des nébuleuses et des comètes se font au moyen du spectroscope stellaire, ou ce qui est préférable, à l'aide du spectroscope de diffraction.

Lorsqu'on voudra s'assurer si l'étoile que l'on observe a un mouvement dans le sens visuel, la lunette étant armée du spectroscope stellaire, ou de celui de diffraction, on dirigera la fente sur la raie F et on comparera la raie qu'elle occupe dans le spectre de l'étoile avec celle qu'elle occupe dans celui du Soleil. Si l'étoile reste à une distance constante de la Terre, la raie F occupera la même position dans le spectre de l'étoile que dans celui du Soleil ; si au contraire l'étoile s'approche de nous, la raie F sera légèrement déplacée vers l'extrémité bleue ; si elle s'en éloigne, cette raie se déplacera vers l'extrémité rouge du spectre. On pourra s'exercer sur Véga, Arcturus et Pollux qui s'approchent de nous, et sur Sirius, Castor et Régulus qui s'en éloignent.

Pour déterminer la vitesse d'une étoile dans le sens du rayon visuel, on doit observer le spectre de l'étoile en même temps qu'un spectre artificiel ; mais l'œil se fatigue à comparer aux raies immobiles du spectre artificiel d'une source lumineuse terrestre, les lignes toujours tremblotantes des spectres stellaires ; on ne peut se fier qu'à des mesures obtenues par une atmosphère exceptionnellement pure ; le meilleur moyen d'obtenir un bon résultat est de photographier les deux spectres en même temps.

Il faut une atmosphère très pure et très transparente et une excellente lunette donnant une image bien nette des objets qui ne sous-tendent qu'un angle de moins d'une seconde, c'est-à-dire qui puisse dédoubler les deux compagnons de γ Andromède, pour voir toutes les raies du spectre solaire ainsi que les raies renversées. On ne devra pas employer un grossissement trop fort ni une trop grande dispersion afin de ne pas perdre de lumière.

Si à une lunette équatoriale d'au moins 0ᵐ095 ou plutôt 0ᵐ100 d'ouverture libre, et mue par un mouvement d'horlogerie dont l'isochronisme est parfait on adapte un spectroscope de diffraction ou un spectroscope de réfraction dont le pouvoir dispersif n'est pas inférieur à cinq ou six prismes ordinaires, on pourra non seulement observer la chromosphère, mais en étudier les formes et les changements, de même qu'on pourra étudier le spectre en lui-même. Il faut que l'image soit immobile.

L'éclat des bandes du spectre des comètes étant très faible, il faut un spectroscope dont le pouvoir dispersif est assez grand pour les observer.

Pour faire des observations spectroscopiques, le temps doit être très beau ; les observations sont impossibles lorsque la Lune est levée.

Un des obstacles les plus sérieux aux progrès de la Spectroscopie étant le trouble et la déperdition qui affectent les rayons qui traversent notre atmosphère, on com-

prendra facilement que dans les lieux bas et humides où
l'atmosphère est imprégnée d'humidité et d'impuretés,
les observations spectroscopiques y sont pour ainsi dire
impossibles, car on y aperçoit à peine la raie C ; de plus
l'image y est tellement mobile qu'on ne peut en distinguer les contours.

Après chaque observation on devra couvrir le spectroscope parce qu'il se produit des raies sombres dans la
longueur du spectre s'il y a de la poussière sur la fente ; ces
raies seront d'autant plus visibles que la fente sera étroite.
Il est bien difficile de maintenir les bords de la fente assez
propres et assez nets pour éviter cet inconvénient.

98. — Choix du spectroscope. — La différence entre
le spectroscope de diffraction (à réseaux) et celui de
réfraction (à prismes) est que ce dernier ne donne qu'un
spectre brillant, tandis que le premier en donne un grand
nombre de dispersions inégales. En outre, le spectre de
diffraction, contrairement à celui de réfraction, donne
des spectres où la déviation est purement proportionnelle
à la longueur d'onde ; ces spectres sont plus étalés du
côté du rouge, plus contractés du côté du violet que ceux
dus à la réfraction à travers les prismes ; de même qu'il
donne immédiatement et sans calculs les spectres de longueur d'onde des différents rayons lumineux. Un avantage
non moins grand du spectroscope de diffraction sur celui
de réfraction est de pouvoir se passer de ce dernier pour
faire de la Spectroscopie stellaire, et de surpasser en pouvoir spectroscopique tous les appareils construits jusqu'à
ce jour. Nous n'hésitons donc pas à donner la préférence
au spectroscope de diffraction sur miroir de télescope, et
nous engageons les amateurs qui voudraient faire l'acquisition d'un spectroscope, à ne pas hésiter sur le choix.

CHAPITRE XI

PHOTOGRAPHIE

99. — Application de la Photographie à l'Astronomie. — L'application de la Photographie à l'Astronomie est encore une des belles découvertes modernes. Les premiers essais datent de trente ans; ils ont été faits par G.-P. Bond et Rutherfurd. Comme l'a dit M. Faye, en substituant à l'image rétinienne fugitive le cliché permanent et impersonnel de la plaque sensible, la Photographie est appelée à rendre les plus grands services à l'Astronomie. — Ainsi que le faisait prévoir M. Janssen depuis plusieurs années déjà, la Photographie n'offre pas seulement, ainsi qu'on le croyait, le moyen de fixer les images lumineuses; mais elle constitue aujourd'hui une méthode de découverte dans les sciences et particulièrement en Astronomie, et la couche sensible de la plaque photographique devrait être considérée comme la véritable rétine du savant. — Cette prévision est réalisée en partie, les résultats surprenants déjà obtenus par M. Janssen par la Photographie solaire, ét ceux obtenus par MM. Henry par la Photographie stellaire, etc., en sont la preuve. Nous ajouterons que la Spectroscopie a trouvé dans la Photographie un moyen de contrôle précieux.

L'étude du mouvement des taches solaires a trouvé également dans la Photographie un auxiliaire presque

indispensable; il en sera de même des étoiles dont on
pourra fixer la position, pour une époque donnée, avec
une précision parfaite, ainsi que de la recherche des planètes télescopiques et autres, de l'étude des étoiles doubles, etc. La Photographie a dans bien des cas un œil
plus sensible que le nôtre; non seulement elle perçoit,
mais elle enregistre ce qu'elle a perçu. C'est surtout au
point de vue du nombre des objets que la supériorité des
levées photographiques est frappante; car elle donne
l'image d'astres très faibles touchant pour ainsi dire
d'autres très brillants, que le rapprochement entre les
composantes et la grande différence entre leur éclat
n'auraient jamais pu être vus sans son aide : les douze
petites étoiles qui entourent Véga, par exemple.

Pour la supériorité du nombre d'étoiles obtenues par
la Photographie sur l'observation directe, il suffit de
comparer également la carte des Pléiades, obtenue par
la Photographie par MM. Henry, en une heure de pose —
1421 étoiles jusqu'à la 16ᵉ grandeur et une nébuleuse
nouvelle — avec la même carte construite au moyen de
l'observation directe par M. Ch. Wolf, qui n'en contient
que 671 jusqu'à la 13ᵉ grandeur et une nébuleuse an-
cienne, alors que ce savant observateur, comptant sur la
puissance de sa vue, se croyait autorisé à déclarer que
le fond du Ciel y paraissait complètement noir, et qu'il
pensait avoir atteint la limite de l'Univers visible dans
cette région du Ciel. Par ce qui précède, il est facile de
se rendre compte de la transformation radicale que la
Photographie va produire sur l'Astronomie; aussi
ouvre-t-elle aux savants un horizon sans bornes, car elle
sera la source d'observations intéressantes et de nombreuses découvertes.

Nous sommes heureux de signaler que le degré de

perfection donné à la Photographie solaire par M. Janssen n'a jamais été égalé nulle part, et qu'il en est de même de MM. Henry pour la Photographie stellaire. — M. Janssen est le premier qui a pu photographier les granulations sphéroïdales qui couvrent la surface solaire et qu'on ne pouvait parvenir à voir que de loin en loin et à de rares instants; de même que MM. Henry sont les premiers qui ont pu donner une image vraie et indiscutable du Ciel pour ce qui a rapport aux distances entre les étoiles et les objets dont les radiations impressionnent fortement les plaques photographiques, comme la nébuleuse Maïa, par exemple.

Pour faire le genre de photographie dont nous parlons, il faut une lunette astronomique et un appareil photographique; toutefois ces deux instruments, bien connus de nos lecteurs, doivent subir quelques modifications dont nous parlerons dans les deux paragraphes suivants. On peut employer un réflecteur sans y faire de modifications, mais il faudra qu'il soit d'une certaine puissance pour qu'il puisse supporter un appareil photographique. Son usage est d'un emploi difficile.

100. — Objectif. — L'emploi de l'objectif achromatique des lunettes astronomiques ordinaires présente un grand inconvénient, parce que son foyer chimique ne coïncide pas avec le foyer optique; la courbe étant disposée pour achromatiser le rouge et le vert dont les rayons sont très sensibles à l'œil, il en résulte que les rayons qui exercent l'action photographique la plus énergique n'ont pas leur foyer au même point que ceux qui agissent le plus sur l'œil; de là un inconvénient qui augmente avec les dimensions de la lunette, tant sous le rapport de l'action de la lumière que sous celui du grossissement qui doit être très limité. En outre, les objectifs achromatisés pour les rayons chimiques ne peuvent servir aux observations optiques pour les mesures de l'observation directe.

Pour photographier les objets célestes, on doit donc se servir d'un objectif composé comme celui des réfracteurs, c'est-à-dire formé de deux lentilles, dont l'une en flint et l'autre en crown, mais achromatisés pour les rayons chimiques les plus intenses du spectre, et aplanétiques pour ces mêmes rayons, autrement dit sans aberration de sphéricité, afin de pouvoir couvrir nettement, et sans déformation, la plus grande surface possible. (La découverte et la première application de l'objectif aplanétique a été faite par M. Rutherfurd). — La lunette doit être pourvue d'un oculaire achromatisé pour les rayons chimiques, c'est-à-dire négatif, dans le cas seulement d'un agrandissement de l'image; dans le cas contraire, on supprime l'oculaire.

Avant de modifier par la taille l'objectif ordinaire, M. Rutherfurd avait essayé de changer leur achromatisme en séparant de quelques millimètres les lentilles objectives, mais cette méthode a été rejetée par lui comme laissant à désirer ; en outre, les lentilles séparées diminuent la distance focale. Depuis, M. Cornu, très connu par ses nombreux travaux scientifiques, a expérimenté la méthode abandonnée par M. Rutherfurd ; il assure qu'on obtient un résultat satisfaisant.

L'expérience faite par M. Max Wolf sur la modification de l'achromatisme d'un objectif par la séparation des lentilles, est venue confirmer celle faite par M. Cornu. M. Wolf ayant séparé de $1^{mm},5$ à $2^{mm},5$ les lentilles de l'objectif à l'aide de feuilles d'étain, la courbe des dis-·tances focales s'est modifiée et l'achromatisme optique s'est transformé progressivement en achromatisme chimique, en même temps que *l'aberration* chromatique était *notablement diminuée* quant à sa valeur absolue.

Tandis qu'avant la séparation des lentilles il y avait coïncidence pour les rayons suivants :

ultra-rouge — violet ; rouge — bleu clair ; jaune — vert,

un écartement de $2^{mm},5$ amenait les coïncidences suivantes :

rouge — ultra-violet ; jaune — violet ; vert — bleu.

Les amateurs pourront photographier en séparant les lentilles de un à deux millimètres, selon l'ouverture de l'objectif, à la condition d'employer un collodion à l'iodure d'argent seul ; dans ces conditions, un mauvais objectif au point de vue photographique, c'est-à-dire un objectif ordinaire, peut être employé pour faire l'achromatisme sur la raie G de Fraunhofer, parce qu'alors les imperfections de l'objectif ordinaire sont presque neutralisées. Pour régler la séparation des lentilles objectives, on photographie une affiche très éloignée avec des écartements variables, et on s'arrête au meilleur résultat ; ce procédé offre bien des inconvénients et ne produit, en résumé, qu'un résultat imparfait, parce qu'il ne supprime pas complètement l'aberration chromatique.

Il y a un moyen pour photographier avec un objectif ordinaire sans rien changer à la disposition des lentilles, c'est de diaphragmer de moitié son ouverture. Les résultats ainsi obtenus par MM. Henry, lors de leurs premières tentatives, ont été satisfaisants pour photographier le Soleil, les planètes et les étoiles.

Voici un autre moyen que nous trouvons indiqué dans le *Bull. Astron.* de l'Observ. de Paris, t. II, p. 479 :
« Pendant l'éclipse partielle du 16 mars 1885, MM. Hough et Burham ont obtenu un certain nombre de négatifs au

moyen du grand réfracteur de l'Observatoire de Dearborn, à Chicago ; les verres de l'objectif n'ont pas été
taillés en vue de la photographie ; on a eu l'idée de
disposer devant la plaque sensible un verre rouge qui
arrête presque tous les rayons, et ceux-ci se montrent
encore suffisamment actifs et donnent une image très
nette. » — Ce moyen, beaucoup plus pratique, nécessiterait seulement une petite modification à la chambre
noire ; il suffirait d'y faire une rainure supplémentaire
pour y placer l'écran en verre rouge. Ce procédé n'est
applicable que pour le Soleil.

Comme on vient de le voir par ce qui précède, ces
divers procédés offrent bien des inconvénients. La séparation des lentilles est une opération bien délicate qui ne
donne pas un résultat parfait, attendu qu'elle influe sur
l'aberration de sphéricité et que, par suite, les images
en souffrent ; en diaphragmant l'objectif de moitié, on
perd les trois quarts de la lumière, élément si nécessaire
à la bonté des images ; quant au dernier procédé, il ne
peut être employé pour photographier la Lune, les planètes et les étoiles. Si on veut photographier les objets
célestes, il est préférable, selon nous, d'avoir un barillet
de rechange renfermant l'objectif aplanétique, à moins
d'avoir une monture équatoriale portant deux lunettes
parallèles, dont l'une sert pour la photographie et l'autre
pour l'observation directe, la première servant en même
temps de pointeur à la lunette photographique.

Nous venons de signaler l'inconvénient relatif à l'emploi de l'objectif achromatique ordinaire ; si l'on peut y
remédier, il n'en est pas de même de celui que présente
la monture française de l'équatorial, attendu qu'on ne
peut retourner la lunette alors qu'elle pointe le zénith
dans le voisinage du méridien lorsque la pose est pro-

longée. On devra donc photographier dans une zone choisie, car le retournement est inadmissible pendant l'exposition de la plaque.

101. — Description de l'appareil photographique. — Les appareils photographiques dont on se sert en Astronomie offrent des dispositions très variables ; mais pour obtenir un bon résultat, quel que soit le modèle que l'on emploie, la lunette doit être montée équatorialement et mue par un bon mouvement d'horlogerie. Nous allons faire d'abord la description de la lunette photographique de Secchi et nous ferons ensuite celle de la lunette photographique de MM. Secrétan et Mailhat.

Pour photographier le Soleil, une lunette astronomique ordinaire munie d'un oculaire négatif et d'un appareil photographique suffisent. L'appareil (fig. 29) se compose d'une chambre noire de forme et de dimensions variant avec la puissance de l'instrument. La forme la plus commode et la plus légère est celle d'une boîte rectangulaire en forme de pyramide tronquée telle que la représente la figure. Un manchon spécial qui porte tout le mécanisme, sert à réunir l'axe de la chambre noire à celui de la lunette astronomique, en face de l'oculaire O, sans qu'il soit besoin d'une armature spéciale. Près de l'oculaire, au foyer de l'objectif, est fixée une plaque P qui peut glisser perpendiculairement à l'axe optique de la lunette ; dans une des parties de cette plaque, il y a un écran portant une fente très étroite, variable à volonté et dans l'autre un diaphragme circulaire formant obturateur. Une autre plaque D glissant dans le même plan que la précédente, et placée à angle droit de la plaque P, est percée de deux trous dont l'un est entièrement libre et l'autre porte des fils croisés

à angle droit ; ces fils servent à orienter l'image et
doivent être mis au foyer. L'écran que porte la plaque P
est maintenu par un ressort en caoutchouc, V, qui sert à
produire le mouvement ; C est un cordonnet d'une résis-

Fig. 29.

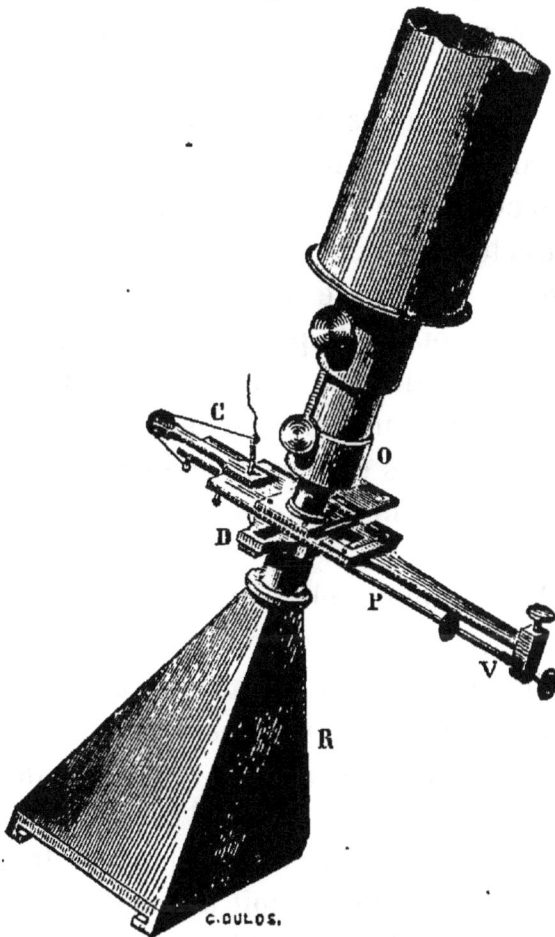

C.DULOS.

tance suffisante pour retenir l'écran. — Un puissant
ressort en acier est bien préférable au caoutchouc ; dans
ce cas, on remplace le cordonnet par une détente. R est
la boîte rectangulaire à l'orifice de laquelle on glisse le
châssis portant le verre dépoli que l'on remplace par la

plaque au moment d'impressionner cette dernière. Ainsi qu'on le voit sur la figure 29, cet appareil peut, à la rigueur, se monter sur une lunette ordinaire.

Pour photographier les autres objets célestes, l'appareil doit être fixé sur une lunette équatoriale mue par un mouvement d'horlogerie dont l'isochronisme est parfait; il doit, en outre, être muni d'un fort chercheur avec fils d'araignée ; dans ce cas, à moins de ne vouloir obtenir que l'image des étoiles de premières grandeurs, on enlève l'oculaire et tout le mécanisme C, D, P, V, et on fixe le manchon à la douille de la lunette ; mais pour obtenir directement une image agrandie de la Lune ou d'une planète, on laisse l'oculaire à la lunette. Pour découvrir ou recouvrir la plaque dans les poses relativement longues, on dispose devant l'objectif de la lunette un volet ou obturateur mobile semblable à certains volets que les photographes emploient aujourd'hui pour la photographie ordinaire instantanée.

Le modèle de lunette photographique de MM. Secrétan et Mailhat (fig. 30) se compose de deux lunettes de 0^m108, disposées de façon à ce que les axes optiques soient parallèles. La lunette principale A est munie d'un objectif achromatisé pour les rayons chimiques. Cet objectif est placé dans un coulant qui permet, à l'aide de la vis de pression I, de faire le réglage de la lunette ; la lunette ainsi réglée, on ne doit plus toucher à l'objectif, les images devant être considérées prises à l'infini. Le réglage étant obtenu, on fixe définitivement le coulant au moyen de la vis I. Les boutons S, dont un est masqué, servent à faciliter l'enlèvement de l'objectif; on les enlève après le réglage, afin que l'obturateur U puisse recouvrir hermétiquement l'objectif.

35. —

Fig. 30.

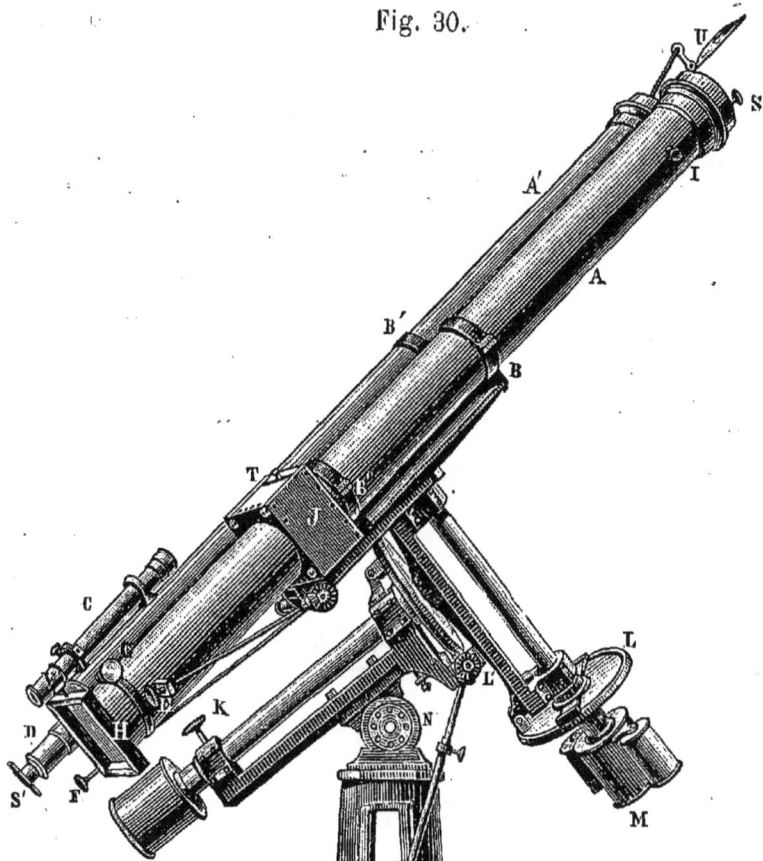
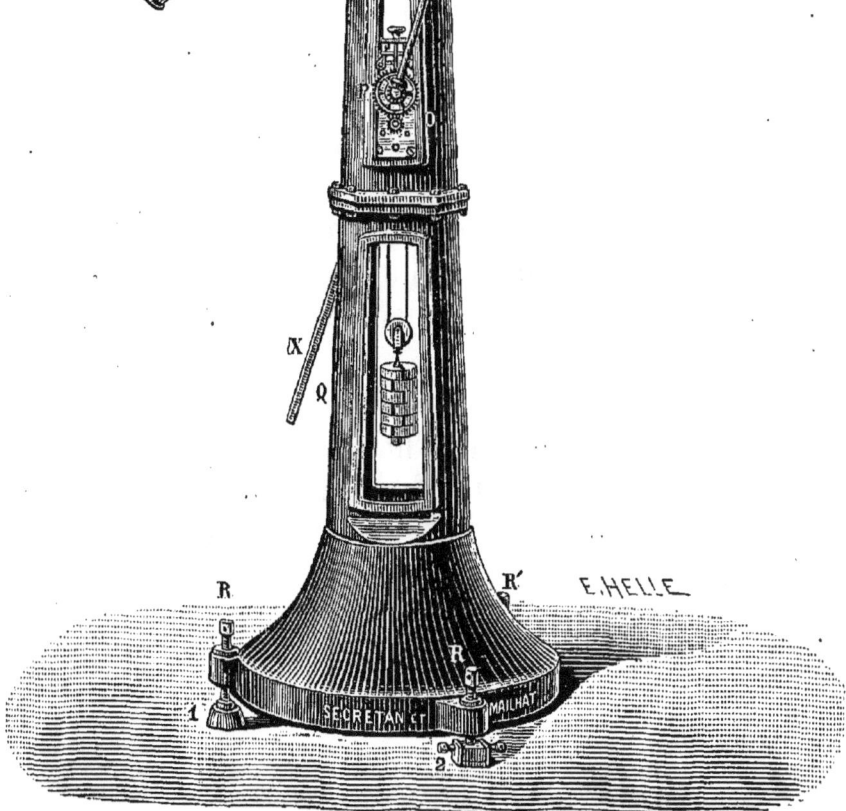

La lunette A′, de même dimension que la lunette photographique, est destinée à l'observation visuelle ; elle sert en outre de pointeur pour maintenir l'objet à photographier dans une position constante pendant le temps de pose. A cet effet, on agit soit sur la manette X qui est en communication avec la roue satellite du mouvement d'horlogerie pour le déplacement en ascension droite, soit sur le bouton de rappel E pour le déplacement en déclinaison. Un chercheur C est fixé sur la lunette A′. Les deux lunettes sont solidement fixées, au moyen de quatre colliers, aux extrémités de la pièce qui supporte l'axe de déclinaison ; trois de ces colliers se voient en B, B′, B″ ; le quatrième est masqué par la chambre J.

D représente le coulant porte-oculaire, à l'extrémité duquel est fixé un oculaire muni d'un hélioscope S′ pour l'observation du Soleil (fig. 7, p. 84). La pince F sert à déplacer l'axe de déclinaison en mouvement rapide ; L le cercle de déclinaison ; L′ la vis tangente au cercle horaire ; M le contre-poids pour maintenir la lunette en équilibre. La pièce N, qui supporte l'axe horaire, est disposée de manière à pouvoir déplacer cet axe dans le sens vertical pour l'élever à la latitude du lieu. Le bouton K sert à immobiliser l'instrument ; on le desserre lorsque l'on observe ou quand-le mouvement d'horlogerie fonctionne.

Dans le pied de l'instrument on voit en O la boîte qui renferme le mouvement d'horlogerie ; en P la transmission du mouvement à la vis tangente L′ et en Q le moteur qui actionne le mouvement d'horlogerie. Près de la base du pied, les vis calantes R, R′, R″ reposent sur les galets 1, 2 et 3 (le 3 est masqué); le n° 2 est à glissière et sert à déplacer l'instrument en azimut. (Voir p. 409).

T est la pièce destinée à fermer l'ouverture laissée
libre par l'enlèvement du châssis de la chambre J ; le
même chassis sert également pour la chambre H. C'est
dans cette ouverture que se place la trappe rapide qui
permet de masquer complètement l'objectif quand on
photographie le Soleil ou les astres très brillants. L'obturateur U, en communication avec un bouton, placé près
de l'oculaire, permet, dans les poses longues et ordinaires, de découvrir l'objectif ou de le couvrir complètement après le temps de pose. V, bouton avec lequel on
place ou on enlève le châssis ou le verre dépoli. X,
manette qui sert de rappel au mouvement d'horlogerie,
et qui permet en outre de rectifier les petits déplacements
qui pourraient se produire en ascension droite pendant
l'exposition de la plaque sensible.

Nous n'entrerons pas ici dans de plus longs détails sur
l'équatorial ; nous en avons fait la description au § 49
(p. 133) ni sur le mouvement d'horlogerie que nous
avons décrit au § 22 (p. 50) ; nous allons expliquer
seulement l'usage des appareils complémentaires qui
servent à la Photographie.

C'est dans la chambre J que se place la plaque destinée
à recevoir l'image prise au foyer de l'objectif. C'est dans
cette chambre également que l'on fixe l'appareil d'agrandissement, de sorte qu'on n'a pas besoin d'y toucher
lorsqu'on fait de la photographie directe. Le système
optique de l'appareil d'agrandissement se compose de
deux objectifs accouplés : ils sont susceptibles d'être
déplacés, autrement dit, d'être approchés ou éloignés de
l'objectif de la lunette photographique, suivant la grandeur d'image à obtenir. Pour déplacer cet appareil on
retire une plaque à coulisse qui masque l'intérieur de la
chambre J.

Nous ferons observer que si on déplace l'appareil d'agrandissement dans un sens ou dans l'autre on doit également déplacer la chambre H d'une quantité proportionnelle ; pour obtenir ce résultat on desserre le collier à l'aide de la vis G et on fait le déplacement voulu. Lorsque l'appareil d'agrandissement et la chambre noire H sont réglés de manière à obtenir la grandeur d'image désirée, on serre le collier pour immobiliser la chambre H et on ferme la chambre J.

Il nous reste quelques mots à dire sur les obturateurs. — L'obturateur U est un simple bouchon suffisant pour couvrir ou découvrir l'objectif dans les poses ordinaires ; un ressort le tient constamment appliqué sur l'objectif que l'on masque ou démasque à volonté à l'aide d'un cordon à portée de la main près de l'oculaire.

L'obturateur instantané, employé pour photographier le Soleil, se compose d'une trappe à déclanchement très rapide et à fente d'ouverture variable. Cette trappe est lancée par deux forts ressorts à boudin qui n'agissent sur elle que pour lui imprimer sa vitesse initiale ; c'est-à-dire que lorsque la trappe est lancée, les ressorts moteurs cessent leur pression. La trappe est prise à l'extrémité de sa course par une pièce destinée à l'empêcher de remonter ou de retourner sur elle-même. Un cliquet retient la trappe tendue avant l'opération ; un cordon placé à son extrémité aboutit à l'oculaire. Une légère tension fait partir la trappe.

Ainsi qu'on le verra plus loin, on règle la durée de l'exposition de la plaque en augmentant ou en rétrécissant l'ouverture de la fente de la trappe.

MÉTHODE D'OBSERVATION

Bien des personnes aujourd'hui savent se servir de

l'appareil photographique. Ce n'est pas ici la place
d'entrer dans les détails qui concernent les manipula-
tions ; les amateurs d'astronomie qui n'ont pas encore
fait de la Photographie et qui voudraient l'appliquer aux
objets célestes devront préalablement en étudier les
procédés. Il existe un grand nombre de Traités ; nous
engageons les amateurs à donner la préférence à celui de
M. Davanne, (librairie Gauthier-Villars, Paris).

102. — Photographie solaire. — Pour bien opérer,
il est préférable que la lunette soit montée équatorialement et mue par un mouvement d'horlogerie, qu'elle ait
un fort chercheur afin de s'assurer si, par une cause
quelconque, la lunette n'a pas varié, car, dans ce cas,
l'image ne se reproduirait pas à la place convenable sur
la plaque sensibilisée. On peut toutefois opérer sans
mouvement d'horlogerie, mais on réussit moins bien.
Afin que le châssis ne réfléchisse pas de lumière sur la
plaque sensible, il devra être noirci ou, ce qui est préférable, on le recouvrira d'une étoffe noire terne ; en outre
l'endroit dans lequel on opérera devra être obscur, afin
d'éviter l'action de la lumière diffuse. Pour révéler
l'image on se servira d'une lanterne garnie d'un verre
rouge rubis.

Pour mettre la lunette au point on fait une série
d'essais à différentes distances sur de petites plaques. La
mise au point étant faite, ce dont on sera assuré lorsque
le bord solaire paraîtra rouge brique, et l'image orientée,
on remplace le verre dépoli par la plaque sensible.
Toutes choses étant en état, on exposera la plaque
photographique à l'action de la lumière en coupant le
cordonnet ou en pressant la détente ; le diaphragme qui
contient la fente, et qui avait été maintenu en arrière,

devenant libre, la fente en passant rapidement sur le cône lumineux imprime l'image sur la plaque ; ensuite on la révèle, et on la reproduit sur le papier par les procédés ordinaires. — On peut augmenter l'image à volonté par les procédés connus.

Le Soleil ayant une intensité lumineuse considérable, l'instantanéité de l'action lumineuse est la condition indispensable pour obtenir un bon résultat ; elle est même la condition exclusive du succès. Si l'action était un peu prolongée, l'image photographique s'agrandirait, s'irradierait dans ses couches et perdrait toute netteté.

Pour obtenir de bonnes images du Soleil, M. Janssen emploie des plaques au collodion humide d'une grande finesse, un révélateur ordinaire au sulfate de fer et fixage au cyanure de potassium.

L'ouverture de la fente dépend de la saison, du diamètre de l'objectif et sa distance focale, de la sensibilité du collodion, de la pureté de l'atmosphère et de la hauteur du Soleil ; cette ouverture varie entre un et trois millimètres. L'exposition de la plaque sensible varie de un à deux millièmes de seconde pour les instruments de moyenne puissance ; elle dépend également des mêmes causes que nous venons d'énumérer. L'action lumineuse est en raison directe de l'ouverture de la fente. L'obturateur doit être placé au foyer de l'objectif.

Il semble de prime abord qu'il est impossible de mesurer un intervalle de temps aussi petit ; cependant ce problème n'est pas aussi difficile à résoudre qu'on pourrait le supposer. — Admettons, par exemple, que l'écran portant la fente par où doit traverser la lumière pour impressionner la plaque photographique ne mette qu'un dixième de seconde pour passer devant elle, si on réduit la fente à la centième partie de sa longueur, il est évident

que chaque partie du champ ne recevra la lumière que
pendant un millième de seconde ; de même qu'elle ne
recevrait que la deux millième partie de la lumière si la
fente était réduite aux deux centièmes de sa longueur.
La durée de l'exposition de la plaque sensible dépend
donc de la largeur et de la longueur de la fente de l'écran.

Plus le grossissement est fort, moins l'image est nette ;
plus l'ouverture de la lunette est grande, plus l'oculaire
que l'on emploie peut être faible, et par conséquent
l'image sera plus nette. Quand on veut obtenir une image
du Soleil pleine de détails, il faut réduire le temps
d'exposition ; on arrive à ce résultat en procédant ainsi
que nous l'avons dit ci-dessus. La durée d'exposition
doit être *deux cents fois* moins grande à midi qu'au Soleil
levant ou au Soleil couchant. On doit photographier le
Soleil lorsqu'il est entre 20° et 25° au-dessus de l'horizon ; mais en hiver, dans le méridien autant que
possible. On remarquera surtout que si la pose est trop
longue, l'image photographique est moins bonne que
l'image optique.

On ferait fausse route en cherchant à trop amplifier
l'image avec l'oculaire ou un appareil spécial ; on n'abou-
tirait qu'à la rendre confuse. — L'image reçue par un
petit objectif ou un objectif de plus grande dimension est
la même, avec cette différence que ce dernier donne
plus de lumière et supporte un plus fort grossissement
tout en donnant des détails très fins. — Il faut un objectif
d'au moins 0m108 d'ouverture pour photographier les
granulations qui couvrent la surface du Soleil. — Il est
très facile d'obtenir une photographie du Soleil lorsqu'on
se contente de la reproduction générale de la surface de
l'astre avec la silhouette des taches et de leurs pénombres, mais il est très difficile de parvenir jusqu'à la repro-

duction parfaitement nette des derniers éléments qui
forment la surface lumineuse de la photosphère.

Pendant les éclipses, on peut photographier la couronne, mais non les appendices; on parvient toutefois
à les dessiner dans une chambre noire.

Pour photographier le Soleil, on emploiera des plaques
au collodion ioduré. Pour révéler l'image on emploie la
solution suivante : sulfate de fer, 4 gr.; acide acétique,
5 gr.; eau, 10) gr. Fixage au cyanure de potassium.

103. — Photographie stellaire. — On sait que l'intensité lumineuse des rayons visibles du spectre solaire
est dans le jaune; mais l'examen spectral fait au moyen
du thermomètre et de substances photochimiques, a fait
connaître que c'est dans les rayons invisibles qui existent au delà du rouge que l'intensité calorique est la plus
grande, et que c'est dans le même ordre de rayons qui
se trouvent au-delà du violet où l'intensité chimique est
à son maximum. Comme ce sont les rayons chimiques
qui agissent sur la plaque sensible, il en résulte que ces
rayons nous donnent des images que nos yeux ne peuvent distinguer. Mais, s'il est incontestable que les radiations violettes passent à peu près inaperçues à notre
rétine, alors que les rayons de cet ordre impressionnent
vivement les plaques photographiques, — tel est l'exemple de la belle nébuleuse Maya (1), découverte par
MM. Henry, — il n'est pas moins certain que l'impression photogénique varie non seulement avec la couleur
de l'étoile ou de l'objet, mais avec la sensibilité de la

_____

(1) Depuis sa découverte, cette nébuleuse a été observée à l'Observatoire de Pulkowa et à celui de Nice; elle n'est pas visible dans les
instruments de l'Observatoire de Paris, ce qui n'est pas étrange dans
les conditions physiques où il se trouve situé.

plaque sensible, l'action lumineuse et la pureté de l'atmosphère.

Il est reconnu aujourd'hui que les étoiles jaunes, orangées et rougeâtres n'étant pas photogéniques, ne laissent sur la plaque sensible, et ce malgré l'éclat de certaines d'entre elles, comme Aldébaran (1re grandeur), par exemple, que la trace de points très faibles, alors que les étoiles de 15e et 16e grandeur, de la classe I de Vogel, apparaissent sur le cliché avec leur intensité lumineuse réelle.

REMARQUES. — Il résulte de ce qui précède un enseignement précieux, c'est que l'observation directe n'offre pas les mêmes conclusions que l'impression photogénique ; que l'œil et la plaque sensible sont deux instruments différents, et que l'un ne peut entièrement se substituer à l'autre ; chacun a ses qualités et ses inconvénients, il importe de les préciser : on doit donc regarder les deux modes d'observation comme se complétant l'un l'autre, et nécessaires, l'un autant que l'autre, pour nous donner la connaissance absolue et authentique de l'état du Ciel. Malgré ces différences inhérentes à la Photographie, pour ce qui concerne la position relative des astres, ce qui est de la plus haute importance en Astronomie, elle a des avantages incontestables qu'elle conservera, parce qu'elle n'a pas à craindre ici d'erreurs personnelles de la part des observateurs ; elle facilitera dans une certaine mesure l'étude des étoiles doubles ; elle sera aussi d'un grand secours pour connaître la variabilité de la couleur des étoiles, et elle permettra certainement, en faisant connaître le changement dans la position des astres, de déterminer autour de quel centre et parrallèlement à quel plan se fait le mouvement de circulation générale des astres dans l'immensité de la sphère. Mais pour la supériorité de certains astres et de leur éclat (nous ne parlons pas ici de la supériorité dans le nombre des astres dont l'image a été obtenue par la photographie et qui ne peuvent être vus dans les instruments à l'aide desquels on a pu les photographier), la photographie doit être contrôlée par l'œil et celui-ci a même dans ce cas un certain avantage que M. Ch. Wolf a mis en relief avec une grande logique, c'est que l'œil est un organe qui ne change pas : ce qu'il voit aujourd'hui il le verra toujours.

Il reste toutefois acquis que l'enregistrement de la photographie est, par son impersonnalité même, incomparablement supérieur à la vision directe, et que la puissance photogénique de la plaque sensible permet d'obtenir l'image d'objets très faibles dans le voisinage d'étoiles très brillantes, et par conséquent de découvrir, ainsi qu'on en a maintes preuves, des astres nouveaux qui n'auraient jamais pu être observés par la vision directe.

Pour être à même de comparer dans un avenir éloigné une carte du Ciel actuel à celle de cette époque, les photographies devront être obtenues par les mêmes moyens. Si la fabrication des plaques sensibles n'est pas la même, ce qui est probable par suite des perfectionnements, il paraît évident que les images ne seront pas semblables à celles obtenues par des procédés différents, mais que l'éclat relatif entre les étoiles sera conservé. Donc la plaque sensible et la rétine doivent marcher ensemble, au moins jusqu'à ce qu'on parvienne à fabriquer des plaques isochromatiques qui permettent de donner une image exacte du Ciel , ce qui sera réalisé probablement, car l'expérience confirme déjà certains résultats obtenus par quelques astronomes qui sont parvenus à rendre les plaques sensibles aux rayons rouges. Les réflecteurs, seuls, permettent jusqu'à ce jour, l'emploi de plaques sensibles pour ces rayons, avec lesquelles on obtient des images qui se rapprochent de celles de l'œil, dans une mesure restreinte toutefois, car ces plaques sont peu sensibles pour les rayons jaunes et les rayons verts, pour lesquels l'œil, au contraire, présente le maximum de sensibilité.

Pour obtenir par la Photographie la représentation exacte d'une partie du Ciel, ou d'un objet céleste quel-

conque, aussi exactement que le permet le progrès actuel
de la science, la lunette doit être mue par un mouvement
d'horlogerie dont l'isochronisme est aussi parfait que
possible, une lunette subsidiaire ou un très fort chercheur
avec fils d'araignée doit pouvoir permettre de contrôler
le pointage de la lunette principale, et à l'aide d'un mou-
·vement de rappel très-lent on maintiendra au besoin l'axe
optique de la lunette principale dans la position déterminée. On devra d'autant plus surveiller la marche de la
lunette que la partie du Ciel à photographier sera voisine
de l'Equateur. Il est indispensable également de déterminer sur le cliché le parallèle apparent et savoir préciser
la déformation des images dues à l'imperfection de l'objectif (l'achromatisme) et celle occasionnée par la déformation partielle de la couche de gélatine sur la plaque
sensible.

Plusieurs moyens permettent à l'opérateur de déterminer le parallèle apparent. Celui employé par MM.
Henry consiste à photographier successivement et à
petits intervalles une étoile double, la lunette restant
immobile, de manière à lui faire tracer sur la plaque
deux lignes dans le sens du mouvement diurne, ce qui
peut lui donner une image à peu près semblable à
celle-ci :

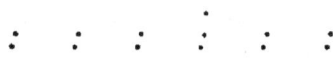

Ces lignes formées par le déplacement successif de
l'étoile double permettent en outre de mesurer directement l'angle de position. On peut également orienter
l'image en photographiant une étoile brillante de manière
à obtenir un tracé linéaire sur le bord supérieur du cliché,
il suffit pour cela d'arrêter le mouvement d'horlogerie.
Comme le tracé est d'une extrême finesse il permet de

constater si la distribution du sel d'argent dans la gélatine est régulière ; on a alors l'image suivante :

———————————————————————

La mise au point se fait en faisant une série d'essais, à différentes distances, sur de petites plaques. La meilleure manière de procéder est d'employer le moyen adopté par MM. Henry, tel qu'il est indiqué dans la remarquable Notice de M. l'amiral Mouchez, dont nous avons déjà parlé : on met la lunette approximativement au point sur une étoile, et on examine avec un verre bleu, ce qui permet de se placer très près du foyer chimique ; mais pour déterminer tout à fait exactement, on fait courir sur une petite plaque cinq ou six fois une étoile en deçà et au delà du foyer déterminé à l'aide du verre bleu. L'inspection à la loupe des différentes traînées laissées par l'étoile sur le cliché indique la place exacte du foyer.

L'emploi des plaques au gélatino-bromure d'argent de Monckoven, préparées par M. Bernaert, de Gand, avaient été préférées jusqu'à ce jour pour la Photographie stellaire, planétaire, etc.; mais avec les nouvelles plaques de la *M. A. Seed Company of Saint-Louis*, MM. Henry obtiennent en *une* heure de pose ce qu'ils n'obtenaient difficilement qu'en *deux* heures avec les meilleures plaques de marque européenne.

Pour révéler l'image, on emploiera la solution suivante : oxalate de potasse et de fer à saturation.

Lorsque les bains ne sont pas bien préparés, les négatifs sont voilés par les révélateurs.

Les plaques laissent quelquefois à désirer ; les défauts de la couche sensible peuvent être pris pour des étoiles. Pour faire distinguer les images des étoiles de taches

accidentelles, MM. Henry prennent, par trois poses successives, l'impression de la partie du Ciel qu'ils veulent
photographier; de cette manière, chaque étoile représente un petit triangle équilatéral de 3″ à 4″ de côté que
l'on reconnaît très bien avec une loupe, particulièrement
sur la plaque, quelle que soit la faiblesse de l'impression lumineuse, tout en conservant aux images une figure
symétrique dans la reproduction sur papier. Ce moyen
est bien préférable et moins dispendieux à celui qui consiste à faire deux ou trois clichés successifs et de les
contrôler; c'est ainsi que MM. Henry procédaient dans
l'origine : ils y ont renoncé.

Nous avons été à même de constater de visu que leur
procédé actuel permettait une facile reconnaissance des
objets représentés. Malgré la forme de petits triangles
qu'ont les étoiles, les clichés reportés sur le papier
donnent des images tellement rondes et nettes, que des
personnes non prévenues n'y aperçoivent qu'une pose
unique, et ce n'est qu'à l'aide du microscope qu'on
peut les séparer. L'avantage de ce procédé est de
pouvoir obtenir une image plus dilatée, perceptible
à la vue simple; tandis qu'avec une pose unique, les
dernières étoiles ne donneraient que des points d'un
trentième à un quarantième de millimètre qui ne pourraient être vus à l'œil nu ni être reportés sur le papier.

L'appareil construit par M. P. Gautier pour mesurer
les photographies, auquel on a donné le nom de *macro-
micromètre*, permet d'obtenir le centième de seconde
d'arc en distance angulaire, et de déterminer l'angle de
position à une seconde d'arc près. La mesure se prend
sur le cliché. — On trouvera le dessin et la description
de ce merveilleux instrument dans l'*Ann. du Bur. des
Long.* pour 1887.

L'impression photographique sur une plaque est proportionnelle à l'intensité de la lumière et à la durée d'exposition. Cette durée dépend donc de l'ouverture de l'objectif; elle est en raison inverse du carré du diamètre. Ainsi un objectif de 0^m100 de diamètre demandera quatre fois plus de temps qu'un objectif de 0^m200 pour obtenir la même impression. D'après cette donnée, nous avons établi, pour la commodité des amateurs, le tableau ci-après, en prenant pour base les durées de pose insérées dans la Notice de M. l'amiral Mouchez (1).

Ces durées, qui sont applicables à une lunette de 0^m33 d'ouverture, ont été déterminées par des expériences nombreuses et n'ont rien d'absolu; elles peuvent varier avec les conditions atmosphériques et la sensibilité des plaques; en outre elles n'indiquent que le minimun de temps nécessaire pour voir l'image des étoiles sur le cliché. Mais la durée d'exposition devant être trois fois plus grande pour obtenir de bonnes épreuves sur le papier, nous avons triplé, dans notre tableau, le temps de pose indiqué dans la Notice d'après laquelle nous basons nos calculs. Comme les nombres obtenus par le carré des diamètres ne sont pas absolus, nous les avons exprimés en valeurs rondes. Nous nous sommes arrêté à la 13e grandeur. Bien entendu que lorsqu'on ne voudra obtenir qu'un cliché seulement, le tiers des données indiquées dans le tableau pourra suffire.

---

(1) D'après cette notice, la durée minimum d'exposition pour voir l'image, d'un point seulement, des étoiles sur la plaque sensible, avec un objectif de 0^m33 d'ouverture, est pour la 1re grandeur : $0^s,005$; — 2e gr. : $0^s,01$; — 3e gr. : $0^s,03$; — 4e gr. : $0^s,01$; — 5e gr. : $0^s,2$; — 6e gr. : $0^s,5$; — 7e gr. : $1^s,3$; — 8e gr. : 3^s ; — 9e gr. : 8^s ; — 10e gr. : 20^s ; — 11e gr. : 50^s ; — 12e gr. : 2^m ; — 13e gr. : 5^m ; — 14e gr. : 13^m ; — 15e gr. : 33^m ; — et 16e gr. : 1^h20^m.

Durée d'exposition de la plaque sensible pour photographier les étoiles.

GRANDEUR des étoiles.	DIAMÈTRE DES OBJECTIFS							
	0"081 (3 pouces).	0"095 (3 pouces 1/2).	0"108 (4 pouces).	0"135 (5 pouces).	0"162 (6 pouces).	0"190 (7 pouces).	0"200 (7 pouces 1/2).	0"216 (8 pouces).
	m s	m s	m s	m s	m s	m s	m s	m s
1"	0,25	0,20	0,15	0,10	0,08	0,05	0,04	0,03
2°	0,50	0,35	0,30	0,20	0,15	0,10	0,08	0,07
3°	1,50	1,10	0,80	0,50	0,40	0,30	0,25	0,20
4°	5,00	4,00	3,00	2,00	1,25	1,00	0,80	0,70
5°	10,00	7,25	5,50	3,50	2,50	1,80	1,60	1,40
6°	25,50	18,00	14,00	9,00	6,00	4,50	4,00	3,50
7°	1. 6,00	47,00	36,00	24,00	16,00	12,00	10,50	9,00
8°	2.33,00	1.48,00	1.23,00	54,00	36,00	27,00	24,00	21,00
9°	6.48,00	4.48,00	3.43,00	2.24,00	1.36,00	1.12.00	65,00	56,00
10°	—	12. 0,00	9.18,00	6. 0,00	4. 0,00	3. 0,00	2.42,00	2.20,00
11°	—	—	23.15,00	15. 0,00	10. 0,00	7.30,00	6.45,00	5.50,00
12°	—	—	—	36. 0,00	24. 0,00	18. 0,00	16.12,00	14. 0,00
13°	—	—	—	—	60. 0,00	45. 0,00	40.30,00	35. 0,00

Les durées d'exposition que nous donnons dans ce tableau sont susceptibles d'être modifiées, parce qu'elles sont basées sur les expériences faites, sur des plaques de Bernaert, à l'Observatoire de Paris, dont les conditions physiques laissent beaucoup à désirer; il s'en suit que si l'on opère avec les plaques de la *Seed Company* et si l'observatoire est situé dans de meilleures conditions, le Ciel y sera plus pur et plus transparent, ce qui augmentera beaucoup le pouvoir pénétrant de la lunette et permettra de diminuer de plus de moitié la durée de l'exposition. Il est probable également que l'on parviendra à donner encore plus de sensibilité à la plaque photographique, ce qui viendra encore limiter le temps de pose. Comme on le voit, il y a là plusieurs facteurs dont on devra tenir compte. — En général, en doublant le diamètre de l'objectif, on diminuera des trois quarts la durée de l'exposition.

Il y a un grand avantage à se servir d'un objectif de grande ouverture, parce que plus la durée de l'exposition de la plaque est courte, mieux le disque des étoiles est défini. La durée d'exposition dans le tableau étant calculée pour ne donner que l'image d'un point seulement d'une étoile d'une grandeur donnée, si la durée de pose est limitée pour obtenir l'image d'une étoile de 1re grandeur, par exemple, il est évident que l'on n'obtiendra pas l'image des étoiles inférieures. De même que si on ne voulait obtenir que l'image de petites étoiles seulement, et si dans le groupe à photographier il s'en trouvait de grandeurs supérieures, simples ou doubles, le disque des étoiles simples s'élargirait proportionnellement à la durée d'exposition supplémentaire nécessaire pour obtenir les petites étoiles, et au lieu de l'image des composantes des étoiles doubles, l'irradiation réunirait leurs disques en un seul très agrandi. Ainsi l'impression d'un couple qui devrait donner cette image ⁚ finirait par donner celle-ci, par exemple ● .

Lorsqu'il n'y a pas trop de différence entre les grandeurs des composantes des étoiles doubles, on peut régler la durée de l'exposition suivant l'intensité lumineuse photogénique des composantes, et alors on obtient une image très fine ; il en est de même de certains amas.

Le diamètre du disque d'une étoile ne dépend pas seulement d'une trop longue durée d'exposition, il dépend aussi de l'éclat de l'étoile, de son spectre, de l'atmosphère plus ou moins illuminée qui se trouve dans le voisinage immédiat d'une brillante étoile. — D'après M. Scheiner, la vraie cause de l'extension des disques doit être cherchée dans l'irradiation qui résulte de l'illumination intérieure de la couche de gélatine, laquelle est éminemment translucide.

Toutefois, il paraît acquis aujourd'hui que le diamètre des disques croît, dans *chaque classe*, proportionnellement à la grandeur des étoiles. (Voir la classification de Vogel, p. 386). Quant à l'influence de la durée de pose, l'accroissement du diamètre a lieu en progression arithmétique quand la durée d'exposition croît en progression géométrique.

Lorsqu'on veut fixer sur la plaque sensible l'image d'une étoile brillante ou celle d'une plage fortement éclairée, il se produit autour d'elles une seconde image à laquelle on a donné le nom de *halo* photographique. Pour obvier à cet inconvénient, MM. Henry ont trouvé un procédé très simple ; il consiste à recouvrir le verso de la plaque d'une couche de colodion normal contenant en dissolution une petite quantité de chrysoïdine. Ainsi que le font remarquer ces éminents praticiens dans une Note

présentée à l'Académie des Sciences par M. Lœwy, ce
vernis, d'un indice de réfraction peu différent de celui du
verre, supprime complètement les halos, même avec les
étoiles les plus brillantes ; il a aussi l'avantage de sécher
très rapidement, et, en raison de sa parfaite transparence,
il permet de surveiller commodément la venue de l'image.
Ce vernis n'a aucun effet nuisible sur le développement.

On sait que les plaques au gélatino-bromure d'argent
sont très peu impressionnées par les rayons rouges et
jaunes. Pour remédier à ce défaut et obtenir des plaques
orthochromatiques, M. Lohse, après avoir éprouvé la
sensibilité des plaques à l'aide du *sensitomètre*, traite
la couche sensible par une solution de certains pigments.
Nous lisons à ce sujet dans le *Bull. Astron.*, t. III, p. 414 :
« Les plaques ainsi préparées permettent de reconnaître
les étoiles colorées et même de caractériser *grosso-modo*
leurs spectres. Elles fournissent le moyen d'atténuer
l'influence des variations de la transparence de l'atmosphère ; M. Lohse les a employées avec avantage pour les
étoiles doubles dont les composantes ont des teintes
différentes. On peut d'ailleurs, dans ce dernier cas, remédier en partie à l'inégalité des effets photochimiques
par l'emploi d'un écran qui absorbe les rayons bleus -
(c'est aussi le moyen d'augmenter la netteté des images
en corrigeant ainsi l'achromatisme plus ou moins imparfait de l'objectif).

M. Haselberg est parvenu à préparer des plaques géla-
tinées sur lesquelles toutes les régions du spectre sont
reproduites avec une intensité uniforme, ce qui permettra de tirer parti des spectres de diffraction, en partie
superposés, pour déterminer les longueurs d'onde des
rayons ultra-violets par comparaison directe avec les
rayons de la partie moyenne, sans mesures d'angles, etc.

— C'est par l'immersion préalable dans les bains contenant des matières colorantes, telles que la cyanine, l'éosine, la chrysaniline, etc., que M. Haselberg, astrophysicien de l'Observatoire de Poulkowa, rend les plaques sensibles aux radiations comprises entre C et F.

Les reports des clichés sur le papier se font par les moyens ordinaires ; mais on remarquera que le report fait perdre une ou deux grandeurs ; aussi, quand on voudra représenter sur le papier l'impression de certaines étoiles obtenues par la plaque sensible, trop faibles pour être reportées, on les reproduira en les pointant directement d'après la position fournie par le cliché.

L'ajustement précis de la plaque a une très grande importance elle doit être bien perpendiculaire à la lunette. — On ne devra jamais opérer quand le Ciel est nuageux ou brumeux. — Les cirrus produisent une petite auréole autour des astres un peu brillants. — Le vent n'offre rien de remarquable. — Dès qu'il fait nuit, on peut commencer à photographier. — Le clair de Lune ne produit aucun empêchement pour la photographie des astres les plus faibles.

104. — Photographie planétaire, cométaire. etc. —

PLANÈTES. — Les images des planètes telles qu'elles se forment sur la plaque sensible, au foyer direct de l'objectif, sont trop petites pour qu'il soit possible d'en distinguer les faibles détails ; il est préférable de les agrandir directement par un oculaire négatif ou par un appareil optique spécial. Avec un objectif de 0^m250 d'ouverture, il est possible d'obtenir en une minute de bonnes images de Jupiter agrandies quinze à dix-huit fois ; Saturne exige, dans les mêmes conditions, une pose de 3 minutes ; Mars et Vénus ne demandent qu'une demi-seconde ; Uranus, au contraire, ne donne sur la plaque sensible une image un peu intense qu'avec une durée d'exposition de 10 minutes. La Lune ne demande qu'une durée d'exposition de un cinquième de seconde seulement. Bien entendu qu'en augmentant le temps de pose en raison inverse du carré du diamètre de l'objectif, on obtiendrait une image de ces astres avec une lunette de moins grande ouverture. — La mise au point se fait en faisant une série d'essais sur de petites plaques.

Les photographies de la Lune peuvent être obtenues de deux manières : 1° au foyer direct de l'instrument ; dans ce cas, il est nécessaire d'agrandir le cliché original au moyen d'une reproduction directe sur le papier ; 2° en employant, comme nous l'avons dit, un oculaire amplifiant ou un système optique spécial donnant directement sur la plaque sensible une image agrandie de notre satellite. Les épreuves ainsi obtenues sont à dimensions égales bien plus fines que celles que l'on obtient par le premier procédé, puisque les imperfections de la couche sensible ne sont pas amplifiées ; on a, de plus, l'avantage d'obtenir un négatif direct qui permet de faire un tirage presque indéfini d'épreuves. Quelques fragments de Lune obtenus de cette façon à l'Observatoire de Paris, par MM. Henry, promettent beaucoup ; ils montrent la réelle supériorité de l'amplification directe sur les mêmes images obtenues par l'agrandissement des clichés. Nous avons comparé une épreuve du cirque d'Archimède, que nous devons à l'obligeance de ces éminents praticiens, avec un dessin de cette partie de la Lune que donne une des cartes qui, sous le rapport de l'exactitude et celui des nombreux détails qu'elle contient, passe pour une des meilleures, la différence entre les deux images est surprenante. La Photographie céleste nous ménage bien des surprises ; on peut espérer qu'avec son aide on ne tardera pas de savoir si Vénus et Mercure ne sont pas accompagnés d'un satellite. Le pouvoir qu'a la plaque sensible d'accumuler l'énergie irradiée sur elle ne peut manquer de nous éclairer à ce sujet.

On obtient une image de la Lune de 0^m40 de diamètre avec une lunette de 0^m200 d'ouverture ; avec une lunette de 0^m108, on peut obtenir une image d'environ 0^m15 de diamètre. Pour agrandir les épreuves, on emploie un objectif ordinaire à court foyer (objectif à portraits à quatre verres) et la chambre noire habituelle des photographes, munie d'un long tirage.

Le mouvement diurne de la Lune et des planètes n'étant pas semblable à celui des étoiles, sur lesquelles les mouvements d'horlogerie sont habituellement réglés, quand on voudra fixer l'image de notre satellite sur la plaque sensible, on devra suivre dans le chercheur un point de repère choisi sur la Lune et le maintenir sur ses fils en agissant simultanément sur les mouvements de rappel en ascension droite et en déclinaison.

Pour photographier les planètes, on dirigera la lunette de manière à maintenir le bord est ou ouest et le bord supérieur ou inférieur de l'astre tangent aux fils du chercheur, et on agira sur les mouvements de rappel comme on le fait pour la Lune.

Les petites planètes au-dessous de la 11e grandeur ne peuvent être saisies par la plaque sensible, attendu que leur déplacement est trop prononcé. Il serait impossible de photographier les transneptuniennes de manière à obtenir un tracé apparent indiquant le déplacement ; mais, dans le cas où il se trouverait dans la région photographiée une planète en mouvement extrêmement lent, en triplant la pose on pourrait, malgré la lenteur de son mouvement, constater sa présence par la déformation du triangle. En admettant que la planète supposée soit à une distance double de Neptune, ce mouvement pourrait être constaté par des poses dont l'écart ne dépasserait pas une heure.

Une pose de 33 minutes sur Pallas a donné de cette planète, avec un objectif de 0^m330, un tracé linéaire très nettement indiqué sur un cliché de MM. Henry.

Comètes. — Les comètes doivent être photographiées au foyer de l'objectif, la faiblesse lumineuse de ces astres ne permettant pas un agrandissement direct, ce dernier procédé occasionnant une perte sensible de lumière provenant en grande partie de l'absorption causée par les lentilles du système amplificateur. Si on désire agrandir l'image, on procédera par les moyens ordinaires, c'est-à-dire en employant l'objectif à court foyer dont nous avons parlé plus haut.

Pour obtenir l'image d'une comète avec une lunette d'une ouverture de 0^m200, la durée d'exposition peut varier de 3 à 40 minutes, selon l'éclat de l'astre ; cette durée se calcule comme pour les étoiles. La mise au point se fait comme nous l'avons dit pour les planètes.— On remarquera que la rapidité du mouvement des comètes, particulièrement lorsqu'elles sont dans le voisinage du périhélie, est si considérable, qu'il est très difficile de les photographier et, par suite, d'obtenir des images spectrales. Pendant la pose, on doit agir simultanément sur les mouvements de la lunette.

Nébuleuses. — L'impression d'une nébuleuse sur la plaque sensible est assez difficile à obtenir, parce qu'en général la lumière émise par ces astres est peu intense. Pour photographier les nébuleuses, on procède comme pour les comètes.

Avec une lunette de 0ᵐ330 d'ouverture, il faut une exposition de 3 minutes à 5 heures, selon son éclat ; avec un objectif de 0ᵐ200, il faudrait donc une pose de 8 minutes pour obtenir l'image des plus brillantes, et plusieurs heures pour obtenir celle des nébuleuses qui ont un éclat moyen. Avec des lunettes d'une ouverture plus faible, on ne pourrait donc photographier que ceux de ces astres qui ont un grand éclat.

Nous avons dit qu'il existait également dans quelques nébuleuses un certain pouvoir photogénique spécial. La durée d'exposition selon le carré du diamètre de l'objectif n'est donc plus applicable ici pour les petites lunettes. — Pour la même raison que nous avons donnée pour les comètes, les nébuleuses ne permettent pas un agrandissement direct. La mise au point se fait par une série d'épreuves et l'agrandissement comme nous l'avons dit pour les comètes.

Remarques. — A propos du pouvoir photogénique spécial de certaines nébuleuses, nous dirons qu'à la Jamaïque la nébuleuse de Mérope était parfaitement visible dans un réfracteur de 0ᵐ108 et invisible dans un réflecteur de 0ᵐ125, ce que l'observateur, M. Maxwell Hall, explique dans l'intervention de la lumière diffuse du Ciel arrivant dans le télescope.

En ce qui concerne la grande nébuleuse d'Orion, le réflecteur lui montrait toutes les parties plus brillantes beaucoup mieux que le réfracteur ; celui-ci reprenait l'avantage pour les parties plus faibles vers les limites de la nébuleuse.

Ainsi qu'on vient de le voir, lorsqu'on voudra observer ou photographier un objet faible, on devra tenir compte du genre d'instrument employé, du pouvoir photogénique de l'astre et de la lumière diffuse du Ciel.

Amas. — Pour photographier les amas, on procède de la même manière que pour les étoiles.

105. — Photographie spectrale. — Il y a deux manières bien distinctes de photographier le spectre d'un astre : soit au moyen d'un prisme que l'on place devant l'objectif, le prisme constituant à lui seul l'ensemble spectroscopique, soit au moyen du spectroscope. Nous allons indiquer les deux manières de procéder.

Le premier moyen consiste à placer devant l'objectif, et presque en contact avec lui, un prisme circulaire de mêmes dimensions que l'objectif, si c'est possible. Les faces de ce prisme doivent être d'une planimétrie parfaite, afin de ne pas modifier la distance focale de l'objectif. La valeur de l'angle du prisme doit être proportionnée à ses dimensions ; en lui supposant un diamètre de 0ᵐ200, cet angle doit être de 6°. Plus l'ouverture est grande, plus il faut diminuer l'angle du prisme. Ce prisme se fixe au minimum de dispersion à une armature fixée elle-même à l'extrémité du tube de la lunette ; on l'enlève à volonté. Le prisme étant en place, on adapte l'appareil photographique *directement sur la lunette,* et on procède comme pour les étoiles. A l'aide de ce système, dont les avantages sont bien connus, MM. Henry ont obtenu, avec une netteté qui, jusqu'ici, n'a pas encore été surpassée, les spectres d'un certain nombre d'étoiles, et en particulier celui de cette curieuse étoile, appartenant à la classe III de Vogel, découverte dernièrement par M. Gore, et dont nous avons donné les coordonnées. L'épreuve montre nettement dans la région la moins réfrangible des raies brillantes sur un spectre continu extrêmement faible.

Le second procédé consiste à fixer l'appareil photographique sur la petite lunette du spectroscope et à amener l'étoile sur la fente élargie ; de cette manière, on obtient un spectre linéaire qu'on peut élargir à

volonté, soit avec un verre cylindrique que l'on place
devant l'oculaire, soit simplement en balançant la lunette
parallèlement aux raies du spectre.

Comme on le voit, dans le premier procédé, le prisme
placé devant l'objectif remplace le spectroscope ; en outre
il a l'avantage de permettre d'obtenir simultanément sur la
plaque, par une même exposition, l'image chimique du
spectre de toutes les étoiles qui sont dans le champ de la
lunette ; tandis que le second ne permet de photographier
que le spectre de l'étoile amenée sur la fente du spectroscope.

Lorsqu'on n'a pas employé un des moyens d'agrandissement indiqués déjà, l'image obtenue sur le cliché est
très petite ; pour l' grandir on procède par les moyens
ordinaires dont nous avons parlé.

Les résultats obtenus par M. J. Scheiner avec les photographies des spectres stellaires mises à sa disposition
par M. Vogel, prouvent que l'emploi de la photographie
fournira le moyen d'arriver à une description plus complète et plus exacte des spectres stellaires, même des plus
faibles ; ils prouvent non seulement que les mesures sont
incomparablement plus faciles sur les clichés que par
l'observation directe, mais qu'elles sont vingt fois plus
grandes, et que le nombre de raies accessibles aux
mesures s'est accru dans la même proportion.

Pour faciliter l'identification des raies, M. J. Scheiner
fait usage d'une épreuve du spectre solaire.

Avec une lunette de 0^m200 d'ouverture et 3^m40 de
foyer, on obtient de bons spectres d'étoiles de 6e grandeur, de 5 millimètres de longeur, en une minute de
temps. Avec un objectif de 0^m108 on peut obtenir le
spectre d'une étoile de 3e grandeur.

Pour photographier une protubérance solaire, la fente

du spectroscope doit être bien ajustée sur la raie du spectre que l'on a choisi. Pour obtenir un bon résultat, la fente doit être ajustée sur la raie G. — La photographie d'une protubérance peut-être obtenue en une petite fraction de seconde, même avec une lunette de 0^m100 d'ouverture seulement. — On peut faire de la photographie spectrale dès qu'il fait nuit; le clair de Lune n'offre aucun empêchement.

Nous avons indiqué, page 432, le moyen employé par M. Haselberg pour préparer les plaques de façon à les rendre sensibles aux radiations comprises entre C et F.

Il ne faut pas essayer de faire de la photographie spectracle dans un milieu où les conditions atmosphériques sont mauvaises ; certains endroits n'y permettent pas de distinguer la raie C. Pour obtenir un bon résultat, le Ciel doit être très beau ; c'est ici le cas où il y a un immense avantage à opérer sous un beau climat ou dans un lieu élevé, le Ciel y étant presque toujours très transparent.

FIN.

ERRATA

—

Par suite d'une erreur regrettable, la fin du deuxième alinéa de la page 3 a été oublié.

Après : un Observatoire, *ajoutez :* Nous ferons remarquer en outre que la Faculté Catholique de Lille possède un Observatoire muni d'instruments d'observation, — et qu'il y a une lunette astronomique à l'Institution Saint-Jean, à Douai.

Page 9, *ajoutez à la fin de la note :*

Un article publié dans *L'Astronomie* (tome IX, p. 257 et suiv.) par M. L. Niesten, astronome à l'Observatoire de Bruxelles, contient un curieux tableau donnant le diamètre de 265 petites planètes, obtenu par la photométrie. Nous y voyons que le n° 228 (Agathe) n'a que 7 kil. 100 m. de diamètre.

Page 36, 4ᵉ ligne, *au lieu de* 12°56′, *lisez* 12°52′.

TABLE DES MATIÈRES

CHAPITRE VII. — INSTRUMENTS MÉRIDIENS.

FIN DE LA TABLE.

INSTRUMENTS NOUVEAUX DE M. LE CONTRE-AMIRAL J. LEJEUNE

1° Instruments d'observation.

Rose de relèvement à miroir.

Cet instrument se compose d'une cuvette cylindrique montée sur trois vis de calage. Une *Rose des vents* transparente recouvre cette cuvette et porte à son centre un axe qui sert de pivot à un plateau circulaire. Deux pinnules et un miroir rond sont montés sur ce plateau, auquel est fixé un index correspondant avec la graduation de la Rose qui sert à la lecture des *azimuts* lorsque l'instrument est nivelé et orienté. — Prix : **120** fr.

Pinnule à quadrant.

La pinnule à quadrant comprend un cylindre long de 0ᵐ30 c. environ sur lequel se trouve monté un quadrant divisé de 0 à 90°. Un pendule servant d'alidade permet de lire sur le cercle gradué l'angle d'inclinaison donné au cylindre, autrement dit, la *hauteur* de l'astre observé. — Prix : **50** fr.

Octant à pied azimutal.

L'Octant Lejeune constitue dans son ensemble un instrument à réflexion ; il comprend un double châssis sur lequel se trouvent montés deux miroirs. Une alidade mesure sur un cercle gradué les mouvements angulaires du grand miroir. Le petit miroir forme l'une des faces d'un petit fanal sourd, une croisée de ligne s'y trouve gravée. Cet instrument, posé sur la cuvette de la Rose de relèvement, peut donner à la fois la *hauteur* d'un astre et son *azimut*. Pour les observations des hauteurs seules, l'Octant possède un pied qui lui est propre, c'est un plateau monté sur trois vis de calage. — Prix de l'appareil complet : **240** fr.

2° Instruments de démonstration et de calcul.

Sphère Lejeune.

La Sphère Lejeune avec *Globe terrestre, céleste* ou *ardoisé* de 0ᵐ30 c. de diamètre, permet de déterminer avec une facilité extrême les positions géographiques des lieux, la distance qui les sépare, l'azimut de départ et d'arrivée de l'arc de grand cercle qui les unit, les coordonnées des astres par rapport à l'équateur, à l'écliptique et à l'horizon, les azimuts, les angles horaires et de position, l'heure du lever des astres, de leur coucher, de leur passage au méridien, etc., etc. La sphère ardoisée est *une véritable machine propre à résoudre les triangles sphériques*, nous la signalons à l'attention particulière des professeurs de mathématiques et des marins. — Prix de la sphère Lejeune avec un globe : **300** fr. — Chaque globe en plus pouvant s'adapter à la monture : **125** fr.

Planisphère Lejeune.

Cet instrument se compose d'une rondelle en carton recouverte d'une peau d'âne et d'un cercle gradué tournant autour et servant de rapporteur. Il permet la résolution des triangles sphériques par une méthode aussi simple qu'élégante. — Prix : **12** fr.

Épure démonstrative de la résolution des triangles sphériques.

Figure en carton représentant les projections horizontale et verticale tracées sur le Planisphère Lejeune. — Prix : **12** fr.

UNE NOTICE EXPLICATIVE ACCOMPAGNE CHAQUE INSTRUMENT.

INSTRUMENTS NOUVEAUX DE M. AVED DE MAGNAC
CAPITAINE DE VAISSEAU.

SPHÈRE ALT-AZIMUTALE

La *Sphère alt-azimutale* permet de suivre facilement les mouvements des astres au-dessus de l'horizon d'un lieu quelconque, de trouver immédiatement leur hauteur et leur azimut, de déterminer l'heure, etc. — Prix : Modèle avec cercles en cuivre, **50** fr.

MÉTROSPHÈRE

Le *Métrosphère* est un instrument qui est, par rapport à la sphère, ce que sont pour le plan la règle graduée, le rapporteur et le compas ; c'est-à-dire qu'il donne le moyen de tracer et de mesurer sur la sphère les lignes et figures de géométrie sphérique correspondant à celle de la géométrie plane. — Prix : **75** fr.

NAVISPHÈRE

Une sphère céleste sur pied et un métrosphère constituent le *Navisphère* qui fournit le moyen d'observer les étoiles et les planètes sans les avoir reconnues et qui donne immédiatement la variation du compas par n'importe quel astre en vue ; il permet également de déterminer l'angle de route pour aller d'un point à un autre par l'arc de grand cercle et la distance entre ces deux points, à 15 milles près. En un mot, avec le *Navisphère* on peut résoudre à un degré près tous les problèmes de navigation. — Prix **120** fr.

CET INSTRUMENT EST ADOPTÉ POUR LA MARINE DE L'ÉTAT

GLOBE A RELÈVEMENTS CÉLESTES
Par A. HUE et A. BRETEL.

Avec verticaux mobiles, permettant de résoudre sans calcul et avec une très grande approximation tous les problèmes de navigation. — Prix : **120** fr.

NOTA. — Ce Globe est adopté par la *Compagnie des Messageries maritimes* et par la *Compagnie générale transatlantique*.

GLOBE CÉLESTE A CERCLES DE PRÉCESSION
D'après J.-B. BIOT.

Ce globe sert à exprimer le mouvement rétrograde des points équinoxiaux ; il donne la position des étoiles par rapport à la terre, pour les époques les plus reculées. — Prix : Monture en cuivre, **160** f.

E. BERTAUX, Editeur, 25, rue Serpente, a Paris.

OBSERVATOIRE DES SALONS

Par J. LAURENDEAU, lauréat et officier d'académie

L'*Observatoire des salons* est un appareil destiné à vulgariser les plus belles des sciences : la Cosmographie et l'Astronomie ou la constitution de l'Univers. Il représente tout ce que le ciel physique offre de plus intéressant dans les dernières profondeurs que la vue puisse atteindre, à l'aide du télescope.

Savoir : Le Soleil, taches, éclipses et protubérances ; Les planètes, taches, anneaux et satellites ; La Lune, phases, éclipses, montagnes et cirques ; Les Comètes les plus importantes ; Etoiles filantes, essaims et bolides éclatants ; Figures cosmographiques, système de Ptolémée et de Copernic ; Les étoiles, constellations du Zodiaque et autres, les régions circumpolaires du Sud et du Nord ; Les groupes colorés et autres et les amas ; Les nébuleuses et la lumière zodiacale ; Cosmographie de Laplace et système planétaire ; Tableaux divers, bolide éclatant et conjonctions.

On se sert de cet appareil, composé d'un cartonnage disposé en œil-de-bœuf, dans lequel passent les figures, en le posant devant une croisée pendant le jour ; le soir, on place une bougie derrière, et l'on obtient alors l'aspect lumineux que les astres présentent au télescope ; les étoiles étant perforées brillent avec l'illusion de la réalité.

Les familles peuvent passer, avec cet appareil scientifique, une soirée pleine d'attraits et très instructive ; l'appareil est accompagné d'une brochure ou légende explicative des figures, qui fait aussi connaître le degré des connaissances acquises par la science sur chaque objet qu'il montre, de sorte qu'un des assistants peut parfaitement faire un cours sommaire d'Astronomie.

Prix : Monture en carton, 25 fr. — Monture en métal, 30 fr.

Légende explicative des figures en français et en espagnol.

Publications astronomiques de C. FLAMMARION.

PLANISPHÈRE CÉLESTE MOBILE

Donnant pour chaque instant les étoiles visibles sur l'horizon de Paris.

Dressé sous la direction de C. FLAMMARION, par Léon FENET.

Carte mobile la plus grande et la plus complète, montée sur fort carton. — Prix : **8 francs.**

PLANISPHÈRE CÉLESTE

Dressé sous la direction de C. FLAMMARION, par Paul FOUCHÉ.

Nouvelle édition revue et complétée.

Une carte (1m20 sur 0m90), impr. en couleur. — Prix, en feuille, **6 fr.** ; collée sur toile et pliée, **9 fr.** ; montée et vernie, **12 fr.**

GLOBE GÉOGRAPHIQUE DE LA PLANÈTE MARS

D'après C. FLAMMARION.

Prix sur pied bois noir, **5 fr.** ; sur marbre ou bois durci, **7 fr. 50.**

GLOBE DE LA LUNE

Dressé sous la direction de C. FLAMMARION, par C.-M. GAUDIBERT.

Prix : sur pied en bois noir de 11 centim., **5 fr.** ; de 15 centim , **7 fr. 50.**

CARTE GÉNÉRALE DE LA LUNE

Dressée sous la direction de C. FLAMMARION, par C.-M. GAUDIBERT, dessinée avec le plus grand soin par Léon FENET.

Une feuille grand monde (1m20 sur 0m90). — Prix : en feuille, **8 fr.** ; collée sur toile et pliée, **11 fr.** ; montée et vernie, **14 fr.**

E. BERTAUX, Éditeur, 25, rue Serpente, a Paris.

CARTES ET TABLEAUX ASTRONOMIQUES

Observatoire des Salons, par J. Laurendeau, modèle
en carton, 25 fr. ; modèle en métal . . . . 30 fr »

Uranographie, par Ch. Dien, 1 feuille grand monde. 10 »

Planisphère céleste, dressée sous la direction de C.
Flammarion, p. P. Fouché, une feuille grand monde 6 »

Cartes célestes, dressées pour l'usage de la marine,
par Ch. Dien, une feuille et demie, grand colombier,
avec texte . . . . 6 »

Le Ciel en deux hémisphères, par le même, une
feuille colombier . . . . 2 »

Carte des Etoiles visibles sur l'horizon de Paris, par
le même, une feuille raisin 1 50

Zone zodiacale, pr le même, une 1/2 feuille colombier 1 »

Planisphère céleste, avec figures, spécialement destiné aux officiers de marine, par Chazallon, ingé-
nieur hydrographe, une feuille grand aigle . . . . 4 »

Grande Carte cosmographique murale, donnant les
grosseurs relatives des planètes et leurs principaux
éléments ; 2 feuilles grande aigle (nouvelle édit.) . 5 »

Carte générale de la Lune, dressée sous la direction
de C. Flammarion, par C.-M. Gaudibert, dessinée
par Léon Fenet, une feuille grand monde . . . . 8 »

Carte de la Lune, par Lecouturier et A. Chapuis . . 4 »

Planisphère céleste mobile pour l'horizon de Paris,
dressé sous la direction de C. Flammarion, par Léon
Fenet, monté sur fort carton . . . . 8 »

Planisphère mobile offrant immédiatement l'aspect
du Ciel pour un instant donné, par Ch. Dien . . . 8 »

Planisphère du Journal du Ciel, donnant la position
des étoiles de 10 en 10 minutes . . . . 5 »

Atlas céleste de Flamsteed, revu par Delalande et
Méchain, 30 feuilles in-4°, cartonné . . . . . . 8 »

Tables donnant la mesure micrométrique des étoiles
doubles les plus remarquables, classées par constellation, avec cartes, par Ch. Dien, 1 vol. in-4° . . 8 »

GLOBES TERRESTRES

Globes terrestres Delamarche et Ch. Dien, revus et corrigés, par E. DESBUISSONS.

Ces Globes sont gravés sur cuivre et imprimés en couleurs, les terres teintées de diverses nuances se détachent bien sur le fond bleu des mers.

DIMENSIONS	N° 3 PIED BOIS noir		N° 4 PIED FONTE bronzée		N° 5 DEMI-méridien		N° 6 CERCLES carton		N° 8 CERCLES cuivre	
de 8c. de diam.	3	50	»	»	6	75	8	»	16	»
11 —	5	»	»	»	8	50	10	»	18	»
15 —	7	50	»	»	11	25	12	»	20	»
19 —	10	»	»	»	16	»	16	»	24	»
22 —	11	50	»	»	18	»	20	»	28	»
25 —	12	50	18	»	20	»	26	»	31	»
26 —	15	»	22	»	24	»	»	»	40	»
30 —	22	50	30	»	32	»	»	»	62	»
33 —	25	»	32	»	36	»	»	»	70	»
38 —	35	»	45	»	50	»	»	»	90	»
50 —	75	»	90	»	100	»	»	»	180	»
66 —	100	»	»	»	»	»	»	»	400	»

Globe terrestre

GLOBES CÉLESTES

Globes célestes dressés par A. Delamarche, ingénieur-hydrographe de la marine et Ch. Dien.

On trouve sur ces Globes les six premières grandeurs d'étoiles imprimées en noir sur un fond bleu clair. Les Globes célestes de A. Delamarche représentent les figures conventionnelles, ceux de Ch. Dien sont sans figures.

DIMENSIONS	N° 3 PIED BOIS noir		N° 4 PIED FONTE bronzée		N° 5 DEMI-méridien		N° 6 CERCLES carton		N° 8 CERCLES cuivre	
de 8c. de diam.	3	50	»	»	6	75	8	»	16	»
11 —	5	»	»	»	8	50	10	»	18	»
15 —	7	50	»	»	11	25	12	»	20	»
19 —	10	»	»	»	16	»	16	»	24	»
22 —	11	50	18	»	18	»	20	»	28	»
25 —	12	50	22	»	20	»	26	»	34	»
30 —	22	50	30	»	34	»	»	»	62	»
33 —	25	»	32	»	36	»	»	»	70	»
38 —	35	»	45	»	50	»	»	»	90	»
50 —	75	»	90	»	100	»	»	»	180	»
66 —	160	»	»	»	»	»	»	»	400	»

Globe céleste

A. BARDOU

Constructeur d'Instruments d'optique,

Fig. 1.

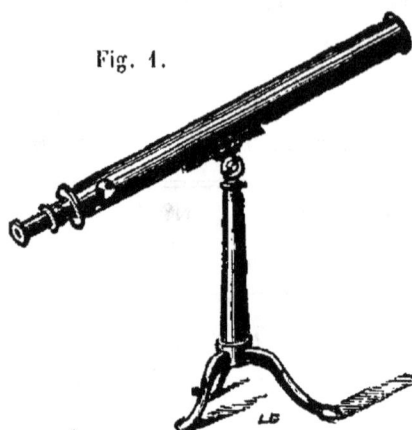

Fournisseur du ministère de la Guerre (Circulaire ministérielle du 29 juillet 1872). MÉDAILLE D'OR à l'Exposition universelle de 1889. *55, rue de Chabrol, à PARIS.*

LUNETTES ASTRONOMIQUES ET TERRESTRES corps cuivre, pied fer, mouvements prompts, tube d'oculaire à crémaillère pour la mise au foyer. L'instrument et ses accessoires sont calés dans une boîte en sapin rougi (fig. 1 du Catalogue).

DIAMÈTRE de l'objectif.	LONGUEUR focale.	NOMBRE des oculaires		GROSSISSEMENTS.		PRIX.		AUGMENTATION pour pied de rechange en chêne permettant d'observer debout.
		Terrestres.	Célestes.	Terrestres.	Célestes.	Sans chercheur.	Avec chercheur.	
0ᵐ 057	0ᵐ85	1	1	35	90	100ᶠ	135ᶠ	25ᶠ
0 061	0 90	1	1	40	100	140	175	25
0 075	1 »	1	1	50	80 et 150	190	225	25
0 081	1 30	1	1	55	75. 120. 200	275	310	35

JUMELLES LONGUES-VUES (fig. 66 du Catalogue), écartement variable, monture en cuivre et en aluminium, seize verres, étui en cuir avec courroie.

DIMENSIONS.	GROSSISSEMENTS.	CUIVRE.	ALUMINIUM.
Diam. des objectifs 0ᵐ36 ; long. fermée 0ᵐ230	18	130ᶠ	210ᶠ
— — 0 43 ; — — 0 270	21	145	210

A. BARDOU

Constructeur d'Instruments d'optique,

Fournisseur des ministères de la Guerre et de la Marine,

55, rue de Chabrol, à PARIS.

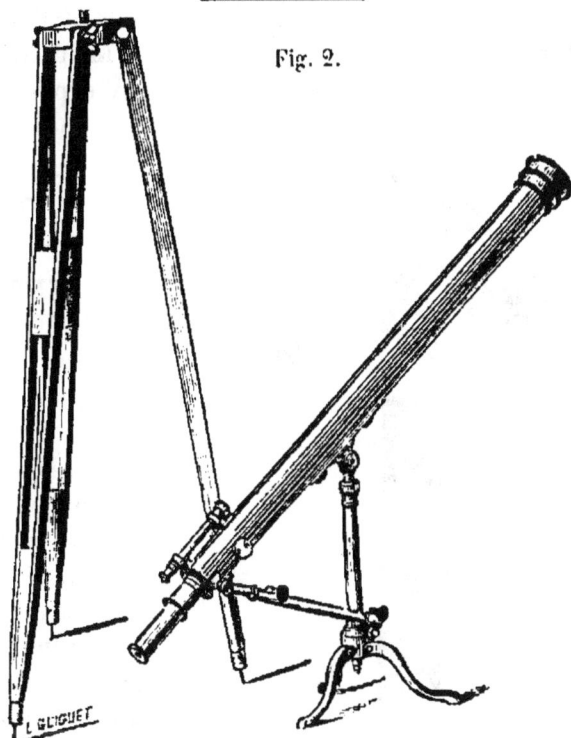

Fig. 2.

LUNETTES astronomiques et terrestres, corps cuivre, avec chercheur, pied fer et soutien de stabilité servant à diriger la lunette, par mouvement vertical lent, au moyen d'une crémaillère; tube d'oculaire à crémaillère pour la mise au foyer. L'instrument et ses accessoires sont calés dans une boîte en sapin rougi. (Fig. 2 du Catalogue).

DIAMÈTRE de l'objectif	LONGUEUR focale.	OCULAIRES		GROSSISSEMENTS		PRIX	AUGMENTATION pour pied de rechange en chêne, permettant d'observer debout
		Terrestres.	Célestes.	Terrestres.	Célestes.		
0m075	1m »	1	2	50	80.150	275 fr	25 fr
0 081	1 30	1	3	55	75.120.200	360	35
0 095	1 45	1	3	60	85.130.240	465	35
0 108	1 60	1	3	80	100.160.270	650	35
0 135	1 90	1	5	90	40 à 400	1300	50
0 160	2 30	1	6	100	60 à 500	1900	50

A. BARDOU

Constructeur d'Instruments d'optique,

*Fournisseur des minis-
tères de la Guerre et
de la Marine.*

Médailles d'or
aux expositions univer-
selles de 1878 et 1889.

55, rue de Chabrol,
A PARIS

Fig. 8 F.

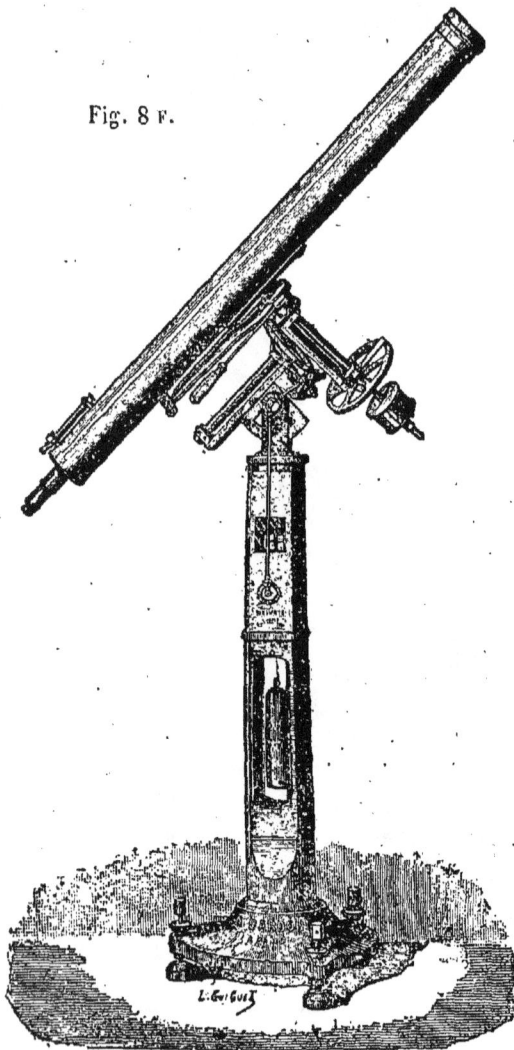

L. Guibaut

**LUNETTES AS-
TRONOMIQUES**,
corps cuivre, avec cher-
cheur, MONTURE ÉQUATO-
RIALE A LATITUDE VARIA-
BLE, *brevetée S.G.D.G.*,
avec mouvement d'hor-
logerie, régulateur et
*transmission de mouve-
ment donnant toute fa-
cilité pour régler à vo-
lonté et instantanément
la position de la lunette*
suivant le lieu où elle
est transportée; cercle
horaire de 0^m19 et cercle
de déclinaison de 0^m22.
Pied en fonte de fer, re-
posant par trois vis ca-
lantes sur crapaudines.
(Fig. 8 F).

M. CAMILLE FLAMMARION, président de la Société astronomique
de France, a bien voulu accepter, pour la Société, le premier instrument de ce modèle, construit dans les Ateliers de M. A. BARDOU.

Les personnes possédant une lunette de 108^{mm} d'objectif peuvent,
sans difficulté, la faire adapter sur ce nouveau pied, dont le prix,
sans lunette, est indiqué ci-contre.

A. BARDOU

Constructeur d'Instruments d'optique,

Fournisseur du ministère de la Guerre (Circulaire ministérielle du 29 juillet 1872) *et du ministère de la Marine.*

MÉDAILLES D'OR AUX EXPOSITIONS UNIVERSELLES DE 1878 ET 1889.

Rue de Chabrol, 55, à PARIS.

LUNETTES ASTRONOMIQUES, corps cuivre avec chercheur, tube d'oculaire à crémaillère pour la mise au foyer. *Monture équatoriale à latitude variable brevetée* S. G. D. G. avec mouvement d'horlogerie et régulateur, transmission de mouvement pour régler à volonté et instantanément la position de la lunette suivant le lieu où elle est transportée. Cercle horaire de 0m19 et cercle de déclinaison de 0m22. Pied en fonte de fer reposant par trois vis calantes sur crapaudines (fig. 8 F).

DIAMÈTRE de l'objectif	LONGUEUR focale.	OCULAIRES		GROSSISSEMENTS		PRIX	PRIX du pied seul.
		Terrestres.	Célestes.	Terrestres.	Célestes.		
0m108	1m60	1	3	75	75.150.270	1905 '	1285 '
0 135	1 90	1	5	95	95.120.200.300.400	2575	1385
0 160	2 30	1	5	100	100.125.210.315.425	3305	1485

NOTA. — Pour diminuer le poids de l'instrument, les lunettes fig. 2 et 8 F, à objectif de 0m135 et 0m160 de diamètre, sont montées avec un corps octogone en bois peint.

Fig. 10.

Monture à prisme pour observer facilement au zénith (fig. 9). Prix . . . . 35 fr.

Ecran pour examiner les taches du soleil (fig. 10). Prix. . . 15 fr.

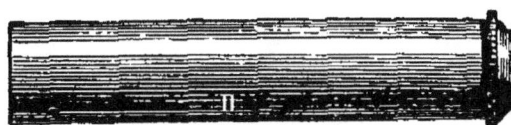

A

B

C

D

Fig. 9.

L. LEROY & Cie

Horlogers de la Marine

13 et 15, Galerie Montpensier, Palais-Royal,

PARIS.

Les instruments véritablement pratiques, et à la portée de tous, font généralement défaut aux observateurs-amateurs, qui n'ont à leur disposition ni les **Chronomètres de la Marine** ni les **Régulateurs des Observatoires**.

MM. LEROY et Cie ont comblé cette lacune en fabriquant, pour un prix modique, des **montres grand format** (6 centim.), excellentes pour toutes les observations, subissant sans inconvénient les secousses de la marche, les changements brusques de température, etc.

Nombreux succès obtenus avec ces Montres aux Concours du Service hydrographique de la Marine. Modèle adopté pour les Torpilleurs.

Adaptation facultative du cadran de **24 heures.**

TEMPS SIDÉRAL — COMPTEURS SIDÉRAUX

A L'USAGE DES ASTRONOMES, DES MARINS, ETC.

L. LEROY & Cie

13 et 15, Galerie Montpensier, Palais-Royal,

PARIS

39

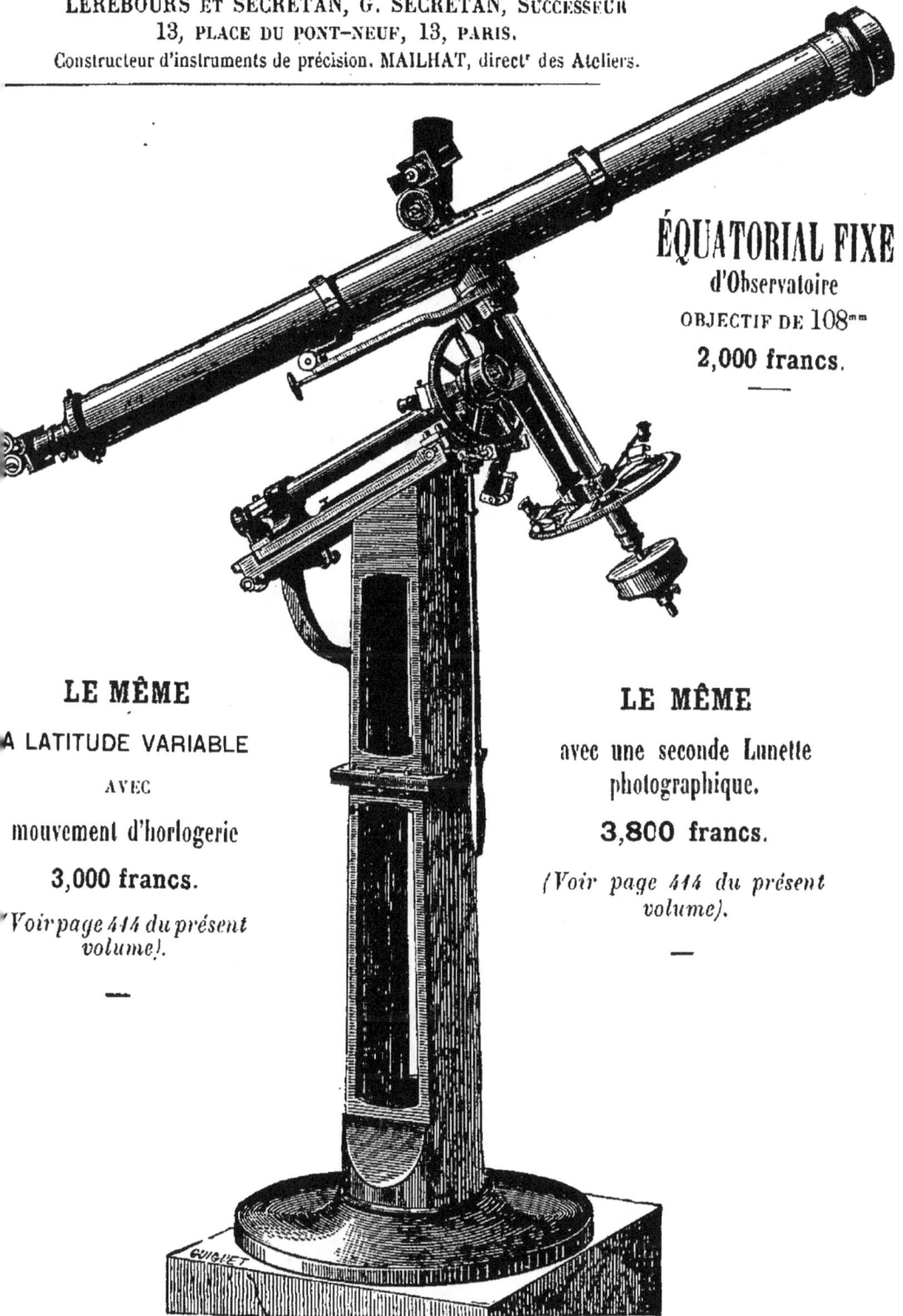

ÉQUATORIAL FIXE
d'Observatoire
OBJECTIF DE 108^{mm}
2,000 francs.

LE MÊME
A LATITUDE VARIABLE

AVEC

mouvement d'horlogerie

3,000 francs.

*Voir page 414 du présent
volume).*

LE MÊME
avec une seconde Lunette
photographique.

3,800 francs.

*(Voir page 414 du présent
volume).*

INSTRUMENTS D'OBSERVATOIRE

—

CERCLE MÉRIDIEN

Diamètre de l'objectif, de 0″110 à 0″320, modèles des instruments installés à Alger, Marseille, Nice et Caracas. — Prix : **10,000** à **45,000** francs.

ÉQUATORIAL PHOTOGRAPHIQUE

Suivant les conventions arrêtées par le Congrès international de la Carte du Ciel, objectifs astronomique et photographique de 0″33, mouvement d'horlogerie, rappel dans toutes les positions. — Prix : **48,000** francs.

MACRO-MICROMÈTRE

POUR LA MESURE DES ÉTOILES SUR LES CLICHÉS.

Prix : **6,000** francs.

ÉQUATORIAUX DIVERS

(Voir au Catalogue spécial de la Maison Secrétan).

TÉLESCOPES

Montures entièrement en métal, munis de tous les accessoires nécessaires, mouvement d'horlogerie, micromètre, chercheur, de 0″50 à 0″80 d'ouverture, de **30,000** à **59,800** fr.

PENDULES A TEMPS SIDÉRAL

Depuis **500** francs.

HORIZON A MERCURE

NOUVEAU MODÈLE

(Voir le Bulletin de Mars de la Société astronomique de France).

Depuis **90** francs.

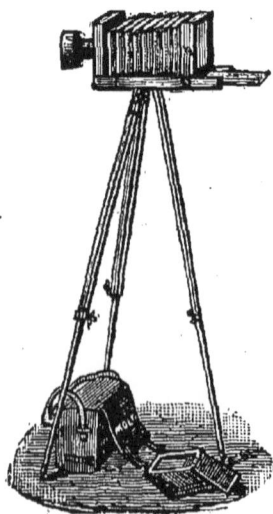

COUPOLES ASTRONOMIQUES TOURNANTES

Fig. 1.

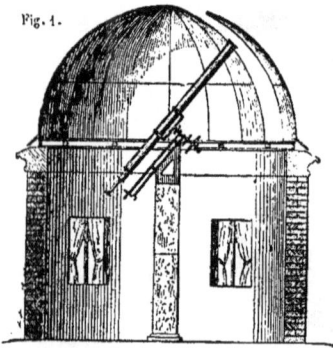

Fig. 2.

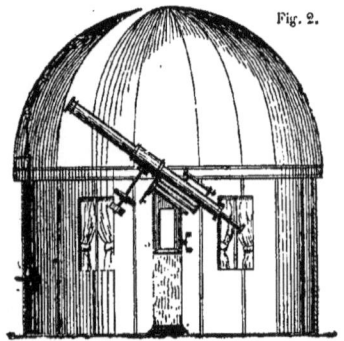

Aᴅ. GILON

Constructeur

Rue du Départ, 11-13,

PARIS

Ces Coupoles, d'un fonctionnement doux et rapide, peuvent être montées sur une chambre cylindrique indéformable, également en fer et tôle, coûtant moins cher que la maçonnerie et ne chargeant pas les édifices.

PLANISPHÈRE CÉLESTE

DRESSÉ PAR

LÉON FENET

Grandeur des Étoiles

Le Planisphère comprend.

1.º Les Constellations principales.
2.º Les Subdivisions en présence.
3.º Les noms des Étoiles les plus remarquables tous généralement de l'Étude.

Signes Conventionnels

E. BERTAUX

Éditeur, Rue Serpente, 28, Paris

www.ingramcontent.com/pod-product-compliance
Lightning Source LLC
Chambersburg PA
CBHW060520220326

41599CB00022B/3380